2025考研数学

线性代数满分讲义

答案背诵分册

◎ 彭孝 编著

清華大學出版社
北京

内容简介

本书在全面归纳考研数学三十余年大量真题(包含数学一～数学三)的基础上,进行题型归纳与总结,旨在帮助读者更快地理解和应用线性代数的知识。

本书共分为6章,第1章为行列式,第2章为矩阵,第3章为方程组,第4章为向量组,第5章为相似、特征值,第6章为二次型。全书共49个专题,提供了大量综合性试题的考试题型与解题方法。建议读者将书中题目做三遍以上,通过多个角度的学习来提高学习效果、解答题目、总结题型和掌握考题类型。

本书适合作为考研数学一、数学二或数学三的复习资料,也可供需要学习线性代数的大学一年级、二年级本科生及参加大学生数学竞赛(非数学类)的考生使用。

图书在版编目(CIP)数据

2025考研数学线性代数满分讲义/彭孝编著.—北京:清华大学出版社,2024.5
ISBN 978-7-302-65648-7

Ⅰ.①2… Ⅱ.①彭… Ⅲ.①线性代数－研究生－入学考试－自学参考资料 Ⅳ.①O151.2

中国国家版本馆CIP数据核字(2024)第049383号

责任编辑:郑寅堃
封面设计:刘 键
责任校对:郝美丽
责任印制:曹婉颖

出版发行:清华大学出版社
网 址:https://www.tup.com.cn,https://www.wqxuetang.com
地 址:北京清华大学学研大厦A座 **邮 编**:100084
社 总 机:010-83470000 **邮 购**:010-62786544
投稿与读者服务:010-62776969,c-service@tup.tsinghua.edu.cn
质量反馈:010-62772015,zhiliang@tup.tsinghua.edu.cn
课件下载:https://www.tup.com.cn,010-83470236
印 装 者:三河市铭诚印务有限公司
经 销:全国新华书店
开 本:210mm×285mm **印 张**:15.25 **字 数**:451千字
版 次:2024年5月第1版 **印 次**:2024年5月第1次印刷
印 数:1～3000
定 价:59.90元(全两册)

产品编号:101883-01

前言

PREFACE

线性代数是一门既容易满分、又容易低分的学科。这是因为线性代数的各个部分高度相关，构成了一个有机的整体。如果没有完全理解，就会感到困难重重；但一旦理解透彻，就能够游刃有余地应对各种问题。本书的目标是帮助读者更快地理解和应用线性代数的知识。

然而，需要强调的是，磨刀不误砍柴工。本书并非基础教材，而是提供高水平训练的教材。因此，读者在使用本书前需要具备一定的基础知识。编者希望读者在夯实基础后使用本书，以充分发挥其作用。

关于本书

经过对考研数学线性代数部分(包括数学一～数学三)三十余年真题考查方式的系统归纳整理，本书对题型进行了总结，并补充了一些尚未考查但未来可能会出现的新考法。本书旨在帮助读者快速、系统、深入地学习考研数学线性代数。本书特点如下。

1. 题型细分

本书以题型为框架，而非知识点，对题型进行总结。相较于知识点的总结，题型的总结更便于读者进行题型训练，从而掌握解题方法。例如，代数余子式作为一个知识点并不复杂，但在考试中常常与其他考点结合成为一种题型。如果只学习了知识点，遇到这类题型时可能会感到无所适从，不知如何应用代数余子式来解决问题。而如果学习了相应的题型，就能够直接运用解题方法来解决这类题目。

2. 总结性强，题目质量高

线性代数是一门抽象的学科，考题具有一定的难度。这导致许多读者难以理解或获得高分。本书针对这些问题，对重点和难点进行了系统梳理和全面总结，并提供了一系列解题方法。本书的题目具有一定的综合性和区分度，它们融合了经典考法和读者易错点。每道考题都力求给读者带来新的收获，不仅提高他们的计算能力和思维能力，还帮助他们查漏补缺和总结专题。整体上，本书的难度略高于考研真题，旨在帮助读者更高效地突破，快速获得高分。

3. 学一题，会一类

本书的宗旨是学一题，会一类。尽管线性代数题目的数量庞大，本书通过去重和精选，选择了相同题型的经典考法。本书采用了一题一类的编写方式，这样大大简化了考生的复习过程，考生可以用较少时间建立知识框架和题型框架，从而在线性代数考试中取得高分。

复习建议

为了方便读者更好地使用本书，编者提出以下几点使用建议。

1. 不建议在初学阶段使用

本书的题目具有较强的综合性，要求读者具备一定的基础知识和解题能力。如果读者已经完成基础练习,那么现在学习本书将能够达到最佳效果。如果读者处于初学阶段,建议在学习基础内容后再阅读本书,否则可能产生适得其反的效果。

2. 不建议作为押题资料使用

本书的题目可能会部分与读者当年的考研题目相似,这是由于真题考查的重复性以及概率事件的影响。然而,本书并非押题资料,读者不应将其作为押题资料使用。

3. 建议至少做三遍

与其他检测型或练习型习题集不同,本书提炼了真题考查方式,总结了读者薄弱环节,具有重要的命题学习价值。建议读者至少做三遍。通过测试学习效果、解答题目、总结题型和掌握考题类型等多个角度进行学习。

目录

CONTENTS

第1章

行　列　式

本章要点总结

1. 求代数余子式之和

- 方法1：按照定义分别求出各个 A_{ij} 再相加
- 方法2：元素替换法：$b_1A_{11}+b_2A_{12}+\cdots+b_nA_{1n}=\begin{vmatrix} b_1 & b_2 & \cdots & b_n \\ a_{21} & a_{22} & \cdots & a_{2n} \\ \vdots & \vdots & & \vdots \\ a_{n1} & a_{n2} & \cdots & a_{nn} \end{vmatrix}$（列之和同理）
- 方法3：$\boldsymbol{A}$ 可逆时，利用 $\boldsymbol{A}^*=|\boldsymbol{A}|\boldsymbol{A}^{-1}$ 求出 $\boldsymbol{A}^*$
- 方法4：$\boldsymbol{A}^*\begin{bmatrix}1\\1\\\vdots\\1\end{bmatrix}=\begin{bmatrix} A_{11} & A_{21} & \cdots & A_{n1} \\ A_{12} & A_{22} & \cdots & A_{n2} \\ \vdots & \vdots & & \vdots \\ A_{1n} & A_{2n} & \cdots & A_{nn} \end{bmatrix}\begin{bmatrix}1\\1\\\vdots\\1\end{bmatrix}=\begin{bmatrix} A_{11}+A_{21}+\cdots+A_{n1} \\ A_{12}+A_{22}+\cdots+A_{n2} \\ \vdots \\ A_{1n}+A_{2n}+\cdots+A_{nn} \end{bmatrix}=\dfrac{|\boldsymbol{A}|}{\lambda_{\boldsymbol{A}}}\begin{bmatrix}1\\1\\\vdots\\1\end{bmatrix}$

2. 行列式展开定理 $\boldsymbol{A}=(a_{ij})_{n\times n}$

- 行展开：$a_{i1}A_{j1}+a_{i2}A_{j2}+\cdots+a_{in}A_{jn}=\begin{cases}|\boldsymbol{A}|, & i=j\\ 0, & i\neq j\end{cases}$
- 列展开：$a_{1i}A_{1j}+a_{2i}A_{2j}+\cdots+a_{ni}A_{nj}=\begin{cases}|\boldsymbol{A}|, & i=j\\ 0, & i\neq j\end{cases}$

3. 行列式的性质

- 行列式与它的转置行列式的值相等，即 $|\boldsymbol{A}|=|\boldsymbol{A}^{\mathrm{T}}|$
- 若某行（或列）有公因数，可将公因数提到行列式符号外
- 将两行（或列）互换，行列式的值变号
- 将某行（或列）的 k 倍加到另一行，行列式的值不变
- $\begin{vmatrix} a_1+b_1 & a_2+b_2 & a_3+b_3 \\ c_1 & c_2 & c_3 \\ d_1 & d_2 & d_3 \end{vmatrix}=\begin{vmatrix} a_1 & a_2 & a_3 \\ c_1 & c_2 & c_3 \\ d_1 & d_2 & d_3 \end{vmatrix}+\begin{vmatrix} b_1 & b_2 & b_3 \\ c_1 & c_2 & c_3 \\ d_1 & d_2 & d_3 \end{vmatrix}$

4. 重要公式

- 数乘：$|k\boldsymbol{A}|=k^n|\boldsymbol{A}|$
- 积：$|\boldsymbol{AB}|=|\boldsymbol{A}||\boldsymbol{B}|$
- 伴随：$|\boldsymbol{A}^*|=|\boldsymbol{A}|^{n-1}$
- 特征值：$|\boldsymbol{A}|=\lambda_1\lambda_2\cdots\lambda_n$
- 相似：$|\boldsymbol{A}|=|\boldsymbol{B}|$（$\boldsymbol{A}$ 和 $\boldsymbol{B}$ 相似）

5. 特殊行列式

- 对角行列式：$\begin{vmatrix} a_{11} & 0 & \cdots & 0 \\ 0 & a_{22} & \cdots & 0 \\ \vdots & \vdots & & \vdots \\ 0 & 0 & \cdots & a_{nn} \end{vmatrix}=a_{11}a_{22}\cdots a_{nn}$
- 主对角：$\begin{vmatrix} a_{11} & a_{12} & \cdots & a_{1n} \\ 0 & a_{22} & \cdots & a_{2n} \\ \vdots & \vdots & & \vdots \\ 0 & 0 & \cdots & a_{nn} \end{vmatrix}=\begin{vmatrix} a_{11} & 0 & \cdots & 0 \\ a_{12} & a_{22} & \cdots & 0 \\ \vdots & \vdots & & \vdots \\ a_{1n} & a_{2n} & \cdots & a_{nn} \end{vmatrix}=a_{11}a_{22}\cdots a_{nn}$
- 副对角：$\begin{vmatrix} a_{11} & \cdots & a_{1,n-1} & a_{1n} \\ a_{21} & \cdots & a_{2,n-1} & 0 \\ \vdots & & \vdots & \vdots \\ a_{n1} & 0 & 0 & 0 \end{vmatrix}=\begin{vmatrix} 0 & \cdots & 0 & a_{1n} \\ 0 & \cdots & a_{2,n-1} & a_{2n} \\ \vdots & & \vdots & \vdots \\ a_{n1} & a_{n2} & \cdots & a_{nn} \end{vmatrix}$

  $=(-1)^{\frac{1}{2}n(n-1)}\cdot a_{1n}a_{2,n-1}\cdots a_{n-1,2}a_{n1}$
- 范德蒙行列式：$\begin{vmatrix} 1 & 1 & \cdots & 1 \\ a_1 & a_2 & \cdots & a_n \\ \vdots & \vdots & & \vdots \\ a_1^{n-1} & a_2^{n-1} & \cdots & a_n^{n-1} \end{vmatrix}=\prod\limits_{1\leqslant j<i\leqslant n}(a_i-a_j)$

6. 分块矩阵行列式
- 主对角线：$\begin{vmatrix} \boldsymbol{A} & \boldsymbol{C} \\ \boldsymbol{O} & \boldsymbol{B} \end{vmatrix} = |\boldsymbol{A}||\boldsymbol{B}|$
- 主对角线：$\begin{vmatrix} \boldsymbol{A} & \boldsymbol{O} \\ \boldsymbol{C} & \boldsymbol{B} \end{vmatrix} = |\boldsymbol{A}||\boldsymbol{B}|$
- 副对角线：$\begin{vmatrix} \boldsymbol{O} & \boldsymbol{A} \\ \boldsymbol{B} & \boldsymbol{O} \end{vmatrix} = (-1)^{mn}|\boldsymbol{A}||\boldsymbol{B}|$

专题1　代数余子式

【考法1】 利用元素替换法求解某行(或某列)代数余子式之和

重要方法

元素替换法。

$$b_1A_{11}+b_2A_{12}+\cdots+b_nA_{1n}=\begin{vmatrix} b_1 & b_2 & \cdots & b_n \\ a_{21} & a_{22} & \cdots & a_{2n} \\ \vdots & \vdots & & \vdots \\ a_{n1} & a_{n2} & \cdots & a_{nn} \end{vmatrix}\text{(列之和同理)}$$

为什么会这样？由行列式展开定理可知

$$a_{11}A_{11}+a_{12}A_{12}+\cdots+a_{1n}A_{1n}=\begin{vmatrix} a_{11} & a_{12} & \cdots & a_{1n} \\ a_{21} & a_{22} & \cdots & a_{2n} \\ \vdots & \vdots & & \vdots \\ a_{n1} & a_{n2} & \cdots & a_{nn} \end{vmatrix}$$

令 $a_{11}=b_1$，$a_{12}=b_2$，…，$a_{1n}=b_n$，即可得到 $b_1A_{11}+b_2A_{12}+\cdots+b_nA_{1n}=\begin{vmatrix} b_1 & b_2 & \cdots & b_n \\ a_{21} & a_{22} & \cdots & a_{2n} \\ \vdots & \vdots & & \vdots \\ a_{n1} & a_{n2} & \cdots & a_{nn} \end{vmatrix}$。

例题1　设行列式 $D=\begin{vmatrix} 3 & 0 & 4 & 0 \\ 2 & 2 & 2 & 2 \\ 0 & -7 & 0 & 0 \\ 5 & 3 & -2 & 2 \end{vmatrix}$，则第四行各元素余子式之和为________。

解　用 $A_{ij}(j=1,2,3,4)$ 表示第四行各元素的代数余子式，由于 $A_{4j}=(-1)^{4+j}M_{4j}$，于是

$$M_{41}+M_{42}+M_{43}+M_{44}=-A_{41}+A_{42}-A_{43}+A_{44}=\begin{vmatrix} 3 & 0 & 4 & 0 \\ 2 & 2 & 2 & 2 \\ 0 & -7 & 0 & 0 \\ -1 & 1 & -1 & 1 \end{vmatrix}=-28\text{。}$$

例题2　设矩阵 $\boldsymbol{A}=\begin{bmatrix} 0 & 0 & 0 \\ a & a & a \\ 0 & b & 0 \end{bmatrix}$，则 $|\boldsymbol{A}|$ 所有元素的代数余子式之和(　　)。

A. 与 a,b 均有关　　　　B. 与 a,b 均无关

C. 仅与 a 有关　　　　D. 仅与 b 有关

解

$$A_{11}+A_{12}+A_{13}=\begin{vmatrix}1&1&1\\a&a&a\\0&b&0\end{vmatrix}=0;\ A_{21}+A_{22}+A_{23}=\begin{vmatrix}0&0&0\\1&1&1\\0&b&0\end{vmatrix}=0;$$

$$A_{31}+A_{32}+A_{33}=\begin{vmatrix}0&0&0\\a&a&a\\1&1&1\end{vmatrix}=0$$。所以$|\boldsymbol{A}|$所有元素的代数余子式之和必为0。选B。

【考法2】 利用伴随矩阵的特征值求解某列代数余子式之和

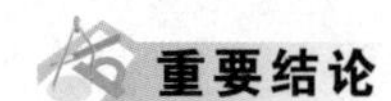

重要结论

$$\boldsymbol{A}^*\begin{bmatrix}1\\1\\\vdots\\1\end{bmatrix}=\begin{bmatrix}A_{11}&A_{21}&\cdots&A_{n1}\\A_{12}&A_{22}&\cdots&A_{n2}\\\vdots&\vdots&&\vdots\\A_{1n}&A_{2n}&\cdots&A_{nn}\end{bmatrix}\begin{bmatrix}1\\1\\\vdots\\1\end{bmatrix}=\begin{bmatrix}A_{11}+A_{21}+\cdots+A_{n1}\\A_{12}+A_{22}+\cdots+A_{n2}\\\vdots\\A_{1n}+A_{2n}+\cdots+A_{nn}\end{bmatrix}=\frac{|\boldsymbol{A}|}{\lambda_{\boldsymbol{A}}}\begin{bmatrix}1\\1\\\vdots\\1\end{bmatrix}。$$

例题3 设$\boldsymbol{A}=[a_{ij}]_{3\times3}$为三阶矩阵，$A_{ij}$为代数余子式，若$\boldsymbol{A}$的每行元素之和均为2，且$|\boldsymbol{A}|=3$，$A_{11}+A_{21}+A_{31}=$________。

解 方法1：元素替换法。由于$\boldsymbol{A}$的每行元素之和均为2，考虑把第二列、第三列都加到第一列，提出第一列的公因式可得$|\boldsymbol{A}|=\begin{vmatrix}2&a_{12}&a_{13}\\2&a_{22}&a_{23}\\2&a_{32}&a_{33}\end{vmatrix}=2\begin{vmatrix}1&a_{12}&a_{13}\\1&a_{22}&a_{23}\\1&a_{32}&a_{33}\end{vmatrix}=2(A_{11}+A_{12}+A_{13})=3$，故$A_{11}+A_{21}+A_{31}=\frac{3}{2}$。

方法2：利用伴随矩阵的特征值。由题可知，矩阵$\boldsymbol{A}$有一个特征值为$\lambda=2$，对应的特征向量为$(1,1,1)^{\mathrm{T}}$。所以，伴随矩阵$\boldsymbol{A}^*$必有特征值$\frac{|\boldsymbol{A}|}{\lambda}=\frac{3}{2}$，对应的特征向量为$(1,1,1)^{\mathrm{T}}$。即

$$\boldsymbol{A}^*\begin{bmatrix}1\\1\\1\end{bmatrix}=\begin{bmatrix}A_{11}&A_{21}&A_{31}\\A_{12}&A_{22}&A_{32}\\A_{13}&A_{23}&A_{33}\end{bmatrix}\begin{bmatrix}1\\1\\1\end{bmatrix}=\frac{3}{2}\begin{bmatrix}1\\1\\\vdots\\1\end{bmatrix}$$，所以$A_{11}+A_{21}+A_{31}=\frac{3}{2}$。

例题4 设$\boldsymbol{A}$是n阶矩阵，$|\boldsymbol{A}|=b$，$\boldsymbol{A}$的各行元素之和均为$a(a\neq0)$，则$|\boldsymbol{A}|$的代数余子式之和$A_{1n}+A_{2n}+\cdots+A_{nn}=$________。

解 与例题3方法一样。

容易求得$\begin{bmatrix}A_{11}&A_{21}&\cdots&A_{n1}\\A_{12}&A_{22}&\cdots&A_{n2}\\\vdots&\vdots&&\vdots\\A_{1n}&A_{2n}&\cdots&A_{nn}\end{bmatrix}\begin{bmatrix}1\\1\\\vdots\\1\end{bmatrix}=\frac{b}{a}\begin{bmatrix}1\\1\\\vdots\\1\end{bmatrix}$，于是$A_{1n}+A_{2n}+\cdots+A_{nn}=\frac{b}{a}$。

例题 5 已知矩阵 $\boldsymbol{B}=\begin{bmatrix}k&1&1\\1&k&1\\1&1&k\end{bmatrix}$，正定矩阵 $\boldsymbol{A}$ 满足 $\boldsymbol{A}^2=(k+3)\boldsymbol{E}-\boldsymbol{B}$，设 A_{ij} 是行列式 $|\boldsymbol{A}|$ 中 a_{ij} 元素的代数余子式，则 $A_{11}+A_{21}+A_{31}$ 的值为(　　)(此题很难！建议强化阶段结束后再做本题)。

A. 2　　B. 4　　C. 7　　D. 与 k 有关

解 $\boldsymbol{A}^2=(k+3)\boldsymbol{E}-\boldsymbol{B}=\begin{bmatrix}3&-1&-1\\-1&3&-1\\-1&-1&3\end{bmatrix}$，因为 $\boldsymbol{A}^2$ 的各行元素之和均为 1，所以 $\lambda^2=1$ 为矩阵 $\boldsymbol{A}^2$ 的一个特征值，$\boldsymbol{\alpha}=(1,1,1)^{\mathrm{T}}$ 为对应的特征向量。由 $\boldsymbol{A}$ 为正定矩阵，特征值为正，可推导出 $\lambda=1$ 为矩阵 $\boldsymbol{A}$ 的一个特征值，$\boldsymbol{\alpha}=(1,1,1)^{\mathrm{T}}$ 为对应的特征向量。

推导过程：易知 $\boldsymbol{A}^2=(k+3)\boldsymbol{E}-\boldsymbol{B}$ 为实对称矩阵，则必存在正交矩阵 $\boldsymbol{Q}$，可将其相似对角化。所以，$\boldsymbol{Q}^{-1}[(k+3)\boldsymbol{E}-\boldsymbol{B}]\boldsymbol{Q}=\boldsymbol{Q}^{-1}\boldsymbol{A}^2\boldsymbol{Q}=(\boldsymbol{Q}^{-1}\boldsymbol{A}\boldsymbol{Q})(\boldsymbol{Q}^{-1}\boldsymbol{A}\boldsymbol{Q})=\boldsymbol{\Lambda}\Rightarrow\boldsymbol{Q}^{-1}\boldsymbol{A}\boldsymbol{Q}=\boldsymbol{\Lambda}_1$(其中 $\boldsymbol{\Lambda}_1^2=\boldsymbol{\Lambda}$)，考虑到 $\boldsymbol{Q}$ 矩阵是由特征向量构成，且可将 $\boldsymbol{A}^2,\boldsymbol{A}$ 分别相似对角化为 $\boldsymbol{\Lambda},\boldsymbol{\Lambda}_1$，所以 $\boldsymbol{A}^2,\boldsymbol{A}$ 共用特征向量，且特征值存在平方关系。考虑到正定矩阵的特征值全为正，$\boldsymbol{A}$ 的特征值取正数。

又 $|\boldsymbol{A}^2|=\begin{vmatrix}3&-1&-1\\-1&3&-1\\-1&-1&3\end{vmatrix}=|\boldsymbol{A}|^2=16\Rightarrow|\boldsymbol{A}|=4$(舍去 -4)。所以伴随矩阵 $\boldsymbol{A}^*$ 必有特征值 $\dfrac{|\boldsymbol{A}|}{\lambda}=4$，对应的特征向量为 $\boldsymbol{\alpha}=(1,1,1)^{\mathrm{T}}$，即 $\begin{bmatrix}A_{11}&A_{21}&A_{31}\\A_{12}&A_{22}&A_{32}\\A_{13}&A_{23}&A_{33}\end{bmatrix}\begin{bmatrix}1\\1\\1\end{bmatrix}=4\begin{bmatrix}1\\1\\1\end{bmatrix}$，所以 $\begin{cases}A_{11}+A_{21}+A_{31}=4\\A_{12}+A_{22}+A_{32}=4\\A_{13}+A_{23}+A_{33}=4\end{cases}$。故选 B。

专题 2 行列式计算

【考法 1】 范德蒙行列式

重要结论

范德蒙行列式：$\begin{vmatrix}1&1&\cdots&1\\a_1&a_2&\cdots&a_n\\\vdots&\vdots&&\vdots\\a_1^{n-1}&a_2^{n-1}&\cdots&a_n^{n-1}\end{vmatrix}=\prod\limits_{1\leqslant j<i\leqslant n}(a_i-a_j)$。

例题 1 行列式 $D=\begin{vmatrix}1&2&3&4\\1&2^2&3^2&4^2\\1&2^3&3^3&4^3\\9&8&7&6\end{vmatrix}=$(　　)。

A. 120　　B. -120　　C. 100　　D. -100

解 $D=\begin{vmatrix}1&2&3&4\\1&2^2&3^2&4^2\\1&2^3&3^3&4^3\\10&10&10&10\end{vmatrix}=10\begin{vmatrix}1&2&3&4\\1&2^2&3^2&4^2\\1&2^3&3^3&4^3\\1&1&1&1\end{vmatrix}=(-1)^3 10\begin{vmatrix}1&1&1&1\\1&2&3&4\\1&2^2&3^2&4^2\\1&2^3&3^3&4^3\end{vmatrix}$

$=-10(2-1)(3-1)(4-1)(3-2)(4-2)(4-3)=-120$，故选 B。

【考法2】 行列变换化为分块矩阵的行列式

重要方法

利用初等行列变换,将行列式化为分块矩阵的行列式,以便运用公式。

例题 2 行列式 $\begin{vmatrix} a_1 & 0 & 0 & b_1 \\ 0 & a_2 & b_2 & 0 \\ 0 & b_3 & a_3 & 0 \\ b_4 & 0 & 0 & a_4 \end{vmatrix}=$______。

解 原式$=-\begin{vmatrix} a_1 & 0 & 0 & b_1 \\ b_4 & 0 & 0 & a_4 \\ 0 & b_3 & a_3 & 0 \\ 0 & a_2 & b_2 & 0 \end{vmatrix}=\begin{vmatrix} a_1 & b_1 & 0 & 0 \\ b_4 & a_4 & 0 & 0 \\ 0 & 0 & a_3 & b_3 \\ 0 & 0 & b_2 & a_2 \end{vmatrix}=\begin{vmatrix} a_1 & b_1 \\ b_4 & a_4 \end{vmatrix}\cdot\begin{vmatrix} a_3 & b_3 \\ b_2 & a_2 \end{vmatrix}=$
$(a_1a_4-b_1b_4)(a_2a_3-b_2b_3)$。

例题 3 行列式 $\begin{vmatrix} 1+x & 1 & 1 & 1 \\ 1 & 1-x & 1 & 1 \\ 1 & 1 & 1+y & 1 \\ 1 & 1 & 1 & 1-y \end{vmatrix}=$______。

解 方法1:化为爪型行列式。原式$=\begin{vmatrix} x & 0 & 0 & y \\ 0 & -x & 0 & y \\ 0 & 0 & y & y \\ 1 & 1 & 1 & 1-y \end{vmatrix}$(爪型,可消去第4列或第4行)。

注意:当 $x=0$ 或 $y=0$ 时(两行成比例),$D=0$,而当 $xy\neq0$ 时,有原式$=\begin{vmatrix} x & 0 & 0 & y \\ 0 & -x & 0 & y \\ 0 & 0 & y & y \\ 0 & 0 & 0 & -y \end{vmatrix}=$
x^2y^2(行变换,消除第4行中前3个数)。

方法2:加边法。原式$=\begin{vmatrix} 1 & 1 & 1 & 1 & 1 \\ 0 & 1+x & 1 & 1 & 1 \\ 0 & 1 & 1-x & 1 & 1 \\ 0 & 1 & 1 & 1+y & 1 \\ 0 & 1 & 1 & 1 & 1-y \end{vmatrix}=\begin{vmatrix} 1 & 1 & 1 & 1 & 1 \\ -1 & x & 0 & 0 & 0 \\ -1 & 0 & -x & 0 & 0 \\ -1 & 0 & 0 & y & 0 \\ -1 & 0 & 0 & 0 & -y \end{vmatrix}$。

注意:当 $x=0$ 或 $y=0$ 时(两行成比例),$D=0$,而当 $xy\neq0$ 时,有

原式$=\begin{vmatrix} 1 & 1 & 1 & 1 & 1 \\ 0 & x & 0 & 0 & 0 \\ 0 & 0 & -x & 0 & 0 \\ 0 & 0 & 0 & y & 0 \\ 0 & 0 & 0 & 0 & -y \end{vmatrix}=x^2y^2$。

【考法3】 利用逆矩阵包围公式,求矩阵之和的行列式

原理:逆矩阵包围公式。$\boldsymbol{A},\boldsymbol{B}$ 可逆时,$\boldsymbol{A}^{-1}(\boldsymbol{A}+\boldsymbol{B})\boldsymbol{B}^{-1}=\boldsymbol{B}^{-1}+\boldsymbol{A}^{-1}$。

证明：$A^{-1}(A+B)B^{-1}=A^{-1}AB^{-1}+A^{-1}BB^{-1}=B^{-1}+A^{-1}$。

助记：用 A,B 的逆矩阵 A^{-1},B^{-1} 分别“包围”左右两边，得到 $A^{-1}(A+B)B^{-1}$。

特别地，当矩阵之和中含有一个逆矩阵时，可实现逆矩阵转移。

逆矩阵转移公式：A,B 可逆时，$A^{-1}(A+B^{-1})B=A^{-1}+B$。

证明：$A^{-1}(A+B^{-1})B=A^{-1}AB+A^{-1}B^{-1}B=B+A^{-1}=A^{-1}+B$。

助记：用 A,B^{-1} 的逆矩阵 A^{-1},B 分别“包围”左右两边，得到 $A^{-1}(A+B^{-1})B$，结果等于逆矩阵从 B 转移到了 A（得到 $A^{-1}+B$）。

同理可得：A,B 可逆时，$A(A^{-1}+B)B^{-1}=A+B^{-1}$。

例题 4 设 A,B 为三阶矩阵，且 $|A|=3,|B|=2,|A^{-1}+B|=2$，则 $|A+B^{-1}|=$________。

解 $A^{-1}(A+B^{-1})B=A^{-1}AB+A^{-1}B^{-1}B=B+A^{-1}=A^{-1}+B$，两边各取行列式可得 $|A^{-1}(A+B^{-1})B|=|A^{-1}||A+B^{-1}||B|=\dfrac{|B|}{|A|}\cdot|A+B^{-1}|=|A^{-1}+B|\Rightarrow\dfrac{2}{3}|A+B^{-1}|=2$，所以 $|A+B^{-1}|=3$。

【考法 4】 利用特征值求矩阵之和的行列式

重要方法

可利用 $A+B$ 的特征值，求解矩阵之和的行列式 $|A+B|$。

例题 5 设实对称矩阵 $A=\begin{bmatrix}a&1&1\\1&a&-1\\1&-1&a\end{bmatrix}$，则行列式 $|A-E|=$________。

解 通过特征值求解

$$|\lambda E-A|=\begin{vmatrix}\lambda-a&-1&-1\\-1&\lambda-a&1\\-1&1&\lambda-a\end{vmatrix}=\begin{vmatrix}\lambda-a-1&0&\lambda-a-1\\-1&\lambda-a&1\\-1&1&\lambda-a\end{vmatrix}$$

$=\begin{vmatrix}\lambda-a-1&0&0\\-1&\lambda-a&2\\-1&1&\lambda-a+1\end{vmatrix}=(\lambda-a-1)^2(\lambda-a+2)=0$。故矩阵 A 的特征值 $\lambda_1=\lambda_2=a+1,\lambda_3=a-2$，可得 $A-E$ 的特征值为 $a,a,a-3$，所以 $|A-E|=a^2(a-3)$。

例题 6 设 $\boldsymbol{\alpha}=[1,0,-1]^{\mathrm T}$，矩阵 $A=\boldsymbol{\alpha}\boldsymbol{\alpha}^{\mathrm T}$，$n$ 为正整数，则 $|2E-A^n|=$________。

解 因为 $A=\boldsymbol{\alpha}\boldsymbol{\alpha}^{\mathrm T}=\begin{bmatrix}1\\0\\-1\end{bmatrix}[1\quad 0\quad -1]=\begin{bmatrix}1&0&-1\\0&0&0\\-1&0&1\end{bmatrix}$，$|\lambda E-A|=\begin{vmatrix}\lambda-1&0&1\\0&\lambda&0\\1&0&\lambda-1\end{vmatrix}=\lambda^2(\lambda-2)$，所以 A 的特征值为 $0,0,2$（也可根据列行矩阵的性质快速得特征值），$2E-A^n$ 的特征值为 $2,2,2-2^n$，$|2E-A^n|=8(1-2^{n-1})$。

【考法 5】 建立递推关系求行列式

重要方法

可建立递推关系，求解 n 阶行列式。

例题 7 设矩阵 $A=\begin{bmatrix} 2a & 1 & & \\ a^2 & 2a & \ddots & \\ & \ddots & \ddots & 1 \\ & & a^2 & 2a \end{bmatrix}_{n\times n}$，则 $|A|=$________。

解 方法 1：数学归纳法建立递推关系。记 $D_n=|A|$，下面用数学归纳法证明 $D_n=(n+1)a^n$。

当 $n=1$ 时，$D_1=2a$，结论成立。当 $n=2$ 时，$D_2=\begin{vmatrix} 2a & 1 \\ a^2 & 2a \end{vmatrix}=3a^2$，结论成立。

假设结论对小于 n 的情况成立。将 D_n 按第 1 行展开得 $D_n=2aD_{n-1}-\begin{vmatrix} a^2 & 1 & & & & \\ 0 & 2a & 1 & & & \\ & a^2 & 2a & 1 & & \\ & & \ddots & \ddots & \ddots & \\ & & & \ddots & \ddots & 1 \\ & & & & a^2 & 2a \end{vmatrix}=$
$2aD_{n-1}-a^2D_{n-2}=2ana^{n-1}-a^2(n-1)a^{n-2}=(n+1)a^n$，故 $|A|=(n+1)a^n$。

方法 2：行列变换化成三角行列式。

$$|A|=\begin{vmatrix} 2a & 1 & & & & \\ a^2 & 2a & 1 & & & \\ & a^2 & 2a & \ddots & & \\ & & \ddots & \ddots & \ddots & \\ & & & \ddots & \ddots & 1 \\ & & & & a^2 & 2a \end{vmatrix}=\begin{vmatrix} 2a & 1 & & & & \\ 0 & \frac{3a}{2} & 1 & & & \\ & a^2 & 2a & \ddots & & \\ & & \ddots & \ddots & \ddots & \\ & & & \ddots & \ddots & 1 \\ & & & & a^2 & 2a \end{vmatrix}=\cdots$$

$$=\begin{vmatrix} 2a & 1 & & & & \\ 0 & \frac{3a}{2} & 1 & & & \\ & 0 & \frac{4a}{3} & \ddots & & \\ & & \ddots & \ddots & \ddots & \\ & & & \ddots & \ddots & 1 \\ & & & & 0 & \frac{(n+1)a}{n} \end{vmatrix}=2a\cdot\frac{3a}{2}\cdot\frac{4a}{3}\cdots\frac{(n+1)a}{n}=(n+1)a^n。$$

【考法 6】 伴随矩阵的行列式

重要方法

可通过 $|A^*|=|A|^{n-1}$ 求解伴随矩阵的行列式，也可通过伴随矩阵的特征值求解其行列式。

例题 8 设 B 为三阶非零实矩阵，且 $(2B)^{\mathrm{T}}+(2B)^*=O$，则行列式 $|B^*+B^{-1}|=$________。

解 令 $A=2B$. 由已知可得 $A^{\mathrm{T}}=-A^*$，知 $a_{ji}=-A_{ji}$. 因 $A\neq O$，不妨设 $a_{11}\neq 0$，有

$$|A|=a_{11}A_{11}+a_{12}A_{12}+a_{13}A_{13}=-(a_{11}^2+a_{12}^2+a_{13}^2)\neq 0。$$

由 $A^{\mathrm{T}}=-A^*$ 得 $|A^{\mathrm{T}}|=|-A^*|\Rightarrow|A|=(-1)^3|A^*|=-|A|^2$，又因为 $|A|\neq 0$，所以 $|A|=-1$。

由 $\boldsymbol{B}=\frac{\boldsymbol{A}}{2}$，得 $|\boldsymbol{B}|=\left|\frac{\boldsymbol{A}}{2}\right|=\frac{|\boldsymbol{A}|}{8}=-\frac{1}{8}$。$|\boldsymbol{B}^*+\boldsymbol{B}^{-1}|=||\boldsymbol{B}|\boldsymbol{B}^{-1}+\boldsymbol{B}^{-1}|=(|\boldsymbol{B}|+1)^3|\boldsymbol{B}^{-1}|=\frac{7^3}{8^2}=-\frac{343}{64}$。

【考法 7】　行列式的分配

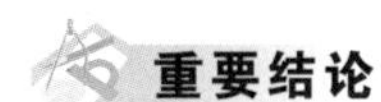

重要结论

行列式的分配律：$|\boldsymbol{\alpha}_1,\boldsymbol{\alpha}_2+\boldsymbol{\gamma},\boldsymbol{\alpha}_3|=|\boldsymbol{\alpha}_1,\boldsymbol{\alpha}_2,\boldsymbol{\alpha}_3|+|\boldsymbol{\alpha}_1,\boldsymbol{\gamma},\boldsymbol{\alpha}_3|$。

例题 9　设三阶矩阵 $\boldsymbol{A}=\begin{bmatrix}2\boldsymbol{\alpha}\\2\boldsymbol{\gamma}_2\\\boldsymbol{\gamma}_3\end{bmatrix}$，$\boldsymbol{B}=\begin{bmatrix}\boldsymbol{\beta}\\\boldsymbol{\gamma}_2\\3\boldsymbol{\gamma}_3\end{bmatrix}$，其中 $\boldsymbol{\alpha},\boldsymbol{\beta},\boldsymbol{\gamma}_2,\boldsymbol{\gamma}_3$ 均为三维向量，且已知行列式 $|\boldsymbol{A}|=1$，$|\boldsymbol{B}|=3$，则行列式 $|\boldsymbol{A}-\boldsymbol{B}|$ 等于(　　)。

A. 1　　　　B. -1

C. 2　　　　D. -2

解　$|\boldsymbol{A}-\boldsymbol{B}|=\begin{vmatrix}2\boldsymbol{\alpha}-\boldsymbol{\beta}\\\boldsymbol{\gamma}_2\\-2\boldsymbol{\gamma}_3\end{vmatrix}=-2\begin{vmatrix}2\boldsymbol{\alpha}-\boldsymbol{\beta}\\\boldsymbol{\gamma}_2\\\boldsymbol{\gamma}_3\end{vmatrix}=-4\begin{vmatrix}\boldsymbol{\alpha}\\\boldsymbol{\gamma}_2\\\boldsymbol{\gamma}_3\end{vmatrix}+2\begin{vmatrix}\boldsymbol{\beta}\\\boldsymbol{\gamma}_2\\\boldsymbol{\gamma}_3\end{vmatrix}=-1\cdot\begin{vmatrix}2\boldsymbol{\alpha}\\2\boldsymbol{\gamma}_2\\\boldsymbol{\gamma}_3\end{vmatrix}+\frac{2}{3}\begin{vmatrix}\boldsymbol{\beta}\\\boldsymbol{\gamma}_2\\3\boldsymbol{\gamma}_3\end{vmatrix}=1$，故选 A。

例题 10　设 $\boldsymbol{A}$ 是 n 阶矩阵，$\boldsymbol{\alpha},\boldsymbol{\beta}$ 是 n 维列向量，k,m 是实数，$|\boldsymbol{A}|=1$，$\begin{vmatrix}\boldsymbol{A}&\boldsymbol{\alpha}\\\boldsymbol{\beta}^{\mathrm{T}}&k\end{vmatrix}=2$，$\begin{vmatrix}\boldsymbol{A}&\boldsymbol{\alpha}\\\boldsymbol{\beta}^{\mathrm{T}}&m\end{vmatrix}=$________。

解　$\begin{vmatrix}\boldsymbol{A}&\boldsymbol{\alpha}\\\boldsymbol{\beta}^{\mathrm{T}}&m\end{vmatrix}=\begin{vmatrix}\boldsymbol{A}&\boldsymbol{\alpha}+\boldsymbol{0}\\\boldsymbol{\beta}^{\mathrm{T}}&k+m-k\end{vmatrix}=\begin{vmatrix}\boldsymbol{A}&\boldsymbol{\alpha}\\\boldsymbol{\beta}^{\mathrm{T}}&k\end{vmatrix}+\begin{vmatrix}\boldsymbol{A}&\boldsymbol{0}\\\boldsymbol{\beta}^{\mathrm{T}}&m-k\end{vmatrix}=2+(m-k)=m-k+2$。

【考法 8】　利用矩阵运算求行列式

重要方法

先通过矩阵运算求出 $\boldsymbol{B}$，再取行列式得到 $|\boldsymbol{B}|$。

例题 11　设矩阵 $\boldsymbol{A}=\begin{bmatrix}2&1&1\\1&2&1\\1&1&2\end{bmatrix}$，矩阵 $\boldsymbol{B}$ 满足 $\boldsymbol{ABA}^*=2\boldsymbol{BA}^*+\boldsymbol{E}$，其中，$\boldsymbol{A}^*$ 为 $\boldsymbol{A}$ 的伴随矩阵，$\boldsymbol{E}$ 是单位矩阵，则 $|\boldsymbol{B}|=$________。

解　$\boldsymbol{ABA}^*=2\boldsymbol{BA}^*+\boldsymbol{E}\Leftrightarrow\boldsymbol{ABA}^*-2\boldsymbol{BA}^*=\boldsymbol{E}$，$\Leftrightarrow(\boldsymbol{A}-2\boldsymbol{E})\boldsymbol{BA}^*=\boldsymbol{E}$，所以 $|\boldsymbol{A}-2\boldsymbol{E}||\boldsymbol{B}||\boldsymbol{A}^*|=|\boldsymbol{E}|=1$，所以 $|\boldsymbol{B}|=\frac{1}{|\boldsymbol{A}-2\boldsymbol{E}||\boldsymbol{A}^*|}=\frac{1}{|\boldsymbol{A}-2\boldsymbol{E}||\boldsymbol{A}|^2}$。

$$\boldsymbol{A}=\begin{bmatrix}2&1&1\\1&2&1\\1&1&2\end{bmatrix}=\begin{bmatrix}1&1&1\\1&1&1\\1&1&1\end{bmatrix}+\boldsymbol{E}=\begin{bmatrix}1\\1\\1\end{bmatrix}\begin{bmatrix}1&1&1\end{bmatrix}+\boldsymbol{E}=\boldsymbol{\alpha\alpha}^{\mathrm{T}}+\boldsymbol{E}。$$

矩阵$\boldsymbol{\alpha\alpha}^{\mathrm{T}}$的特征值为$\boldsymbol{\alpha}^{\mathrm{T}}\boldsymbol{\alpha}$,0,0(参考列行矩阵部分),即3,0,0,所以矩阵$\boldsymbol{A}=\boldsymbol{\alpha\alpha}^{\mathrm{T}}+\boldsymbol{E}$的特征值为4,1,1。所以$\boldsymbol{A}-2\boldsymbol{E}=\boldsymbol{\alpha\alpha}^{\mathrm{T}}-\boldsymbol{E}$的特征值为2,-1,-1,所以$|\boldsymbol{A}-2\boldsymbol{E}|=2$,$|\boldsymbol{A}|=4$。所以$|\boldsymbol{B}|=\dfrac{1}{32}$。

【考法9】 行列式展开定理

重要结论

行列式展开定理。行列式可按照某一行或者某一列展开计算。即

$$|\boldsymbol{A}|=a_{i1}A_{i1}+a_{i2}A_{i2}+\cdots+a_{in}A_{in} \quad \text{或} \quad |\boldsymbol{A}|=a_{1j}A_{1j}+a_{2j}A_{2j}+\cdots+a_{nj}A_{nj}。$$

注意:① $|\boldsymbol{A}|=a_{i1}A_{j1}+a_{i2}A_{j2}+\cdots+a_{in}A_{jn}=0(i\neq j)$,即第$i$行的元素与第$j$行元素的代数余子式组合的结果为0。只有第$i$行的元素与其同一行的代数余子式组合的结果为$|\boldsymbol{A}|$(列展开也是同理)。

② 直接使用行列式展开定理计算项数较多,所以一般先通过行列变换在某一行或者某一列化简出很多0后,再使用行列式展开定理。如$\begin{vmatrix}1&1&1\\1&2&3\\1&2&5\end{vmatrix}$直接使用行列式展开定理的计算量很大。但如果进行行列变换得到$\begin{vmatrix}1&1&1\\1&2&3\\1&2&5\end{vmatrix}=\begin{vmatrix}1&1&1\\0&1&2\\0&1&4\end{vmatrix}$,再按照第1列展开,计算量会小很多。

例题 12 n阶行列式$D_n=\begin{vmatrix}a_1&0&0&\cdots&0&b_n\\b_1&a_2&0&\cdots&0&0\\0&b_2&a_3&\cdots&0&0\\\vdots&\vdots&\vdots&&\vdots&\vdots\\0&0&0&\cdots&a_{n-1}&0\\0&0&0&\cdots&b_{n-1}&a_n\end{vmatrix}=$(　　)。

A. $a_1a_2\cdots a_n+b_1b_2\cdots b_n$

B. $(-1)^{n+1}a_1a_2\cdots a_n+b_1b_2\cdots b_n$

C. $a_1a_2\cdots a_n+(-1)^{n-1}b_1b_2\cdots b_n$

D. $a_1a_2\cdots a_n-b_1b_2\cdots b_n$

解 按照第1行展开,得到

$$D_n=a_1(-1)^{1+1}\cdot\begin{vmatrix}a_2&0&0&\cdots&0&0\\b_2&a_3&0&\cdots&0&0\\0&b_3&a_4&\cdots&0&0\\\vdots&\vdots&\vdots&&\vdots&\vdots\\0&0&0&\cdots&a_{n-1}&0\\0&0&0&\cdots&b_{n-1}&a_n\end{vmatrix}+b_n(-1)^{1+n}\begin{vmatrix}b_1&a_2&0&\cdots&0&0\\0&b_2&a_3&\cdots&0&0\\0&0&b_3&\cdots&0&0\\\vdots&\vdots&\vdots&&\vdots&\vdots\\0&0&0&\cdots&b_{n-2}&a_{n-1}\\0&0&0&\cdots&0&b_{n-1}\end{vmatrix}$$

$=a_1a_2a_3\cdots a_n+(-1)^{n-1}b_1b_2\cdots b_{n-1}b_n$,故选C。

例题 13 已知$2n$阶行列式D的某一列元素及其余子式都等于a,则$D=$(　　)。

A. 0

B. a^2

C. $-a^2$

D. na^2

解 不妨设第 j 列满足题干，并将行列式按该列展开，有

$$D = a_{1j}A_{1j} + a_{2j}A_{2j} + \cdots + a_{nj}A_{nj} + a_{(n+1)j}A_{(n+1)j} + a_{(n+2)j}A_{(n+2)j} + \cdots + a_{(2n)j}A_{(2n)j} = \sum_{i=1}^{2n} aA_{ij}$$

注意：题目中是余子式，而不是代数余子式。$A_{ij} = (-1)^{i+j}M_{ij} = (-1)^{i+j}a$。

固定 j 后，i 从 1 取值到 $2n$，一定会产生 n 个为 $A_{ij} = a$，n 个为 $A_{ij} = -a$，所以 $D = \sum_{i=1}^{2n} aA_{ij} = 0$，故选 A。进一步说明：不妨设 j 为偶数，则 i 取奇数时，$A_{ij} = (-1)^{i+j}a = -a$；当 i 取偶数时，$A_{ij} = (-1)^{i+j}a = a$。

例题 14 设四阶行列式的第 1 列元素依次为 $a,b,1,0$，第 1 列元素的余子式依次为 1,1,1,1，第 2 列元素的代数余子式依次为 1,1,1,1，且行列式的值为 2，则 $a+b=$________。

解 考虑到余子式与代数余子式的关系 $A_{ij} = (-1)^{i+j}M_{ij}$，所以第 1 列元素的代数余子式依次为 $1,-1,1,-1$，由行列式展开定理可知 $\begin{cases} a_{11}A_{11} + a_{21}A_{21} + a_{31}A_{31} + a_{41}A_{41} = 2 \\ a_{11}A_{12} + a_{21}A_{22} + a_{31}A_{32} + a_{41}A_{42} = 0 \end{cases}$，再代入数值可得 $\begin{cases} a-b+1=2 \\ a+b+1=0 \end{cases}$，解得 $a=0, b=-1$，所以 $a+b=-1$。

例题 15 设三阶矩阵 $\boldsymbol{A}$ 各行元素之和为 a，若 $|\boldsymbol{A}| = b$，矩阵 $\boldsymbol{B}(t) = (a_{ij} + t)_{3\times 3}$，则 $|\boldsymbol{B}(k)| =$________（a,b,k 均为非零常数）。

解 由于 $\boldsymbol{A}$ 的各行元素之和均为 a，故 $(1,1,1)^{\mathrm{T}}$ 为 $\boldsymbol{A}$ 的属于特征值 a 的一个特征向量。又因为 $|\boldsymbol{A}| = b$，所以 $(1,1,1)^{\mathrm{T}}$ 为 $\boldsymbol{A}^*$ 的属于特征值 $\dfrac{b}{a}$ 的一个特征向量，从而

$$\begin{bmatrix} A_{11} & A_{21} & A_{31} \\ A_{12} & A_{22} & A_{32} \\ A_{13} & A_{23} & A_{33} \end{bmatrix} \begin{bmatrix} 1 \\ 1 \\ 1 \end{bmatrix} = \frac{b}{a} \begin{bmatrix} 1 \\ 1 \\ 1 \end{bmatrix} \quad \text{即} \quad \sum_{j=1}^{3}\sum_{i=1}^{3} A_{ij} = \frac{3b}{a}, \quad \sum_{i=1}^{3} A_{i1} = \frac{b}{a}。$$

下面求 $|\boldsymbol{B}(k)| = \begin{vmatrix} a_{11}+k & a_{12}+k & a_{13}+k \\ a_{21}+k & a_{22}+k & a_{23}+k \\ a_{31}+k & a_{32}+k & a_{33}+k \end{vmatrix}$。

方法 1：先初等变换。

$$|\boldsymbol{B}(k)| = \begin{vmatrix} 3k + \sum_{i=1}^{3} a_{1i} & a_{12}+k & a_{13}+k \\ 3k + \sum_{i=1}^{3} a_{2i} & a_{22}+k & a_{23}+k \\ 3k + \sum_{i=1}^{3} a_{3i} & a_{32}+k & a_{33}+k \end{vmatrix} = (3k+a)\begin{vmatrix} 1 & a_{12}+k & a_{13}+k \\ 1 & a_{22}+k & a_{23}+k \\ 1 & a_{32}+k & a_{33}+k \end{vmatrix}$$

$$= (3k+a)\begin{vmatrix} 1 & a_{12} & a_{13} \\ 1 & a_{22} & a_{23} \\ 1 & a_{32} & a_{33} \end{vmatrix} = (3k+a)(A_{11} + A_{21} + A_{31}) = (3k+a)\frac{b}{a}。$$

方法 2：行列式分配律。

$$|\boldsymbol{B}(k)|=\begin{vmatrix}a_{11} & a_{12}+k & a_{13}+k\\ a_{21} & a_{22}+k & a_{23}+k\\ a_{31} & a_{32}+k & a_{33}+k\end{vmatrix}+\begin{vmatrix}k & a_{12}+k & a_{13}+k\\ k & a_{22}+k & a_{23}+k\\ k & a_{32}+k & a_{33}+k\end{vmatrix},$$

其中，$\begin{vmatrix}k & a_{12}+k & a_{13}+k\\ k & a_{22}+k & a_{23}+k\\ k & a_{32}+k & a_{33}+k\end{vmatrix}=\begin{vmatrix}k & a_{12} & a_{13}\\ k & a_{22} & a_{23}\\ k & a_{32} & a_{33}\end{vmatrix}$，

又有，$\begin{vmatrix}a_{11} & a_{12}+k & a_{13}+k\\ a_{21} & a_{22}+k & a_{23}+k\\ a_{31} & a_{32}+k & a_{33}+k\end{vmatrix}=\begin{vmatrix}a_{11} & a_{12} & a_{13}\\ a_{21} & a_{22} & a_{23}\\ a_{31} & a_{32} & a_{33}\end{vmatrix}+\begin{vmatrix}a_{11} & a_{12} & k\\ a_{21} & a_{22} & k\\ a_{31} & a_{32} & k\end{vmatrix}+\begin{vmatrix}a_{11} & k & a_{13}\\ a_{21} & k & a_{23}\\ a_{31} & k & a_{33}\end{vmatrix}$，

$$|\boldsymbol{B}(k)|=|\boldsymbol{A}|+k\left(\begin{vmatrix}a_{11} & a_{12} & 1\\ a_{21} & a_{22} & 1\\ a_{31} & a_{32} & 1\end{vmatrix}+\begin{vmatrix}a_{11} & 1 & a_{13}\\ a_{21} & 1 & a_{23}\\ a_{31} & 1 & a_{33}\end{vmatrix}+\begin{vmatrix}1 & a_{12} & a_{13}\\ 1 & a_{22} & a_{23}\\ 1 & a_{32} & a_{33}\end{vmatrix}\right)。$$

$$=|\boldsymbol{A}|+\sum_{j=1}^{3}\sum_{i=1}^{3}A_{ij}=b+\frac{3bk}{a}=\frac{ab+3bk}{a}。$$

方法 3：加边法。

$$|\boldsymbol{B}(k)|=\begin{vmatrix}a_{11}+k & a_{12}+k & a_{13}+k\\ a_{21}+k & a_{22}+k & a_{23}+k\\ a_{31}+k & a_{32}+k & a_{33}+k\end{vmatrix}=\frac{1}{a}\begin{vmatrix}a & k & k & k\\ 0 & a_{11}+k & a_{12}+k & a_{13}+k\\ 0 & a_{21}+k & a_{22}+k & a_{23}+k\\ 0 & a_{31}+k & a_{32}+k & a_{33}+k\end{vmatrix}$$

$$=\frac{1}{a}\begin{vmatrix}3k+a & k & k & k\\ 3k+a & a_{11}+k & a_{12}+k & a_{13}+k\\ 3k+a & a_{21}+k & a_{22}+k & a_{23}+k\\ 3k+a & a_{31}+k & a_{32}+k & a_{33}+k\end{vmatrix}=\frac{3k+a}{a}\begin{vmatrix}1 & k & k & k\\ 1 & a_{11}+k & a_{12}+k & a_{13}+k\\ 1 & a_{21}+k & a_{22}+k & a_{23}+k\\ 1 & a_{31}+k & a_{32}+k & a_{33}+k\end{vmatrix}$$

$$=\frac{3k+a}{a}\begin{vmatrix}1 & 0 & 0 & 0\\ 1 & a_{11} & a_{12} & a_{13}\\ 1 & a_{21} & a_{22} & a_{23}\\ 1 & a_{31} & a_{32} & a_{33}\end{vmatrix}=\frac{3k+a}{a}\begin{vmatrix}a_{11} & a_{12} & a_{13}\\ a_{21} & a_{22} & a_{23}\\ a_{31} & a_{32} & a_{33}\end{vmatrix}=\frac{3k+a}{a}|\boldsymbol{A}|=\frac{(3k+a)b}{a}。$$

【考法 10】 行列式函数

例题 16 设多项式 $f(x)=\begin{vmatrix}x & 1 & 1 & 1\\ 1 & 2x & 3 & 4\\ 1 & 3 & -x & 1\\ 1 & 4 & x & 3x\end{vmatrix}$，则 x^4 的系数和常数项分别为(　　)。

A. 6，−6　　　　B. −6，6

C. 6，6　　　　D. −6，−6

解 由行列式的定义知，主对角线元素的乘积就是 x^4 的项，即 $x\cdot 2x\cdot(-x)\cdot 3x=-6x^4$。$x=0$ 的行列式的值就是常数项。经计算 $f(0)=-6$，故选 D。

扩展阅读

行列式的几何意义

行列式是一个很陌生的概念，将 n^2 个元素放在行列式中，按照行列式规则进行运算得出结果。那么，这个结果（也就是行列式的值）有什么几何意义呢？

行列式的几何意义是其行向量或者列向量所张成[①]的平面图形或立体的有向面积或体积。

1. 先考察二阶行列式

2 阶行列式的几何意义是其行向量或者列向量所张成的平面图形的有向面积。举几个简单的例子。

示例 1：行列式 $D_1=\begin{vmatrix}2 & 0\\0 & 1\end{vmatrix}=2$。

它的列向量组为$\boldsymbol{\alpha}_1=\begin{bmatrix}2\\0\end{bmatrix}$，$\boldsymbol{\alpha}_2=\begin{bmatrix}0\\1\end{bmatrix}$，在平面上画出这两个向量。由这两个向量张成的平面图形，它是以 2 为高，1 为宽的长方形，如图 1-1 所示，不难得出该图形的面积为 2。

它的行向量组为$\boldsymbol{\beta}_1=[2\quad 0]$，$\boldsymbol{\beta}_2=[0\quad 1]$，在平面上画出这两个向量。由这两个向量张成的平面图形，它是以 2 为宽，1 为高的长方形，如图 1-2 所示，不难得出该图形的面积为 2。

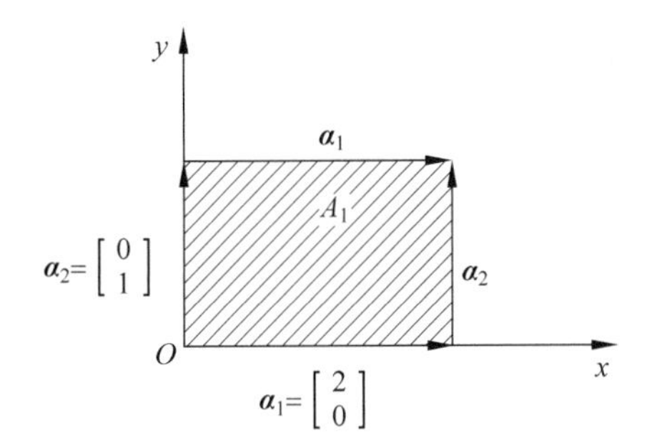

图 1-1　D_1 列向量张成的平行四边形

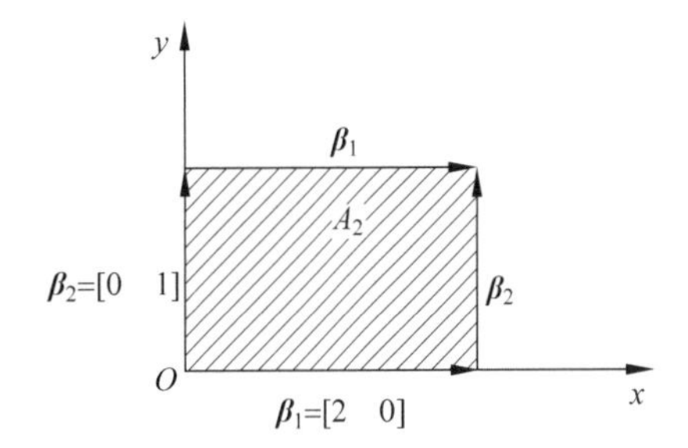

图 1-2　D_1 行向量张成的平行四边形

所以，在本例中，行列式的值等于其行向量或者列向量所张成的平面图形的有向面积。

示例 2：行列式 $D_2=\begin{vmatrix}2 & 0\\0 & -1\end{vmatrix}=-2$。同理，画出列向量或者行向量张成的图形（图 1-3 和图 1-4），不难得出面积为 2，此时面积不等于行列式的值 -2。这是因为向量有方向，本例中列向量 $\boldsymbol{\alpha}_1=\begin{bmatrix}2\\0\end{bmatrix}$与$\boldsymbol{\alpha}_2=\begin{bmatrix}0\\-1\end{bmatrix}$有一个和正方向相反，导致行列式的值是面积的相反数。所以严格的说法是行列式的值等于有向面积（面积或其相反数），而不是面积。

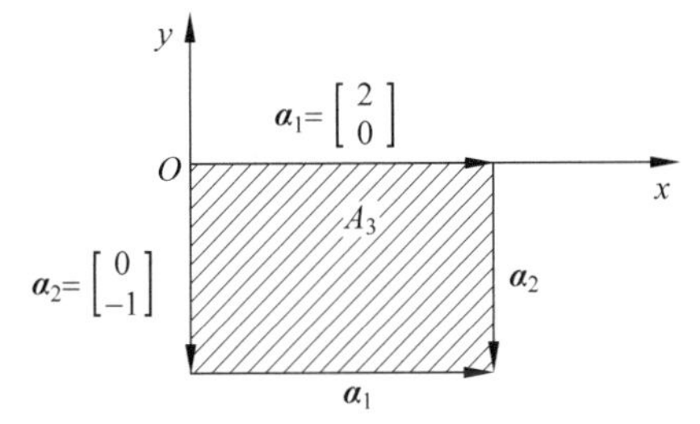

图 1-3　D_2 列向量张成的平行四边形

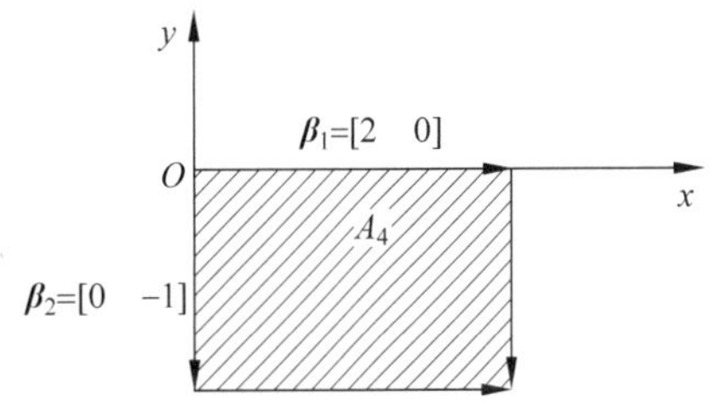

图 1-4　D_2 行向量张成的平行四边形

① 张成，简言之就是用这两个向量及其平行向量构成一个平行四边形。

以上只是举例验证了行列式与面积之间的关系。事实上，这个关系可以严格证明得到，但证明过程超出考研要求，读者只需借助这个结论本身(而非证明过程)，加深对行列式的理解即可。

2. 再考察三阶行列式

3阶行列式的几何意义是其行向量或者列向量所张成的平行六面体的有向体积。举一个简单的例子：行列式 $D_3=\begin{vmatrix}1&0&0\\0&2&0\\0&0&3\end{vmatrix}=6$，它的列向量组为 $\boldsymbol{\alpha}_1=\begin{bmatrix}1\\0\\0\end{bmatrix}$，$\boldsymbol{\alpha}_2=\begin{bmatrix}0\\2\\0\end{bmatrix}$，$\boldsymbol{\alpha}_3=\begin{bmatrix}0\\0\\3\end{bmatrix}$，在空间坐标系中画出这三个向量，并由这三个向量张成平行六面体，它是以1为长、2为宽、3为高的长方体，不难得出该立体的体积为6。

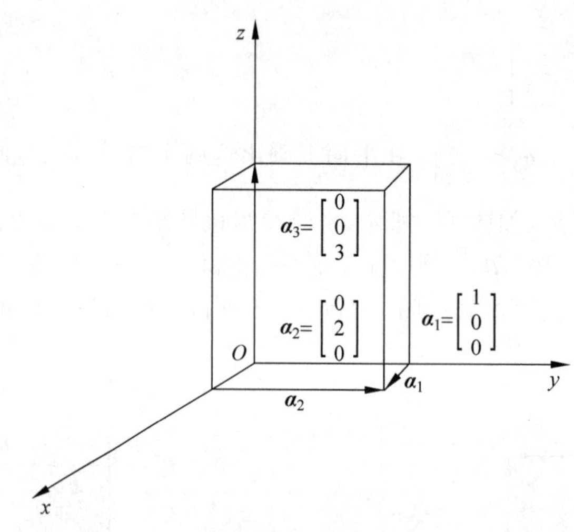

图 1-5 D_3 行列式列向量组张成的平行六面体

3. 如果三阶行列式 $\begin{vmatrix}a_{11}&a_{12}&a_{13}\\a_{21}&a_{22}&a_{23}\\a_{31}&a_{32}&a_{33}\end{vmatrix}=0$**，能得出什么结论？**

由行列式的几何意义可知，列向量或者行向量所张成的平行六面体的有向体积为0。

什么时候一个平行六面体的体积为零？它的高为零。也就是说构建平行六面体的三个向量共面，以至于垂直于该平面(六面体的底面)高度方向的值为零。所以，此时列向量或者行向量共面，向量组线性相关。这与由其他方法得出的结论一致。

第2章

矩　　阵

本章要点总结

1. 基本初等矩阵
   - 定义
     - E_{ij}：交换 E 第 i 行与第 j 行(或交换第 i 列与第 j 列)所得的初等矩阵
     - $E_i(k)(k \neq 0)$：E 的第 i 行(或第 i 列)乘以非零常数所得的初等矩阵
     - $E_{ij}(k)$：
       - E 的第 i 行的 k 倍加到第 j 行所得的初等矩阵
       - E 的第 j 列的 k 倍加到第 i 列所得的初等矩阵
   - 常用结论
     - 逆矩阵：$E_{ij}^{-1}=E_{ij}$；$E_i^{-1}(k)=E_i\left(\frac{1}{k}\right)$；$E_{ij}^{-1}(k)=E_{ij}(-k)$
     - 行列式：$|E_{ij}|=-1$；$|E_i(k)|=k(k\neq 0)$；$|E_{ij}(k)|=1$

2. 伴随矩阵
   - 黄金公式：$AA^*=A^*A=|A|E$
   - 表达式：$A^*=\begin{bmatrix} A_{11} & A_{21} & \cdots & A_{n1} \\ A_{12} & A_{22} & \cdots & A_{n2} \\ \cdots & \cdots & & \cdots \\ A_{1n} & A_{2n} & \cdots & A_{nn} \end{bmatrix}=[A_{ji}]=[A_{ij}]^{\mathrm{T}}$
   - $A^*x=0$ 方程组：A 的列向量全为 $A^*x=0$ 的解(此类题必有 $A^*A=0$)
   - 伴随矩阵的秩 $r(A^*)=\begin{cases} n, & r(A)=n \\ 1, & r(A)=n-1 \\ 0, & r(A)<n-1 \end{cases}$
   - 其他结论
     - 伴随矩阵：$(kA)^*=k^{n-1}A^*(n\geqslant 2)$；$(A^*)^*=|A|^{n-2}A(n\geqslant 3)$；$(AB)^*=B^*A^*$
     - 伴随矩阵的行列式：$|A^*|=|A|^{n-1}(n\geqslant 2)$
     - 伴随矩阵的逆阵：$(A^*)^{-1}=(A^{-1})^*=\frac{1}{|A|}A$($A$ 可逆)
     - 伴随矩阵的转置：$(A^*)^{\mathrm{T}}=(A^{\mathrm{T}})^*$

3. 列行矩阵
   - 定义：秩为1的矩阵 A，可化为 $A=\alpha\beta^{\mathrm{T}}$，其中 α,β 均为列向量
   - 特征值：$\lambda=\alpha^{\mathrm{T}}\beta=\beta^{\mathrm{T}}\alpha$ 与 $n-1$ 个0
   - 特征向量：
     - $\lambda=\alpha^{\mathrm{T}}\beta$ 对应的特征向量可取 α
     - $\lambda=0$ 对应的特征向量可取 $\beta^{\mathrm{T}}x=0$ 基础解系
   - 对角化：
     - 若 $\lambda=\alpha^{\mathrm{T}}\beta=\beta^{\mathrm{T}}\alpha\neq 0$，则矩阵 $A=\alpha\beta^{\mathrm{T}}$ 可对角化
     - 若 $\lambda=\alpha^{\mathrm{T}}\beta=\beta^{\mathrm{T}}\alpha=0$，则矩阵 $A=\alpha\beta^{\mathrm{T}}$ 不可对角化
   - 方程组：$Ax=0$ 与 $\beta^{\mathrm{T}}x=0$ 同解
   - A 的 n 次方：$A^n=\lambda^{n-1}A$

4. 正交矩阵
   - 定义：$AA^{\mathrm{T}}=A^{\mathrm{T}}A=E$，则 A 为正交矩阵
   - 重要性质
     - $A^{-1}=A^{\mathrm{T}}$
     - $|A|^2=1$
     - A 的列(或行)是两两垂直的单位向量

5. 两类对称矩阵
- 对称矩阵：$\boldsymbol{A}=\boldsymbol{A}^{\mathrm{T}}, a_{ij}=a_{ji}$
- 反对称矩阵：$\boldsymbol{A}=-\boldsymbol{A}^{\mathrm{T}}, a_{ij}=-a_{ji}$

6. $a_{ij}+kA_{ij}=0$
- $a_{ij}+kA_{ij}=0 \Rightarrow \boldsymbol{A}^{\mathrm{T}}=-k\boldsymbol{A}^{*}$
- $\boldsymbol{A}^{*}=\begin{bmatrix} A_{11} & A_{21} & \cdots & A_{n1} \\ A_{12} & A_{22} & \cdots & A_{n2} \\ \cdots & \cdots & \cdots & \cdots \\ A_{1n} & A_{2n} & \cdots & A_{nn} \end{bmatrix}=[A_{ji}]=[A_{ij}]^{\mathrm{T}}$
- $\sum_{j=1}^{n} a_{ij}A_{ij}=|\boldsymbol{A}|$

7. 逆矩阵
- 求逆矩阵的方法
  - 初等变换：$(\boldsymbol{A} \vdots \boldsymbol{E}) \rightarrow (\boldsymbol{E} \vdots \boldsymbol{A}^{-1})$
  - 伴随矩阵公式：$|\boldsymbol{A}| \neq 0, \boldsymbol{A}^{-1}=\frac{1}{|\boldsymbol{A}|}\boldsymbol{A}^{*}$
  - 利用定义：构造出等式 $\boldsymbol{AB}=\boldsymbol{E}$ 或 $\boldsymbol{BA}=\boldsymbol{E}$，则 $\boldsymbol{B}=\boldsymbol{A}^{-1}$
  - 利用分块矩阵：若 $\boldsymbol{A},\boldsymbol{B}$ 均可逆，则
    - $\begin{bmatrix} \boldsymbol{A} & \boldsymbol{O} \\ \boldsymbol{O} & \boldsymbol{B} \end{bmatrix}^{-1}=\begin{bmatrix} \boldsymbol{A}^{-1} & \boldsymbol{O} \\ \boldsymbol{O} & \boldsymbol{B}^{-1} \end{bmatrix}$
    - $\begin{bmatrix} \boldsymbol{O} & \boldsymbol{A} \\ \boldsymbol{B} & \boldsymbol{O} \end{bmatrix}^{-1}=\begin{bmatrix} \boldsymbol{O} & \boldsymbol{B}^{-1} \\ \boldsymbol{A}^{-1} & \boldsymbol{O} \end{bmatrix}$
- 逆矩阵的常见运算
  - $(\boldsymbol{A}^{-1})^{-1}=\boldsymbol{A}$；$(k\boldsymbol{A})^{-1}=\frac{1}{k}\boldsymbol{A}^{-1}(k \neq 0)$；$(\boldsymbol{AB})^{-1}=\boldsymbol{B}^{-1}\boldsymbol{A}^{-1}$
  - $(\boldsymbol{A}^{-1})^{\mathrm{T}}=(\boldsymbol{A}^{\mathrm{T}})^{-1}$；$(\boldsymbol{A}^{n})^{-1}=(\boldsymbol{A}^{-1})^{n}$；$|\boldsymbol{A}^{-1}|=|\boldsymbol{A}|^{-1}$

8. 矩阵的秩
- 定义：设矩阵 $\boldsymbol{A}_{m\times n}$，若 $\boldsymbol{A}$ 中非零子式的最高阶数为 r，则称 $\boldsymbol{A}$ 的秩为 r，记作 $r(\boldsymbol{A})=r$ 对于具体矩阵，阶梯形中非零的行数就是矩阵的秩。
- 公式
  - 矩阵相加：$r(\boldsymbol{A}\pm\boldsymbol{B}) \leqslant r(\boldsymbol{A})+r(\boldsymbol{B})$
  - 矩阵相乘：$r(\boldsymbol{A})+r(\boldsymbol{B})-n \leqslant r(\boldsymbol{AB}) \leqslant \min(r(\boldsymbol{A}),r(\boldsymbol{B}))$
  - 相乘为 $\boldsymbol{O}$：$\boldsymbol{AB}=\boldsymbol{O} \Rightarrow r(\boldsymbol{A})+r(\boldsymbol{B}) \leqslant n$
  - 传递性：$\boldsymbol{P},\boldsymbol{Q}$ 均可逆 $\Rightarrow r(\boldsymbol{PAQ})=r(\boldsymbol{AQ})=r(\boldsymbol{PA})=r(\boldsymbol{A})$
  - 转置：$r(\boldsymbol{A})=r(\boldsymbol{A}^{\mathrm{T}})=r(\boldsymbol{A}^{\mathrm{T}}\boldsymbol{A})=r(\boldsymbol{AA}^{\mathrm{T}})$
  - 上下(或左右)分块：$r\begin{pmatrix} \boldsymbol{A} \\ \boldsymbol{B} \end{pmatrix} \leqslant r(\boldsymbol{A})+r(\boldsymbol{B})$；$r(\boldsymbol{A} \vdots \boldsymbol{B}) \leqslant r(\boldsymbol{A})+r(\boldsymbol{B})$
  - 对角分块：$r\begin{pmatrix} \boldsymbol{A} & \boldsymbol{O} \\ \boldsymbol{O} & \boldsymbol{B} \end{pmatrix}=r(\boldsymbol{A})+r(\boldsymbol{B})$；$r\begin{pmatrix} \boldsymbol{A} & \boldsymbol{C} \\ \boldsymbol{O} & \boldsymbol{B} \end{pmatrix} \geqslant r(\boldsymbol{A})+r(\boldsymbol{B})$
  - 等价
    - 同型矩阵 $\boldsymbol{A},\boldsymbol{B}$ 等价 $\Leftrightarrow r(\boldsymbol{A})=r(\boldsymbol{B})$
    - 若 $\boldsymbol{A}$ 经过有限次初等变换化为 $\boldsymbol{B}$，则称 $\boldsymbol{A}$ 与 $\boldsymbol{B}$ 等价
  - 加入可被线性表示的向量，秩不变
    - 即，若 $\boldsymbol{\beta}$ 可由 $\boldsymbol{\alpha}_1,\boldsymbol{\alpha}_2,\cdots,\boldsymbol{\alpha}_n$ 线性表示，则 $r(\boldsymbol{\alpha}_1,\boldsymbol{\alpha}_2,\cdots,\boldsymbol{\alpha}_n)=r(\boldsymbol{\alpha}_1,\boldsymbol{\alpha}_2,\cdots,\boldsymbol{\alpha}_n,\boldsymbol{\beta})$

专题3 基本初等矩阵

【考法1】 利用基本初等矩阵的定义求解相关问题

重要结论

基本初等矩阵：

- 定义：
  - E_{ij}：交换 E 第 i 行与第 j 行（或交换第 i 列与第 j 列）所得的初等矩阵
  - $E_i(k)(k\neq 0)$：E 的第 i 行（或第 i 列）乘以非零常数所得的初等矩阵
  - $E_{ij}(k)$：E 的第 i 行的 k 倍加到第 j 行所得的初等矩阵；E 的第 j 列的 k 倍加到第 i 列所得的初等矩阵
- 常用结论：
  - 逆矩阵：$E_{ij}^{-1}=E_{ij}$；$E_i^{-1}(k)=E_i\left(\frac{1}{k}\right)$；$E_{ij}^{-1}(k)=E_{ij}(-k)$
  - 行列式：$|E_{ij}|=-1$；$|E_i(k)|=k(k\neq 0)$；$|E_{ij}(k)|=1$

例题1 设 $P_1=\begin{bmatrix}1&0&0\\0&1&0\\1&0&1\end{bmatrix}$，$P_2=\begin{bmatrix}0&1&0\\1&0&0\\0&0&1\end{bmatrix}$，$A=\begin{bmatrix}a_{11}&a_{12}&a_{13}\\a_{21}&a_{22}&a_{23}\\a_{31}&a_{32}&a_{33}\end{bmatrix}$，则 $P_1^{11}AP_2^{20}$ 等于（　　）。

A. $\begin{bmatrix}a_{11}+11a_{31}&a_{12}+11a_{32}&a_{13}+11a_{33}\\a_{21}&a_{22}&a_{23}\\a_{31}&a_{32}&a_{33}\end{bmatrix}$

B. $\begin{bmatrix}a_{11}&a_{12}&a_{13}\\a_{21}&a_{22}&a_{23}\\11a_{11}+a_{31}&11a_{12}+a_{32}&11a_{13}+a_{33}\end{bmatrix}$

C. $\begin{bmatrix}a_{31}&a_{32}&a_{33}\\a_{21}&a_{22}&a_{23}\\a_{11}+11a_{31}&a_{12}+11a_{32}&a_{13}+11a_{33}\end{bmatrix}$

D. $\begin{bmatrix}a_{12}&a_{11}&a_{13}\\a_{22}&a_{21}&a_{23}\\11a_{12}+a_{32}&11a_{11}+a_{31}&11a_{13}+a_{33}\end{bmatrix}$

解 因为 $P_1^{11}=\begin{bmatrix}1&0&0\\0&1&0\\11&0&1\end{bmatrix}$，$P_2^{20}=E$，

所以 $P_1^{11}AP_2^{20}=P_1^{11}A=\begin{bmatrix}a_{11}&a_{12}&a_{13}\\a_{21}&a_{22}&a_{23}\\11a_{11}+a_{31}&11a_{12}+a_{32}&11a_{13}+a_{33}\end{bmatrix}$，故选B。

【考法2】 行、列同时变换求三角矩阵

例题2 已知矩阵 $A=\begin{bmatrix}1&0&-1\\2&-1&1\\-1&2&-5\end{bmatrix}$，若下三角可逆矩阵 P 和上三角可逆矩阵 Q，使 PAQ 为对角矩阵，则 P,Q 可以分别取（　　）。

A. $\begin{bmatrix}1&0&0\\0&1&0\\0&0&1\end{bmatrix},\begin{bmatrix}1&0&1\\0&1&3\\0&0&1\end{bmatrix}$　　B. $\begin{bmatrix}1&0&0\\2&-1&0\\-3&2&1\end{bmatrix},\begin{bmatrix}1&0&0\\0&1&0\\0&0&1\end{bmatrix}$

C. $\begin{bmatrix}1&0&0\\2&-1&0\\-3&2&1\end{bmatrix},\begin{bmatrix}1&0&1\\0&1&3\\0&0&1\end{bmatrix}$　　D. $\begin{bmatrix}1&0&0\\0&1&0\\1&3&1\end{bmatrix},\begin{bmatrix}1&2&-3\\0&-1&2\\0&0&1\end{bmatrix}$

解 方法1：直接验证C选项正确。

$$\begin{bmatrix}1&0&0\\2&-1&0\\-3&2&1\end{bmatrix}\begin{bmatrix}1&0&-1\\2&-1&1\\-1&2&-5\end{bmatrix}\begin{bmatrix}1&0&1\\0&1&3\\0&0&1\end{bmatrix}=\begin{bmatrix}1&0&0\\0&1&0\\0&0&10\end{bmatrix}$$

方法2：初等变换。

$$[\boldsymbol{A},\boldsymbol{E}]=\begin{bmatrix}1&0&-1&1&0&0\\2&-1&1&0&1&0\\-1&2&-5&0&0&1\end{bmatrix}\to\begin{bmatrix}1&0&-1&1&0&0\\0&-1&3&-2&1&0\\0&2&-6&1&0&1\end{bmatrix}\to\begin{bmatrix}1&0&-1&1&0&0\\0&1&-3&2&-1&0\\0&0&0&-3&2&1\end{bmatrix}$$

$$=[\boldsymbol{F},\boldsymbol{P}],\text{则 }\boldsymbol{P}=\begin{bmatrix}1&0&0\\2&-1&0\\-3&2&1\end{bmatrix},\begin{bmatrix}\boldsymbol{F}\\\boldsymbol{E}\end{bmatrix}\begin{bmatrix}1&0&-1\\0&1&-3\\0&0&0\\1&0&0\\0&1&0\\0&0&1\end{bmatrix}\to\begin{bmatrix}1&0&0\\0&1&0\\0&0&0\\1&0&1\\0&1&3\\0&0&1\end{bmatrix}=\begin{bmatrix}\boldsymbol{\Lambda}\\\boldsymbol{Q}\end{bmatrix},\text{则 }\boldsymbol{Q}=\begin{bmatrix}1&0&1\\0&1&3\\0&0&1\end{bmatrix},\text{故}$$

选C。

【考法3】 利用初等变换建立矩阵方程

例题 3 设 $\boldsymbol{A}$ 为三阶矩阵，交换 $\boldsymbol{A}$ 的第2行和第3行，再将第2列的-1倍加到第1列，得到矩阵 $\begin{bmatrix}-2&1&-1\\1&-1&0\\-1&0&0\end{bmatrix}$，则 $\boldsymbol{A}^*=$________。

解 由题可得 $\boldsymbol{E}_{23}\boldsymbol{A}\boldsymbol{E}_{12}(-1)=\begin{bmatrix}-2&1&-1\\1&-1&0\\-1&0&0\end{bmatrix}$　　【笔记】利用初等变换建立矩阵方程

$$[\boldsymbol{E}_{23}\boldsymbol{A}\boldsymbol{E}_{12}(-1)]^{-1}=\begin{bmatrix}-2&1&-1\\1&-1&0\\-1&0&0\end{bmatrix}^{-1}=\boldsymbol{E}_{12}^{-1}(-1)\boldsymbol{A}^{-1}\boldsymbol{E}_{23}^{-1},$$

$$\text{则 }\boldsymbol{A}^{-1}=\boldsymbol{E}_{12}(-1)\begin{bmatrix}-2&1&-1\\1&-1&0\\-1&0&0\end{bmatrix}^{-1}\boldsymbol{E}_{23}=\boldsymbol{E}_{12}(-1)\begin{bmatrix}0&0&-1\\0&-1&-1\\-1&-1&1\end{bmatrix}\boldsymbol{E}_{23}=\begin{bmatrix}0&-1&0\\0&0&-1\\-1&1&-1\end{bmatrix},$$

$$|\boldsymbol{A}^{-1}|=\begin{vmatrix}0&-1&0\\0&0&-1\\-1&1&-1\end{vmatrix}=(-1)^{3+1}(-1)\begin{vmatrix}-1&0\\0&-1\end{vmatrix}=-1\Rightarrow|\boldsymbol{A}|=-1,$$

$$\boldsymbol{A}^*=|\boldsymbol{A}|\boldsymbol{A}^{-1}=\begin{bmatrix}0&1&0\\0&0&1\\1&-1&1\end{bmatrix}。$$

例题 4 设 A 为四阶可逆矩阵,交换 A^* 的第 1 行与第 2 行得矩阵 B^*,A^*,B^* 分别为 A,B 的伴随矩阵,则(　　)。

A. 交换 A 的第 1 列与第 2 列得 B　　B. 交换 A 的第 1 行与第 2 行得 B

C. 交换 A 的第 1 列与第 2 列得 $-B$　　D. 交换 A 的第 1 行与第 2 行得 $-B$

解 由题可知 $E_{12}A^*=B^*$,将 $A^*=|A|A^{-1}$,$B^*=|B|B^{-1}$ 代入方程 $E_{12}A^*=B^*$,可得

$$B=\left(\frac{|A|}{|B|}E_{12}A^{-1}\right)^{-1}=\frac{|B|}{|A|}AE_{12}^{-1}=-AE_{12}$$。故选 C。

说明:$E_{12}A^*=B^*\Rightarrow -1\cdot|A|^3=|B|^3\Rightarrow\frac{|B|}{|A|}=-1$。

【考法 4】 利用初等变换方程判断矩阵关系

例题 5 设三阶矩阵 A,矩阵的第 1 和第 2 列均乘 $k(\neq 0)$得到矩阵 B,矩阵 A 的第 1 行和第 2 行均乘 k 得到矩阵 C,则 B 与 C(　　)。

A. 相似但不一定合同　　B. 合同但不一定相似

C. 不一定相似也不一定合同　　D. 相似且合同

解

$$B=A\begin{bmatrix}k&0&0\\0&k&0\\0&0&1\end{bmatrix}=AP\Rightarrow BP^{-1}=A,C=\begin{bmatrix}k&0&0\\0&k&0\\0&0&1\end{bmatrix}A=PA\Rightarrow P^{-1}C=A,$$

所以 $BP^{-1}=A=P^{-1}C$,即 $PBP^{-1}=C$。所以,B 与 C 一定相似。

$$P^{-1}=\begin{bmatrix}\frac{1}{k}&0&0\\0&\frac{1}{k}&0\\0&0&1\end{bmatrix}$$如果 $k=\pm1$,则有 $P^{T}=P^{-1}$。所以此时有 $PBP^{T}=C$,即两个矩阵合同。但本题中没有指定 k 的值,合同关系不确定,故选 A。

【考法 5】 行变换前后的矩阵,行向量组等价

重要结论

① 若矩阵 A 经过初等列变换得到矩阵 B,则矩阵 A,B 的列向量组等价。

② 若矩阵 A 经过初等行变换得到矩阵 B,则矩阵 A,B 的行向量组等价。

如何理解结论①?

列变换有三种类型:某一列自乘倍数、某两列交换位置、某几列线性组合加至另一列。不难看出,变换后新矩阵 B 的列向量必可由原矩阵 A 的列向量线性表示。如将矩阵 $A=[\alpha_1\quad\alpha_2]$的第 1 列加至第二列得到 $B=[\alpha_1\quad\alpha_1+\alpha_2]$,则 B 的列向量组可由 A 的列向量线性表示。又因为列变换具有可逆性,即 B 矩阵经过列变换可回到 A 矩阵。所以矩阵 A 的列向量组必可由 B 的列向量组线性表示。故 A 与 B 的列向量组等价。

还可以这么理解。若矩阵 A 经过初等列变换得到矩阵 B,则必有可逆矩阵 P,使得 $AP=B$ 成立。

A,B 矩阵列分块可得$$(\alpha_1,\alpha_2,\cdots,\alpha_n)\begin{bmatrix}p_{11}&\cdots&p_{1n}\\\vdots&&\vdots\\p_{n1}&\cdots&p_{nn}\end{bmatrix}=(\beta_1,\beta_2,\cdots,\beta_n)$$

所以$\boldsymbol{\beta}_i=p_{1i}\boldsymbol{\alpha}_1+p_{2i}\boldsymbol{\alpha}_2+\cdots+p_{ni}\boldsymbol{\alpha}_n(i=1,2,\cdots,n)$。所以，矩阵 $\boldsymbol{B}$ 的列向量可由矩阵 $\boldsymbol{A}$ 的列向量线性表示。又因为 $\boldsymbol{P}$ 可逆，所以 $\boldsymbol{BP}^{-1}=\boldsymbol{A}$。同理可知，矩阵 $\boldsymbol{A}$ 的列向量可由矩阵 $\boldsymbol{B}$ 的列向量线性表示。所以矩阵 $\boldsymbol{A}$ 与 $\boldsymbol{B}$ 的列向量组等价。

同理可理解结论②，若矩阵 $\boldsymbol{A}$ 经过初等行变换得到矩阵 $\boldsymbol{B}$，则矩阵 $\boldsymbol{A},\boldsymbol{B}$ 的行向量组等价。

例题 6 设 n 阶矩阵 $\boldsymbol{A}$ 经初等行变换化为 $\boldsymbol{B}$，则下列选项正确的是(　　)。

A. $\boldsymbol{A},\boldsymbol{B}$ 的列向量组是等价向量组

B. $\boldsymbol{A},\boldsymbol{B}$ 的行向量组是等价向量组

C. 非齐次线性方程组 $\boldsymbol{Ax}=\boldsymbol{b}$ 与 $\boldsymbol{Bx}=\boldsymbol{b}$ 是同解方程组

D. 若 $|\boldsymbol{A}|>0$，则必有 $|\boldsymbol{B}|>0$

由 $\boldsymbol{A}$ 经初等行变换化为 $\boldsymbol{B}$，知存在可逆矩阵 $\boldsymbol{P}$，使得 $\boldsymbol{PA}=\boldsymbol{B}$，将 $\boldsymbol{A},\boldsymbol{B}$ 按行分块，有

$$\boldsymbol{PA}=\begin{bmatrix}p_{11} & p_{12} & \cdots & p_{1n}\\ p_{21} & p_{22} & \cdots & p_{2n}\\ \vdots & \vdots & & \vdots\\ p_{n1} & p_{n2} & \cdots & p_{nn}\end{bmatrix}\begin{bmatrix}\boldsymbol{\alpha}_1\\ \boldsymbol{\alpha}_2\\ \vdots\\ \boldsymbol{\alpha}_n\end{bmatrix}=\begin{bmatrix}\boldsymbol{\beta}_1\\ \boldsymbol{\beta}_2\\ \vdots\\ \boldsymbol{\beta}_n\end{bmatrix}$$

故$\boldsymbol{\beta}_i=p_{i1}\boldsymbol{\alpha}_1+p_{i2}\boldsymbol{\alpha}_2+\cdots+p_{in}\boldsymbol{\alpha}_n,i=1,2,\cdots,n$，即 $\boldsymbol{B}$ 的行向量$\boldsymbol{\beta}_i$ 可由 $\boldsymbol{A}$ 的行向量组$\boldsymbol{\alpha}_1,\boldsymbol{\alpha}_2,\cdots,\boldsymbol{\alpha}_n$ 线性表示。又因为 $\boldsymbol{P}$ 可逆，所以 $\boldsymbol{A}=\boldsymbol{P}^{-1}\boldsymbol{B}=\boldsymbol{P}^{-1}\begin{pmatrix}\boldsymbol{\beta}_1\\ \boldsymbol{\beta}_2\\ \vdots\\ \boldsymbol{\beta}_n\end{pmatrix}$。同理可证 $\boldsymbol{A}$ 的行向量$\boldsymbol{\alpha}_i(i=1,2,\cdots,n)$可由 $\boldsymbol{B}$ 的行向量组线性表示，故选 B。

A 选项错误：如 $\boldsymbol{A}=\begin{bmatrix}1 & 1\\ -1 & -1\end{bmatrix},\boldsymbol{B}=\begin{bmatrix}1 & 1\\ 0 & 0\end{bmatrix},\boldsymbol{P}=\begin{bmatrix}1 & 0\\ 1 & 1\end{bmatrix}$，满足 $\boldsymbol{PA}=\boldsymbol{B}$，但 $\boldsymbol{A},\boldsymbol{B}$ 的列向量组不等价。

C 选项错误：$\boldsymbol{A}$ 经初等行变换化为 $\boldsymbol{B}$，则齐次方程组 $\boldsymbol{Ax}=\boldsymbol{0}$ 与 $\boldsymbol{Bx}=\boldsymbol{0}$ 同解，但非齐次方程不一定同解。

D 选项错误：由 $\boldsymbol{PA}=\boldsymbol{B}$，知 $|\boldsymbol{P}||\boldsymbol{A}|=|\boldsymbol{B}|$。$|\boldsymbol{P}|\neq 0$，但可能有 $|\boldsymbol{P}|<0$。此时若 $|\boldsymbol{A}|>0$，则有 $|\boldsymbol{B}|<0$。

专题 4　伴随矩阵

【考法 1】　伴随矩阵的秩

重要结论

$$r(\boldsymbol{A}^*)=\begin{cases}n, & r(\boldsymbol{A})=n\\ 1, & r(\boldsymbol{A})=n-1\\ 0, & r(\boldsymbol{A})<n-1\end{cases}。$$

例题 1 设三阶实对称矩阵 $\boldsymbol{A}\neq\boldsymbol{E}$，且各行元素之和为 0，且伴随矩阵的秩 $r[(\boldsymbol{A}-\boldsymbol{E})^*]=0$，则下列说法正确的是(　　)。

A. $(1,0,-1)^{\mathrm{T}}$ 不可能是矩阵 $\boldsymbol{A}$ 的特征向量

B. $\lambda=1$ 不是矩阵 $\boldsymbol{A}$ 的二重特征值

C. 行列式$|\boldsymbol{A}+\boldsymbol{E}|=3$

D. 矩阵 $\boldsymbol{A}$ 必满足 $\boldsymbol{A}^2-\boldsymbol{A}=\boldsymbol{O}$

解 $\boldsymbol{A}=(\boldsymbol{\alpha}_1,\boldsymbol{\alpha}_2,\boldsymbol{\alpha}_3)$各行元素之和为0,所以矩阵 $\boldsymbol{A}$ 特征值的包含0,对应的特征向量可取$(1,1,1)^{\mathrm{T}}$。又因为伴随矩阵的秩 $r[(\boldsymbol{A}-\boldsymbol{E})^*]=0$,所以 $r(\boldsymbol{A}-\boldsymbol{E})=1$ 或 0。

但由于 $\boldsymbol{A}\neq\boldsymbol{E}$,所以 $r(\boldsymbol{A}-\boldsymbol{E})\neq0\Rightarrow r(\boldsymbol{A}-\boldsymbol{E})=1$。$(\boldsymbol{A}-\boldsymbol{E})\boldsymbol{x}=\boldsymbol{0}$,可解出两个线性无关的特征向量,所以 $\lambda=1$ 至少是矩阵 $\boldsymbol{A}$ 的二重特征值。又因为三阶矩阵最多3个特征值。所有 $\lambda=1$ 是矩阵 $\boldsymbol{A}$ 的二重特征值。故矩阵 $\boldsymbol{A}$ 的全部特征值为0,1,1。下面逐一说明各个选项。

选项A:特征值0对应的特征向量可取$(1,1,1)^{\mathrm{T}}$,特征值1对应的特征向量与$(1,1,1)^{\mathrm{T}}$ 正交。可取$(1,0,-1)^{\mathrm{T}}$ 为特征值1对应的特征向量,故A选项错误。

选项B:$\lambda=1$ 是矩阵 $\boldsymbol{A}$ 的二重特征值,故B选项错误。

选项C:$\boldsymbol{A}+\boldsymbol{E}$ 的全部特征值为1,2,2,所以$|\boldsymbol{A}+\boldsymbol{E}|=4$,故C选项错误。

选项D:存在可逆矩阵 $\boldsymbol{P}$,使得 $\boldsymbol{A}=\boldsymbol{P\Lambda P}^{-1}$,$\boldsymbol{\Lambda}=\begin{bmatrix}0&&\\&1&\\&&1\end{bmatrix}$。

又因为$\boldsymbol{\Lambda}=\begin{bmatrix}0&&\\&1&\\&&1\end{bmatrix}\Rightarrow\boldsymbol{\Lambda}^2=\begin{bmatrix}0&&\\&1&\\&&1\end{bmatrix}=\boldsymbol{\Lambda}$,

所以 $\boldsymbol{A}^2=\boldsymbol{P\Lambda}^2\boldsymbol{P}^{-1}=\boldsymbol{P\Lambda P}^{-1}=\boldsymbol{A}$,故D选项正确。

例题2 设 $\boldsymbol{A}=\begin{bmatrix}0&1&-1\\a&0&1\\1&2&b\end{bmatrix}$,$\boldsymbol{B}$ 是三阶矩阵,且 $r(\boldsymbol{B})=2$,$r(\boldsymbol{AB})=1$,下列选项中一定正确的是(　　)。

A. $r\begin{pmatrix}\boldsymbol{A}^*&\boldsymbol{A}\\\boldsymbol{O}&\boldsymbol{B}\end{pmatrix}=3$

B. $r\begin{pmatrix}\boldsymbol{A}&\boldsymbol{B}^*\\\boldsymbol{O}&\boldsymbol{B}\end{pmatrix}=3$

C. $r\begin{pmatrix}\boldsymbol{A}^*&\boldsymbol{O}\\\boldsymbol{A}&\boldsymbol{B}\end{pmatrix}=3$

D. $r\begin{pmatrix}\boldsymbol{A}&\boldsymbol{O}\\\boldsymbol{O}&\boldsymbol{B}^*\end{pmatrix}=3$

解 先确定 $\boldsymbol{A}$ 的秩。

因为 $r(\boldsymbol{B})=2$,$r(\boldsymbol{AB})=1$,则 $r(\boldsymbol{A})$不可能为3(否则必有 $r(\boldsymbol{AB})=r(\boldsymbol{B})=2$)。

又因为矩阵 $\boldsymbol{A}$ 中存在一个二阶子式$\begin{vmatrix}1&-1\\0&1\end{vmatrix}=1\neq0$,所以 $r(\boldsymbol{A})\geqslant2$。故 $r(\boldsymbol{A})=2$。

所以 $r(\boldsymbol{A})=r(\boldsymbol{B})=2$,$r(\boldsymbol{A}^*)=r(\boldsymbol{B}^*)=1$。故 $r\begin{pmatrix}\boldsymbol{A}&\boldsymbol{O}\\\boldsymbol{O}&\boldsymbol{B}^*\end{pmatrix}=r(\boldsymbol{A})+r(\boldsymbol{B}^*)=2+1=3$。

对于A选项:$r\begin{pmatrix}\boldsymbol{A}^*&\boldsymbol{A}\\\boldsymbol{O}&\boldsymbol{B}\end{pmatrix}\geqslant r(\boldsymbol{A}^*)+r(\boldsymbol{B})=3$。

对于B选项:$r\begin{pmatrix}\boldsymbol{A}&\boldsymbol{B}^*\\\boldsymbol{O}&\boldsymbol{B}\end{pmatrix}\geqslant r(\boldsymbol{A})+r(\boldsymbol{B})=4$。

对于C选项:$r\begin{pmatrix}\boldsymbol{A}^*&\boldsymbol{O}\\\boldsymbol{A}&\boldsymbol{B}\end{pmatrix}\geqslant r(\boldsymbol{A}^*)+r(\boldsymbol{B})=3$。故选D。

【考法 2】 伴随矩阵黄金公式

重要结论

伴随矩阵黄金公式：$\boldsymbol{A}^*\boldsymbol{A}=\boldsymbol{A}\boldsymbol{A}^*=|\boldsymbol{A}|\boldsymbol{E}$。

例题 3 设 $\boldsymbol{A},\boldsymbol{B}$ 均为 $2n$ 阶可逆矩阵，$\boldsymbol{A}^*,\boldsymbol{B}^*$ 分别为 $\boldsymbol{A},\boldsymbol{B}$ 的伴随矩阵，则分块矩阵 $\begin{bmatrix}\boldsymbol{O} & \boldsymbol{A}\\ \boldsymbol{B} & \boldsymbol{O}\end{bmatrix}$ 的伴随矩阵=( )。

A. $\begin{bmatrix}\boldsymbol{O} & |\boldsymbol{A}|\boldsymbol{A}^*\\ |\boldsymbol{B}|\boldsymbol{B}^* & \boldsymbol{O}\end{bmatrix}$ B. $\begin{bmatrix}\boldsymbol{O} & |\boldsymbol{B}|\boldsymbol{B}^*\\ |\boldsymbol{A}|\boldsymbol{A}^* & \boldsymbol{O}\end{bmatrix}$

C. $\begin{bmatrix}\boldsymbol{O} & |\boldsymbol{B}|\boldsymbol{A}^*\\ |\boldsymbol{A}|\boldsymbol{B}^* & \boldsymbol{O}\end{bmatrix}$ D. $\begin{bmatrix}\boldsymbol{O} & |\boldsymbol{A}|\boldsymbol{B}^*\\ |\boldsymbol{B}|\boldsymbol{A}^* & \boldsymbol{O}\end{bmatrix}$

解 当 $\boldsymbol{A}$ 可逆时，利用公式 $\boldsymbol{A}^*=|\boldsymbol{A}|\boldsymbol{A}^{-1}$，有

$$\begin{bmatrix}\boldsymbol{O} & \boldsymbol{A}\\ \boldsymbol{B} & \boldsymbol{O}\end{bmatrix}^*=\begin{vmatrix}\boldsymbol{O} & \boldsymbol{A}\\ \boldsymbol{B} & \boldsymbol{O}\end{vmatrix}\begin{bmatrix}\boldsymbol{O} & \boldsymbol{A}\\ \boldsymbol{B} & \boldsymbol{O}\end{bmatrix}^{-1}=(-1)^{2n\times 2n}|\boldsymbol{A}||\boldsymbol{B}|\begin{bmatrix}\boldsymbol{O} & \boldsymbol{B}^{-1}\\ \boldsymbol{A}^{-1} & \boldsymbol{O}\end{bmatrix}=\begin{bmatrix}\boldsymbol{O} & |\boldsymbol{A}||\boldsymbol{B}|\boldsymbol{B}^{-1}\\ |\boldsymbol{B}||\boldsymbol{A}|\boldsymbol{A}^{-1} & \boldsymbol{O}\end{bmatrix}=$$

$\begin{bmatrix}\boldsymbol{O} & |\boldsymbol{A}|\boldsymbol{B}^*\\ |\boldsymbol{B}|\boldsymbol{A}^* & \boldsymbol{O}\end{bmatrix}$，故选 D。

例题 4 设矩阵 $\boldsymbol{A}=\begin{bmatrix}1 & 1 & 1\\ 1 & 2 & 1\\ 1 & 1 & 3\end{bmatrix}$，$\boldsymbol{A}^*$ 为 $\boldsymbol{A}$ 的伴随矩阵，则 $\boldsymbol{A}^*(1,1,1)^{\mathrm{T}}+\boldsymbol{A}^*(1,2,1)^{\mathrm{T}}+\boldsymbol{A}^*(1,1,3)^{\mathrm{T}}=$________。

解 因为 $\boldsymbol{A}^*\boldsymbol{A}=|\boldsymbol{A}|\boldsymbol{E}$，$|\boldsymbol{A}|=2$，将矩阵 $\boldsymbol{A}$ 进行列分块 $\boldsymbol{A}=[\boldsymbol{\alpha}_1,\boldsymbol{\alpha}_2,\boldsymbol{\alpha}_3]$，则

$$\boldsymbol{A}^*(1,1,1)^{\mathrm{T}}+\boldsymbol{A}^*(1,2,1)^{\mathrm{T}}+\boldsymbol{A}^*(1,1,3)^{\mathrm{T}}=\boldsymbol{A}^*\boldsymbol{\alpha}_1+\boldsymbol{A}^*\boldsymbol{\alpha}_2+\boldsymbol{A}^*\boldsymbol{\alpha}_3$$

$$=2\begin{bmatrix}1\\0\\0\end{bmatrix}+2\begin{bmatrix}0\\1\\0\end{bmatrix}+2\begin{bmatrix}0\\0\\1\end{bmatrix}=\begin{bmatrix}2\\2\\2\end{bmatrix}。$$

【考法 3】 伴随阵与转置阵的关系

重要结论

$$a_{ij}=kA_{ij}\Rightarrow\begin{bmatrix}a_{11} & a_{21} & \cdots & a_{n1}\\ a_{12} & a_{22} & \cdots & a_{n2}\\ \vdots & \vdots & & \vdots\\ a_{1n} & a_{2n} & \cdots & a_{nn}\end{bmatrix}=k\begin{bmatrix}A_{11} & A_{21} & \cdots & A_{n1}\\ A_{12} & A_{22} & \cdots & A_{n2}\\ \vdots & \vdots & & \vdots\\ A_{1n} & A_{2n} & \cdots & A_{nn}\end{bmatrix}\Rightarrow\boldsymbol{A}^{\mathrm{T}}=k\boldsymbol{A}^*。$$

例题 5 设矩阵 $\boldsymbol{A}=[a_{ij}]_{3\times 3}$ 满足 $a_{ij}=A_{ij}$，其中 $\boldsymbol{A}^*$ 为 $\boldsymbol{A}$ 的伴随矩阵，$\boldsymbol{A}^{\mathrm{T}}$ 为 $\boldsymbol{A}$ 的转置矩阵。若 a_{11},a_{12},a_{13} 为三个相等的正数，则 a_{11} 为( )。

A. $\dfrac{\sqrt{3}}{3}$ B. 3 C. $\dfrac{1}{3}$ D. $\sqrt{3}$

解 由 $\boldsymbol{A}^*=\boldsymbol{A}^{\mathrm{T}}$ 及 $\boldsymbol{A}\boldsymbol{A}^*=\boldsymbol{A}^*\boldsymbol{A}=|\boldsymbol{A}|\boldsymbol{E}$，有 $a_{ij}=A_{ij}$，$i,j=1,2,3$，其中 A_{ij} 为 a_{ij} 的代数余

子式，且 $AA^{\mathrm{T}}=AA^{*}=|A|E\Rightarrow|A|^{2}=|A|^{3}\Rightarrow|A|=0$ 或 $|A|=1$。

而 $|A|=a_{11}A_{11}+a_{12}A_{12}+a_{13}A_{13}=3a_{11}^{2}\neq0$，于是 $|A|=1$，且 $a_{11}=\frac{\sqrt{3}}{3}$，故选 A。

【考法 4】 伴随矩阵方程 $A^{*}x=0$ 的解

重要结论

$A^{*}A=0\Rightarrow A^{*}[\alpha_1,\alpha_2,\alpha_3]=0\Rightarrow A$ 的列向量全为 $A^{*}x=0$ 的解(此类题必有 $A^{*}A=0$)。

例题 6 设 A 为 n 阶实对称矩阵，A^{*} 为 A 的伴随矩阵，$n-1<r(A)+r(A^{*})<2n$，A^{*} 的各行元素之和为 k，则 $A^{*}x=0$ 的通解为________。

解 由题知 $r(A)=n-1$，$r(A^{*})=1$，A 对称，从而 A^{*} 也对称。

【笔记】$A=A^{\mathrm{T}}\Rightarrow(A^{*})^{\mathrm{T}}=(A^{\mathrm{T}})^{*}=A^{*}$

又因为 $A^{*}(1,1,\cdots,1)^{\mathrm{T}}=k(1,1,\cdots,1)^{\mathrm{T}}$，所以 A^{*} 的特征值为 $k,0,0,\cdots,0$，实对称矩阵不同的特征值对应的特征向量正交，$A^{*}x=0$ 的解与特征值 k 对应的特征向量 $(1,1,\cdots,1)^{\mathrm{T}}$ 正交，设 $x=(x_1,x_2,\cdots,x_n)$，则有 $x_1+x_2+x_3+\cdots+x_n=0$。

解得 $k_1(-1,1,0,\cdots,0)^{\mathrm{T}}+k_2(-1,0,1,\cdots,0)^{\mathrm{T}}+\cdots+k_{n-1}(-1,0,0,\cdots,1)^{\mathrm{T}}$，其中 $k_1,k_2,\cdots,k_{n-1}$ 为任意实数。

专题 5 列行矩阵

【考法 1】 利用列行矩阵乘法，求解相关问题

重要结论

列行矩阵：
- 定义：秩为 1 的矩阵 A，可化为 $A=\alpha\beta^{\mathrm{T}}$，其中 α,β 均为列向量
- 特征值：$\lambda=\alpha^{\mathrm{T}}\beta=\beta^{\mathrm{T}}\alpha$ 与 $n-1$ 个 0
- A^{n} 次方：$A^{n}=\lambda^{n-1}A$

例题 1 设 n 阶矩阵 $A=E-k\alpha\alpha^{\mathrm{T}}$，其中 $k\neq0$，α 为单位列向量。若 $A^{2}=E$，则下列命题正确的有(　　)个。

① $k=2$　　② $|A|=1$　　③ A 必可对角化

A. 0　　B. 1　　C. 2　　D. 3

解 由于 $\alpha\neq0$，故 $\alpha\alpha^{\mathrm{T}}\neq O$。由 $A^{2}=E$ 可得，

$E=A^{2}=(E-k\alpha\alpha^{\mathrm{T}})(E-k\alpha\alpha^{\mathrm{T}})=E-2k\alpha\alpha^{\mathrm{T}}+k^{2}(\alpha\alpha^{\mathrm{T}})\alpha\alpha^{\mathrm{T}}$。

于是，$2k=k^{2}\alpha^{\mathrm{T}}\alpha$。由 $k\neq0$，$\alpha^{\mathrm{T}}\alpha=1$ 可得 $k=\frac{2}{\alpha^{\mathrm{T}}\alpha}=2$。

所以 $A=E-2\alpha\alpha^{\mathrm{T}}$。对于 $B=\alpha\alpha^{\mathrm{T}}$ 有特征值 $\alpha^{\mathrm{T}}\alpha=1$ 和 $n-1$ 个 0，

所以 $A=E-2\alpha\alpha^{\mathrm{T}}$ 的特征值为 -1 和 $n-1$ 个 1，故 $|A|=-1$。

特征值 -1 只是 A 的单特征值，故 A 只有一个线性无关属于 -1 的特征向量。

A 有 $n-1$ 个线性无关的属于特征值 1 的特征向量，不同特征值对应的特征向量线性无关。所以矩阵 A 共有 n 个线性无关的特征向量，故矩阵 A 可对角化，故选 C。

【考法 2】 利用列行矩阵的特征值,求解相关问题

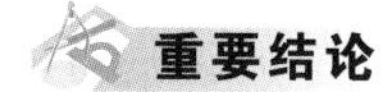

重要结论

列行矩阵 $\begin{cases}\text{定义：秩为 1 的矩阵 } \boldsymbol{A}\text{,可化为 } \boldsymbol{A}=\boldsymbol{\alpha\beta}^{\mathrm{T}}\text{,其中 } \boldsymbol{\alpha},\boldsymbol{\beta} \text{ 均为列向量} \\ \text{特征值：} \lambda=\boldsymbol{\alpha}^{\mathrm{T}}\boldsymbol{\beta}=\boldsymbol{\beta}^{\mathrm{T}}\boldsymbol{\alpha} \text{ 与 } n-1 \text{ 个 } 0\end{cases}$

例题 2 设 $\boldsymbol{\alpha}$ 是 n 维单位列向量,$\boldsymbol{E}$ 为 n 阶单位矩阵,则(　　)。

A. $\boldsymbol{E}-\boldsymbol{\alpha\alpha}^{\mathrm{T}}$ 不可逆　　B. $\boldsymbol{E}+\boldsymbol{\alpha\alpha}^{\mathrm{T}}$ 不可逆

C. $\boldsymbol{E}+2\boldsymbol{\alpha\alpha}^{\mathrm{T}}$ 不可逆　　D. $\boldsymbol{E}-2\boldsymbol{\alpha\alpha}^{\mathrm{T}}$ 不可逆

解 选取 A,由 $(\boldsymbol{E}-\boldsymbol{\alpha\alpha}^{\mathrm{T}})\boldsymbol{\alpha}=\boldsymbol{\alpha}-\boldsymbol{\alpha}=\boldsymbol{0}$ 得 $(\boldsymbol{E}-\boldsymbol{\alpha\alpha}^{\mathrm{T}})\boldsymbol{x}=\boldsymbol{0}$ 有非零解,故 $|\boldsymbol{E}-\boldsymbol{\alpha\alpha}^{\mathrm{T}}|=0$. 即 $\boldsymbol{E}-\boldsymbol{\alpha\alpha}^{\mathrm{T}}$ 不可逆。选项 B,由 $r(\boldsymbol{\alpha\alpha}^{\mathrm{T}})=1$ 得 $\boldsymbol{\alpha\alpha}^{\mathrm{T}}$ 的特征值为 $n-1$ 个 0,1 个 1。故 $\boldsymbol{E}+\boldsymbol{\alpha\alpha}^{\mathrm{T}}$ 的特征值为 $n-1$ 个 1,1 个 2,可逆。其他选项类似。故选 A。

例题 3 设 $\boldsymbol{A}=k\boldsymbol{E}-2\boldsymbol{\alpha\alpha}^{\mathrm{T}}$,其中 $\boldsymbol{\alpha}$ 是单位列向量,则下列关于 $\boldsymbol{A}$ 的说法正确的有(　　)个。

① 必为对称矩阵　　② $k\neq 0$ 时,为可逆矩阵

③ $k=\pm 1$ 时,为正交矩阵　　④ $k>2$ 时,为正定矩阵

A. 1　　B. 2　　C. 3　　D. 4

解

说法①正确：$\boldsymbol{A}^{\mathrm{T}}=(k\boldsymbol{E}-2\boldsymbol{\alpha\alpha}^{\mathrm{T}})^{\mathrm{T}}=k\boldsymbol{E}-2\boldsymbol{\alpha\alpha}^{\mathrm{T}}=\boldsymbol{A}$,所以 $\boldsymbol{A}$ 是对称矩阵。

说法②错误：因为 $\boldsymbol{\alpha}$ 是单位列向量,所以 $\boldsymbol{\alpha}^{\mathrm{T}}\boldsymbol{\alpha}=1$。矩阵 $\boldsymbol{\alpha\alpha}^{\mathrm{T}}$ 的特征值为 $\boldsymbol{\alpha}^{\mathrm{T}}\boldsymbol{\alpha}$,0,0 即 1,0,0。

所以 $\boldsymbol{A}=k\boldsymbol{E}-2\boldsymbol{\alpha\alpha}^{\mathrm{T}}$ 的特征值为 $k-2,k,k$。行列式 $|\boldsymbol{A}|=k^2(k-2)$。所以 $k=2$ 或 $k=0$ 时,$|\boldsymbol{A}|=0$,矩阵不可逆。

说法③错误：$\boldsymbol{A}^{\mathrm{T}}\boldsymbol{A}=\boldsymbol{A}^2=(k\boldsymbol{E}-2\boldsymbol{\alpha\alpha}^{\mathrm{T}})^2=k^2\boldsymbol{E}-4k\boldsymbol{\alpha\alpha}^{\mathrm{T}}+4\boldsymbol{\alpha\alpha}^{\mathrm{T}}\boldsymbol{\alpha\alpha}^{\mathrm{T}}=k^2\boldsymbol{E}+(4-4k)\boldsymbol{\alpha\alpha}^{\mathrm{T}}$。

若 $k=1$,则有 $\boldsymbol{A}^{\mathrm{T}}\boldsymbol{A}=\boldsymbol{E}$,此时矩阵 $\boldsymbol{A}$ 为正交矩阵。

说法④正确：若 $\boldsymbol{A}=k\boldsymbol{E}-2\boldsymbol{\alpha\alpha}^{\mathrm{T}}$ 的特征值 $k-2,k,k$ 全部大于 0,则矩阵 $\boldsymbol{A}$ 为正定矩阵。此时有 $k>2$。故选 B,①④正确。

例题 4 若 $\boldsymbol{\alpha}=\begin{bmatrix}1\\1\\0\end{bmatrix}$,$\boldsymbol{\beta}=\begin{bmatrix}1\\2\\1\end{bmatrix}$,$\boldsymbol{A}=\boldsymbol{\alpha\beta}^{\mathrm{T}}$,$\boldsymbol{B}$ 是三阶矩阵,$r(\boldsymbol{B})=2$,则 $r(\boldsymbol{AB}-2\boldsymbol{B})=$________。

解 $\boldsymbol{AB}-2\boldsymbol{B}=(\boldsymbol{A}-2\boldsymbol{E})\boldsymbol{B}$,而 $\boldsymbol{A}=\boldsymbol{\alpha\beta}^{\mathrm{T}}$ 的特征值为 $\boldsymbol{\beta}^{\mathrm{T}}\boldsymbol{\alpha}$,0,0,即 3,0,0。$\boldsymbol{A}-2\boldsymbol{E}$ 的特征值为 1,-2,-2,故 $\boldsymbol{A}-2\boldsymbol{E}$ 可逆,所以 $r(\boldsymbol{AB}-2\boldsymbol{B})=r(\boldsymbol{B})=2$。

【考法 3】 利用列行矩阵的特征值,求解 A^n

重要结论

列行矩阵 $\begin{cases}\text{定义：秩为 1 的矩阵 } \boldsymbol{A}\text{,可化为 } \boldsymbol{A}=\boldsymbol{\alpha\beta}^{\mathrm{T}}\text{,其中 } \boldsymbol{\alpha},\boldsymbol{\beta} \text{ 均为列向量} \\ \boldsymbol{A} \text{ 的 } n \text{ 次方：} \boldsymbol{A}^n=\lambda^{n-1}\boldsymbol{A}\text{(其中 } \lambda=\boldsymbol{\alpha}^{\mathrm{T}}\boldsymbol{\beta}=\boldsymbol{\beta}^{\mathrm{T}}\boldsymbol{\alpha}\text{)}\end{cases}$

例题 5 设三阶矩阵 $\boldsymbol{A}=\begin{bmatrix}2&-1&3\\a&0&b\\4&c&6\end{bmatrix}$,如果存在秩大于 1 的三阶矩阵 $\boldsymbol{B}$,使得 $\boldsymbol{AB}=\boldsymbol{O}$,则

$A^n=($　　$)$。

A. $9^{n-1}A$　　B. $-9A$　　C. $8^{n-1}A$　　D. $-8A$

解 因为 $AB=O$,所以 $r(A)+r(B)\leqslant 3$,而 $r(B)>1$,则 $r(A)\leqslant 1$,又 $r(A)\geqslant 1$,故 $r(A)=1$。于是 $\frac{a}{2}=\frac{0}{-1}=\frac{b}{3},\frac{2}{4}=\frac{-1}{c}=\frac{3}{6}$,由此得 $a=0,b=0,c=-2$。

从而 $A=\begin{bmatrix}2&-1&3\\0&0&0\\4&-2&6\end{bmatrix}=\begin{bmatrix}1\\0\\2\end{bmatrix}[2,-1,3]$,

$$A^n=\begin{bmatrix}1\\0\\2\end{bmatrix}[2,-1,3]\begin{bmatrix}1\\0\\2\end{bmatrix}[2,-1,3]\cdots\begin{bmatrix}1\\0\\2\end{bmatrix}[2,-1,3]$$

$A^n=\left([2,0,3]\begin{bmatrix}1\\-1\\2\end{bmatrix}\right)^{n-1}\begin{bmatrix}1\\0\\2\end{bmatrix}[2,-1,3]=8^{n-1}A$,故选 C。

【考法 4】 求解双列行矩阵相关问题

例题 6 设 $\boldsymbol{\alpha},\boldsymbol{\beta}$ 是三维单位正交列向量,$A=2\boldsymbol{\alpha}\boldsymbol{\alpha}^T+\boldsymbol{\beta}\boldsymbol{\beta}^T$,二次型 $f(x_1,x_2,x_3)=\boldsymbol{x}^TA\boldsymbol{x}$。下列说法正确的有(　　)。

① 矩阵 A 是不可逆的实对称矩阵。

② 对任意常数 k,矩阵 $A-kE$ 一定可对角化。

③ 二次型 $f(x_1,x_2,x_3)=\boldsymbol{x}^TA\boldsymbol{x}$ 的规范形为 $y_1^2+y_2^2$。

A. 0个　　B. 1个　　C. 2个　　D. 3个

解 由 $A^T=(2\boldsymbol{\alpha}\boldsymbol{\alpha}^T+\boldsymbol{\beta}\boldsymbol{\beta}^T)^T=2\boldsymbol{\alpha}\boldsymbol{\alpha}^T+\boldsymbol{\beta}\boldsymbol{\beta}^T=A$,知 A 是实对称矩阵。$A-kE$ 也是实对称矩阵,必可对角化,说法②正确。

又 $A\boldsymbol{\alpha}=(2\boldsymbol{\alpha}\boldsymbol{\alpha}^T+\boldsymbol{\beta}\boldsymbol{\beta}^T)\boldsymbol{\alpha}=2\boldsymbol{\alpha}(\boldsymbol{\alpha}^T\boldsymbol{\alpha})+\boldsymbol{\beta}(\boldsymbol{\beta}^T\boldsymbol{\alpha})=2\boldsymbol{\alpha}$,$A\boldsymbol{\beta}=(2\boldsymbol{\alpha}\boldsymbol{\alpha}^T+\boldsymbol{\beta}\boldsymbol{\beta}^T)\boldsymbol{\beta}=2\boldsymbol{\alpha}(\boldsymbol{\alpha}^T\boldsymbol{\beta})+\boldsymbol{\beta}(\boldsymbol{\beta}^T\boldsymbol{\beta})=\boldsymbol{\beta}$,知 A 有特征值 $\lambda_1=2,\lambda_2=1$。又 $\boldsymbol{\alpha}\boldsymbol{\alpha}^T,\boldsymbol{\beta}\boldsymbol{\beta}^T$ 的秩均为 1,所以 $r(A)=r(2\boldsymbol{\alpha}\boldsymbol{\alpha}^T+\boldsymbol{\beta}\boldsymbol{\beta}^T)\leqslant r(\boldsymbol{\alpha}\boldsymbol{\alpha}^T)+r(\boldsymbol{\beta}\boldsymbol{\beta}^T)=2<3$,则 $|A|=0=\lambda_1\lambda_2\lambda_3=2\times1\times\lambda_3$,故 $\lambda_3=0$。可知正惯性指数为 $p=2$,负惯性指数 $q=0$。说法①③正确。

综上,说法①②③全部正确,故选 D。

专题 6 正交矩阵

【考法 1】 求正交矩阵的行列式

重要结论

正交矩阵
- 定义:$AA^T=A^TA=E$,则 A 为正交矩阵
- 重要性质
  - $A^{-1}=A^T$
  - $|A|^2=1$
  - A 的列(或行)是两两垂直的单位向量

例题 1 设 A 为 n 阶实矩阵,且 $A^T=A^{-1}$,$|A|<0$,则行列式 $|A+E|=$________。

解 方法1：利用单位阵变形。

$|A+E|=|A+AA^{\mathrm{T}}|=|A(E+A^{\mathrm{T}})|=|A(E+A^{\mathrm{T}})|=|A||E+A^{\mathrm{T}}|$，由 A 为正交矩阵，故 $|A|=\pm1$。又因 $|A|<0$，故 $|A|=-1$，于是 $|A+E|=-|A+E|$，即 $|A+E|=0$。

方法2：利用逆矩阵包围公式。

$A^{-1}(A+E)E^{-1}=E^{-1}+A^{-1}=E+A^{\mathrm{T}}$，两边取行列式得 $|A^{-1}||A+E||E^{-1}|=|E+A^{\mathrm{T}}|=|A+E|$，所以 $|A+E|(|A^{-1}|-1)=0$，而 $|A|=-1$，所以 $|A^{-1}|-1=-2\neq0$，故 $|A+E|=0$。

说明：逆矩阵包围公式：A,B 可逆时，$A^{-1}(A+B)B^{-1}=A^{-1}+B^{-1}$。

【考法2】 求正交矩阵方程的解

例题2 设 $A=(a_{ij})_{3\times3}$ 为三阶实对称矩阵，且满足 $a_{ij}=A_{ij}(i,j=1,2,3,A_{ij}$ 为 a_{ij} 的代数余子式)，$a_{33}=-1,|A|=1$，则方程 $A\begin{bmatrix}x_1\\x_2\\x_3\end{bmatrix}=\begin{bmatrix}0\\0\\1\end{bmatrix}$ 的解为________。

解 由 $a_{ij}=A_{ij}$ 有 $A^{\mathrm{T}}=A^*$，于是 $A\begin{bmatrix}x_1\\x_2\\x_3\end{bmatrix}=\begin{bmatrix}0\\0\\1\end{bmatrix}$ 的解为

$$\begin{bmatrix}x_1\\x_2\\x_3\end{bmatrix}=A^{-1}\begin{bmatrix}0\\0\\1\end{bmatrix}=\frac{1}{|A|}A^*\begin{bmatrix}0\\0\\1\end{bmatrix}=\begin{bmatrix}a_{31}\\a_{32}\\a_{33}\end{bmatrix}=\begin{bmatrix}a_{31}\\a_{32}\\-1\end{bmatrix}。$$

又 $|A|=a_{31}A_{31}+a_{32}A_{32}+a_{33}A_{33}=a_{31}^2+a_{32}^2+1=1$，所以 $a_{31}=a_{32}=0$，即通解为 $(0,0,-1)^{\mathrm{T}}$。

【考法3】 利用正交矩阵的性质

例题3 设 A,B 均为 n 阶正交矩阵，则下列矩阵中不是正交矩阵的是(　　)。

A. AB^{-1}　　B. $kA(|k|=1)$　　C. $A^{-1}B^{-1}$　　D. $A-B$

解 对于选项A：$(AB^{-1})AB^{-1}=(B^{-1})^{\mathrm{T}}A^{\mathrm{T}}AB^{-1}=(B^{-1})^{\mathrm{T}}EB^{-1}=(B^{\mathrm{T}})^{\mathrm{T}}B^{\mathrm{T}}=BB^{\mathrm{T}}=E$，故 AB^{-1} 是正交矩阵。

对于选项B：$(kA)^{\mathrm{T}}(kA)=k^2A^{\mathrm{T}}A=E$，$kA$，$(|k|=1)$是正交矩阵。

对于选项C：$(A^{-1}B^{-1})^{\mathrm{T}}A^{-1}B^{-1}=(B^{-1})^{\mathrm{T}}(A^{-1})^{\mathrm{T}}A^{-1}B^{-1}=BAA^{-1}B^{-1}=E$。

对于选项D：取 $A=B$，易知 $A-B=O$，不是正交矩阵。故选D。

【考法4】 正交矩阵的特征值

重要结论

正交矩阵的特征值只能取1或−1。

证明：设任意特征值 λ 对应的特征向量为 α，则有 $A\alpha=\lambda\alpha$。左右两边转置可得 $\alpha^{\mathrm{T}}A^{\mathrm{T}}=\lambda\alpha^{\mathrm{T}}$ 两式相乘有 $\alpha^{\mathrm{T}}A^{\mathrm{T}}A\alpha=\lambda\alpha^{\mathrm{T}}\lambda\alpha\Rightarrow\alpha^{\mathrm{T}}\alpha=\lambda^2\alpha^{\mathrm{T}}\alpha\Rightarrow(\lambda^2-1)\alpha^{\mathrm{T}}\alpha=0$。又因为 α 非零，必有 $\alpha^{\mathrm{T}}\alpha>0$，所以 $\lambda^2=1,\lambda=\pm1$（证明过程中用到 $A^{\mathrm{T}}A=E$）。

此外，可以用以下方式理解：若 λ 为特征值，则必有特征方程 $|A+\lambda E|=0$。

由于 $|A|\neq0$，所以 $\lambda\neq0$。构建矩阵方程 $A^{-1}(A+\lambda E)E^{-1}=E^{-1}+\lambda A^{-1}=E+\lambda A^{\mathrm{T}}=$

$\lambda\left(\frac{1}{\lambda}\boldsymbol{E}+\boldsymbol{A}^{\mathrm{T}}\right)$

两边取行列式得$|\boldsymbol{A}^{-1}||\boldsymbol{A}+\lambda\boldsymbol{E}||\boldsymbol{E}^{-1}|=\lambda^{n}\left|\boldsymbol{A}+\frac{1}{\lambda}\boldsymbol{E}\right|=0\Rightarrow\left|\boldsymbol{A}+\frac{1}{\lambda}\boldsymbol{E}\right|=0$，为特征方程。

所以有$|\boldsymbol{A}+\lambda\boldsymbol{E}|=0$与$\left|\boldsymbol{A}+\frac{1}{\lambda}\boldsymbol{E}\right|=0$对于任意正交矩阵$\boldsymbol{A}$必成立，则必有$\lambda=\frac{1}{\lambda}\Rightarrow\lambda=\pm1$。

例题 4 设$\boldsymbol{A}$为四阶矩阵，满足条件$\boldsymbol{A}\boldsymbol{A}^{\mathrm{T}}=2\boldsymbol{E}$，$|\boldsymbol{A}|<0$，其中$\boldsymbol{E}$是四阶单位矩阵。则矩阵$\boldsymbol{A}$的伴随矩阵$\boldsymbol{A}^{*}$必有一个特征值等于________。

解 对$\boldsymbol{A}\boldsymbol{A}^{\mathrm{T}}=2\boldsymbol{E}$，两边取行列式有$|\boldsymbol{A}|^{2}=|\boldsymbol{A}||\boldsymbol{A}^{\mathrm{T}}|=|2\boldsymbol{E}|=16$，又因$|\boldsymbol{A}|<0$，故$|\boldsymbol{A}|=-4$。

由于$\boldsymbol{A}\boldsymbol{A}^{\mathrm{T}}=2\boldsymbol{E}$，故$\left(\frac{\boldsymbol{A}}{\sqrt{2}}\right)\left(\frac{\boldsymbol{A}}{\sqrt{2}}\right)^{\mathrm{T}}=\boldsymbol{E}$，所以$\frac{\boldsymbol{A}}{\sqrt{2}}$是正交矩阵，那么$\frac{\boldsymbol{A}}{\sqrt{2}}$的特征值取1或$-1$。

又因为$|\boldsymbol{A}|=\prod_{i=1}^{4}\lambda_{i}$，现在$|\boldsymbol{A}|=-4<0$，故$-1$必是$\frac{\boldsymbol{A}}{\sqrt{2}}$的特征值，所以必有$\frac{-4}{-\sqrt{2}}=2\sqrt{2}$是$\boldsymbol{A}^{*}$的特征值。

专题7 对称与反对称矩阵

【考法】 对称或反对称矩阵的性质

重要结论

两类对称矩阵 $\begin{cases}\text{对称矩阵：}\boldsymbol{A}=\boldsymbol{A}^{\mathrm{T}},a_{ij}=a_{ji}\\\text{反对称矩阵：}\boldsymbol{A}=-\boldsymbol{A}^{\mathrm{T}},a_{ij}=-a_{ji}\end{cases}$

例题 1 设n阶实矩阵$\boldsymbol{A}=(a_{ij})_{n\times n}$满足$a_{ij}+a_{ji}=0$，则下列命题中正确的有(　　)个。

① $\boldsymbol{A}$为可逆矩阵。
② $\boldsymbol{E}+\boldsymbol{A}$为可逆矩阵。
③ 对于任意的非零向量$\boldsymbol{x}$，均有$\boldsymbol{x}^{\mathrm{T}}\boldsymbol{A}\boldsymbol{x}=0$。

A. 0　　B. 1　　C. 2　　D. 3

解

命题①错误：取$a_{ij}=-a_{ji}=0$，易知$\boldsymbol{A}$矩阵不一定可逆。
命题②正确：考虑方程组$(\boldsymbol{E}+\boldsymbol{A})\boldsymbol{x}=\boldsymbol{0}$，下面证明其只有零解。

设$\boldsymbol{x}$为该方程组的任意一个解，则$\boldsymbol{0}=\boldsymbol{x}^{\mathrm{T}}\boldsymbol{0}=\boldsymbol{x}^{\mathrm{T}}(\boldsymbol{E}+\boldsymbol{A})\boldsymbol{x}=\boldsymbol{x}^{\mathrm{T}}\boldsymbol{E}\boldsymbol{x}+\boldsymbol{x}^{\mathrm{T}}\boldsymbol{A}\boldsymbol{x}\xlongequal{\boldsymbol{x}^{\mathrm{T}}\boldsymbol{A}\boldsymbol{x}=0}\boldsymbol{x}^{\mathrm{T}}\boldsymbol{x}$。
因此，$\boldsymbol{x}=\boldsymbol{0}$恒成立。故$(\boldsymbol{E}+\boldsymbol{A})\boldsymbol{x}=\boldsymbol{0}$只有零解，$\boldsymbol{E}+\boldsymbol{A}$可逆，命题②正确。
命题③正确：任取非零向量$\boldsymbol{x}$，$\boldsymbol{x}^{\mathrm{T}}\boldsymbol{A}\boldsymbol{x}=0$为一实数。于是$\boldsymbol{x}^{\mathrm{T}}\boldsymbol{A}\boldsymbol{x}=(\boldsymbol{x}^{\mathrm{T}}\boldsymbol{A}\boldsymbol{x})^{\mathrm{T}}=\boldsymbol{x}\boldsymbol{A}^{\mathrm{T}}\boldsymbol{x}^{\mathrm{T}}=-\boldsymbol{x}^{\mathrm{T}}\boldsymbol{A}\boldsymbol{x}$。从而$\boldsymbol{x}^{\mathrm{T}}\boldsymbol{A}\boldsymbol{x}=0$。说法③正确。
综上所述，正确命题共有2个，故选C。

例题 2 设n阶实对称$\boldsymbol{A}$为反对称矩阵，即$\boldsymbol{A}^{\mathrm{T}}=-\boldsymbol{A}$，则下列命题中，正确的命题有(　　)个。

① 对任意一个n维实列向量$\boldsymbol{\alpha}$，$\boldsymbol{\alpha}$与$\boldsymbol{A\alpha}$正交；②$\boldsymbol{A}+\boldsymbol{E}$可逆；③$\boldsymbol{A}^{2}-\boldsymbol{E}$是可逆矩阵。

A. 0　　B. 1
C. 2　　D. 3

解 命题①正确：由定义，只需证明$(\boldsymbol{\alpha},\boldsymbol{A\alpha})=\boldsymbol{\alpha}^{\mathrm{T}}\boldsymbol{A\alpha}=0$。

由于$\boldsymbol{\alpha}^{\mathrm{T}}\boldsymbol{A\alpha}=(\boldsymbol{\alpha},\boldsymbol{A\alpha})=(\boldsymbol{A\alpha},\boldsymbol{\alpha})=(\boldsymbol{A\alpha})^{\mathrm{T}}\boldsymbol{\alpha}=\boldsymbol{\alpha}^{\mathrm{T}}\boldsymbol{A}^{\mathrm{T}}\boldsymbol{\alpha}=-\boldsymbol{\alpha}^{\mathrm{T}}\boldsymbol{A\alpha}$，

所以，有$2\boldsymbol{\alpha}^{\mathrm{T}}\boldsymbol{A\alpha}=0$，从而$\boldsymbol{\alpha}^{\mathrm{T}}\boldsymbol{A\alpha}=0$，所以$\boldsymbol{\alpha}$与$\boldsymbol{A\alpha}$正交。

命题②正确：可使用反证法。设$\boldsymbol{A}-\boldsymbol{E}$不可逆，则存在非零列向量$\boldsymbol{\alpha}$，使$(\boldsymbol{A}-\boldsymbol{E})\boldsymbol{\alpha}=\boldsymbol{0}$，即$\boldsymbol{A\alpha}=\boldsymbol{\alpha}$，这与$\boldsymbol{\alpha},\boldsymbol{A\alpha}$正交(线性无关)矛盾。故$\boldsymbol{A}-\boldsymbol{E}$可逆，同理可证$\boldsymbol{A}+\boldsymbol{E}$可逆。

命题③正确：由②可知$\boldsymbol{A}-\boldsymbol{E},\boldsymbol{A}+\boldsymbol{E}$均可逆。所以$|(\boldsymbol{A}-\boldsymbol{E})(\boldsymbol{A}+\boldsymbol{E})|=|\boldsymbol{A}-\boldsymbol{E}||\boldsymbol{A}+\boldsymbol{E}|\neq 0$，故矩阵$\boldsymbol{A}^2-\boldsymbol{E}=(\boldsymbol{A}-\boldsymbol{E})(\boldsymbol{A}+\boldsymbol{E})$可逆。

例题 3 三阶实对称矩阵$\boldsymbol{A}$的各行元素之和为1，$r(\boldsymbol{A}^*)=0$，则下列关于矩阵$\boldsymbol{A}$的说法正确的有(　　)个。

① 矩阵$\boldsymbol{A}$的全部特征值为1,0,0。

② 特征值1对应的特征向量必为$(1,1,1)^{\mathrm{T}}$。

③ 0对应的全部特征向量为$k_1(0,1,-1)^{\mathrm{T}}+k_2(1,0,-1)^{\mathrm{T}}$，其中$k_1,k_2$为任意实数。

A. 0　　B. 1　　C. 2　　D. 3

解

实对称矩阵$\boldsymbol{A}$的各行元素之和为1，所以矩阵$\boldsymbol{A}$存在一个特征值为1，对应的特征向量可取$\boldsymbol{\alpha}_1=(1,1,1)^{\mathrm{T}}$(但不是唯一，所以②错误)。特征值1对应的全部特征向量为$k(1,1,1)^{\mathrm{T}}$，其中$k\neq 0$。又因为$r(\boldsymbol{A}^*)=0$，所以$r(\boldsymbol{A})=0$或1，显然$\boldsymbol{A}$为非零矩阵，所以$r(\boldsymbol{A})=1$。故0至少为矩阵$\boldsymbol{A}$的二重特征值。鉴于必有特征值1，所以0为矩阵$\boldsymbol{A}$的二重特征值。所以①正确，②错误。

考虑到实对称矩阵不同特征值对应的特征向量正交，所以$\boldsymbol{\alpha}_2,\boldsymbol{\alpha}_3$必定与$\boldsymbol{\alpha}_1=(1,1,1)^{\mathrm{T}}$正交，所以可取$\boldsymbol{\alpha}_2=(0,1,-1)^{\mathrm{T}},\boldsymbol{\alpha}_3=(1,0,-1)^{\mathrm{T}}$。0对应的全部特征向量为$k_1(0,1,-1)^{\mathrm{T}}+k_2(1,0,-1)^{\mathrm{T}}$，其中$k_1,k_2$不同时为零(特征向量不能为零向量)，所以③错误。故选B。

专题8 经典关系 $a_{ij}=A_{ij}$

【考法1】 经典关系 $a_{ij}=A_{ij}$

重要结论

若三阶非零矩阵满足$a_{ij}=A_{ij}$，则必有$\begin{cases}\text{矩阵 } r(\boldsymbol{A})=r(\boldsymbol{A}^*)=3\\ \text{行列式 } |\boldsymbol{A}|=1\\ \boldsymbol{A} \text{ 为正交矩阵}\end{cases}$

证明：$a_{ij}=A_{ij}\Rightarrow\boldsymbol{A}^{\mathrm{T}}=\boldsymbol{A}^*$ 所以$r(\boldsymbol{A}^{\mathrm{T}})=r(\boldsymbol{A}^*)=0$或$n$。因为$\boldsymbol{A}$是非零矩阵，所以$r(\boldsymbol{A}^{\mathrm{T}})=r(\boldsymbol{A}^*)=n=r(\boldsymbol{A})$，$|\boldsymbol{A}|\neq 0$。

$\Rightarrow\boldsymbol{AA}^{\mathrm{T}}=\boldsymbol{AA}^*=|\boldsymbol{A}|\boldsymbol{E}$。进一步有，$|\boldsymbol{AA}^{\mathrm{T}}|=||\boldsymbol{A}|\boldsymbol{E}|\Rightarrow|\boldsymbol{A}|^2=|\boldsymbol{A}|^3\Rightarrow|\boldsymbol{A}|=1$，所以$\boldsymbol{AA}^{\mathrm{T}}=\boldsymbol{E}$，即$\boldsymbol{A}$是正交矩阵。

说明：$a_{ij}=A_{ij}$等价于$\boldsymbol{A}^{\mathrm{T}}=\boldsymbol{A}^*$，这是同一个关系的两种不同的写法。

A_{ij}有两个相关结论为①行列式由展开定理知含A_{ij}；②伴随矩阵的元素为A_{ji}。

例题 1 设矩阵$\boldsymbol{A}$为三阶非零实矩阵，$\boldsymbol{A}^{\mathrm{T}}=\boldsymbol{A}^*$，且$|\boldsymbol{E}+\boldsymbol{A}|=|\boldsymbol{E}-\boldsymbol{A}|=0$，则$|\boldsymbol{A}^2-\boldsymbol{A}-3\boldsymbol{E}|=$________。

解 由$\boldsymbol{A}^{\mathrm{T}}=\boldsymbol{A}^*$，$\boldsymbol{AA}^*=\boldsymbol{AA}^{\mathrm{T}}=|\boldsymbol{A}|\boldsymbol{E}$，知$|\boldsymbol{A}||\boldsymbol{A}^{\mathrm{T}}|=|\boldsymbol{A}|^2=||\boldsymbol{A}|\boldsymbol{E}|=|\boldsymbol{A}|^3$，即$|\boldsymbol{A}|^2(1-|\boldsymbol{A}|)=0$，故$|\boldsymbol{A}|=0$或$|\boldsymbol{A}|=1$。

又 $\boldsymbol{A}\neq\boldsymbol{O}$，不妨设 $a_{11}\neq0$，由已知 $\boldsymbol{A}^{\mathrm{T}}=\boldsymbol{A}^{*}$，得 $a_{ji}=A_{ji}$，故 $|\boldsymbol{A}|=a_{11}A_{11}+a_{12}A_{12}+a_{13}A_{13}=a_{11}^2+a_{12}^2+a_{13}^2\neq0$，于是 $|\boldsymbol{A}|=1$。

由 $|\boldsymbol{E}+\boldsymbol{A}|=0$ 知 $\lambda_1=-1$ 是 $\boldsymbol{A}$ 的一个特征值。同理，由 $|\boldsymbol{E}-\boldsymbol{A}|=0$，得 $\lambda_2=1$ 是 $\boldsymbol{A}$ 的一个特征值。再由 $1=|\boldsymbol{A}|=\lambda_1\lambda_2\lambda_3=(-1)\times1\times\lambda_3$，得 $\lambda_3=-1$。

又 $\boldsymbol{A}^2-\boldsymbol{A}-3\boldsymbol{E}$ 的特征值分别为 $-1,-3,-1$，故 $|\boldsymbol{A}^2-\boldsymbol{A}-3\boldsymbol{E}|=(-1)\times(-3)\times(-1)=-3$。

【补充】本题也可用如下方法：$|\boldsymbol{A}|\neq0,\boldsymbol{A}^{\mathrm{T}}=\boldsymbol{A}^{*}\Rightarrow r(\boldsymbol{A})=r(\boldsymbol{A}^{*})=n$ 或 0，又因为矩阵 $\boldsymbol{A}$ 为非零矩阵，所以 $r(\boldsymbol{A})=n$，$|\boldsymbol{A}|\neq0$。

【考法 2】 经典关系的推广：$a_{ij}+kA_{ij}=0$

重要结论

若三阶非零矩阵满足 $a_{ij}+kA_{ij}=0$，则必有
$$\begin{cases}\text{矩阵满秩 } r(\boldsymbol{A})=r(\boldsymbol{A}^{*})=3\\ \text{行列式 } |\boldsymbol{A}|=-\dfrac{1}{k^3}\neq0\\ k^2=1\text{ 时},\boldsymbol{A}\text{ 为正交矩阵}\end{cases}$$

证明：$a_{ij}+kA_{ij}=0\Rightarrow a_{ij}=-kA_{ij}\Rightarrow\boldsymbol{A}^{\mathrm{T}}=-k\boldsymbol{A}^{*}$ 所以 $r(\boldsymbol{A}^{\mathrm{T}})=r(\boldsymbol{A}^{*})=0$ 或 n，如果 $\boldsymbol{A}$ 是非零矩阵，则有 $r(\boldsymbol{A}^{\mathrm{T}})=r(\boldsymbol{A}^{*})=n=r(\boldsymbol{A})$，$|\boldsymbol{A}|\neq0$。

$\Rightarrow\boldsymbol{A}\boldsymbol{A}^{\mathrm{T}}=-k\boldsymbol{A}\boldsymbol{A}^{*}=-k|\boldsymbol{A}|\boldsymbol{E}$ 进一步有 $|\boldsymbol{A}\boldsymbol{A}^{\mathrm{T}}|=|\boldsymbol{A}|^2=-k^3|\boldsymbol{A}|^3\Rightarrow|\boldsymbol{A}|=-\dfrac{1}{k^3}$，

所以 $\boldsymbol{A}\boldsymbol{A}^{\mathrm{T}}=-k|\boldsymbol{A}|\boldsymbol{E}=\dfrac{1}{k^2}\boldsymbol{E}$。仅当 $k^2=1$ 时才是正交矩阵。

例题 2 设 $\boldsymbol{A}$ 为三阶非零矩阵，非零常数 k 使得 $a_{ij}+kA_{ij}=0(i,j=1,2,3)$，其中 A_{ij} 为 a_{ij} 的代数余子式，则下列说法中正确的有(　　)个。

① 存在非零方阵 $\boldsymbol{B}$ 使得 $\boldsymbol{A}\boldsymbol{B}=\boldsymbol{O}$　　② $\boldsymbol{A}$ 是实对称矩阵　　③ $\boldsymbol{A}$ 是正交矩阵

A. 0　　B. 1

C. 2　　D. 3

解 $a_{ij}+kA_{ij}=0\Rightarrow a_{ij}=-kA_{ij}\Rightarrow\boldsymbol{A}^{\mathrm{T}}=-k\boldsymbol{A}^{*}$ 所以 $r(\boldsymbol{A}^{\mathrm{T}})=r(\boldsymbol{A}^{*})=0$ 或 n。但由于 $\boldsymbol{A}$ 是非零矩阵，所以 $r(\boldsymbol{A}^{\mathrm{T}})=r(\boldsymbol{A}^{*})=n=r(\boldsymbol{A})$。

$\boldsymbol{A}\boldsymbol{B}=\boldsymbol{O},r(\boldsymbol{A})=n,\Rightarrow r(\boldsymbol{B})=0$，故说法①错误。

$\Rightarrow\boldsymbol{A}\boldsymbol{A}^{\mathrm{T}}=-k\boldsymbol{A}\boldsymbol{A}^{*}=-k|\boldsymbol{A}|\boldsymbol{E}$，进一步有 $\Rightarrow|\boldsymbol{A}\boldsymbol{A}^{\mathrm{T}}|=|\boldsymbol{A}|^2=-k^3|\boldsymbol{A}|^3\Rightarrow|\boldsymbol{A}|=-\dfrac{1}{k^3}$，

所以 $\boldsymbol{A}\boldsymbol{A}^{\mathrm{T}}=-k|\boldsymbol{A}|\boldsymbol{E}=\dfrac{1}{k^2}\boldsymbol{E}$。仅当 $k^2=1$ 时才是正交矩阵。本题无法得出 $\boldsymbol{A}$ 是否为对称矩阵。说法②③均错误，故选 A。

专题 9 矩阵方程

【考法 1】 特征值判别可逆

重要结论

若矩阵 $\boldsymbol{A}$ 的特征值含 0，则矩阵 $\boldsymbol{A}$ 必不可逆；若矩阵 $\boldsymbol{A}$ 的特征值不含 0，则矩阵 $\boldsymbol{A}$ 必可逆。

例题 1 设 $\boldsymbol{A}$ 是四阶矩阵,$\boldsymbol{A}^*$ 是 $\boldsymbol{A}$ 的伴随矩阵,若 $\boldsymbol{A}^*$ 的特征值是 $-1,1,-2,4$,则下列矩阵中可逆的有(　　)个。

① $\boldsymbol{A}$;② $\boldsymbol{A}-3\boldsymbol{E}$;③ $2\boldsymbol{A}-\boldsymbol{E}$;④ $2\boldsymbol{A}+\boldsymbol{E}$;⑤ $\boldsymbol{A}^*-2\boldsymbol{E}$;⑥ $\boldsymbol{A}^*+2\boldsymbol{E}$

A. 2　　B. 3

C. 4　　D. 5

解 设 $\boldsymbol{A}^*\boldsymbol{\alpha}_i=\lambda_i\boldsymbol{\alpha}_i,\boldsymbol{\alpha}_i\neq\boldsymbol{0},(i=1,2,3,4)$。两边左乘矩阵 $\boldsymbol{A}$,得 $\boldsymbol{A}\boldsymbol{\alpha}_i=\dfrac{|\boldsymbol{A}|}{\lambda_i}\boldsymbol{\alpha}_i$。

故矩阵 $\boldsymbol{A}$ 的特征值为 $\dfrac{|\boldsymbol{A}|}{\lambda_i},(i=1,2,3,4)$。

由 $\boldsymbol{A}^*$ 的特征值为 $-1,1,-2,4$,可知 $|\boldsymbol{A}^*|=8$,而 $|\boldsymbol{A}^*|=|\boldsymbol{A}|^{n-1}=|\boldsymbol{A}|^{4-1}$,故 $|\boldsymbol{A}|=2$。可得矩阵 $\boldsymbol{A}$ 的特征值为 $-2,2,-1,\dfrac{1}{2}$,所以矩阵 $\boldsymbol{A}+2\boldsymbol{E},\boldsymbol{A}-2\boldsymbol{E},\boldsymbol{A}+\boldsymbol{E},2\boldsymbol{A}-\boldsymbol{E}$ 均含特征值0,必不可逆。

$\boldsymbol{A}^*$ 的特征值为 $-1,1,-2,4$,所以 $\boldsymbol{A}^*+\boldsymbol{E},\boldsymbol{A}^*-\boldsymbol{E},\boldsymbol{A}^*+2\boldsymbol{E},\boldsymbol{A}^*-4\boldsymbol{E}$ 均含特征值0,必不可逆。

所以③$2\boldsymbol{A}-\boldsymbol{E}$ 与⑥$\boldsymbol{A}^*+2\boldsymbol{E}$ 不可逆,其他4个矩阵可逆。

【考法2】 行列式判别可逆

重要结论

若矩阵 $\boldsymbol{A}$ 的行列式为0,则矩阵 $\boldsymbol{A}$ 必不可逆;若矩阵 $\boldsymbol{A}$ 的行列式不为0,则矩阵 $\boldsymbol{A}$ 必可逆。

例题 2 设 $\boldsymbol{A},\boldsymbol{B}$ 均为 n 阶矩阵,且 $\boldsymbol{AB}=\boldsymbol{A}+\boldsymbol{B}$,则下列说法中正确的有(　　)个。

① $(\boldsymbol{A}-\boldsymbol{E})\boldsymbol{x}=\boldsymbol{0}$ 必有非零解;② 矩阵 $\boldsymbol{A},\boldsymbol{B}$ 同时可逆或不可逆;③ 若 $\boldsymbol{B}$ 可逆,则 $\boldsymbol{A}+\boldsymbol{B}$ 可逆

A. 0　　B. 1　　C. 2　　D. 3

说法①错误:由 $\boldsymbol{AB}=\boldsymbol{A}+\boldsymbol{B}$ 可知 $(\boldsymbol{A}-\boldsymbol{E})\boldsymbol{B}-\boldsymbol{A}=\boldsymbol{O}$,也即 $(\boldsymbol{A}-\boldsymbol{E})\boldsymbol{B}-(\boldsymbol{A}-\boldsymbol{E})=\boldsymbol{E}$,进一步有 $(\boldsymbol{A}-\boldsymbol{E})(\boldsymbol{B}-\boldsymbol{E})=\boldsymbol{E}$,故 $\boldsymbol{A}-\boldsymbol{E}$ 恒可逆,$(\boldsymbol{A}-\boldsymbol{E})\boldsymbol{x}=\boldsymbol{0}$ 仅有零解。

说法②正确:若 $\boldsymbol{A}$ 可逆,由 $(\boldsymbol{A}-\boldsymbol{E})\boldsymbol{B}=\boldsymbol{A}\Rightarrow|\boldsymbol{A}-\boldsymbol{E}||\boldsymbol{B}|=|\boldsymbol{A}|$ 知 $|\boldsymbol{A}|\neq0,|\boldsymbol{A}-\boldsymbol{E}|\neq0$,且 $|\boldsymbol{B}|\neq0$,此时 $\boldsymbol{B}$ 可逆。

若 $\boldsymbol{A}$ 不可逆,由 $\boldsymbol{A}(\boldsymbol{B}-\boldsymbol{E})=\boldsymbol{B}\Rightarrow|\boldsymbol{B}|=|\boldsymbol{A}||\boldsymbol{B}-\boldsymbol{E}|=0$,此时 $\boldsymbol{B}$ 不可逆,故说法②正确。

说法③正确:$\boldsymbol{A}(\boldsymbol{B}-\boldsymbol{E})=\boldsymbol{B}\Rightarrow|\boldsymbol{A}||\boldsymbol{B}-\boldsymbol{E}|=|\boldsymbol{B}|$,若 $\boldsymbol{B}$ 可逆,则 $|\boldsymbol{A}||\boldsymbol{B}-\boldsymbol{E}|=|\boldsymbol{B}|\neq0,|\boldsymbol{A}|\neq0$,又 $|\boldsymbol{AB}|=|\boldsymbol{A}|\cdot|\boldsymbol{B}|\neq0$,所以 $\boldsymbol{AB}=\boldsymbol{A}+\boldsymbol{B}$ 可逆,故选C。

【考法3】 求具体矩阵的逆

重要结论

利用初等行变换求逆。$[\boldsymbol{A}\ \vdots\ \boldsymbol{E}]\xrightarrow{\text{初等行变换}}[\boldsymbol{E}\ \vdots\ \boldsymbol{A}^{-1}]$。

例题 3 设矩阵 $\boldsymbol{A},\boldsymbol{B}$ 满足 $\boldsymbol{A}^*\boldsymbol{BA}=2\boldsymbol{BA}-8\boldsymbol{E}$,其中 $\boldsymbol{A}=\begin{bmatrix}1&0&0\\0&-2&0\\0&0&3\end{bmatrix}$,$\boldsymbol{E}$ 为单位矩阵,$\boldsymbol{A}^*$ 为 $\boldsymbol{A}$ 的伴随矩阵,则 $\boldsymbol{B}=$________.

解 由题设 $A^*BA=2BA-8E$，由于 $|A|=-2\neq 0$，所以 A 可逆。左乘 A，右乘 A^{-1}，得 $AA^*BAA^{-1}=2ABAA^{-1}-8AA^{-1}\Rightarrow |A|B=2AB-8E$。将 $|A|=-6$ 代入，整理得 $(3E+A)B=4E$。

$$B=4(3E+A)^{-1}=4\begin{bmatrix}4&0&0\\0&1&0\\0&0&6\end{bmatrix}^{-1}=4\begin{bmatrix}\frac{1}{4}&0&0\\0&1&0\\0&0&\frac{1}{6}\end{bmatrix}=\begin{bmatrix}1&0&0\\0&4&0\\0&0&\frac{2}{3}\end{bmatrix}。$$

【考法4】 定义法求抽象矩阵的逆

重要结论

若拼凑出 $A(\quad)=E$，则必有 $A^{-1}=(\quad)$。

例题4 设 A 为 n 阶非零矩阵，E 为 n 阶单位矩阵。若 $A^3=O$，则（　　）。

A. $E-A$ 不可逆，$E+A$ 不可逆　　B. $E-A$ 不可逆，$E+A$ 可逆

C. $E-A$ 可逆，$E+A$ 可逆　　D. $E-A$ 可逆，$E+A$ 不可逆

解 求出逆矩阵。$(E-A)(E+A+A^2)=E-A^3=E$，$(E+A)(E-A+A^2)=E+A^3=E$，

所以矩阵 $E-A$ 与 $E+A$ 的逆矩阵分别为 $E+A+A^2$ 和 $E-A+A^2$，

故 $E-A$，$E+A$ 均可逆。

注意：本题也可用特征值的方法做。矩阵 A 的特征值只能取 0，所以 $E-A$ 的特征值全为 1，矩阵 $E+A$ 的特征值全为 1，行列式均不为零，均可逆。

【考法5】 逆矩阵包围法求矩阵的逆

重要结论

逆矩阵包围公式：A，B 可逆时，$A^{-1}(A+B)B^{-1}=B^{-1}+A^{-1}$。

证明：$A^{-1}(A+B)B^{-1}=A^{-1}AB^{-1}+A^{-1}BB^{-1}=B^{-1}+A^{-1}$

特别地，当矩阵之和中含有一个逆矩阵时，可实现逆矩阵转移。

逆矩阵转移公式：A，B 可逆时，$A^{-1}(A+B^{-1})B=A^{-1}+B$。

例题5 设 A，B，$A+B$，$A^{-1}+B^{-1}$ 均为 n 阶可逆矩阵，则 $(A^{-1}+B^{-1})^{-1}$ 等于（　　）。

A. $A^{-1}+B^{-1}$　　B. $A+B$

C. $B(A+B)^{-1}A$　　D. $(A+B)^{-1}$

解 方法1：逆矩阵包围法。由题可得 $A(A^{-1}+B^{-1})B=B+A$。等式左右两边取逆矩阵，有 $B^{-1}(A^{-1}+B^{-1})^{-1}A^{-1}=(B+A)^{-1}\Rightarrow(A^{-1}+B^{-1})^{-1}=B(B+A)^{-1}A$，故选 C。

方法2："上帝"法。

因 $[B(A+B)^{-1}A]^{-1}=A^{-1}(A+B)B^{-1}=B^{-1}+A^{-1}=A^{-1}+B^{-1}$，故选 C。

说明：方法2犹如开了"上帝"视角，故称为"上帝"法。掌握得好，直接见"上帝"；如有失误，直接见"上帝"。

【考法6】 构建多项式方程求逆矩阵

重要结论

构建出 $f(\boldsymbol{A})=\boldsymbol{O}$，再拼凑出 $\boldsymbol{A}(\quad)=\boldsymbol{E}$，则必有 $\boldsymbol{A}^{-1}=(\quad)$。

例题 6 已知 $\boldsymbol{A}=\boldsymbol{\alpha}\boldsymbol{\beta}^{\mathrm{T}}-\boldsymbol{E}$，$\boldsymbol{\alpha}$，$\boldsymbol{\beta}$ 均为三维列向量，$\boldsymbol{\alpha}^{\mathrm{T}}\boldsymbol{\beta}=3$，求 $\boldsymbol{A}^{-1}$。

解 设 $\boldsymbol{B}=\boldsymbol{\alpha}\boldsymbol{\beta}^{\mathrm{T}}$，$\boldsymbol{B}^2=(\boldsymbol{\alpha}\boldsymbol{\beta}^{\mathrm{T}})(\boldsymbol{\alpha}\boldsymbol{\beta}^{\mathrm{T}})=\boldsymbol{\alpha}(\boldsymbol{\beta}^{\mathrm{T}}\boldsymbol{\alpha})\boldsymbol{\beta}^{\mathrm{T}}=3\boldsymbol{B}$，得 $(\boldsymbol{A}+\boldsymbol{E})^2=3(\boldsymbol{A}+\boldsymbol{E})$，即 $\boldsymbol{A}^2-\boldsymbol{A}=2\boldsymbol{E}$，亦即 $\boldsymbol{A}\cdot\frac{1}{2}(\boldsymbol{A}-\boldsymbol{E})=\boldsymbol{E}$，故 $\boldsymbol{A}^{-1}=\frac{1}{2}(\boldsymbol{A}-\boldsymbol{E})=-\boldsymbol{E}+\frac{1}{2}\boldsymbol{\alpha}\boldsymbol{\beta}^{\mathrm{T}}$。

【考法7】 利用互逆矩阵的可交换性

重要结论

① 当 $\boldsymbol{A}$，$\boldsymbol{B}$ 互为逆矩阵时，$\boldsymbol{A}$，$\boldsymbol{B}$ 可交换。即 $\boldsymbol{AB}=\boldsymbol{BA}$。

② $\boldsymbol{A}-\boldsymbol{E}$，$\boldsymbol{A}+\boldsymbol{E}$ 可交换。

证明：①当 $\boldsymbol{A}$，$\boldsymbol{B}$ 互为逆矩阵时，有 $\boldsymbol{A}=\boldsymbol{B}^{-1}$，$\boldsymbol{B}=\boldsymbol{A}^{-1}$，所以有 $\boldsymbol{AB}=\boldsymbol{E}=\boldsymbol{BA}$。

② $(\boldsymbol{A}-\boldsymbol{E})(\boldsymbol{A}+\boldsymbol{E})=\boldsymbol{A}^2-\boldsymbol{E}^2=(\boldsymbol{A}+\boldsymbol{E})(\boldsymbol{A}-\boldsymbol{E})$，故 $\boldsymbol{A}-\boldsymbol{E}$，$\boldsymbol{A}+\boldsymbol{E}$ 可交换。

例题 7 设 $\boldsymbol{A}$，$\boldsymbol{B}$，$\boldsymbol{C}$ 均为 n 阶矩阵，$\boldsymbol{E}$ 为 n 阶单位矩阵，若 $\boldsymbol{B}=\boldsymbol{E}+\boldsymbol{AB}$，$\boldsymbol{C}=\boldsymbol{A}+\boldsymbol{CA}$，则 $\boldsymbol{B}-\boldsymbol{C}$ 为(　　)。

A. $\boldsymbol{E}$　　B. $-\boldsymbol{E}$　　C. $\boldsymbol{A}$　　D. $-\boldsymbol{A}$

解 由 $\boldsymbol{B}=\boldsymbol{E}+\boldsymbol{AB}$，$\boldsymbol{C}=\boldsymbol{A}+\boldsymbol{CA}$，知 $(\boldsymbol{E}-\boldsymbol{A})\boldsymbol{B}=\boldsymbol{E}$，$\boldsymbol{C}(\boldsymbol{E}-\boldsymbol{A})=\boldsymbol{A}$，可见，$\boldsymbol{E}-\boldsymbol{A}$ 与 $\boldsymbol{B}$ 互为逆矩阵，于是有 $\boldsymbol{B}(\boldsymbol{E}-\boldsymbol{A})=\boldsymbol{E}$。从而有 $(\boldsymbol{B}-\boldsymbol{C})(\boldsymbol{E}-\boldsymbol{A})=\boldsymbol{E}-\boldsymbol{A}$。而 $\boldsymbol{E}-\boldsymbol{A}$ 可逆，故 $\boldsymbol{B}-\boldsymbol{C}=\boldsymbol{E}$，故选 A。

例题 8 设 n 阶实矩阵 $\boldsymbol{A}$ 为反对称矩阵，即 $\boldsymbol{A}^{\mathrm{T}}=-\boldsymbol{A}$，下列说法正确的有(　　)个。

① $\boldsymbol{A}-\boldsymbol{E}$ 为可逆矩阵。

② 矩阵 $\boldsymbol{A}$ 的主对角线元素均为 0。

③ $(\boldsymbol{A}-\boldsymbol{E})(\boldsymbol{A}+\boldsymbol{E})^{-1}$ 是正交矩阵。

A. 0　　B. 1　　C. 2　　D. 3

解

说法②正确。设矩阵元素为 a_{ij}。因为 $\boldsymbol{A}^{\mathrm{T}}=-\boldsymbol{A}$，所以必有 $a_{ij}=-a_{ji}(i,j=1,2,\cdots,n)$。

令 $i=j$，则必有 $a_{ii}=-a_{ii}\Rightarrow a_{ii}=0$，所以②正确。

说法③正确。$(\boldsymbol{A}-\boldsymbol{E})(\boldsymbol{A}+\boldsymbol{E})^{-1}[(\boldsymbol{A}-\boldsymbol{E})(\boldsymbol{A}+\boldsymbol{E})^{-1}]^{\mathrm{T}}$

$=(\boldsymbol{A}-\boldsymbol{E})(\boldsymbol{A}+\boldsymbol{E})^{-1}[(\boldsymbol{A}+\boldsymbol{E})^{-1}]^{\mathrm{T}}(\boldsymbol{A}-\boldsymbol{E})^{\mathrm{T}}$

$=(\boldsymbol{A}-\boldsymbol{E})(\boldsymbol{A}+\boldsymbol{E})^{-1}(\boldsymbol{A}-\boldsymbol{E})^{-1}(\boldsymbol{A}+\boldsymbol{E})=(\boldsymbol{A}-\boldsymbol{E})[(\boldsymbol{A}-\boldsymbol{E})(\boldsymbol{A}+\boldsymbol{E})]^{-1}(\boldsymbol{A}+\boldsymbol{E})$

$=(\boldsymbol{A}-\boldsymbol{E})(\boldsymbol{A}^2-\boldsymbol{E})^{-1}(\boldsymbol{A}+\boldsymbol{E})=(\boldsymbol{A}-\boldsymbol{E})[(\boldsymbol{A}+\boldsymbol{E})(\boldsymbol{A}-\boldsymbol{E})]^{-1}(\boldsymbol{A}+\boldsymbol{E})$

$=(\boldsymbol{A}-\boldsymbol{E})(\boldsymbol{A}-\boldsymbol{E})^{-1}(\boldsymbol{A}+\boldsymbol{E})^{-1}(\boldsymbol{A}+\boldsymbol{E})=\boldsymbol{E}$，故 $(\boldsymbol{A}-\boldsymbol{E})(\boldsymbol{A}+\boldsymbol{E})^{-1}$ 是正交矩阵。

说法①正确。正交矩阵必可逆，所以 $|(\boldsymbol{A}-\boldsymbol{E})(\boldsymbol{A}+\boldsymbol{E})^{-1}|\neq 0\Rightarrow|\boldsymbol{A}-\boldsymbol{E}|\neq 0$，故 $\boldsymbol{A}-\boldsymbol{E}$ 为可逆矩阵。

综上所述，3 个说法均正确，故选 D。

例题 9 若矩阵 A 和矩阵 B 可交换，下列可交换的矩阵有(　　)对。

①A^T 与 B^T　　②AB^2 与 BA^2　　③$A-B$ 与 $A+B$

A. 0　　B. 1　　C. 2　　D. 3

解 ① 矩阵可交换：若 $AB=BA$，则 $A^TB^T=(BA)^T=(AB)^T=B^TA^T$。

② 矩阵可交换：若 $AB=BA$，则 $AB^2\cdot BA^2=AB\cdot B\cdot BA\cdot A=BA\cdot B^2A^2=BA\cdot(BA)^2=BA\cdot(AB)^2=BA^2\cdot AB^2$。

③ 矩阵可交换：若 $AB=BA$，则

$(A-B)(A+B)=A^2+AB-BA-B^2=A^2-AB+BA-B^2=(A+B)(A-B)$。

故选 D。

专题 10 矩阵(或向量组)的秩

【考法 1】 “线表秩不变”原理

重要结论

① “线表秩不变”原理。若β 可由$\alpha_1,\alpha_2,\alpha_3$ 线性表示，则向量组$\alpha_1,\alpha_2,\alpha_3$ 加入新向量β 后，秩不变，即 $r(\alpha_1,\alpha_2,\alpha_3,\beta)=r(\alpha_1,\alpha_2,\alpha_3)$。

② 由“线表秩不变”原理推导的求秩方法：线表消除法。能被其他向量线性表示的向量可被消除，而不影响向量组的秩。

③ “不可线表秩加 1”原理。若β 不可由$\alpha_1,\alpha_2,\alpha_3$ 线性表示，则向量组$\alpha_1,\alpha_2,\alpha_3$ 加入新向量β 后，秩加 1，即 $r(\alpha_1,\alpha_2,\alpha_3,\beta)=r(\alpha_1,\alpha_2,\alpha_3)+1$。

证明：若β 可由$\alpha_1,\alpha_2,\alpha_3$ 线性表示，则$(\alpha_1,\alpha_2,\alpha_3,\beta)$可通过列变换化为$(\alpha_1,\alpha_2,\alpha_3,\mathbf{0})$，此时有 $r(\alpha_1,\alpha_2,\alpha_3,\beta)=r(\alpha_1,\alpha_2,\alpha_3,\mathbf{0})=r(\alpha_1,\alpha_2,\alpha_3)$。

推广，若$\beta_1,\beta_2,\cdots,\beta_n$ 可由$\alpha_1,\alpha_2,\cdots,\alpha_n$ 线性表示，则 $r(\alpha_1,\alpha_2,\cdots,\alpha_n,\beta_1,\beta_2,\cdots,\beta_n)=r(\alpha_1,\alpha_2,\cdots,\alpha_n)$。

此外，还可以非齐次方程组的方式理解。

理解①：若β 可由$\alpha_1,\alpha_2,\alpha_3$ 线性表示，则非齐次方程 $x_1\alpha_1+x_2\alpha_2+x_3\alpha_3=\beta\Leftrightarrow[\alpha_1,\alpha_2,\alpha_3]\cdot\begin{bmatrix}x_1\\x_2\\x_3\end{bmatrix}=\beta$ 必有解，此时有系数阵与增广矩阵的秩相等，即 $r(\alpha_1,\alpha_2,\alpha_3,\beta)=r(\alpha_1,\alpha_2,\alpha_3)$。

理解③：若β 不可由$\alpha_1,\alpha_2,\alpha_3$ 线性表示，则非齐次方程 $x_1\alpha_1+x_2\alpha_2+x_3\alpha_3=\beta\Leftrightarrow[\alpha_1,\alpha_2,\alpha_3]\cdot\begin{bmatrix}x_1\\x_2\\x_3\end{bmatrix}=\beta$ 无解，此时有系数阵与增广矩阵的秩相差 1，即 $r(\alpha_1,\alpha_2,\alpha_3,\beta)=r(\alpha_1,\alpha_2,\alpha_3)+1$。

例题 1 设$\alpha_1,\alpha_2,\alpha_3$ 线性无关，β_1 可由$\alpha_1,\alpha_2,\alpha_3$ 线性表示，β_2 不可由$\alpha_1,\alpha_2,\alpha_3$ 线性表示，对任意的常数 k 有(　　)。

A. $\alpha_1,\alpha_2,\alpha_3,k\beta_1+\beta_2$ 线性无关　　B. $\alpha_1,\alpha_2,\alpha_3,k\beta_1+\beta_2$ 线性相关

C. $\alpha_1,\alpha_2,\alpha_3,\beta_1+k\beta_2$ 线性无关　　D. $\alpha_1,\alpha_2,\alpha_3,\beta_1+k\beta_2$ 线性相关

解 因为β_1 可以由$\alpha_1,\alpha_2,\alpha_3$ 线性表示，β_2 不可由$\alpha_1,\alpha_2,\alpha_3$ 线性表示。由“不可线表秩加 1”原理可得：$r(\alpha_1,\alpha_2,\alpha_3,\beta_2)=r(\alpha_1,\alpha_2,\alpha_3)+1$。由线表消除法可知：$\alpha_1,\alpha_2,\alpha_3,k\beta_1+\beta_2$ 可列变换为α_1，

$\boldsymbol{\alpha}_2,\boldsymbol{\alpha}_3,\boldsymbol{\beta}_2$，即 $r(\boldsymbol{\alpha}_1,\boldsymbol{\alpha}_2,\boldsymbol{\alpha}_3,\boldsymbol{\beta}_2)=4$。所以$\boldsymbol{\alpha}_1,\boldsymbol{\alpha}_2,\boldsymbol{\alpha}_3,k\boldsymbol{\beta}_1+\boldsymbol{\beta}_2$ 线性无关，故选 A。

【考法 2】 乘逆矩阵，秩不变

重要结论

乘逆矩阵，秩不变。若 $\boldsymbol{A}$ 可逆，则 $r(\boldsymbol{AC})=r(\boldsymbol{C})$ 且 $r(\boldsymbol{BA})=r(\boldsymbol{B})$，即矩阵左乘或右乘可逆矩阵后，秩不变。

助记：左乘可逆矩阵相当于对原矩阵进行行变换，不改变矩阵的秩。右乘同理。

例题 2 设 $\boldsymbol{B}=\begin{bmatrix}3&1&1\\1&1&0\\2&2&1\end{bmatrix}$，$\boldsymbol{A}=[\boldsymbol{\alpha}_1,\boldsymbol{\alpha}_2,\boldsymbol{\alpha}_3]$的伴随矩阵 $\boldsymbol{A}^*$ 非零，且$\boldsymbol{\alpha}_1+\boldsymbol{\alpha}_2-2\boldsymbol{\alpha}_3=\boldsymbol{0}$。则 $r(\boldsymbol{A}^*\boldsymbol{B}^*)$的值为(　　)。

A. 0　　B. 1　　C. 2　　D. 3

解 因为 $\boldsymbol{A}^*$ 为非零矩阵，所以 $r(\boldsymbol{A}^*)=1$ 或 n。又因为$\boldsymbol{\alpha}_1+\boldsymbol{\alpha}_2-2\boldsymbol{\alpha}_3=\boldsymbol{0}$，说明向量$\boldsymbol{\alpha}_1,\boldsymbol{\alpha}_2,\boldsymbol{\alpha}_3$线性相关，$r(\boldsymbol{A})<3$，故 $r(\boldsymbol{A}^*)=1$。显然$|\boldsymbol{B}|=\begin{vmatrix}3&1&1\\1&1&0\\2&2&1\end{vmatrix}=\begin{vmatrix}3&1&1\\1&1&0\\0&0&1\end{vmatrix}=2\neq0$，所以 $\boldsymbol{B}$ 可逆，此时必有 $\boldsymbol{B}^*$ 可逆。由“乘逆矩阵，秩不变”可得：$r(\boldsymbol{A}^*\boldsymbol{B}^*)=r(\boldsymbol{A}^*)=1$，故选 B。

例题 3 设 $\boldsymbol{B}=\begin{bmatrix}1&2&0\\-1&1&k\\0&m&1\end{bmatrix}$，$\boldsymbol{A}$ 是三阶方阵，k,m 为常数，$r(\boldsymbol{A})=2$，$r(\boldsymbol{BA})=1$，则 k,m 满足________。

解 先证 $r(\boldsymbol{B})<3$。用反证法，假设 $r(\boldsymbol{B})=3$，则 $\boldsymbol{B}$ 可逆，于是有 $r(\boldsymbol{BA})=r(\boldsymbol{A})$，这与已知条件矛盾，故 $r(\boldsymbol{B})<3$。由于$|\boldsymbol{B}|=\begin{vmatrix}1&2&0\\-1&1&k\\0&m&1\end{vmatrix}=\begin{vmatrix}1&2&0\\0&3&k\\0&m&1\end{vmatrix}=3-mk=0$，故 $mk=3$。

【考法 3】 $AB=O$ 的约束

重要结论

(1) $\boldsymbol{A}_{mn}\boldsymbol{B}_{nl}=\boldsymbol{O}$，则有 $r(\boldsymbol{A})+r(\boldsymbol{B})\leqslant n$。

(2) 设 $\boldsymbol{A},\boldsymbol{B},\boldsymbol{C}$ 均为方阵，且 $\boldsymbol{B}$ 可逆，有

(2.1) 若 $\boldsymbol{BAC}=\boldsymbol{O}$，则有 $r(\boldsymbol{A})+r(\boldsymbol{C})\leqslant n$。

(2.2) 若 $\boldsymbol{ABC}=\boldsymbol{O}$，则有 $r(\boldsymbol{A})+r(\boldsymbol{C})\leqslant n$。

(2.3) 若 $\boldsymbol{ACB}=\boldsymbol{O}$，则有 $r(\boldsymbol{A})+r(\boldsymbol{C})\leqslant n$。

(2) 中的 3 个小结论与下面结论一样：若 $\boldsymbol{AC}=\boldsymbol{O}$，则 $r(\boldsymbol{A})+r(\boldsymbol{C})\leqslant n$。即乘可逆矩阵与没乘结果一样。

(2.1)的证明：若 $\boldsymbol{BAC}=\boldsymbol{O}$，则有$(\boldsymbol{BA})\boldsymbol{C}=\boldsymbol{O}$，所以 $r(\boldsymbol{AB})+r(\boldsymbol{C})=r(\boldsymbol{A})+r(\boldsymbol{C})\leqslant n$。

同理可证明(2.2)和(2.3)均正确。

例题 4 设 $\boldsymbol{A},\boldsymbol{B},\boldsymbol{C},\boldsymbol{D}$ 是 4 个四阶矩阵，其中 $\boldsymbol{A}\neq\boldsymbol{O}$，$|\boldsymbol{B}|\neq0$，$|\boldsymbol{C}|\neq0$，$\boldsymbol{D}\neq\boldsymbol{O}$，且满足 $\boldsymbol{ABCD}=\boldsymbol{O}$。若 $r(\boldsymbol{A})+r(\boldsymbol{B})+r(\boldsymbol{C})+r(\boldsymbol{D})=m$，则 m 的取值范围是(　　)。

A. $m<10$　　B. $10\leqslant m\leqslant 12$　　C. $12<m<16$　　D. $m\geqslant 16$

解 因为 $\boldsymbol{A}\neq\boldsymbol{O},\boldsymbol{D}\neq\boldsymbol{O}$，故 $r(\boldsymbol{A})\geqslant 1, r(\boldsymbol{D})\geqslant 1, r(\boldsymbol{A})+r(\boldsymbol{D})\geqslant 2$。又因为 $|\boldsymbol{B}|\neq 0, |\boldsymbol{C}|\neq 0$，故 $r(\boldsymbol{A})=4, r(\boldsymbol{C})=4$，从而有 $r(\boldsymbol{A})+r(\boldsymbol{B})+r(\boldsymbol{C})+r(\boldsymbol{D})\geqslant 10$。

又由 $\boldsymbol{ABCD}=\boldsymbol{O}$ 以及 $\boldsymbol{B}$ 和 $\boldsymbol{C}$ 可逆，知 $r(\boldsymbol{A})+r(\boldsymbol{D})=r(\boldsymbol{AB})+r(\boldsymbol{CD})\leqslant 4$。

于是 $r(\boldsymbol{A})+r(\boldsymbol{B})+r(\boldsymbol{C})+r(\boldsymbol{D})\leqslant 12$，所以 $10\leqslant m\leqslant 12$，故选 B。

【考法 4】 伴随矩阵的秩

重要结论

$$r(\boldsymbol{A}^*)=\begin{cases} n, & r(\boldsymbol{A})=n \\ 1, & r(\boldsymbol{A})=n-1 \\ 0, & r(\boldsymbol{A})<n-1 \end{cases}$$

例题 5 设矩阵 $\boldsymbol{A}=\begin{bmatrix} 1 & 2a & a \\ 2a & 4 & 2a \\ 3a & 6a & 3 \end{bmatrix}$，$\boldsymbol{B}=\begin{bmatrix} 1 & 2b & b \\ 2b & 4 & 2b \\ 3b & 6b & 3 \end{bmatrix}$，若 $r(\boldsymbol{A}^*)+r(\boldsymbol{B}^*)=2$，则 $a+b$ 的值为（　　）。

A. -2　　B. -1　　C. 2　　D. 1

解 由 $r(\boldsymbol{A}^*)+r(\boldsymbol{B}^*)=2$ 可知，有如下三种可能：

① $r(\boldsymbol{A}^*)=2, r(\boldsymbol{B}^*)=0$；② $r(\boldsymbol{A}^*)=1, r(\boldsymbol{B}^*)=1$；③ $r(\boldsymbol{A}^*)=0, r(\boldsymbol{B}^*)=2$。

由伴随矩阵秩的关系，可知 $r(\boldsymbol{A}^*)=\begin{cases} n, & r(\boldsymbol{A})=n \\ 1, & r(\boldsymbol{A})=n-1 \\ 0, & r(\boldsymbol{A})<n-1 \end{cases}$，可知 $n=3, r(\boldsymbol{A}^*)\neq 2$，所以①③不可能成立。

必有 $r(\boldsymbol{A}^*)=1, r(\boldsymbol{B}^*)=1$。

下面分析参数对矩阵秩的影响。

$|\boldsymbol{A}|=0$，即 $\begin{bmatrix} 1 & 2a & a \\ 2a & 4 & 2a \\ 3a & 6a & 3 \end{bmatrix}=12(a-1)^2(2a+1)=0$，解得 $a=1$ 或 $a=-\dfrac{1}{2}$。

当 $a=1$ 时，$\boldsymbol{A}=\begin{bmatrix} 1 & 2 & 1 \\ 2 & 4 & 2 \\ 3 & 6 & 3 \end{bmatrix}\rightarrow\begin{bmatrix} 1 & 2 & 1 \\ 0 & 0 & 0 \\ 0 & 0 & 0 \end{bmatrix}$，此时 $r(\boldsymbol{A})=1$，此时 $r(\boldsymbol{A}^*)=0$。

当 $a=-\dfrac{1}{2}$ 时，经验证 $r(\boldsymbol{A})=2$，此时 $r(\boldsymbol{A}^*)=1$。

当 $a\neq 1$ 且 $a\neq -\dfrac{1}{2}$ 时 $|\boldsymbol{A}|\neq 0, r(\boldsymbol{A})=3$，此时 $r(\boldsymbol{A}^*)=3$。

由此可得 $a=-\dfrac{1}{2}$。同理可得 $b=-\dfrac{1}{2}$。所以 $a+b=-1$。故选 B。

【考法 5】 越乘秩越小

重要结论

矩阵相乘，秩可能变小。即 $r(\boldsymbol{AB})\leqslant\min[r(\boldsymbol{A}),r(\boldsymbol{B})]$。

例题 6 设 $\boldsymbol{A},\boldsymbol{B}$ 满足 $\boldsymbol{AB}=\begin{bmatrix}-2&1&1\\1&-2&1\\1&1&-2\end{bmatrix}$，$\boldsymbol{BA}=\begin{bmatrix}2&2\\3&5\end{bmatrix}$，则(　　)。

A. $r(\boldsymbol{A})=1,r(\boldsymbol{B})=1$　　B. $r(\boldsymbol{A})=2,r(\boldsymbol{B})=2$

C. $r(\boldsymbol{A})=1,r(\boldsymbol{B})=2$　　D. $r(\boldsymbol{A})=2,r(\boldsymbol{B})=1$

解 $\boldsymbol{AB}=\begin{bmatrix}-2&1&1\\1&-2&1\\1&1&-2\end{bmatrix}$的各行元素之和为 0，所以必有 0 为矩阵 $\boldsymbol{AB}$ 的特征值。所以 $|\boldsymbol{AB}|=0\Rightarrow r(\boldsymbol{AB})<3$。又因为二阶子式$\begin{vmatrix}-2&1\\1&-2\end{vmatrix}=3\neq0$，所以 $r(\boldsymbol{AB})\geqslant2$。所以有 $r(\boldsymbol{AB})=2$。又因为 $r(\boldsymbol{AB})\leqslant\min(r(\boldsymbol{A}),r(\boldsymbol{B}))$，有 $r(\boldsymbol{A})\geqslant r(\boldsymbol{AB})=2$。$\boldsymbol{AB}$ 为三阶矩阵，所以 $\boldsymbol{A}$ 有 3 行，$\boldsymbol{B}$ 有 3 列。$\boldsymbol{BA}$ 为 2 阶矩阵，所以 $\boldsymbol{B}$ 有 2 行，$\boldsymbol{A}$ 有 2 列。所以 $\boldsymbol{A},\boldsymbol{B}$ 的秩均不会超过 2。所以 $r(\boldsymbol{A})=2$。同理可得 $r(\boldsymbol{B})=2$。

【考法 6】 可对角化矩阵的秩

重要结论

可对角化矩阵的秩等于其非零特征值的个数。

证明：若矩阵可对角化，则有 $\boldsymbol{A}\sim\boldsymbol{\Lambda}$，其中$\boldsymbol{\Lambda}$ 是矩阵 $\boldsymbol{A}$ 的特征值，此时有 $r(\boldsymbol{A})=r(\boldsymbol{\Lambda})$，而 $r(\boldsymbol{\Lambda})$是非零特征值的个数。所以可对角化矩阵的秩等于其非零特征值的个数。

注意：如果没有可对角化这个条件，矩阵的秩不一定等于其非零特征值的个数。

例如矩阵 $\boldsymbol{A}=\begin{bmatrix}0&1\\0&0\end{bmatrix}$的特征值全为零，但秩为 1。

例题 7 设 $\boldsymbol{A},\boldsymbol{B}$ 均为三阶实对称矩阵，$\boldsymbol{A},\boldsymbol{B}$ 相似，$\boldsymbol{A}$ 的各行元素之和为 3，且 $r(\boldsymbol{A}-\boldsymbol{E})=1$。则 $r(\boldsymbol{B}-\boldsymbol{E})+r(\boldsymbol{B}+3\boldsymbol{E})=$(　　)。

A. 3　　B. 4　　C. 5　　D. 6

解 $\boldsymbol{A}$ 的各行元素之和为 3，矩阵 $\boldsymbol{A}$ 必有特征值 3。又因为 $r(\boldsymbol{A}-\boldsymbol{E})=1$，$(\boldsymbol{A}-\boldsymbol{E})\boldsymbol{x}=\boldsymbol{0}$ 必定存在两个线性无关的解，所以 $\lambda=1$ 存在两个线性无关的特征向量。$\lambda=1$ 至少为 2 重根。又因为三阶矩阵最多有 3 个特征值，所以矩阵 $\boldsymbol{A}$ 的特征值为 1，1，3。

又因为 $\boldsymbol{A},\boldsymbol{B}$ 相似，所以 $\boldsymbol{B}$ 的特征值也为 1，1，3，$\boldsymbol{B}-\boldsymbol{E}$ 的特征值为 0，0，2。

$\boldsymbol{B}+3\boldsymbol{E}$ 的特征值为 4，4，6。所以 $r(\boldsymbol{B}-\boldsymbol{E})+r(\boldsymbol{B}+3\boldsymbol{E})=1+3=4$，故选 B。

【考法 7】 和的秩不超过秩的和

重要结论

$r(\boldsymbol{A}+\boldsymbol{B})\leqslant r(\boldsymbol{A})+r(\boldsymbol{B})$。

例题 8 $\boldsymbol{\alpha},\boldsymbol{\beta}$ 为三维列向量，$\boldsymbol{A}=\boldsymbol{\alpha\alpha}^{\mathrm{T}}+\boldsymbol{\beta\beta}^{\mathrm{T}}$，$\boldsymbol{\alpha}^{\mathrm{T}}$ 表示$\boldsymbol{\alpha}$ 的转置，证明：

① $r(\boldsymbol{A})\leqslant2$；② 若$\boldsymbol{\alpha},\boldsymbol{\beta}$ 线性相关，则 $r(\boldsymbol{A})<2$。

解 ① $\boldsymbol{\alpha},\boldsymbol{\beta}$ 为 3 维列向量，$r(\boldsymbol{\alpha})=r(\boldsymbol{\alpha}^{\mathrm{T}})=1$，$r(\boldsymbol{\alpha\alpha}^{\mathrm{T}})\leqslant1$，同理 $r(\boldsymbol{\beta\beta}^{\mathrm{T}})\leqslant1$，又 $r(\boldsymbol{\alpha\alpha}^{\mathrm{T}}+\boldsymbol{\beta\beta}^{\mathrm{T}})\leqslant r(\boldsymbol{\alpha\alpha}^{\mathrm{T}})+r(\boldsymbol{\beta\beta})^{\mathrm{T}}\leqslant1+1=2$，即证。

② $\boldsymbol{\alpha},\boldsymbol{\beta}$ 线性相关，不妨令$\boldsymbol{\beta}=k\boldsymbol{\alpha}$，则

$r(\boldsymbol{\alpha\alpha}^{\mathrm{T}}+\boldsymbol{\beta\beta}^{\mathrm{T}})=r[\boldsymbol{\alpha\alpha}^{\mathrm{T}}+k\boldsymbol{\alpha}(k\boldsymbol{\alpha})^{\mathrm{T}}]=r[(1+k^2)\boldsymbol{\alpha\alpha}^{\mathrm{T}}]=r(\boldsymbol{\alpha\alpha}^{\mathrm{T}})\leqslant 1<2$,即证。

专题 11 分块矩阵

【考法 1】 左行右列原理

重要结论

① $\boldsymbol{AB}$ 的列向量组可由 $\boldsymbol{A}$ 的列向量组线性表示,则 $r(\boldsymbol{A},\boldsymbol{AB})=r(\boldsymbol{A})$,即 $\boldsymbol{B}$ 右乘 $\boldsymbol{A}$ 后得到的矩阵 $\boldsymbol{AB}$ 与矩阵 $\boldsymbol{A}$ 列分块时,列分块矩阵$(\boldsymbol{A},\boldsymbol{AB})$的秩等于原矩阵 $\boldsymbol{A}$ 的秩。

② $\boldsymbol{BA}$ 的行向量组可由 $\boldsymbol{A}$ 的行向量组线性表示,则 $r\begin{pmatrix}\boldsymbol{BA}\\\boldsymbol{A}\end{pmatrix}=r(\boldsymbol{A})$。

即 $\boldsymbol{B}$ 左乘 $\boldsymbol{A}$ 后得到的矩阵 $\boldsymbol{BA}$ 与矩阵 $\boldsymbol{A}$ 行分块时,行分块矩阵 $\begin{bmatrix}\boldsymbol{BA}\\\boldsymbol{A}\end{bmatrix}$ 的秩等于原矩阵 $\boldsymbol{A}$ 的秩。

助记:矩阵 $\boldsymbol{B}$ 右乘后,列分块的秩等于原矩阵 $\boldsymbol{A}$ 的秩;矩阵 $\boldsymbol{B}$ 左乘后,行分块的秩等于原矩阵 $\boldsymbol{A}$ 的秩。简称:左行右列原理。

证明:

由右列原理,令 $\boldsymbol{AB}=\boldsymbol{C}\Rightarrow[\boldsymbol{\alpha}_1,\boldsymbol{\alpha}_2,\cdots,\boldsymbol{\alpha}_n]\begin{bmatrix}b_{11}&\cdots&b_{1n}\\\vdots&\ddots&\vdots\\b_{n1}&\cdots&b_{nn}\end{bmatrix}=[\boldsymbol{\gamma}_1,\boldsymbol{\gamma}_2,\cdots,\boldsymbol{\gamma}_n]\Rightarrow\boldsymbol{\gamma}_j=\sum_{i=1}^{n}b_{ij}\boldsymbol{\alpha}_i$。

$\boldsymbol{AB}$ 的列向量组可由 $\boldsymbol{A}$ 的列向量组线性表示。所以$[\boldsymbol{A},\boldsymbol{AB}]$经过列变换可变为$[\boldsymbol{A},\boldsymbol{O}]$。由于列变换不改变矩阵的秩,所以 $r(\boldsymbol{A},\boldsymbol{AB})=r(\boldsymbol{A},\boldsymbol{O})=r(\boldsymbol{A})$。

左行原理:令 $\boldsymbol{BA}=\boldsymbol{C}$,转置后有 $\boldsymbol{A}^{\mathrm{T}}\boldsymbol{B}^{\mathrm{T}}=\boldsymbol{C}^{\mathrm{T}}$。由右列原理可知 $r(\boldsymbol{A}^{\mathrm{T}},\boldsymbol{A}^{\mathrm{T}}\boldsymbol{B}^{\mathrm{T}})=r(\boldsymbol{A}^{\mathrm{T}})$。

又因为$[\boldsymbol{A}^{\mathrm{T}},\boldsymbol{A}^{\mathrm{T}}\boldsymbol{B}^{\mathrm{T}}]^{\mathrm{T}}=\begin{bmatrix}\boldsymbol{A}\\\boldsymbol{BA}\end{bmatrix}$,所以 $r\begin{pmatrix}\boldsymbol{A}\\\boldsymbol{BA}\end{pmatrix}=r(\boldsymbol{A}^{\mathrm{T}},\boldsymbol{A}^{\mathrm{T}}\boldsymbol{B}^{\mathrm{T}})=r(\boldsymbol{A}^{\mathrm{T}})=r(\boldsymbol{A})$。

例题 1 设 $\boldsymbol{A},\boldsymbol{B}$ 为 n 阶矩阵,下列结论正确的是( )。

A. $r(\boldsymbol{A},\boldsymbol{AB})=r(\boldsymbol{A})$

B. $r\begin{pmatrix}\boldsymbol{A}\\\boldsymbol{AB}\end{pmatrix}=r(\boldsymbol{A})$

C. $r(\boldsymbol{A},\boldsymbol{B})=r(\boldsymbol{A})+r(\boldsymbol{B})$

D. $r\begin{pmatrix}\boldsymbol{A}&\boldsymbol{E}\\\boldsymbol{O}&\boldsymbol{B}\end{pmatrix}>r(\boldsymbol{A})+r(\boldsymbol{B})$

方法 1:$\boldsymbol{AB}$ 的列向量组可由 $\boldsymbol{A}$ 的列向量组线性表示,$(\boldsymbol{A},\boldsymbol{AB})$经过列变换可化为$(\boldsymbol{A},\boldsymbol{O})$,则 $r(\boldsymbol{A},\boldsymbol{AB})=r(\boldsymbol{A})$,故选 A。

方法 2:由 $r(\boldsymbol{A},\boldsymbol{AB})=r(\boldsymbol{A}(\boldsymbol{E},\boldsymbol{B}))$,由于 $r(\boldsymbol{E},\boldsymbol{B})=n$,由右乘行满秩的矩阵不改变矩阵的秩可得 $r(\boldsymbol{A},\boldsymbol{AB})=r(\boldsymbol{A}(\boldsymbol{E},\boldsymbol{B}))=r(\boldsymbol{A})$,故选 A。

例题 2 设 $\boldsymbol{A},\boldsymbol{B}$ 是 n 阶矩阵,记 $r(\boldsymbol{X})$为矩阵 $\boldsymbol{X}$ 的秩,则下列说法正确的有( )。

① $r\begin{pmatrix}\boldsymbol{A}&\boldsymbol{AB}\\\boldsymbol{O}&\boldsymbol{A}\end{pmatrix}=2r(\boldsymbol{A})$ ② $r\begin{pmatrix}\boldsymbol{A}&\boldsymbol{BA}\\\boldsymbol{O}&\boldsymbol{A}\end{pmatrix}=2r(\boldsymbol{A})$ ③ $r\begin{pmatrix}\boldsymbol{A}&\boldsymbol{B}\\\boldsymbol{O}&\boldsymbol{A}^{\mathrm{T}}\end{pmatrix}<2r(\boldsymbol{A})$

A. 0 个 B. 1 个 C. 2 个 D. 3 个

解 $\boldsymbol{AB}$ 的列向量组可由 $\boldsymbol{A}$ 的列向量组线性表示,$\boldsymbol{BA}$ 的行向量组可由 $\boldsymbol{A}$ 的行向量组线性表

示。经过列变换有 $\begin{bmatrix} \boldsymbol{A} & \boldsymbol{AB} \\ \boldsymbol{O} & \boldsymbol{A} \end{bmatrix} \to \begin{bmatrix} \boldsymbol{A} & \boldsymbol{O} \\ \boldsymbol{O} & \boldsymbol{A} \end{bmatrix}$，经过行变换有 $\begin{bmatrix} \boldsymbol{A} & \boldsymbol{BA} \\ \boldsymbol{O} & \boldsymbol{A} \end{bmatrix} \to \begin{bmatrix} \boldsymbol{A} & \boldsymbol{O} \\ \boldsymbol{O} & \boldsymbol{A} \end{bmatrix}$。

所以 $r\begin{pmatrix} \boldsymbol{A} & \boldsymbol{AB} \\ \boldsymbol{O} & \boldsymbol{A} \end{pmatrix} = r\begin{pmatrix} \boldsymbol{A} & \boldsymbol{BA} \\ \boldsymbol{O} & \boldsymbol{A} \end{pmatrix} = r\begin{pmatrix} \boldsymbol{A} & \boldsymbol{O} \\ \boldsymbol{O} & \boldsymbol{A} \end{pmatrix} = 2r(\boldsymbol{A})$，故①②正确。

设 $\boldsymbol{A} = \begin{bmatrix} 0 & 0 \\ 0 & 0 \end{bmatrix}$，$\boldsymbol{B} = \begin{bmatrix} 1 & 0 \\ 0 & 1 \end{bmatrix}$ 可知 $r\begin{pmatrix} \boldsymbol{A} & \boldsymbol{B} \\ \boldsymbol{O} & \boldsymbol{A}^{\mathrm{T}} \end{pmatrix} = 2$，而 $r(\boldsymbol{A}) = 0$，故③错误。事实上，$r\begin{pmatrix} \boldsymbol{A} & \boldsymbol{B} \\ \boldsymbol{O} & \boldsymbol{A}^{\mathrm{T}} \end{pmatrix} \geqslant r(\boldsymbol{A}) + r(\boldsymbol{A}^{\mathrm{T}}) = 2r(\boldsymbol{A})$。故选 C。

【考法 2】 利用行向量组等价

重要结论

$\boldsymbol{A}^{\mathrm{T}}\boldsymbol{A}$ 与 $\boldsymbol{A}$ 行向量组等价。

说明：$\boldsymbol{A}^{\mathrm{T}}\boldsymbol{A}\boldsymbol{x} = \boldsymbol{0}$ 与方程 $\boldsymbol{A}\boldsymbol{x} = \boldsymbol{0}$ 同解，$\boldsymbol{A}^{\mathrm{T}}\boldsymbol{A}$ 与 $\boldsymbol{A}$ 行向量组等价，经过行变换 $\begin{bmatrix} \boldsymbol{A}^{\mathrm{T}}\boldsymbol{A} \\ \boldsymbol{A} \end{bmatrix} = \begin{bmatrix} \boldsymbol{O} \\ \boldsymbol{A} \end{bmatrix}$。所以 $r\begin{pmatrix} \boldsymbol{A}^{\mathrm{T}}\boldsymbol{A} \\ \boldsymbol{A} \end{pmatrix} = r(\boldsymbol{A})$。

例题 3 $\boldsymbol{A}, \boldsymbol{B}$ 为 n 阶实矩阵，则秩 $r = r\begin{pmatrix} \boldsymbol{A} & \boldsymbol{BA} \\ \boldsymbol{O} & \boldsymbol{A}^{\mathrm{T}}\boldsymbol{A} \end{pmatrix}$ 与 $2r(\boldsymbol{A})$ 大小关系为(　　)。

A. $r < 2r(\boldsymbol{A})$　　B. $r = 2r(\boldsymbol{A})$

C. $r > 2r(\boldsymbol{A})$　　D. 无法确定

解

$\boldsymbol{A}^{\mathrm{T}}\boldsymbol{A}\boldsymbol{x} = \boldsymbol{0}$ 与方程 $\boldsymbol{A}\boldsymbol{x} = \boldsymbol{0}$ 同解，$\boldsymbol{A}^{\mathrm{T}}\boldsymbol{A}$ 与 $\boldsymbol{A}$ 行向量组等价，$\boldsymbol{A}^{\mathrm{T}}\boldsymbol{A}$ 可经过行变换成为 $\boldsymbol{A}$，故 $\begin{bmatrix} \boldsymbol{A} & \boldsymbol{BA} \\ \boldsymbol{O} & \boldsymbol{A}^{\mathrm{T}}\boldsymbol{A} \end{bmatrix} \to \begin{bmatrix} \boldsymbol{A} & \boldsymbol{BA} \\ \boldsymbol{O} & \boldsymbol{A} \end{bmatrix}$。又因为 $\boldsymbol{BA}$ 的行向量组可由 $\boldsymbol{A}$ 的行向量组线性表示，即 $\begin{bmatrix} \boldsymbol{A} & \boldsymbol{BA} \\ \boldsymbol{O} & \boldsymbol{A} \end{bmatrix}$ 可经行变换成为 $\begin{bmatrix} \boldsymbol{A} & \boldsymbol{O} \\ \boldsymbol{O} & \boldsymbol{A} \end{bmatrix}$，故 $r = r\begin{pmatrix} \boldsymbol{A} & \boldsymbol{BA} \\ \boldsymbol{O} & \boldsymbol{A}^{\mathrm{T}}\boldsymbol{A} \end{pmatrix} = 2r(\boldsymbol{A})$，故选 A。

【考法 3】 分块矩阵的其他性质

例题 4 设 $\boldsymbol{A}$ 为 n 阶实矩阵，$\boldsymbol{B} = \begin{bmatrix} \boldsymbol{E} & \boldsymbol{A} \\ \boldsymbol{A}^{\mathrm{T}} & \boldsymbol{O} \end{bmatrix}$，则下列命题中正确的有(　　)个。

① $\boldsymbol{A}^{\mathrm{T}}\boldsymbol{A} = \boldsymbol{O}$，当且仅当 $\boldsymbol{A} = \boldsymbol{O}$ 时成立。

② $\boldsymbol{B}$ 可逆当且仅当 $\boldsymbol{A}$ 可逆。

③ 存在无穷多个非零向量 $\boldsymbol{\alpha}$，使得 $\boldsymbol{\alpha}^{\mathrm{T}}\boldsymbol{B}\boldsymbol{\alpha} = 0$。

A. 0　　B. 1

C. 2　　D. 3

解 命题①正确：若 $\boldsymbol{A}^{\mathrm{T}}\boldsymbol{A} = \boldsymbol{O}$，则其主对角元素均为 0。但是，根据计算，$\boldsymbol{A}^{\mathrm{T}}\boldsymbol{A}$ 的主对角元分别为 $\sum_{i=1}^{n} a_{i1}^2, \sum_{i=1}^{n} a_{i2}^2, \cdots, \sum_{i=1}^{n} a_{in}^2$，这些元素均为 0 当且仅当 $a_{ij}\,(i, j = 1, 2, \cdots, n)$ 均为 0。因此，$\boldsymbol{A}^{\mathrm{T}}\boldsymbol{A} = \boldsymbol{O}$，可得 $\boldsymbol{A} = \boldsymbol{O}$。

命题②正确：$|\boldsymbol{B}| = \begin{vmatrix} \boldsymbol{E} & \boldsymbol{A} \\ \boldsymbol{A}^{\mathrm{T}} & \boldsymbol{O} \end{vmatrix} = (-1)^{n^2} |\boldsymbol{A}|^2$，当且仅当 $\boldsymbol{A}$ 可逆时 $|\boldsymbol{A}| \neq 0$，此时 $|\boldsymbol{B}| \neq 0$，矩阵 $\boldsymbol{B}$

可逆。

命题③正确：令$\boldsymbol{\alpha}=\begin{bmatrix}\boldsymbol{0}\\ \boldsymbol{\beta}\end{bmatrix}$，其中$\boldsymbol{\beta}$为任意非零$n$维列向量，则

$$[\boldsymbol{0}^{\mathrm{T}}\quad \boldsymbol{\beta}^{\mathrm{T}}]\begin{bmatrix}\boldsymbol{E} & \boldsymbol{A}\\ \boldsymbol{A}^{\mathrm{T}} & \boldsymbol{O}\end{bmatrix}\begin{bmatrix}\boldsymbol{0}\\ \boldsymbol{\beta}\end{bmatrix}=[\boldsymbol{0}^{\mathrm{T}}\quad \boldsymbol{\beta}^{\mathrm{T}}]\begin{bmatrix}\boldsymbol{0}+\boldsymbol{A}\boldsymbol{\beta}\\ \boldsymbol{0}\end{bmatrix}=0。$$

综上所述，3 个命题均正确，故选 D。

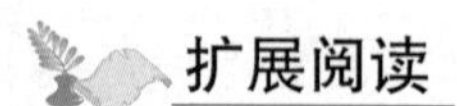

扩展阅读

如何记录初等变换

初等变换是线性代数中的核心理论。从行列式到矩阵、方程组及向量组，都离不开初等变换。下面回答几个关于初等变换的问题。

1. 如何同步记录初等变换？

假设对于三阶矩阵$\boldsymbol{A}=\begin{bmatrix}a_{11} & a_{12} & a_{13}\\ a_{21} & a_{22} & a_{23}\\ a_{31} & a_{32} & a_{33}\end{bmatrix}$进行多次初等行变换，比如将第一行的 1 倍加至第二行得到$\begin{bmatrix}a_{11} & a_{12} & a_{13}\\ a_{21}+a_{11} & a_{22}+a_{12} & a_{23}+a_{13}\\ a_{31} & a_{32} & a_{33}\end{bmatrix}$，再将第二行的 2 倍加至第 3 行得到矩阵$\boldsymbol{B}=\begin{bmatrix}a_{11} & a_{12} & a_{13}\\ a_{21}+a_{11} & a_{22}+a_{12} & a_{23}+a_{13}\\ a_{31}+2a_{21}+2a_{11} & a_{32}+2a_{22}+2a_{12} & a_{33}+2a_{23}+2a_{13}\end{bmatrix}$，看到的都是被施加初等变换的矩阵，而初等变换矩阵没有出现。可以通过以下方法得到上述过程的基本初等矩阵：将每一步初等变换“将第一行的 1 倍加至第二行”“再将第二行的 2 倍加至第 3 行”翻译成基本初等矩阵，再乘在一起。但是如果进行了多步初等变换，将各个基本初等矩阵依次相乘的工作量就非常大。

有没有更简便的方法写出从$\boldsymbol{A}$到$\boldsymbol{B}$的初等变换矩阵$\boldsymbol{P}$？

当然有！取一个单位阵$\boldsymbol{E}$，跟随$\boldsymbol{A}$矩阵进行同样的初等变换，施加在$\boldsymbol{A}$上每一次基本初等变换都会同样施加在单位阵$\boldsymbol{E}$上。比方说第一次行变换$\boldsymbol{P}_1$，将$\boldsymbol{A}$化为$\boldsymbol{P}_1\boldsymbol{A}$，与此同时单位阵变成$\boldsymbol{P}_1\boldsymbol{E}$。

当$\boldsymbol{A}$经过k次初等变换化为$\boldsymbol{P}_k\cdots\boldsymbol{P}_2\boldsymbol{P}_1\boldsymbol{A}$时，单位阵$\boldsymbol{E}$同步变换为$\boldsymbol{P}_k\cdots\boldsymbol{P}_2\boldsymbol{P}_1\boldsymbol{E}$，所以单位阵经过$k$次变换后得到的矩阵$\boldsymbol{P}=\boldsymbol{P}_k\cdots\boldsymbol{P}_2\boldsymbol{P}_1\boldsymbol{E}=\boldsymbol{P}_k\cdots\boldsymbol{P}_2\boldsymbol{P}_1$，就是全过程的初等变换矩阵。

如何做到$\boldsymbol{A},\boldsymbol{E}$同步？

写成这个形式：$(\boldsymbol{A},\boldsymbol{E})$。

如此一来，$\boldsymbol{A}$的每一次行变换，都会施加给$\boldsymbol{E}$，就被$\boldsymbol{E}$记录下来了。

回到最开始的例子，$(\boldsymbol{A},\boldsymbol{E})=\begin{bmatrix}a_{11} & a_{12} & a_{13} & 1 & & \\ a_{21} & a_{22} & a_{23} & & 1 & \\ a_{31} & a_{32} & a_{33} & & & 1\end{bmatrix}$将第一行的 1 倍加至第二行，得到

$\begin{bmatrix}a_{11} & a_{12} & a_{13} & 1 & & \\ a_{21}+a_{11} & a_{22}+a_{12} & a_{23}+a_{13} & 1 & 1 & \\ a_{31} & a_{32} & a_{33} & & & 1\end{bmatrix}$，再将第二行的 2 倍加至第 3 行，得到

$$\begin{bmatrix} a_{11} & a_{12} & a_{13} & 1 & & \\ a_{21}+a_{11} & a_{22}+a_{12} & a_{23}+a_{13} & 1 & 1 & \\ a_{31}+2a_{21}+2a_{11} & a_{32}+2a_{22}+2a_{12} & a_{33}+2a_{23}+2a_{13} & 2 & 2 & 1 \end{bmatrix}。$$

$\begin{bmatrix} 1 & & \\ 1 & 1 & \\ 2 & 2 & 1 \end{bmatrix}$就是全过程的变换矩阵 $\boldsymbol{P}$。

如何记录列变换?

写成$\begin{bmatrix} \boldsymbol{A} \\ \boldsymbol{E} \end{bmatrix}$的形式。当对 $\boldsymbol{A}$ 进行列变换时,$\boldsymbol{E}$ 经历同样的列变换,如此可得到全过程的初等变换矩阵。

2. 记录初等变换有什么用处?

用处之一就是可以求逆矩阵。利用初等行变换将矩阵$(\boldsymbol{A},\boldsymbol{E})$化为$(\boldsymbol{E},\boldsymbol{P})$时,矩阵 $\boldsymbol{P}$ 就是所求的逆矩阵,即 $\boldsymbol{P}=\boldsymbol{A}^{-1}$。

为什么会这样?当矩阵 $\boldsymbol{A}$ 经过行变换时,右侧的单位矩阵 $\boldsymbol{E}$ 经历了同样的行变换,并且记录下来,所以 $\boldsymbol{A}$ 行变换为 $\boldsymbol{E}$ 时,$(\boldsymbol{A},\boldsymbol{E})$化为$(\boldsymbol{PA},\boldsymbol{PE})=(\boldsymbol{E},\boldsymbol{P})$,考虑 $\boldsymbol{PA}=\boldsymbol{E},\boldsymbol{PE}=\boldsymbol{P}$,所以 $\boldsymbol{P}=\boldsymbol{A}^{-1}$。

举一个例子,求矩阵 $\boldsymbol{A}=\begin{bmatrix} 1 & 1 & 1 \\ 0 & 1 & 2 \\ 0 & 0 & 1 \end{bmatrix}$的逆矩阵。

$$(\boldsymbol{A},\boldsymbol{E})=\begin{bmatrix} 1 & 1 & 1 & 1 & 0 & 0 \\ 0 & 1 & 2 & 0 & 1 & 0 \\ 0 & 0 & 1 & 0 & 0 & 1 \end{bmatrix} \to \begin{bmatrix} 1 & 0 & -1 & 1 & -1 & 0 \\ 0 & 1 & 2 & 0 & 1 & 0 \\ 0 & 0 & 1 & 0 & 0 & 1 \end{bmatrix} \to \begin{bmatrix} 1 & 0 & 0 & 1 & -1 & 1 \\ 0 & 1 & 0 & 0 & 1 & -2 \\ 0 & 0 & 1 & 0 & 0 & 1 \end{bmatrix}$$

右侧矩阵 $\boldsymbol{P}=\begin{bmatrix} 1 & -1 & 1 \\ 0 & 1 & -2 \\ 0 & 0 & 1 \end{bmatrix}$,就是 $\boldsymbol{A}$ 的逆矩阵,即 $\boldsymbol{A}^{-1}=\boldsymbol{P}=\begin{bmatrix} 1 & -1 & 1 \\ 0 & 1 & -2 \\ 0 & 0 & 1 \end{bmatrix}$。

3. 有没有比初等变换更复杂的应用?

有,可以求 $\boldsymbol{A}^{-1}\boldsymbol{B}$。用普通方法求解 $\boldsymbol{A}^{-1}\boldsymbol{B}$ 时,需要先求 $\boldsymbol{A}$ 的逆矩阵,再与 $\boldsymbol{B}$ 矩阵相乘,计算量较大。如果领悟了初等变换记录的思想,可直接得出结果。具体怎么做?

写出矩阵$[\boldsymbol{A},\boldsymbol{B}]$,利用初等行变换将矩阵$[\boldsymbol{A},\boldsymbol{B}]$化为$[\boldsymbol{E},\boldsymbol{PB}]$时,矩阵 $\boldsymbol{PB}$ 就是所求的 $\boldsymbol{A}^{-1}\boldsymbol{B}$,即 $\boldsymbol{PB}=\boldsymbol{A}^{-1}\boldsymbol{B}$。为什么会这样?

原理与求逆矩阵类似。当矩阵 $\boldsymbol{A}$ 经过行变换时,右侧的矩阵 $\boldsymbol{B}$ 经历了同样的行变换,所以 $\boldsymbol{A}$ 化为 $\boldsymbol{E}$ 时,必有 $\boldsymbol{PA}=\boldsymbol{E}$,$\boldsymbol{B}$ 化为 $\boldsymbol{PB}$,即矩阵从$[\boldsymbol{A},\boldsymbol{B}]$化为$[\boldsymbol{PA},\boldsymbol{PB}]=[\boldsymbol{E},\boldsymbol{PB}]$,由 $\boldsymbol{PA}=\boldsymbol{E}$ 可知 $\boldsymbol{A}^{-1}=\boldsymbol{P}$,所以 $\boldsymbol{PB}=\boldsymbol{A}^{-1}\boldsymbol{B}$。

第3章

方　程　组

本章要点总结

1. $\boldsymbol{Ax}=\boldsymbol{0}$ 的解
   - 初等行变换法：通过初等行变换，找出最简同解方程组，进而求解
   - 特征向量法：矩阵 $\boldsymbol{A}$ 的特征值 0 对应的特征向量为方程 $\boldsymbol{Ax}=\boldsymbol{0}$ 的解
   - 线性相关法：如 $\boldsymbol{\alpha}_1+\boldsymbol{\alpha}_2+\boldsymbol{\alpha}_3=\boldsymbol{0}\Rightarrow[1,1,1]^{\mathrm{T}}$ 为方程 $[\boldsymbol{\alpha}_1,\boldsymbol{\alpha}_2,\boldsymbol{\alpha}_3]\boldsymbol{x}=\boldsymbol{0}$ 的解
   - 特解构造法：$\boldsymbol{\gamma}_1,\boldsymbol{\gamma}_2,\cdots,\boldsymbol{\gamma}_n$ 是 $\boldsymbol{Ax}=\boldsymbol{\beta}$ 的解，则 $\sum\limits_{i=1}^{n}k_i=0$ 时，$\boldsymbol{\gamma}=\sum\limits_{i=1}^{n}k_i\boldsymbol{\gamma}_i$ 为 $\boldsymbol{Ax}=\boldsymbol{0}$ 的解

2. $\boldsymbol{AB}=\boldsymbol{O}$ 的含义
   - ① 矩阵：$r(\boldsymbol{A})+r(\boldsymbol{B})\leqslant n$；若 $\boldsymbol{A},\boldsymbol{B}$ 均非零矩阵，则均不可逆
   - ② 行列式：矩阵 $\boldsymbol{A}$ 的行列式 $|\boldsymbol{A}|=0$
   - ③ 方程组：$\boldsymbol{B}$ 的列向量是方程组 $\boldsymbol{Ax}=\boldsymbol{0}$ 的解
   - ④ 向量组：$\boldsymbol{A}$ 的列向量组与 $\boldsymbol{B}$ 的行向量组线性相关
   - ⑤ 特征值：$\boldsymbol{A}$ 存在特征值 $\lambda=0$，且若 $r(\boldsymbol{B})=k$，则 $\lambda=0$ 至少存在 k 重根

3. 各版块的关系见表 3-1。

表　3-1

行列式	$r(\boldsymbol{A})$	矩阵	$\boldsymbol{Ax}=\boldsymbol{0}$	$\boldsymbol{Ax}=\boldsymbol{\beta}$（有解时）	向量组	特征值
$\lvert\boldsymbol{A}\rvert=0$	$r(\boldsymbol{A})<n$	不可逆	有非零解	无穷多解	线性相关	含 0
$\lvert\boldsymbol{A}\rvert\neq0$	$r(\boldsymbol{A})=n$	可逆	仅有零解	唯一解	线性无关	不含 0

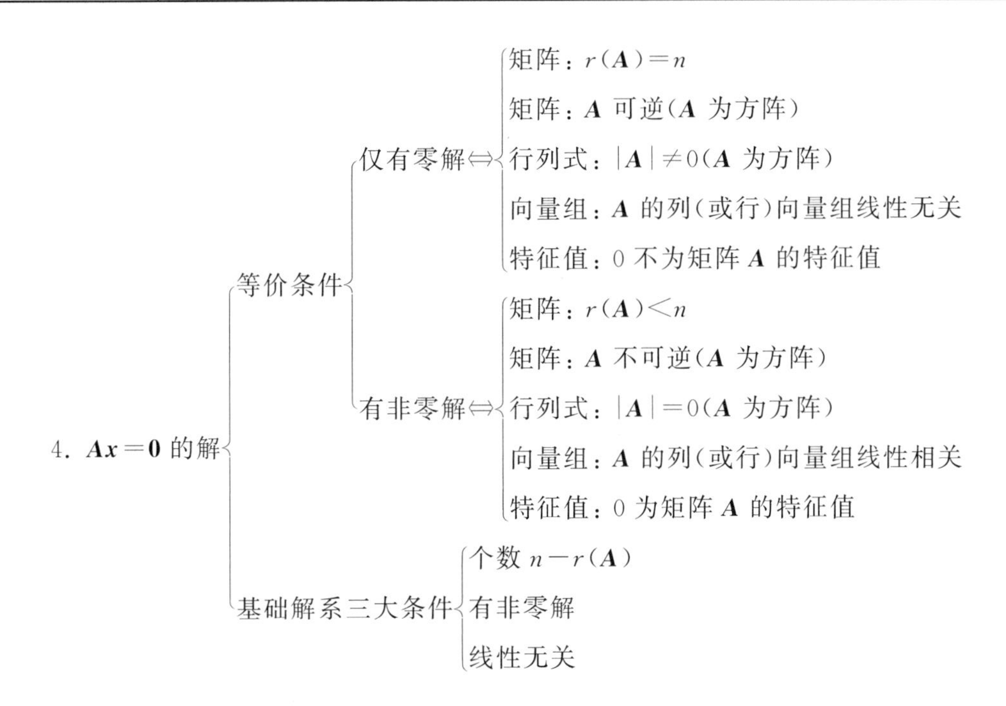

5. $Ax=\beta$ 的解
   - 三种情况
     - 无解 $\Leftrightarrow r(A)\neq r(A,\beta)$
     - 有解 $\Leftrightarrow r(A)=r(A,\beta)$
       - 有唯一解 $\Leftrightarrow r(A)=r(A,\beta)=n$
       - 有无穷多解 $\Leftrightarrow r(A)=r(A,\beta)<n$
   - 构造新解的方法
     - 若 $\alpha_1,\alpha_2,\cdots,\alpha_s$ 是 $Ax=\beta$ 的一组解，$\alpha=k_1\alpha_1+k_2\alpha_2+\cdots+k_s\alpha_s$
     - 则
       - α 是 $Ax=\beta$ 的解，$k_1+k_2+\cdots+k_s=1$
       - α 是 $Ax=0$ 的解，$k_1+k_2+\cdots+k_s=0$
   - 克拉默法则
     - 线性方程组 $\begin{cases} a_{11}x_1+a_{12}x_2+\cdots+a_{1n}x_n=b_1 \\ a_{21}x_1+a_{22}x_2+\cdots+a_{2n}x_n=b_2 \\ \vdots \\ a_{n1}x_1+a_{n2}x_2+\cdots+a_{nn}x_n=b_n \end{cases}$
     - 如果系数行列式 $D=|A|\neq 0$，则
     - $x_1=\dfrac{D_1}{D},x_2=\dfrac{D_2}{D},\cdots,x_n=\dfrac{D_n}{D}$
     - 其中 D_j 是把 D 中第 j 列元素换成方程组右端的常数列所得的行列式
   - $AX=B$ 的解
     - 特殊：若 A 是可逆方阵，则 $X=A^{-1}B$
     - 普适：
       - $A_{mn}[x_1,x_2,\cdots,x_m]=[\beta_1,\beta_2,\cdots,\beta_m]\Rightarrow\begin{cases} Ax_1=\beta_1 \\ Ax_2=\beta_2 \\ \vdots \\ Ax_m=\beta_m \end{cases}$
       - 增广矩阵 $[A\vdots B]$ 批量求解 $Ax_i=\beta_i$，进而得 $X=[x_1,x_2,\cdots,x_m]$

6. $AB=C$ 的含义：
   - C 的列向量可由 A 的列向量线性表示
   - 同型方阵 $AB=C$
     - 且 C 可逆，则 A,B 均可逆
     - 且 B 可逆，则 A,C 的列向量组等价

7. 同解方程组
   - ① $Ax=0$ 与 $Bx=0$ 同解，则矩阵 A,B 行向量组等价
   - ② 重要的同解方程组：$A^{T}Ax=0$ 与 $Ax=0$ 为同解方程组，此时有 $r(A^{T}A)=r(A)$

8. 由解反求系数阵的方法
   - 设 η_1,η_2 是方程 $Ax=0$ 的线性无关的解
   - 则系数阵 A 的行向量为方程 $\begin{bmatrix}\eta_1^{T}\\ \eta_2^{T}\end{bmatrix}x=0$ 的解

9. 线性无关解的个数
   - $Ax=0$：最多 $n-r(A)$ 个线性无关解
   - $Ax=\beta$：最多 $n-r(A)+1$ 个线性无关解

10. $A^*x=0$ 的解
    - ① A 的列向量均为 $A^*x=0$ 的解(此时有 $|A|=0$)
    - ② 伴随阵的秩 $r(A^*)=\begin{cases} n, & r(A)=n \\ 1, & r(A)=n-1 \\ 0, & r(A)<n-1 \end{cases}$

专题 12　$Ax=0$ 的解

【考法 1】　判断齐次方程解的情况

重要结论

$$Ax=0\begin{cases}\text{只有零解}\Leftrightarrow r(A)=n\\ \text{有非零解}\Leftrightarrow r(A)<n\end{cases}$$

例题 1　设 A 为 4×5 的矩阵，$r(A)=4$，B 为 4×2 矩阵，则下列命题中不正确的是(　　)。

A. $\begin{bmatrix}A^{T}\\B^{T}\end{bmatrix}x=0$ 只有零解　　B. $[A\,\vdots\,B]x=0$ 必有无穷多解

C. $\forall b$，$\begin{bmatrix}A^{T}\\B^{T}\end{bmatrix}x=b$ 有唯一解　　D. $\forall b$，$[A\,\vdots\,B]x=b$ 必有无穷多解

解　因为 $r\begin{pmatrix}A^{T}\\B^{T}\end{pmatrix}=4$，$r(A\,\vdots\,B)=4$，由齐次线性方程解的判定知，A、B 选项均成立。又 $r(A\,\vdots\,B\,\vdots\,b)=r(A\,\vdots\,B)=4<7$，可见 D 也成立，但 $r\begin{bmatrix}A^{T}\\B^{T}\end{bmatrix}$ 与 $r\begin{bmatrix}A^{T}&\vdots&b\\B^{T}&&\end{bmatrix}$ 不一定相等，因此 C 选项不正确，故选 C。

【考法 2】　特征值为 0 对应的特征向量

重要结论

$\lambda=0$ 对应的特征向量 ξ 为方程 $Ax=0$ 的非零解。

例题 2　已知 A 是三阶实对称不可逆矩阵，且 $A\begin{bmatrix}1&1\\-1&2\\1&1\end{bmatrix}=\begin{bmatrix}2&1\\-2&2\\2&1\end{bmatrix}$，则齐次线性方程组 $Ax=0$ 的通解为________。

解　记 $\alpha_1=\begin{bmatrix}1\\-1\\1\end{bmatrix}$，$\alpha_1=\begin{bmatrix}1\\2\\1\end{bmatrix}$，由已知条件，知 $A\alpha_1=2\alpha_1$，$A\alpha_2=\alpha_2$，则 α_1，α_2 分别是矩阵 A 对应特征值为 $\lambda_1=2$，$\lambda_2=1$ 的特征向量。

由 A 不可逆，知 $|A|=0$，于是 $\lambda_3=0$ 是 A 的特征值。设矩阵 A 关于特征值 $\lambda_3=0$ 的特征向量为 α_3，由于实对称矩阵不同的特征值对应的特征向量正交，所以可取 $\alpha_3=\begin{bmatrix}-1\\0\\1\end{bmatrix}$ 是方程 $Ax=0$ 的一个解。又因为 A 可对角化，且有 2 个非零特征值，所以 $r(A)=2$。$Ax=0$ 基础解系中向量的个数为 1，故 $Ax=0$ 的通解为 $k\begin{bmatrix}-1\\0\\1\end{bmatrix}$，其中 k 为任意常数。

【考法 3】 利用 $AB=O$ 求解相关问题

重要结论

$AB=O$ 的含义：
- ① 矩阵：$r(\boldsymbol{A})+r(\boldsymbol{B})\leqslant n$；若 $\boldsymbol{A},\boldsymbol{B}$ 均非零矩阵，则均不可逆
- ② 行列式：方阵 $\boldsymbol{A}$ 的行列式 $|\boldsymbol{A}|=0$
- ③ 方程组：$\boldsymbol{B}$ 的列向量是方程组 $\boldsymbol{Ax}=\boldsymbol{0}$ 的解
- ④ 向量组：$\boldsymbol{A}$ 的列向量组与 $\boldsymbol{B}$ 的行向量组线性相关
- ⑤ 特征值：$\boldsymbol{A}$ 存在特征值 $\lambda=0$，且若 $r(\boldsymbol{B})=k$，则 $\lambda=0$ 至少存在 k 重根

例题 3 已知 3 阶矩阵 $\boldsymbol{A}$ 的第一行是 $[a,b,c]$，a,b,c 不全为零，矩阵 $\boldsymbol{B}=\begin{bmatrix}1&2&3\\2&4&6\\3&6&k\end{bmatrix}$（$k$ 为常数），且 $\boldsymbol{AB}=\boldsymbol{O}$。求线性方程组 $\boldsymbol{Ax}=\boldsymbol{0}$ 的通解。

解 由 $\boldsymbol{AB}=\boldsymbol{O}$ 知，$\boldsymbol{B}$ 的每一列均为 $\boldsymbol{Ax}=\boldsymbol{0}$ 的解，且 $r(\boldsymbol{A})+r(\boldsymbol{B})\leqslant 3$。

(1) 若 $k\neq 9$，则 $r(\boldsymbol{B})=2$，于是 $r(\boldsymbol{A})\leqslant 1$，显然 $r(\boldsymbol{A})\geqslant 1$，故 $r(\boldsymbol{A})=1$。可见此时 $\boldsymbol{Ax}=\boldsymbol{0}$ 的基础解系所含解向量的个数为 $3-r(\boldsymbol{A})=2$，矩阵 $\boldsymbol{B}$ 的第一、第三列线性无关，可作为其基础解系，故 $\boldsymbol{Ax}=\boldsymbol{0}$ 的通解为 $\boldsymbol{x}=k_1\begin{bmatrix}1\\2\\3\end{bmatrix}+k_2\begin{bmatrix}3\\6\\k\end{bmatrix}$，$k_1,k_2$ 为任意常数。

(2) 若 $k=9$，则 $r(\boldsymbol{B})=1$，从而 $1\leqslant r(\boldsymbol{A})\leqslant 2$。

若 $r(\boldsymbol{A})=2$，则 $\boldsymbol{Ax}=\boldsymbol{0}$ 的通解为 $\boldsymbol{x}=k_1\begin{bmatrix}1\\2\\3\end{bmatrix}$，$k_1$ 为任意常数。

若 $r(\boldsymbol{A})=1$，则 $\boldsymbol{Ax}=\boldsymbol{0}$ 的同解方程组为 $ax_1+bx_2+cx_3=0$，不妨设 $a\neq 0$，则其通解为 $\boldsymbol{x}=k_1\begin{bmatrix}-\frac{b}{a}\\1\\0\end{bmatrix}+k_2\begin{bmatrix}-\frac{c}{a}\\0\\1\end{bmatrix}$，$k_1,k_2$ 为任意常数。

例题 4 设 $\boldsymbol{A},\boldsymbol{B}$ 为满足 $\boldsymbol{AB}=\boldsymbol{O}$ 的任意两个非零矩阵，则必有（　　）。

A. $\boldsymbol{A}$ 的列向量组线性相关，$\boldsymbol{B}$ 的行向量组线性相关

B. $\boldsymbol{A}$ 的列向量组线性相关，$\boldsymbol{B}$ 的列向量组线性相关

C. $\boldsymbol{A}$ 的行向量组线性相关，$\boldsymbol{B}$ 的行向量组线性相关

D. $\boldsymbol{A}$ 的行向量组线性相关，$\boldsymbol{B}$ 的列向量组线性相关

解 设 $\boldsymbol{A}$ 按列分块为 $\boldsymbol{A}=[\boldsymbol{\alpha}_1,\boldsymbol{\alpha}_2,\cdots,\boldsymbol{\alpha}_n]$，由 $\boldsymbol{B}\neq\boldsymbol{O}$，知 $\boldsymbol{B}$ 至少有一列非零，设 $\boldsymbol{B}$ 的第 j 列 $[b_{1j},b_{2j},\cdots,b_{nj}]^{\mathrm{T}}\neq\boldsymbol{0}$，则 $\boldsymbol{AB}$ 的第 j 列为 $[\boldsymbol{\alpha}_1,\boldsymbol{\alpha}_2,\cdots,\boldsymbol{\alpha}_n]\begin{bmatrix}b_{1j}\\b_{2j}\\\vdots\\b_{nj}\end{bmatrix}=\boldsymbol{0}$，即 $b_{1j}\boldsymbol{\alpha}_1+b_{2j}\boldsymbol{\alpha}_2+\cdots+b_{nj}\boldsymbol{\alpha}_n=\boldsymbol{0}$，因为常数 $b_{1j},b_{2j},\cdots,b_{nj}$ 不全为零，故知 $\boldsymbol{A}$ 的列向量组线性相关。再由 $\boldsymbol{AB}=\boldsymbol{O}$ 取转置得 $\boldsymbol{B}^{\mathrm{T}}\boldsymbol{A}^{\mathrm{T}}=\boldsymbol{O}$，利用已证结果可知 $\boldsymbol{B}^{\mathrm{T}}$ 的列向量组线性相关，即 $\boldsymbol{B}$ 的行向量组线性相关，故选 A。

说明：本题也可从秩的角度理解。

例题 5 设 $\boldsymbol{A}$ 是三阶矩阵，$\boldsymbol{\alpha}_1=[1,1,-2]^{\mathrm{T}}$，$\boldsymbol{\alpha}_2=[2,1,1]^{\mathrm{T}}$，$\boldsymbol{\alpha}_3=[2,t,1]^{\mathrm{T}}$ 是齐次线性方程组 $\boldsymbol{Ax}=\boldsymbol{0}$ 的解向量，则（　　）。

A. $t\neq1$ 时，必有 $r(\boldsymbol{A})=1$　　B. $t\neq1$ 时，必有 $\boldsymbol{A}=\boldsymbol{O}$

C. $t=1$ 时，必有 $r(\boldsymbol{A})=1$　　D. $t=1$ 时，必有 $\boldsymbol{A}=\boldsymbol{O}$

解 由题可知 $\boldsymbol{A}[\boldsymbol{\alpha}_1,\boldsymbol{\alpha}_2,\boldsymbol{\alpha}_3]=\boldsymbol{O}$。

$$\boldsymbol{B}=[\boldsymbol{\alpha}_1,\boldsymbol{\alpha}_2,\boldsymbol{\alpha}_3]=\begin{bmatrix}1&2&2\\1&1&t\\-2&1&1\end{bmatrix}\rightarrow\begin{bmatrix}1&2&2\\0&-1&t-2\\0&5&5\end{bmatrix}\rightarrow\begin{bmatrix}1&2&1\\0&1&1\\0&0&t-1\end{bmatrix}。$$

(1) 当 $t\neq1$ 时，$r(\boldsymbol{B})=3$. 由于 $\boldsymbol{AB}=\boldsymbol{O}$，所以 $r(\boldsymbol{A})+r(\boldsymbol{B})\leqslant3$，$r(\boldsymbol{A})=0$，$\boldsymbol{A}=\boldsymbol{O}$，故选 B。

(2) 当 $t=1$ 时，$r(\boldsymbol{B})=2$，由于 $\boldsymbol{AB}=\boldsymbol{O}$，所以 $r(\boldsymbol{A})+r(\boldsymbol{B})\leqslant3$，故 $r(\boldsymbol{A})\leqslant1$。

专题 13　$\boldsymbol{A}^*\boldsymbol{x}=\boldsymbol{0}$ 的解

【考法 1】 利用伴随矩阵求齐次方程的解

重要结论

$$\boldsymbol{A}^*\boldsymbol{x}=\boldsymbol{0}\text{ 的解}\begin{cases}\text{① }\boldsymbol{A}\text{ 的列向量均为 }\boldsymbol{A}^*\boldsymbol{x}=\boldsymbol{0}\text{ 的解(此时有}|\boldsymbol{A}|=0)\\ \text{② 伴随阵的秩 }r(\boldsymbol{A}^*)=\begin{cases}n, & r(\boldsymbol{A})=n\\1, & r(\boldsymbol{A})=n-1\\0, & r(\boldsymbol{A})<n-1\end{cases}\end{cases}$$

例题 1 设矩阵 $\boldsymbol{A}=\begin{bmatrix}1&2&-2\\2&-1&1\\3&1&-1\end{bmatrix}$，$\boldsymbol{A}^*$ 是 $\boldsymbol{A}$ 的伴随矩阵，则线性方程组 $\boldsymbol{A}^*\boldsymbol{x}=\boldsymbol{0}$ 的通解为________。

解 对 $\boldsymbol{A}$ 实施初等行变换，有

$$\boldsymbol{A}=\begin{bmatrix}1&2&-2\\2&-1&1\\3&1&-1\end{bmatrix}\rightarrow\begin{bmatrix}1&2&-2\\0&-5&5\\0&-5&5\end{bmatrix}\rightarrow\begin{bmatrix}1&2&-2\\0&1&1\\0&0&0\end{bmatrix}$$，于是 $r(\boldsymbol{A})=2$。根据伴随矩阵与矩阵秩之间的关系有 $r(\boldsymbol{A}^*)=1$，从而 $3-r(\boldsymbol{A}^*)=2$，则齐次线性方程组 $\boldsymbol{A}^*\boldsymbol{x}=\boldsymbol{0}$ 的基础解系中含有 2 个线性无关的向量。

因为 $\boldsymbol{A}^*\boldsymbol{A}=|\boldsymbol{A}|\boldsymbol{E}=\boldsymbol{O}$，所以 $\boldsymbol{A}$ 的列向量是齐次线性方程组 $\boldsymbol{A}^*\boldsymbol{x}=\boldsymbol{0}$ 的解向量，特别地，$[1,2,3]^{\mathrm{T}}$，$[2,-1,1]^{\mathrm{T}}$ 是 $\boldsymbol{A}^*\boldsymbol{x}=\boldsymbol{0}$ 的两个线性无关解，故 $\boldsymbol{A}^*\boldsymbol{x}=\boldsymbol{0}$ 的通解为 $k_1[1,2,3]^{\mathrm{T}}+k_2[2,-1,1]^{\mathrm{T}}$，其中 k_1,k_2 为任意常数。

例题 2 设 $\boldsymbol{\alpha}_1,\boldsymbol{\alpha}_2,\boldsymbol{\alpha}_3,\boldsymbol{\alpha}_4$ 是四维非零列向量组，$\boldsymbol{A}=[\boldsymbol{\alpha}_1,\boldsymbol{\alpha}_2,\boldsymbol{\alpha}_3,\boldsymbol{\alpha}_4]$，$\boldsymbol{A}^*$ 是 $\boldsymbol{A}$ 的伴随矩阵。已知方程组 $\boldsymbol{Ax}=\boldsymbol{0}$ 的基础解系为 $k[1,0,2,0]^{\mathrm{T}}$，则方程组 $\boldsymbol{A}^*\boldsymbol{x}=\boldsymbol{0}$ 的基础解系为（　　）。

A. $\boldsymbol{\alpha}_1,\boldsymbol{\alpha}_2,\boldsymbol{\alpha}_3$　　B. $\boldsymbol{\alpha}_1,\boldsymbol{\alpha}_3,\boldsymbol{\alpha}_4$

C. $\boldsymbol{\alpha}_2,\boldsymbol{\alpha}_3,\boldsymbol{\alpha}_4$　　D. $\boldsymbol{\alpha}_1+\boldsymbol{\alpha}_2,\boldsymbol{\alpha}_2+\boldsymbol{\alpha}_3$

解 由 $\boldsymbol{Ax}=\boldsymbol{0}$ 的基础解系仅含 1 个解向量，知 $|\boldsymbol{A}|=0$ 且 $r(\boldsymbol{A})=3$，所以 $r(\boldsymbol{A}^*)=1$，$\boldsymbol{A}^*\boldsymbol{x}=\boldsymbol{0}$

的基础解系应含3个解向量，故排除D选项。

又由题设有$[\boldsymbol{\alpha}_1,\boldsymbol{\alpha}_2,\boldsymbol{\alpha}_3,\boldsymbol{\alpha}_4][1,0,2,0]^T=\boldsymbol{0}$，即$\boldsymbol{\alpha}_1+2\boldsymbol{\alpha}_3=\boldsymbol{0}$，$\boldsymbol{\alpha}_1,\boldsymbol{\alpha}_3$线性相关，所以排除A、B选项，故选C。

【考法2】 利用代数余子式不为零，确定线性无关

重要结论

若方阵$\boldsymbol{A}$的代数余子式$A_{ij}\neq 0$，则①除i行之外的所有行向量线性无关；②除j列之外的所有列向量线性无关。

证明：以3阶方阵$\boldsymbol{A}$，且$A_{12}\neq 0$为例。$A_{12}\neq 0\Rightarrow M_{12}\neq 0\Rightarrow \begin{vmatrix} a_{21} & a_{23} \\ a_{31} & a_{33} \end{vmatrix}\neq 0$。

所以列向量组$\begin{bmatrix} a_{21} \\ a_{31} \end{bmatrix},\begin{bmatrix} a_{23} \\ a_{33} \end{bmatrix}$线性无关，其延长组$\begin{bmatrix} a_{11} \\ a_{21} \\ a_{31} \end{bmatrix},\begin{bmatrix} a_{13} \\ a_{23} \\ a_{33} \end{bmatrix}$必线性无关。故第2列之外的所有列向量线性无关。同理，可证除第1行之外的所有行向量线性无关。

例题3 设四阶矩阵$\boldsymbol{A}=[a_{ij}]_{4\times 4}$不可逆，$a_{12}$的代数余子式$A_{12}\neq 0$，$\boldsymbol{\alpha}_1,\boldsymbol{\alpha}_2,\boldsymbol{\alpha}_3,\boldsymbol{\alpha}_4$为矩阵$\boldsymbol{A}$的列向量组，$\boldsymbol{A}^*$为$\boldsymbol{A}$的伴随矩阵，则$\boldsymbol{A}^*\boldsymbol{x}=\boldsymbol{0}$的通解为(　　)。

A. $\boldsymbol{x}=k_1\boldsymbol{\alpha}_1+k_2\boldsymbol{\alpha}_2+k_3\boldsymbol{\alpha}_3$
B. $\boldsymbol{x}=k_1\boldsymbol{\alpha}_1+k_2\boldsymbol{\alpha}_2+k_3\boldsymbol{\alpha}_4$
C. $\boldsymbol{x}=k_1\boldsymbol{\alpha}_1+k_2\boldsymbol{\alpha}_3+k_3\boldsymbol{\alpha}_4$
D. $\boldsymbol{x}=k_1\boldsymbol{\alpha}_2+k_2\boldsymbol{\alpha}_3+k_3\boldsymbol{\alpha}_4$

解 因为$\boldsymbol{A}$不可逆所以$|\boldsymbol{A}|=0$。

$\because A_{12}\neq 0$，$\therefore r(\boldsymbol{A})=3$，$\therefore r(\boldsymbol{A}^*)=1$，$\therefore \boldsymbol{A}^*\boldsymbol{x}=\boldsymbol{0}$的基础解系有3个线性无关的解向量。

$\because \boldsymbol{A}^*\boldsymbol{A}=|\boldsymbol{A}|\boldsymbol{E}=\boldsymbol{0}$，$\therefore \boldsymbol{A}$的每一列都是$\boldsymbol{A}^*\boldsymbol{x}=\boldsymbol{0}$的解。

又$\because A_{12}\neq 0$，$\therefore \boldsymbol{\alpha}_1,\boldsymbol{\alpha}_3,\boldsymbol{\alpha}_4$线性无关，$\therefore \boldsymbol{A}^*\boldsymbol{x}=\boldsymbol{0}$的通解为$\boldsymbol{x}=k_1\boldsymbol{\alpha}_1+k_2\boldsymbol{\alpha}_3+k_3\boldsymbol{\alpha}_4$，故选C。

例题4 设四阶矩阵$\boldsymbol{A}=[a_{ij}]_{4\times 4}$不可逆，$a_{12}$的代数余子式$A_{12}\neq 0$，$\boldsymbol{\alpha}_1^T,\boldsymbol{\alpha}_2^T,\boldsymbol{\alpha}_3^T,\boldsymbol{\alpha}_4^T$为矩阵$\boldsymbol{A}$的行向量组，$\boldsymbol{A}^*$为$\boldsymbol{A}$的伴随矩阵，则$(\boldsymbol{A}^T)^*\boldsymbol{x}=\boldsymbol{0}$的通解为(　　)。

A. $\boldsymbol{x}=k_1\boldsymbol{\alpha}_1+k_2\boldsymbol{\alpha}_2+k_3\boldsymbol{\alpha}_3$
B. $\boldsymbol{x}=k_1\boldsymbol{\alpha}_1+k_2\boldsymbol{\alpha}_2+k_3\boldsymbol{\alpha}_4$
C. $\boldsymbol{x}=k_1\boldsymbol{\alpha}_1+k_2\boldsymbol{\alpha}_3+k_3\boldsymbol{\alpha}_4$
D. $\boldsymbol{x}=k_1\boldsymbol{\alpha}_2+k_2\boldsymbol{\alpha}_3+k_3\boldsymbol{\alpha}_4$

解 $\because \boldsymbol{A}$不可逆，$\therefore |\boldsymbol{A}|=0$。

$\because A_{12}\neq 0$，$\therefore r(\boldsymbol{A})=r(\boldsymbol{A}^T)=3$，$\therefore r(\boldsymbol{A}^*)=1$，$\therefore \boldsymbol{A}^*\boldsymbol{x}=\boldsymbol{0}$的基础解系有3个线性无关的解向量。

又$\because A_{12}\neq 0$，$\therefore \boldsymbol{\alpha}_2^T,\boldsymbol{\alpha}_3^T,\boldsymbol{\alpha}_4^T$线性无关，$\therefore (\boldsymbol{A}^T)^*\boldsymbol{x}=\boldsymbol{0}$的通解为$\boldsymbol{x}=k_1\boldsymbol{\alpha}_2+k_2\boldsymbol{\alpha}_3+k_3\boldsymbol{\alpha}_4$，故选D。

【考法3】 结合反求矩阵A得出基础解系

重要结论

$\boldsymbol{A}=\boldsymbol{P\Lambda P}^{-1}$或$\boldsymbol{A}=\boldsymbol{Q\Lambda Q}^{-1}=\boldsymbol{Q\Lambda Q}^T$

例题5 设三阶实对称矩阵$\boldsymbol{A}=[\boldsymbol{\alpha}_1,\boldsymbol{\alpha}_2,\boldsymbol{\alpha}_3]$有二重特征值$\lambda_1=\lambda_2=1$，且$\boldsymbol{\alpha}_1+2\boldsymbol{\alpha}_2=\boldsymbol{\alpha}_3$，$\boldsymbol{A}^*$是$\boldsymbol{A}$的伴随矩阵。

(1) 方程组$\boldsymbol{Ax}=\boldsymbol{0}$的通解为________。

(2) 方程组$\boldsymbol{A}^*\boldsymbol{x}=\boldsymbol{0}$的通解为________。

解 (1) $\boldsymbol{\alpha}_1+2\boldsymbol{\alpha}_2=\boldsymbol{\alpha}_3$，知

$$[\boldsymbol{\alpha}_1,\boldsymbol{\alpha}_2,\boldsymbol{\alpha}_3]\begin{bmatrix}1\\2\\-1\end{bmatrix}=\boldsymbol{A}\begin{bmatrix}1\\2\\-1\end{bmatrix}=\boldsymbol{0}=0\begin{bmatrix}1\\2\\-1\end{bmatrix},$$

故 $\lambda_3=0$ 是 $\boldsymbol{A}$ 的特征值，$\boldsymbol{\beta}_3=[1,2,-1]^{\mathrm{T}}$ 是其对应的特征向量。易知矩阵 $\boldsymbol{A}$ 的秩为 2。所以方程组 $\boldsymbol{Ax}=\boldsymbol{0}$ 的通解为 $k[1,2,-1]^{\mathrm{T}}$（k 为任意常数）。

(2) $\boldsymbol{A}$ 矩阵的列向量为方程组 $\boldsymbol{A}^*\boldsymbol{x}=\boldsymbol{0}$ 的解。下面求解矩阵 $\boldsymbol{A}$。

令 $\lambda_1=\lambda_2=1$ 的特征向量为 $\boldsymbol{\beta}=(x_1,x_2,x_3)^{\mathrm{T}}$。由 $\boldsymbol{A}$ 为实对称矩阵，知 $\boldsymbol{\beta}^{\mathrm{T}}\boldsymbol{\beta}_3=0$，即

$$x_1+2x_2-x_3=0$$

解得 $\boldsymbol{\beta}_1=(-2,1,0)^{\mathrm{T}}$，$\boldsymbol{\beta}_2=(1,0,1)^{\mathrm{T}}$，为 $\lambda_1=\lambda_2=1$ 对应的特征向量。

对 $\boldsymbol{\beta}_1,\boldsymbol{\beta}_2$ 正交化，得 $\boldsymbol{\eta}_1=\boldsymbol{\beta}_1=(-2,1,0)^{\mathrm{T}}$。

$$\boldsymbol{\eta}_2=\boldsymbol{\beta}_2-\frac{[\boldsymbol{\beta}_2,\boldsymbol{\beta}_1]}{[\boldsymbol{\beta}_1,\boldsymbol{\beta}_1]}\boldsymbol{\beta}_1=\frac{1}{5}(1,2,5)^{\mathrm{T}}。$$

单位化，得 $\boldsymbol{\gamma}_1=\frac{1}{\sqrt{5}}(-2,1,0)^{\mathrm{T}}$，$\boldsymbol{\gamma}_2=\frac{1}{\sqrt{30}}(1,2,5)^{\mathrm{T}}$，$\boldsymbol{\gamma}_3=\frac{1}{\sqrt{6}}(1,2,-1)^{\mathrm{T}}$。

令 $\boldsymbol{Q}=[\boldsymbol{\gamma}_1,\boldsymbol{\gamma}_2,\boldsymbol{\gamma}_3]$，则 $\boldsymbol{Q}$ 为正交矩阵，

$$\boldsymbol{A}=\boldsymbol{Q}\boldsymbol{\Lambda}\boldsymbol{Q}^{-1}=\boldsymbol{Q}\boldsymbol{\Lambda}\boldsymbol{Q}^{\mathrm{T}}=\begin{bmatrix}-\frac{2}{\sqrt{5}}&\frac{1}{\sqrt{30}}&\frac{1}{\sqrt{6}}\\\frac{1}{\sqrt{5}}&\frac{2}{\sqrt{30}}&\frac{2}{\sqrt{6}}\\0&\frac{5}{\sqrt{30}}&-\frac{1}{\sqrt{6}}\end{bmatrix}\begin{bmatrix}1&0&0\\0&1&0\\0&0&0\end{bmatrix}\begin{bmatrix}-\frac{2}{\sqrt{5}}&\frac{1}{\sqrt{5}}&0\\\frac{1}{\sqrt{30}}&\frac{2}{\sqrt{30}}&\frac{5}{\sqrt{30}}\\\frac{1}{\sqrt{6}}&\frac{2}{\sqrt{6}}&-\frac{1}{\sqrt{6}}\end{bmatrix}=\begin{bmatrix}\frac{5}{6}&-\frac{1}{3}&\frac{1}{6}\\-\frac{1}{3}&\frac{1}{3}&\frac{1}{3}\\\frac{1}{6}&\frac{1}{3}&\frac{5}{6}\end{bmatrix}。$$

由于 $\boldsymbol{A}^*\boldsymbol{A}=|\boldsymbol{A}|\boldsymbol{E}=\boldsymbol{O}$，$\boldsymbol{A}$ 的列向量中线性无关的 $\boldsymbol{\alpha}_1,\boldsymbol{\alpha}_2$ 是 $\boldsymbol{A}^*\boldsymbol{x}=0$ 有两个基础解，故所求通解为 $k_1(5,-2,1)^{\mathrm{T}}+k_2(-1,1,1)^{\mathrm{T}}$（$k_1,k_2$ 为任意常数）。

说明：本题也可用“abb”模型法快速求出矩阵 $\boldsymbol{A}$（方法说明参考专题 34）。

矩阵 $\boldsymbol{A}$ 的特征值为 0,1,1，又因为 $\boldsymbol{\alpha}_1+2\boldsymbol{\alpha}_2=\boldsymbol{\alpha}_3\Rightarrow(\boldsymbol{\alpha}_1,\boldsymbol{\alpha}_2,\boldsymbol{\alpha}_3)(1,2,-1)^{\mathrm{T}}=\boldsymbol{0}\Rightarrow\boldsymbol{A}(1,2,-1)^{\mathrm{T}}=\boldsymbol{0}$，所以 0 对应的单位化特征向量为 $\frac{1}{\sqrt{6}}(1,2,-1)$，所以

$$\boldsymbol{A}-b\boldsymbol{E}=(a-b)\boldsymbol{\xi}_1\boldsymbol{\xi}_1^{\mathrm{T}}\Rightarrow\boldsymbol{A}=(0-1)\boldsymbol{\xi}_1\boldsymbol{\xi}_1^{\mathrm{T}}+\boldsymbol{E}=-\begin{bmatrix}\frac{1}{\sqrt{6}}\\\frac{2}{\sqrt{6}}\\\frac{-1}{\sqrt{6}}\end{bmatrix}\begin{bmatrix}\frac{1}{\sqrt{6}}&\frac{2}{\sqrt{6}}&\frac{-1}{\sqrt{6}}\end{bmatrix}+\boldsymbol{E}$$

$$=-\frac{1}{6}\begin{bmatrix}1&2&-1\\2&4&-2\\-1&-2&1\end{bmatrix}+\boldsymbol{E}=\begin{bmatrix}\frac{5}{6}&-\frac{1}{3}&\frac{1}{6}\\-\frac{1}{3}&\frac{1}{3}&\frac{1}{3}\\\frac{1}{6}&\frac{1}{3}&\frac{5}{6}\end{bmatrix}$$

【考法4】 结合基础解系的条件

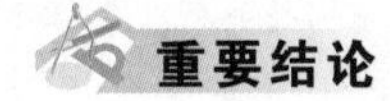

重要结论

基础解系三大条件 $\begin{cases} \text{个数 } n-r(\boldsymbol{A}) \\ \text{有非零解} \\ \text{线性无关} \end{cases}$。

例题 6 设三阶矩阵 $\boldsymbol{A}=[\boldsymbol{\alpha}_1,\boldsymbol{\alpha}_2,\boldsymbol{\alpha}_3]$，$a_{12}$ 的代数余子式 $A_{12}\neq 0$，且 $\boldsymbol{\alpha}_1+\boldsymbol{\alpha}_2+\boldsymbol{\alpha}_3=\boldsymbol{0}$，$\boldsymbol{P}$ 为 2 阶可逆矩阵，则下列说法中为 $\boldsymbol{A}^*\boldsymbol{x}=\boldsymbol{0}$ 基础解系的有(　　)个。

① $[\boldsymbol{\alpha}_2,\boldsymbol{\alpha}_3]\boldsymbol{P}$ 的列向量组　　② $[\boldsymbol{\alpha}_1,\boldsymbol{\alpha}_3]\boldsymbol{P}$ 的列向量组

③ $[\boldsymbol{\alpha}_2,\boldsymbol{\alpha}_3]$的等价向量组　　④ $[\boldsymbol{\alpha}_1,\boldsymbol{\alpha}_3]$的等价向量组

A. 1　　B. 2　　C. 3　　D. 4

解 ①②为所求基础解系，选 B，理由如下。

(1) 确定基础解系中解向量的个数。

$A_{12}\neq 0$ 可得出 $r(\boldsymbol{A})\geqslant 2$，又因为 $\boldsymbol{\alpha}_1+\boldsymbol{\alpha}_2+\boldsymbol{\alpha}_3=\boldsymbol{0}$，所以 $r(\boldsymbol{A})\leqslant 2$，即 $r(\boldsymbol{A})=2$，

所以 $r(\boldsymbol{A}^*)=1$。故 $\boldsymbol{A}^*\boldsymbol{x}=\boldsymbol{0}$ 基础解系中应有 2 个线性无关的解向量。

(2) 确定解。

因为 $r(\boldsymbol{A})=2$，所以 $\boldsymbol{A}^*\boldsymbol{A}=|\boldsymbol{A}|\boldsymbol{E}=\boldsymbol{0}$，$\boldsymbol{A}^*\boldsymbol{A}=\boldsymbol{A}^*[\boldsymbol{\alpha}_1,\boldsymbol{\alpha}_2,\boldsymbol{\alpha}_3]=\boldsymbol{0}$，

即 $\boldsymbol{\alpha}_1,\boldsymbol{\alpha}_2,\boldsymbol{\alpha}_3$ 均为 $\boldsymbol{A}^*\boldsymbol{x}=\boldsymbol{0}$ 的解。

(3) 寻找线性无关的解。

$A_{12}\neq 0$ 可得出，$\boldsymbol{\alpha}_1,\boldsymbol{\alpha}_3$ 线性无关。又因为 $\boldsymbol{\alpha}_1+\boldsymbol{\alpha}_2+\boldsymbol{\alpha}_3=\boldsymbol{0}$，所以 $[\boldsymbol{\alpha}_2,\boldsymbol{\alpha}_3]=[-\boldsymbol{\alpha}_1-\boldsymbol{\alpha}_3,\boldsymbol{\alpha}_3]$，可经过列变换化为 $[\boldsymbol{\alpha}_1,\boldsymbol{\alpha}_3]$，故 $r(\boldsymbol{\alpha}_2,\boldsymbol{\alpha}_3)=r(\boldsymbol{\alpha}_1,\boldsymbol{\alpha}_3)=2$，所以 $\boldsymbol{\alpha}_2,\boldsymbol{\alpha}_3$ 也线性无关。

所以向量组 $\boldsymbol{\alpha}_1,\boldsymbol{\alpha}_3$ 与向量组 $\boldsymbol{\alpha}_2,\boldsymbol{\alpha}_3$ 均可为方程组 $\boldsymbol{A}^*\boldsymbol{x}=\boldsymbol{0}$ 的一个基础解系。

(4) 初等列变换后依然是基础解系。

$\boldsymbol{P}$ 为可逆矩阵，所以 $r(\boldsymbol{\alpha}_1,\boldsymbol{\alpha}_3)=r[(\boldsymbol{\alpha}_1,\boldsymbol{\alpha}_3)\boldsymbol{P}]=2$，故 $[\boldsymbol{\alpha}_1,\boldsymbol{\alpha}_3]\boldsymbol{P}$ 的列向量组线性无关。

$\boldsymbol{A}^*[\boldsymbol{\alpha}_1,\boldsymbol{\alpha}_3]=\boldsymbol{0}\Rightarrow\boldsymbol{A}^*[\boldsymbol{\alpha}_1,\boldsymbol{\alpha}_3]\boldsymbol{P}=\boldsymbol{0}$，即 $[\boldsymbol{\alpha}_1,\boldsymbol{\alpha}_3]\boldsymbol{P}$ 的列向量组也是 $\boldsymbol{A}^*\boldsymbol{x}=\boldsymbol{0}$ 的一个基础解系。

同理，$[\boldsymbol{\alpha}_2,\boldsymbol{\alpha}_3]\boldsymbol{P}$ 的列向量组也是 $\boldsymbol{A}^*\boldsymbol{x}=\boldsymbol{0}$ 的一个基础解系。

(5) 基础解系的等价向量组不一定是基础解系。

由于无法确定基础解系等价向量组中向量的个数(例如 $\boldsymbol{\alpha}_1$ 与 $\boldsymbol{\alpha}_1,2\boldsymbol{\alpha}_1$ 向量组等价，但向量个数不相等)，所以基础解系的等价向量组不一定是基础解系，故说法③④均错误。故选 B。

专题14 利用基础解系的性质

【考法1】 利用基础解系三大条件求解相关问题

重要结论

基础解系三大条件 $\begin{cases} \text{个数 } n-r(\boldsymbol{A}) \\ \text{有非零解} \\ \text{线性无关} \end{cases}$。

例题 1 设 $\boldsymbol{\alpha}_1,\boldsymbol{\alpha}_2,\boldsymbol{\alpha}_3,\boldsymbol{\alpha}_4$ 是齐次线性方程组 $\boldsymbol{A}\boldsymbol{x}=\boldsymbol{0}$ 的基础解系，$\boldsymbol{\beta}_1=t_1\boldsymbol{\alpha}_1+t_2\boldsymbol{\alpha}_2$，$\boldsymbol{\beta}_2=t_1\boldsymbol{\alpha}_2+t_2\boldsymbol{\alpha}_3$，$\boldsymbol{\beta}_3=t_1\boldsymbol{\alpha}_3+t_2\boldsymbol{\alpha}_4$，$\boldsymbol{\beta}_4=t_1\boldsymbol{\alpha}_4+t_2\boldsymbol{\alpha}_1$，也是 $\boldsymbol{A}\boldsymbol{x}=\boldsymbol{0}$ 的基础解系，其中 t_1,t_2 为实常数，

则 t_1, t_2 应满足关系(　　)。

A. $t_1 \neq \pm t_2$　　B. $t_1 = t_2$　　C. $t_1 = -t_2$　　D. $t_1 = \pm t_2$

解 由 $\boldsymbol{\alpha}_1, \boldsymbol{\alpha}_2, \boldsymbol{\alpha}_3, \boldsymbol{\alpha}_4$ 是 $\boldsymbol{Ax}=\boldsymbol{0}$ 的基础解系及齐次线性方程组解的性质知，$\boldsymbol{\beta}_1, \boldsymbol{\beta}_2, \boldsymbol{\beta}_3, \boldsymbol{\beta}_4$ 是 $\boldsymbol{Ax}=\boldsymbol{0}$ 的解，要使 $\boldsymbol{\beta}_1, \boldsymbol{\beta}_2, \boldsymbol{\beta}_3, \boldsymbol{\beta}_4$ 也是 $\boldsymbol{Ax}=\boldsymbol{0}$ 的基础解系，只需要线性无关。

$$[\boldsymbol{\beta}_1, \boldsymbol{\beta}_2, \boldsymbol{\beta}_3, \boldsymbol{\beta}_4] = [\boldsymbol{\alpha}_1, \boldsymbol{\alpha}_2, \boldsymbol{\alpha}_3, \boldsymbol{\alpha}_4]\begin{bmatrix} t_1 & 0 & 0 & t_2 \\ t_2 & t_1 & 0 & 0 \\ 0 & t_2 & t_1 & 0 \\ 0 & 0 & t_2 & t_1 \end{bmatrix}$$

因为 $\boldsymbol{\alpha}_1, \boldsymbol{\alpha}_2, \boldsymbol{\alpha}_3, \boldsymbol{\alpha}_4$ 线性无关，且 $\begin{vmatrix} t_1 & 0 & 0 & t_2 \\ t_2 & t_1 & 0 & 0 \\ 0 & t_2 & t_1 & 0 \\ 0 & 0 & t_2 & t_1 \end{vmatrix} = t_1^4 - t_2^4$，

当 $t_1^4 - t_2^4 \neq 0$，即 $t_1 \neq \pm t_2$ 时，$\boldsymbol{\beta}_1, \boldsymbol{\beta}_2, \boldsymbol{\beta}_3, \boldsymbol{\beta}_4$ 线性无关，故选 A。

【考法 2】　利用解与基础解系的关系求解相关问题

重要结论

基础解系可线性表示任意解 $\boldsymbol{\xi}$，即 $\boldsymbol{\xi} = k_1\boldsymbol{\xi}_1 + k_2\boldsymbol{\xi}_2 + \cdots + k_n\boldsymbol{\xi}_n$。

例题 2 设 $\boldsymbol{\xi}_1 = [0,1,2,3]^{\mathrm{T}}, \boldsymbol{\xi}_2 = [3,2,1,0]^{\mathrm{T}}$ 是齐次线性方程组 $\boldsymbol{Ax}=\boldsymbol{0}$ 的基础解系，其中 $\boldsymbol{A}$ 是四阶方阵，则下列选项中是 $\boldsymbol{Ax}=\boldsymbol{0}$ 的一个特解是(　　)。

A. $[1,2,-3,1]^{\mathrm{T}}$　　B. $[1,0,2,1]^{\mathrm{T}}$

C. $[1,2,1,3]^{\mathrm{T}}$　　D. $[1,2,3,4]^{\mathrm{T}}$

解 根据齐次线性方程组解的性质，看四个选项中哪个向量能由基础解系 $\boldsymbol{\xi}_1, \boldsymbol{\xi}_2$ 线性表示。

记 $\boldsymbol{\beta}_1 = [1,2,-3,1]^{\mathrm{T}}, \boldsymbol{\beta}_2 = [1,0,2,1]^{\mathrm{T}}, \boldsymbol{\beta}_3 = [1,2,1,3]^{\mathrm{T}}, \boldsymbol{\beta}_4 = [1,2,3,4]^{\mathrm{T}}$，作矩阵 $[\boldsymbol{\xi}_1, \boldsymbol{\xi}_2, \boldsymbol{\beta}_1, \boldsymbol{\beta}_2, \boldsymbol{\beta}_3, \boldsymbol{\beta}_4]$，并对其实施初等行变换，得

$$[\boldsymbol{\xi}_1, \boldsymbol{\xi}_2 \vdots \boldsymbol{\beta}_1, \boldsymbol{\beta}_2, \boldsymbol{\beta}_3, \boldsymbol{\beta}_4] = \left[\begin{array}{cc:cccc} 0 & 3 & 1 & 1 & 1 & 1 \\ 1 & 2 & 2 & 0 & 2 & 2 \\ 2 & 1 & -3 & 2 & 1 & 3 \\ 3 & 0 & 1 & 1 & 3 & 4 \end{array}\right] \longrightarrow \left[\begin{array}{cc:cccc} 1 & 0 & \frac{4}{3} & -\frac{2}{3} & \frac{4}{3} & \frac{4}{3} \\ 0 & 1 & \frac{1}{3} & \frac{1}{3} & \frac{1}{3} & \frac{1}{3} \\ 0 & 0 & -3 & 3 & -1 & 0 \\ 0 & 0 & 0 & -3 & 0 & 0 \end{array}\right]$$

由此可知，$\boldsymbol{\beta}_4 = \frac{4}{3}\boldsymbol{\xi}_1 + \frac{1}{3}\boldsymbol{\xi}_2$，即 $\boldsymbol{\beta}_4$ 也是一个解向量，$\boldsymbol{\beta}_1, \boldsymbol{\beta}_2, \boldsymbol{\beta}_3$ 不能由基础解系 $\boldsymbol{\xi}_1, \boldsymbol{\xi}_2$ 线性表示，不是解向量，故选 D。

【考法 3】　基础解系的等价向量组不一定是基础解系

重要结论

基础解系的等价向量组不一定是基础解系。

例题 3 已知 $\boldsymbol{\xi}_1, \boldsymbol{\xi}_2, \boldsymbol{\xi}_3$ 是 $\boldsymbol{Ax}=\boldsymbol{0}$ 的基础解系，则 $\boldsymbol{Ax}=\boldsymbol{0}$ 的基础解系还可以表示为(　　)。

A. $P_{3\times3}[\xi_1,\xi_2,\xi_3]$的三个列向量，其中 $P_{3\times3}$ 为可逆矩阵

B. $[\xi_1,\xi_2,\xi_3]Q_{3\times3}$ 的三个列向量，其中 $Q_{3\times3}$ 为可逆矩阵

C. ξ_1,ξ_2,ξ_3 的一个等价向量组

D. 一个可由ξ_1,ξ_2,ξ_3 线性表示的向量组

解 因ξ_1,ξ_2,ξ_3 线性无关，且 Q 可逆，故 $r([\xi_1,\xi_2,\xi_3]Q)=3$，则$[\xi_1,\xi_2,\xi_3]Q$ 的三个列向量仍线性无关，又 $A\xi_i=0(i=1,2,3)$，故 $A[\xi_1,\xi_2,\xi_3]=O$，两边右乘 Q，得 $A[\xi_1,\xi_2,\xi_3]Q=O$，即$[\xi_1,\xi_2,\xi_3]Q$ 的三个列向量仍为 $Ax=0$ 的解向量，且线性无关的解向量个数为 3，所以它们为 $Ax=0$ 的基础解系，故选 B。

A 选项错误：$P\xi_i$ 不一定是 $Ax=0$ 的解向量，即 $A(P\xi_i)\neq 0$。

C 选项错误：因与ξ_1,ξ_2,ξ_3 等价的向量组，其向量个数可以超过 3 个，且线性相关，因而ξ_1,ξ_2,ξ_3 的一个等价向量组不一定是基础解系。

D 选项错误：一个可由ξ_1,ξ_2,ξ_3 线性表示的向量组，其向量个数可能不是 3，也无法保证其线性无关。

专题 15 $Ax=b$ 的解

【考法 1】 判别非齐次方程的解(具体矩阵)

重要结论

$$Ax=\beta\text{ 解的情况}\begin{cases}\text{无解}\Leftrightarrow r(A)\neq r(A,\beta)\\ \text{有解}\Leftrightarrow r(A)\neq r(A,\beta)\begin{cases}\text{有唯一解}\Leftrightarrow r(A)=r(A,\beta)=n\\ \text{有无穷多解}\Leftrightarrow r(A)=r(A,\beta)<n\end{cases}\end{cases}$$

例题 1 设方程组$\begin{cases}x_1+x_2+x_3=b_1\\ a_1x_1+a_2x_2+a_3x_3=b_2\\ a_1^2x_1+a_2^2x_2+a_3^2x_3=b_3\end{cases}$，其中 $a_i\neq a_j\ (i\neq j)$，则下列说法中正确的是(　　)。

A. 此方程组无解

B. 此方程组有唯一解

C. 此方程组有无穷多解

D. 其解的情况与 b_1、b_2、b_3 的值有关

解 设方程组的系数矩阵为 A。因为$|A|=\begin{vmatrix}1&1&1\\ a_1&a_2&a_3\\ a_1^2&a_2^2&a_3^2\end{vmatrix}=\prod\limits_{1\leqslant i<j\leqslant3}(a_j-a_i)$，且 $a_i\neq a_j$。

所以$|A|\neq0$，故方程组有解，并且是唯一解。故选 B。

【考法 2】 判别非齐次方程的解(抽象矩阵)

例题 2 设 A 是 $m\times n$ 矩阵，$m<n$，且 A 的行向量组线性无关，B 是 $n\times(n-m)$矩阵，B 的列向量组线性无关，且 $AB=O$，已知η 是齐次方程组 $Ax=0$ 的解，证明：$By=\eta$ 有唯一解。

证明：由题设条件知，$r(A)=m$，$r(B)=n-m$。又 $AB=O$，故 B 的每一列都是 $Ax=0$ 的解，且是 $n-m$ 个线性无关解。因 $r(A_{m\times n})=m$，$Ax=0$ 基础解系由 $n-m$ 个线性无关解组成，故 B 的列向量组$\beta_1,\beta_2,\cdots,\beta_{n-m}$ 是 $Ax=0$ 的基础解系，已知η 是 $Ax=0$ 的一个解，η 可由基础解系 $\beta_1,\beta_2,\cdots,\beta_{n-m}$

线性表示，且表示法唯一，即线性方程组 $\boldsymbol{B}\boldsymbol{y}=\boldsymbol{\eta}$ 有唯一解。

例题 3 设 $\boldsymbol{\alpha},\boldsymbol{\beta},\boldsymbol{\gamma}$ 为三维列向量，矩阵 $\boldsymbol{A}=[\boldsymbol{\alpha}+\boldsymbol{\beta},\boldsymbol{\beta}+\boldsymbol{\gamma},\boldsymbol{\gamma}+\boldsymbol{\alpha}]$，$\boldsymbol{B}=[\boldsymbol{\alpha}+2\boldsymbol{\beta},\boldsymbol{\beta}+2\boldsymbol{\gamma},\boldsymbol{\gamma}+2\boldsymbol{\alpha}]$，若 $|\boldsymbol{A}|=1$，$\boldsymbol{B}^*$ 为 $\boldsymbol{B}$ 的伴随矩阵，则非齐次线性方程组 $\boldsymbol{B}^*\boldsymbol{x}=\boldsymbol{\beta}$（　　）。

A. 有唯一解　　B. 有无穷多解

C. 无解　　D. 是否有解与 $\boldsymbol{\beta}$ 有关

解 经过多次列变换有：

$\boldsymbol{A}=[\boldsymbol{\alpha}+\boldsymbol{\beta},\boldsymbol{\beta}+\boldsymbol{\gamma},\boldsymbol{\gamma}+\boldsymbol{\alpha}]\to[2\boldsymbol{\beta},\boldsymbol{\beta}+\boldsymbol{\gamma},\boldsymbol{\gamma}+\boldsymbol{\alpha}]\to[2\boldsymbol{\beta},\boldsymbol{\gamma},\boldsymbol{\gamma}+\boldsymbol{\alpha}]\to[\boldsymbol{\beta},\boldsymbol{\gamma},\boldsymbol{\alpha}]$，

所以 $|\boldsymbol{A}|\neq0\Rightarrow|\boldsymbol{\beta},\boldsymbol{\gamma},\boldsymbol{\alpha}|\neq0$。

经过列变换有：$\boldsymbol{B}=[\boldsymbol{\alpha}+2\boldsymbol{\beta},\boldsymbol{\beta}+2\boldsymbol{\gamma},\boldsymbol{\gamma}+2\boldsymbol{\alpha}]\to[9\boldsymbol{\alpha},\boldsymbol{\beta}+2\boldsymbol{\gamma},\boldsymbol{\gamma}+2\boldsymbol{\alpha}]$（将第 2 列的 -2 倍与第 3 列的 4 倍加至第 1 列）。

进一步列变换有 $\boldsymbol{B}\to[9\boldsymbol{\alpha},\boldsymbol{\beta}+2\boldsymbol{\gamma},\boldsymbol{\gamma}+2\boldsymbol{\alpha}]\to[\boldsymbol{\alpha},\boldsymbol{\beta}+2\boldsymbol{\gamma},\boldsymbol{\gamma}]\to[\boldsymbol{\alpha},\boldsymbol{\beta},\boldsymbol{\gamma}]$，

所以 $|\boldsymbol{\beta},\boldsymbol{\gamma},\boldsymbol{\alpha}|\neq0\Rightarrow|\boldsymbol{\alpha},\boldsymbol{\beta},\boldsymbol{\gamma}|\neq0\Rightarrow|\boldsymbol{B}|\neq0$ 所以矩阵 $\boldsymbol{B}$ 为三阶满秩矩阵。

从而有 $\boldsymbol{B}^*$ 也是三阶满秩矩阵。此时必有 $r(\boldsymbol{B}^*)=r(\boldsymbol{B}^*,\boldsymbol{\beta})=3$。故方程具有唯一解，故选 A。

【考法 3】 利用克拉默法则求解非齐次方程组

重要结论

克拉默法则：

线性方程组
$$\begin{cases}a_{11}x_1+a_{12}x_2+\cdots+a_{1n}x_n=b_1\\a_{21}x_1+a_{22}x_2+\cdots+a_{2n}x_n=b_2\\\qquad\vdots\\a_{n1}x_1+a_{n2}x_2+\cdots+a_{nn}x_n=b_n\end{cases}$$
如果系数行列式 $D=|\boldsymbol{A}|\neq0$，则 $x_1=\dfrac{D_1}{D},x_2=\dfrac{D_2}{D},\cdots,x_n=\dfrac{D_n}{D}$

其中 D_j 是把 D 中第 j 列元素换成方程组右端的常数列所得的行列式

例题 4 设 $\boldsymbol{A}=\begin{bmatrix}1&1&1&\cdots&1\\a_1&a_2&a_3&\cdots&a_n\\a_1^2&a_2^2&a_3^2&\cdots&a_n^2\\\vdots&\vdots&\vdots&&\vdots\\a_1^{n-1}&a_2^{n-1}&a_3^{n-1}&\cdots&a_n^{n-1}\end{bmatrix}$，$\boldsymbol{x}=\begin{bmatrix}x_1\\x_2\\x_3\\\vdots\\x_n\end{bmatrix}$，$\boldsymbol{\beta}=\begin{bmatrix}1\\1\\1\\\vdots\\1\end{bmatrix}$，其中 $a_i\neq a_j(i\neq j,i,j=1,2,\cdots,n)$，则线性方程组 $\boldsymbol{A}^{\mathrm{T}}\boldsymbol{x}=\boldsymbol{\beta}$ 的解是 $\boldsymbol{x}=$________。

解 $|\boldsymbol{A}|$ 为 n 阶范德蒙行列式，由题设有 $i\neq j$ 时 $a_i\neq a_j$，则 $|\boldsymbol{A}|=|\boldsymbol{A}^{\mathrm{T}}|\neq0$，由克拉默法则知，方程组 $\boldsymbol{A}^{\mathrm{T}}\boldsymbol{x}=\boldsymbol{\beta}$ 有唯一解。下面求出该唯一解。因

$$\boldsymbol{A}^{\mathrm{T}}=\begin{bmatrix}1&a_1&a_1^2&\cdots&a_1^{n-1}\\1&a_2&a_2^2&\cdots&a_2^{n-1}\\\vdots&\vdots&\vdots&&\vdots\\1&a_n&a_n^2&\cdots&a_n^{n-1}\end{bmatrix},\quad|\boldsymbol{A}^{\mathrm{T}}|=\begin{vmatrix}1&a_1&a_1^2&\cdots&a_1^{n-1}\\1&a_2&a_2^2&\cdots&a_2^{n-1}\\\vdots&\vdots&\vdots&&\vdots\\1&a_n&a_n^2&\cdots&a_n^{n-1}\end{vmatrix},$$

则 $D_1=|\boldsymbol{A}^{\mathrm{T}}|$，$D_2=\begin{vmatrix}1&1&a_1^2&\cdots&a_1^{n-1}\\1&1&a_2^2&\cdots&a_2^{n-1}\\\vdots&\vdots&\vdots&&\vdots\\1&1&a_n^2&\cdots&a_n^{n-1}\end{vmatrix}=0$。同理，可求得 $D_3=\cdots=D_n=0$，故其解为

$$x_1=\frac{D_1}{|A^{\mathrm{T}}|}=\frac{D_1}{D_1}=1,x_2=\frac{D_2}{|A^{\mathrm{T}}|}=\frac{0}{|A^{\mathrm{T}}|}=0,\cdots,x_n=\frac{D_n}{|A^{\mathrm{T}}|}=\frac{0}{|A^{\mathrm{T}}|}=0,$$

即 $\boldsymbol{x}=[1,0,\cdots,0]^{\mathrm{T}}$ 为所求的唯一解。

专题16 同解与公共解

【考法1】 利用一个重要的同解方程组

重要结论

$\boldsymbol{A}\boldsymbol{x}=\boldsymbol{0}$ 与 $\boldsymbol{A}^{\mathrm{T}}\boldsymbol{A}\boldsymbol{x}=\boldsymbol{0}$ 同解。

证明：① 若 $\boldsymbol{A}\boldsymbol{x}=\boldsymbol{0}$，则必有 $\boldsymbol{A}^{\mathrm{T}}\boldsymbol{A}\boldsymbol{x}=\boldsymbol{0}$。

② 若 $\boldsymbol{A}^{\mathrm{T}}\boldsymbol{A}\boldsymbol{x}=\boldsymbol{0}$，则 $\boldsymbol{x}^{\mathrm{T}}\boldsymbol{A}^{\mathrm{T}}\boldsymbol{A}\boldsymbol{x}=\boldsymbol{0}\Rightarrow(\boldsymbol{A}\boldsymbol{x})^{\mathrm{T}}(\boldsymbol{A}\boldsymbol{x})=\boldsymbol{0}\Rightarrow\boldsymbol{A}\boldsymbol{x}=\boldsymbol{0}$。

例题1 设 $\boldsymbol{A}$ 为 n 阶实矩阵，$\boldsymbol{A}^{\mathrm{T}}$ 是 $\boldsymbol{A}$ 的转置矩阵，则对于线性方程组(Ⅰ)$\boldsymbol{A}\boldsymbol{x}=\boldsymbol{0}$ 和(Ⅱ)$\boldsymbol{A}^{\mathrm{T}}\boldsymbol{A}\boldsymbol{x}=\boldsymbol{0}$，正确的结论为(　　)。

A. (Ⅱ)的解是(Ⅰ)的解，(Ⅰ)的解也是(Ⅱ)的解

B. (Ⅱ)的解是(Ⅰ)的解，但(Ⅰ)的解不是(Ⅱ)的解

C. (Ⅰ)的解不是(Ⅱ)的解，(Ⅱ)的解也不是(Ⅰ)的解

D. (Ⅰ)的解是(Ⅱ)的解，但(Ⅱ)的解不是(Ⅰ)的解

解 如果 $\boldsymbol{x}_0$ 是(Ⅰ)的解，则 $\boldsymbol{A}\boldsymbol{x}_0=\boldsymbol{0}$，等式两边左乘 $\boldsymbol{A}^{\mathrm{T}}$，得 $\boldsymbol{A}^{\mathrm{T}}\boldsymbol{A}\boldsymbol{x}_0=\boldsymbol{0}$，即 $\boldsymbol{x}_0$ 是(Ⅱ)的解。如果 $\boldsymbol{y}_0$ 是(Ⅱ)的解，则 $\boldsymbol{A}^{\mathrm{T}}\boldsymbol{A}\boldsymbol{y}_0=\boldsymbol{0}$，等式两边左乘得 $\boldsymbol{y}_0^{\mathrm{T}}$，得 $\boldsymbol{y}_0^{\mathrm{T}}\boldsymbol{A}^{\mathrm{T}}\boldsymbol{A}\boldsymbol{y}_0=\boldsymbol{0}$，即 $(\boldsymbol{A}\boldsymbol{y}_0)^{\mathrm{T}}(\boldsymbol{A}\boldsymbol{y}_0)=\boldsymbol{0}$，或 $\|\boldsymbol{A}\boldsymbol{y}_0\|=\boldsymbol{0}$，故 $\boldsymbol{A}\boldsymbol{y}_0=\boldsymbol{0}$，即 $\boldsymbol{y}_0$ 是(Ⅰ)的解。

综上所述，线性方程组(Ⅰ)与(Ⅱ)同解。故选A。

【考法2】 方程组同解，则系数阵行向量组等价

重要结论

① 齐次方程组同解的充要条件为系数阵行向量组等价。

② 非齐次方程组同解的充要条件为增广矩阵行向量组等价。

③ $\boldsymbol{A}^{\mathrm{T}}\boldsymbol{A},\boldsymbol{A}$ 行向量组等价，$\boldsymbol{A}\boldsymbol{A}^{\mathrm{T}},\boldsymbol{A}^{\mathrm{T}}$ 行向量组等价。

如何理解①②？

求 $\boldsymbol{A}\boldsymbol{x}=\boldsymbol{0}$ 的通解时，将系数矩阵 $\boldsymbol{A}$ 进行初等行变换得到最简行阶梯矩阵 $\boldsymbol{A}_1$，此时得到同解 $\boldsymbol{A}\boldsymbol{x}=\boldsymbol{0}$ 的同解方程组 $\boldsymbol{A}_1\boldsymbol{x}=\boldsymbol{0}$。由于 $\boldsymbol{A}_1$ 是由 $\boldsymbol{A}$ 初等行变换得到，所以 $\boldsymbol{A}$ 与 $\boldsymbol{A}_1$ 行向量组等价。由此可理解结论①。同理，可理解结论②。

如何理解③？

$\boldsymbol{A}\boldsymbol{x}=\boldsymbol{0}$ 与 $\boldsymbol{A}^{\mathrm{T}}\boldsymbol{A}\boldsymbol{x}=\boldsymbol{0}$ 同解。所以系数阵 $\boldsymbol{A}^{\mathrm{T}}\boldsymbol{A},\boldsymbol{A}$ 行向量组等价。同理可理解 $\boldsymbol{A}\boldsymbol{A}^{\mathrm{T}},\boldsymbol{A}^{\mathrm{T}}$ 行向量组等价。

例题2 设 $\boldsymbol{A},\boldsymbol{B}$ 均为 n 阶矩阵，如果方程组 $\boldsymbol{A}\boldsymbol{x}=\boldsymbol{0}$ 与 $\boldsymbol{B}\boldsymbol{x}=\boldsymbol{0}$ 同解，则(　　)。

A. 方程组 $\boldsymbol{A}\boldsymbol{x}=\boldsymbol{0}$ 与 $\begin{bmatrix}\boldsymbol{A}\\-\boldsymbol{B}\end{bmatrix}\boldsymbol{x}=\boldsymbol{0}$ 同解

B. 方程组 $(\boldsymbol{A}-\boldsymbol{B})\boldsymbol{x}=\boldsymbol{0}$ 与 $\boldsymbol{B}\boldsymbol{x}=\boldsymbol{0}$ 同解

C. 方程组 $\boldsymbol{ABx}=\mathbf{0}$ 与 $\boldsymbol{Bx}=\mathbf{0}$ 同解

D. 方程组 $\begin{bmatrix}\boldsymbol{A} & \boldsymbol{O}\\ \boldsymbol{B} & \boldsymbol{B}^{\mathrm{T}}\end{bmatrix}\boldsymbol{y}=\mathbf{0}$ 与 $\begin{bmatrix}\boldsymbol{B} & \boldsymbol{A}\\ \boldsymbol{O} & \boldsymbol{A}^{\mathrm{T}}\boldsymbol{A}\end{bmatrix}\boldsymbol{y}=\mathbf{0}$ 同解

方程组 $\boldsymbol{Ax}=\mathbf{0}$ 与 $\boldsymbol{Bx}=\mathbf{0}$ 同解，表示对应系数矩阵行等价。所以矩阵 $\boldsymbol{A}$ 可经过行变换化为矩阵 $\boldsymbol{B}$，矩阵 $\boldsymbol{B}$ 也可经过行变换化为矩阵 $\boldsymbol{A}$。

A 选项正确：$\begin{bmatrix}\boldsymbol{A}\\ -\boldsymbol{B}\end{bmatrix}$ 经过行变化可化为 $\begin{bmatrix}\boldsymbol{A}\\ \boldsymbol{O}\end{bmatrix}$。所以 $\begin{bmatrix}\boldsymbol{A}\\ -\boldsymbol{B}\end{bmatrix}$ 与 $\boldsymbol{A}$ 行等价。即方程组 $\boldsymbol{Ax}=\mathbf{0}$ 与 $\begin{bmatrix}\boldsymbol{A}\\ -\boldsymbol{B}\end{bmatrix}\boldsymbol{x}=\mathbf{0}$ 同解。

B 选项错误：令 $\boldsymbol{A}=\boldsymbol{B}$，易知方程组 $(\boldsymbol{A}-\boldsymbol{B})\boldsymbol{x}=\mathbf{0}$ 与 $\boldsymbol{Bx}=\mathbf{0}$ 不一定同解。

C 选项错误：取 $\boldsymbol{A}=\boldsymbol{B}=\begin{bmatrix}0 & 1\\ 0 & 0\end{bmatrix}$，$\boldsymbol{AB}=\begin{bmatrix}0 & 0\\ 0 & 0\end{bmatrix}$，显然此时方程组 $\boldsymbol{ABx}=\mathbf{0}$ 与 $\boldsymbol{Bx}=\mathbf{0}$ 不同解。

D 选项错误：利用行变换可得 $\begin{bmatrix}\boldsymbol{A} & \boldsymbol{O}\\ \boldsymbol{B} & \boldsymbol{B}^{\mathrm{T}}\end{bmatrix}\rightarrow\begin{bmatrix}\boldsymbol{A} & \boldsymbol{O}\\ \boldsymbol{O} & \boldsymbol{B}^{\mathrm{T}}\end{bmatrix}$

利用行变换可得 $\begin{bmatrix}\boldsymbol{B} & \boldsymbol{A}\\ \boldsymbol{O} & \boldsymbol{A}^{\mathrm{T}}\boldsymbol{A}\end{bmatrix}\rightarrow\begin{bmatrix}\boldsymbol{B} & \boldsymbol{A}\\ \boldsymbol{O} & \boldsymbol{A}\end{bmatrix}\rightarrow\begin{bmatrix}\boldsymbol{B} & \boldsymbol{O}\\ \boldsymbol{O} & \boldsymbol{A}\end{bmatrix}\rightarrow\begin{bmatrix}\boldsymbol{A} & \boldsymbol{O}\\ \boldsymbol{O} & \boldsymbol{B}\end{bmatrix}$。

但无法得出 $\begin{bmatrix}\boldsymbol{A} & \boldsymbol{O}\\ \boldsymbol{O} & \boldsymbol{B}^{\mathrm{T}}\end{bmatrix}$ 与 $\begin{bmatrix}\boldsymbol{A} & \boldsymbol{O}\\ \boldsymbol{O} & \boldsymbol{B}\end{bmatrix}$ 行等价。所以 $\begin{bmatrix}\boldsymbol{A} & \boldsymbol{O}\\ \boldsymbol{B} & \boldsymbol{B}^{\mathrm{T}}\end{bmatrix}\boldsymbol{y}=\mathbf{0}$ 与 $\begin{bmatrix}\boldsymbol{B} & \boldsymbol{A}\\ \boldsymbol{O} & \boldsymbol{A}^{\mathrm{T}}\boldsymbol{A}\end{bmatrix}\boldsymbol{y}=\mathbf{0}$ 不一定同解。

例题 3 设 $\boldsymbol{A},\boldsymbol{B}$ 均为 n 阶矩阵，$\boldsymbol{\beta}$ 为 $2n$ 维列向量，如果方程组 $\boldsymbol{Ax}=\mathbf{0}$ 与 $\boldsymbol{Bx}=\mathbf{0}$ 同解，下列说法正确的有（　　）个。

① 方程组 $\begin{bmatrix}\boldsymbol{A} & \boldsymbol{O}\\ \boldsymbol{E} & \boldsymbol{B}\end{bmatrix}\boldsymbol{y}=\boldsymbol{\beta}$ 一定有解。

② 方程组 $\begin{bmatrix}\boldsymbol{A} & \boldsymbol{O}\\ \boldsymbol{O} & \boldsymbol{B}\end{bmatrix}\boldsymbol{y}=\mathbf{0}$ 与 $\begin{bmatrix}\boldsymbol{B} & \boldsymbol{O}\\ \boldsymbol{O} & \boldsymbol{AA}^{\mathrm{T}}\end{bmatrix}\boldsymbol{y}=\mathbf{0}$ 同解。

③ 方程组 $\begin{bmatrix}\boldsymbol{A} & \boldsymbol{AB}\\ \boldsymbol{O} & \boldsymbol{B}\end{bmatrix}\boldsymbol{y}=\mathbf{0}$ 与 $\begin{bmatrix}\boldsymbol{B} & \boldsymbol{A}^{\mathrm{T}}\boldsymbol{A}\\ \boldsymbol{O} & \boldsymbol{A}\end{bmatrix}\boldsymbol{y}=\mathbf{0}$ 同解。

④ 方程组 $\begin{bmatrix}\boldsymbol{B} & \boldsymbol{O}\\ \boldsymbol{AB} & \boldsymbol{A}\end{bmatrix}\boldsymbol{y}=\mathbf{0}$ 与 $\begin{bmatrix}\boldsymbol{A} & \boldsymbol{AB}\\ \boldsymbol{O} & \boldsymbol{B}\end{bmatrix}\boldsymbol{y}=\mathbf{0}$ 同解。

A. 1　　B. 2　　C. 3　　D. 4

解

说法①错误：设 $\boldsymbol{A}=\boldsymbol{B}=\begin{bmatrix}1 & 0\\ 0 & 0\end{bmatrix}$，$\boldsymbol{\beta}=[1,1,1,1]^{\mathrm{T}}$，

则 $\begin{bmatrix}\boldsymbol{A} & \boldsymbol{O}\\ \boldsymbol{E} & \boldsymbol{B}\end{bmatrix}=\begin{bmatrix}1 & 0 & 0 & 0\\ 0 & 0 & 0 & 0\\ 1 & 0 & 1 & 0\\ 0 & 1 & 0 & 0\end{bmatrix}$ 的秩为 3，增广矩阵 $\left[\begin{bmatrix}\boldsymbol{A} & \boldsymbol{O}\\ \boldsymbol{E} & \boldsymbol{B}\end{bmatrix},\boldsymbol{\beta}\right]=\begin{bmatrix}1 & 0 & 0 & 0 & 1\\ 0 & 0 & 0 & 0 & 1\\ 1 & 0 & 1 & 0 & 1\\ 0 & 1 & 0 & 0 & 1\end{bmatrix}$ 的秩为 4，

此时方程组 $\begin{bmatrix}\boldsymbol{A} & \boldsymbol{O}\\ \boldsymbol{E} & \boldsymbol{B}\end{bmatrix}\boldsymbol{y}=\boldsymbol{\beta}$ 无解。

说法②错误：利用行变换可得 $\begin{bmatrix}\boldsymbol{B} & \boldsymbol{O}\\ \boldsymbol{O} & \boldsymbol{AA}^{\mathrm{T}}\end{bmatrix}\to\begin{bmatrix}\boldsymbol{B} & \boldsymbol{O}\\ \boldsymbol{O} & \boldsymbol{A}^{\mathrm{T}}\end{bmatrix}$，

利用行变换可得 $\begin{bmatrix}\boldsymbol{A} & \boldsymbol{O}\\ \boldsymbol{O} & \boldsymbol{B}\end{bmatrix}\to\begin{bmatrix}\boldsymbol{B} & \boldsymbol{O}\\ \boldsymbol{O} & \boldsymbol{A}\end{bmatrix}$ 但是 $\begin{bmatrix}\boldsymbol{B} & \boldsymbol{O}\\ \boldsymbol{O} & \boldsymbol{A}\end{bmatrix}$ 与 $\begin{bmatrix}\boldsymbol{B} & \boldsymbol{O}\\ \boldsymbol{O} & \boldsymbol{A}^{\mathrm{T}}\end{bmatrix}$ 不一定行等价，故不一定同解。

说法③正确：利用行变换可得 $\begin{bmatrix}\boldsymbol{A} & \boldsymbol{AB}\\ \boldsymbol{O} & \boldsymbol{B}\end{bmatrix}\to\begin{bmatrix}\boldsymbol{A} & \boldsymbol{O}\\ \boldsymbol{O} & \boldsymbol{B}\end{bmatrix}$，$\begin{bmatrix}\boldsymbol{B} & \boldsymbol{A}^{\mathrm{T}}\boldsymbol{A}\\ \boldsymbol{O} & \boldsymbol{A}\end{bmatrix}\to\begin{bmatrix}\boldsymbol{B} & \boldsymbol{O}\\ \boldsymbol{O} & \boldsymbol{A}\end{bmatrix}\to\begin{bmatrix}\boldsymbol{A} & \boldsymbol{O}\\ \boldsymbol{O} & \boldsymbol{B}\end{bmatrix}$，

所以方程组 $\begin{bmatrix}\boldsymbol{A} & \boldsymbol{AB}\\ \boldsymbol{O} & \boldsymbol{B}\end{bmatrix}\boldsymbol{y}=\boldsymbol{0}$ 与 $\begin{bmatrix}\boldsymbol{B} & \boldsymbol{A}^{\mathrm{T}}\boldsymbol{A}\\ \boldsymbol{O} & \boldsymbol{A}\end{bmatrix}\boldsymbol{y}=\boldsymbol{0}$ 同解。

说法④正确：利用行变换可得 $\begin{bmatrix}\boldsymbol{B} & \boldsymbol{O}\\ \boldsymbol{AB} & \boldsymbol{A}\end{bmatrix}\to\begin{bmatrix}\boldsymbol{B} & \boldsymbol{O}\\ \boldsymbol{O} & \boldsymbol{A}\end{bmatrix}$，

$\begin{bmatrix}\boldsymbol{A} & \boldsymbol{AB}\\ \boldsymbol{O} & \boldsymbol{B}\end{bmatrix}\to\begin{bmatrix}\boldsymbol{A} & \boldsymbol{O}\\ \boldsymbol{O} & \boldsymbol{B}\end{bmatrix}\to\begin{bmatrix}\boldsymbol{B} & \boldsymbol{O}\\ \boldsymbol{O} & \boldsymbol{A}\end{bmatrix}$，故方程组 $\begin{bmatrix}\boldsymbol{B} & \boldsymbol{O}\\ \boldsymbol{AB} & \boldsymbol{A}\end{bmatrix}\boldsymbol{y}=\boldsymbol{0}$ 与 $\begin{bmatrix}\boldsymbol{A} & \boldsymbol{AB}\\ \boldsymbol{O} & \boldsymbol{B}\end{bmatrix}\boldsymbol{y}=\boldsymbol{0}$ 同解。

故选 B。

【考法 3】 方程公共解

例题 4 设四元齐次方程组(Ⅰ)为 $\begin{cases}2x_1+3x_2-x_3=0\\ x_1+2x_2+x_3-x_4=0\end{cases}$，且已知另一四元齐次线性方程组(Ⅱ)的一个基础解系为 $\boldsymbol{\alpha}_1=[2,-1,a+2,1]^{\mathrm{T}}$，$\boldsymbol{\alpha}_2=[-1,2,4,a+8]^{\mathrm{T}}$。

(1) 求方程组(Ⅰ)的一个基础解系。

(2) 当 a 为何值时，方程组(Ⅰ)与(Ⅱ)有非零公共解？在有非零公共解时，求出全部非零公共解。

解 (1) 对方程组(Ⅰ)的系数矩阵作初等行变换，有

$$\boldsymbol{A}=\begin{bmatrix}2 & 3 & -1 & 0\\ 1 & 2 & 1 & -1\end{bmatrix}\to\begin{bmatrix}1 & 2 & 1 & -1\\ 0 & -1 & -3 & 2\end{bmatrix}\to\begin{bmatrix}1 & 0 & -5 & 3\\ 0 & 1 & 3 & -2\end{bmatrix}。$$

系数矩阵的秩为 2，故基础解系由 $4-2=2$ 个线性无关解向量组成，选 x_3,x_4 为自由未知量，分别取 $x_3=1,x_4=0$ 及 $x_3=0,x_4=1$，求得方程组的两个线性无关解。

$$\boldsymbol{\beta}_1=[5,-3,1,0]^{\mathrm{T}},\quad \boldsymbol{\beta}_2=[-3,2,0,1]^{\mathrm{T}}。$$

由此可得方程组(Ⅰ)的基础解系为 $\boldsymbol{\beta}_1=[5,-3,1,0]^{\mathrm{T}}$，$\boldsymbol{\beta}_2=[-3,2,0,1]^{\mathrm{T}}$。

(2) 根据齐次线性方程组的解的结构，方程组(Ⅱ)的通解为

$$k_1\boldsymbol{\alpha}_1+k_2\boldsymbol{\alpha}_2=k_1\begin{bmatrix}2\\ -1\\ a+2\\ 1\end{bmatrix}+k_2\begin{bmatrix}-1\\ 2\\ 4\\ a+8\end{bmatrix}=\begin{bmatrix}2k_1-k_2\\ -k_1+2k_2\\ (a+2)k_1+4k_2\\ k_1+(a+8)k_2\end{bmatrix}。$$

方程组(Ⅰ)与(Ⅱ)有非零公共解，即方程组(Ⅱ)的有些解也是(Ⅰ)的解，把(Ⅱ)的通解表达式代入方程组(Ⅰ)，整理后得 $\begin{cases}(a+1)k_1=0\\ (a+1)k_1-(a+1)k_2=0\end{cases}$ (*)。

要使方程组(Ⅰ)(Ⅱ)有非零公共解，只需要关于 k_1,k_2 的方程组(*)有非零解。

所以，当 $a\neq-1$ 时，由(*)式知 $k_1=k_2=0$，方程组(Ⅰ)与(Ⅱ)无非零公共解；当 $a=-1$ 时，无论 k_1,k_2 为何值，(*)式恒成立，(Ⅱ)的通解满足方程组(Ⅰ)，即方程组(Ⅱ)的全部解都是(Ⅰ)的解，

故 $a=-1$ 时，$k_1\boldsymbol{\alpha}_1+k_2\boldsymbol{\alpha}_2=k_1\begin{bmatrix}2\\-1\\1\\1\end{bmatrix}+k_2\begin{bmatrix}-1\\2\\4\\7\end{bmatrix}$ 是方程组(Ⅰ)、(Ⅱ)的全部非零公共解(k_1,k_2 为不全为零的任意常数)。

专题17　化为方程组

【考法1】　利用方程组反求系数矩阵

重要结论

若 $\boldsymbol{Ax}=\boldsymbol{0}$ 有解 $\boldsymbol{\eta}_1,\boldsymbol{\eta}_2$，即 $\boldsymbol{A}(\boldsymbol{\eta}_1,\boldsymbol{\eta}_2)=\boldsymbol{0}$，则有

$$\begin{bmatrix}\boldsymbol{\eta}_1^{\mathrm{T}}\\\boldsymbol{\eta}_2^{\mathrm{T}}\end{bmatrix}\boldsymbol{A}^{\mathrm{T}}=\boldsymbol{0}\Rightarrow\boldsymbol{A}^{\mathrm{T}}\text{ 的列向量为 }\begin{bmatrix}\boldsymbol{\eta}_1^{\mathrm{T}}\\\boldsymbol{\eta}_2^{\mathrm{T}}\end{bmatrix}\boldsymbol{x}=\boldsymbol{0}\text{ 的解}$$

例题 1　要使 $\boldsymbol{\xi}_1=[1,1,2]^{\mathrm{T}},\boldsymbol{\xi}_2=[1,1,-1]^{\mathrm{T}}$ 都是齐次线性方程组 $\boldsymbol{Ax}=\boldsymbol{0}$ 的解，则系数矩阵为(　　)。

A. $\begin{bmatrix}1&-1&0\\-1&1&0\end{bmatrix}$　　B. $\begin{bmatrix}2&0&-1\\0&1&1\end{bmatrix}$

C. $\begin{bmatrix}-1&-1&0\\0&1&-1\end{bmatrix}$　　D. $\begin{bmatrix}0&1&-1\\4&-2&-2\\0&1&1\end{bmatrix}$

解　方法1：排除法。$\boldsymbol{\xi}_1,\boldsymbol{\xi}_2$ 对应的分量不成比例，所以 $\boldsymbol{\xi}_1,\boldsymbol{\xi}_2$ 是 $\boldsymbol{Ax}=\boldsymbol{0}$ 的两个线性无关的解，故 $n-r(\boldsymbol{A})\geqslant 2$。由 $n=3$ 知 $r(\boldsymbol{A})\leqslant 1$。

再看A选项，矩阵的秩为1；B和C选项，矩阵的秩为2；D选项，矩阵的秩为3。故本题选A。

方法2：严格求解。

因为 $\boldsymbol{Ax}=\boldsymbol{0}$ 有解 $\boldsymbol{\xi}_1,\boldsymbol{\xi}_2$，即 $\boldsymbol{A}(\boldsymbol{\xi}_1,\boldsymbol{\xi}_2)=\boldsymbol{O}$，则

$\begin{bmatrix}\boldsymbol{\xi}_1^{\mathrm{T}}\\\boldsymbol{\xi}_2^{\mathrm{T}}\end{bmatrix}\boldsymbol{A}^{\mathrm{T}}=\boldsymbol{O}\Rightarrow\boldsymbol{A}^{\mathrm{T}}$ 的列向量为 $\begin{bmatrix}\boldsymbol{\xi}_1^{\mathrm{T}}\\\boldsymbol{\xi}_2^{\mathrm{T}}\end{bmatrix}\boldsymbol{x}=\boldsymbol{0}$ 的解。

系数矩阵 $\begin{bmatrix}\boldsymbol{\xi}_1^{\mathrm{T}}\\\boldsymbol{\xi}_2^{\mathrm{T}}\end{bmatrix}=\begin{bmatrix}1&1&2\\1&1&-1\end{bmatrix}\to\begin{bmatrix}1&1&0\\0&0&1\end{bmatrix}$ 可取基础解系 $[1,-1,0]^{\mathrm{T}}$。

故 $\boldsymbol{A}^{\mathrm{T}}$ 的列向量均为 $[1,-1,0]^{\mathrm{T}}$ 的倍数，即 $\boldsymbol{A}$ 的行向量均为 $[1,-1,0]$ 的倍数，故选A。

注意：本题若求满足条件的所有 2×3 矩阵(或 3×3 矩阵)，可写成以下形式。

如果 $\boldsymbol{A}$ 为 2×3 的矩阵，则通式为 $\boldsymbol{A}=\begin{bmatrix}k_1&-k_1&0\\k_2&-k_2&0\end{bmatrix}$，其中 k_1,k_2 为任意实数。

如果 $\boldsymbol{A}$ 为 3×3 的矩阵，则通式为 $\boldsymbol{A}=\begin{bmatrix}k_1&-k_1&0\\k_2&-k_2&0\\k_3&-k_3&0\end{bmatrix}$，其中 k_1,k_2,k_3 为任意实数。

【考法 2】 利用 $Ax=b$ 求解 $AX=B$

重要结论

$$AX=B\begin{cases}\text{特殊：若 } \boldsymbol{A} \text{ 是可逆方阵，则 } \boldsymbol{X}=\boldsymbol{A}^{-1}\boldsymbol{B}\text{。}\\ \text{普适：}\begin{cases}\boldsymbol{A}_{mn}[\boldsymbol{x}_1,\boldsymbol{x}_2,\cdots,\boldsymbol{x}_m]=[\boldsymbol{\beta}_1,\boldsymbol{\beta}_2,\cdots,\boldsymbol{\beta}_m]\Rightarrow\begin{cases}\boldsymbol{A}\boldsymbol{x}_1=\boldsymbol{\beta}_1\\ \boldsymbol{A}\boldsymbol{x}_2=\boldsymbol{\beta}_2\\ \vdots\\ \boldsymbol{A}\boldsymbol{x}_m=\boldsymbol{\beta}_m\end{cases}\text{。}\\ \text{增广矩阵}[\boldsymbol{A}\vdots\boldsymbol{B}]\text{批量求解 }\boldsymbol{A}\boldsymbol{x}_i=\boldsymbol{\beta}_i\text{，进而得 }\boldsymbol{X}=[\boldsymbol{x}_1,\boldsymbol{x}_2,\cdots,\boldsymbol{x}_m]\end{cases}\end{cases}$$

例题 2 设 $\boldsymbol{A}=\begin{bmatrix}a&1&1\\1&a&1\\1&1&a\end{bmatrix}$，$\boldsymbol{B}=\begin{bmatrix}1&-1\\a&-1\\a^2&-1\end{bmatrix}$，如果矩阵方程 $\boldsymbol{AX}=\boldsymbol{B}$ 有解，但解不唯一。

(1) 求常数 a。

(2) 对于(1)中的常数 a，求矩阵方程的解。

解 (1) 如果矩阵方程 $\boldsymbol{AX}=\boldsymbol{B}$ 有解，但解不唯一，则 $r(\boldsymbol{A})=r(\boldsymbol{A}\vdots\boldsymbol{B})<3$。

$$[\boldsymbol{A}\vdots\boldsymbol{B}]=\left[\begin{array}{ccc:cc}a&1&1&1&-1\\1&a&1&a&-1\\1&1&a&a^2&-1\end{array}\right]\to\left[\begin{array}{ccc:cc}1&1&a&a^2&-1\\1&a&1&a&-1\\a&1&1&1&-1\end{array}\right]$$

$$\to\left[\begin{array}{ccc:cc}1&1&a&a^2&-1\\0&a-1&1-a&a-a^2&0\\0&1-a&1-a^2&1-a^3&a-1\end{array}\right]\to\left[\begin{array}{ccc:cc}1&1&a&a^2&-1\\0&a-1&1-a&a(1-a)&0\\0&0&(a-1)(a+2)&(a-1)(a+1)^2&1-a\end{array}\right],$$

于是 $a=1$。

(2) 当 $a=1$ 时，$[\boldsymbol{A}\vdots\boldsymbol{B}]\to\left[\begin{array}{ccc:cc}1&1&1&1&-1\\0&0&0&0&0\\0&0&0&0&0\end{array}\right]$，非齐次线性方程组 $\boldsymbol{Ax}=\begin{bmatrix}1\\1\\1\end{bmatrix}$ 的同解方程组为

$x_1+x_2+x_3=1$，即$\begin{cases}x_1=-x_2-x_3+1\\x_2=x_2\\x_3=x_3\end{cases}$

或 $\begin{bmatrix}x_1\\x_2\\x_3\end{bmatrix}=k_1\begin{bmatrix}-1\\1\\0\end{bmatrix}+k_2\begin{bmatrix}-1\\0\\1\end{bmatrix}+\begin{bmatrix}1\\0\\0\end{bmatrix}=\begin{bmatrix}-k_1+k_2+1\\k_1\\k_2\end{bmatrix}$，其中 k_1,k_2 为任意常数。

非齐次线性方程组 $\boldsymbol{Ax}=\begin{bmatrix}-1\\-1\\-1\end{bmatrix}$ 的同解方程组为

$\begin{cases}x_1=-x_2-x_3-1\\x_2=x_2\\x_3=x_3\end{cases}$

或 $\begin{bmatrix}x_1\\x_2\\x_3\end{bmatrix}=l_1\begin{bmatrix}-1\\1\\0\end{bmatrix}+l_2\begin{bmatrix}-1\\0\\1\end{bmatrix}+\begin{bmatrix}-1\\0\\0\end{bmatrix}=\begin{bmatrix}-l_1-l_2-1\\l_1\\l_2\end{bmatrix}$，其中 l_1,l_2 为任意常数。

故 $\boldsymbol{AX}=\boldsymbol{B}$ 的解为 $\boldsymbol{X}=\begin{bmatrix}-k_1+k_2+1 & -l_1-l_2-1\\ k_1 & l_1\\ k_2 & l_2\end{bmatrix}$，其中 k_1,k_2,l_1,l_2 为任意常数。

【考法3】　待定系数求解矩阵

例题3　设 $\boldsymbol{A}=\begin{bmatrix}1 & a\\ 1 & 0\end{bmatrix}$，$\boldsymbol{B}=\begin{bmatrix}0 & 1\\ 1 & b\end{bmatrix}$，当 a,b 为何值时，存在矩阵 $\boldsymbol{C}$ 使得 $\boldsymbol{AC}-\boldsymbol{CA}=\boldsymbol{B}$，并求矩阵 $\boldsymbol{C}$。

解　设 $\boldsymbol{C}=\begin{bmatrix}x_1 & x_2\\ x_3 & x_4\end{bmatrix}$，由于 $\boldsymbol{AC}-\boldsymbol{CA}=\boldsymbol{B}$，故

$\begin{bmatrix}1 & a\\ 1 & 0\end{bmatrix}\begin{bmatrix}x_1 & x_2\\ x_3 & x_4\end{bmatrix}-\begin{bmatrix}x_1 & x_2\\ x_3 & x_4\end{bmatrix}\begin{bmatrix}1 & a\\ 1 & 0\end{bmatrix}=\begin{bmatrix}0 & 1\\ 1 & b\end{bmatrix}$，即 $\begin{bmatrix}x_1+ax_3 & x_2+ax_4\\ x_1 & x_2\end{bmatrix}-\begin{bmatrix}x_1+x_2 & ax_1\\ x_3+x_4 & ax_3\end{bmatrix}=\begin{bmatrix}0 & 1\\ 1 & b\end{bmatrix}$。

$$\begin{cases}-x_2+ax_3=0\\ -ax_1+x_2+ax_4=1\\ x_1-x_3-x_4=1\\ x_2-ax_3=b\end{cases}\quad(1)$$

由于矩阵 $\boldsymbol{C}$ 存在，故方程组(1)有解。对(1)的增广矩阵进行初等行变换，有：

$$\left[\begin{array}{cccc:c}0 & -1 & a & 0 & 0\\ -a & 1 & 0 & a & 1\\ 1 & 0 & -1 & -1 & 1\\ 0 & 1 & -a & 0 & b\end{array}\right]\rightarrow\left[\begin{array}{cccc:c}1 & 0 & -1 & -1 & 1\\ 0 & 1 & -a & 0 & 0\\ 0 & 1 & -a & 0 & a+1\\ 0 & 0 & 0 & 0 & b\end{array}\right]\rightarrow\left[\begin{array}{cccc:c}1 & 0 & -1 & -1 & 1\\ 0 & 1 & -a & 0 & 0\\ 0 & 0 & 0 & 0 & a+1\\ 0 & 0 & 0 & 0 & b\end{array}\right]。$$

由方程组有解，故 $a+1=0,b=0$，即 $a=-1,b=0$，此时存在矩阵 $\boldsymbol{C}$ 使得 $\boldsymbol{AC}-\boldsymbol{CA}=\boldsymbol{B}$。

当 $a=-1,b=0$ 时，增广矩阵变为 $\left[\begin{array}{cccc:c}1 & 0 & -1 & -1 & 1\\ 0 & 1 & 1 & 0 & 0\\ 0 & 0 & 0 & 0 & 0\\ 0 & 0 & 0 & 0 & 0\end{array}\right]$，$x_3,x_4$ 为自由变量，令 $x_3=1,x_4=0$，代入相应齐次方程组，得 $x_2=-1,x_1=1$。令 $x_3=0,x_4=1$，代入相应齐次方程组，得 $x_2=0,x_1=1$。

故 $\boldsymbol{\xi}_1=[1,-1,1,0]^{\mathrm{T}}$，$\boldsymbol{\xi}_2=[1,0,0,1]^{\mathrm{T}}$，令 $x_3=0,x_4=0$，得特解 $\boldsymbol{\eta}=[1,0,0,0]^{\mathrm{T}}$，方程组的通解为 $\boldsymbol{x}=k_1\boldsymbol{\xi}_1+k_2\boldsymbol{\xi}_2+\boldsymbol{\eta}=[k_1+k_2+1,-k_1,k_1,k_2]^{\mathrm{T}}$，所以 $\boldsymbol{C}=\begin{bmatrix}k_1+k_2+1 & -k_1\\ k_1 & k_2\end{bmatrix}$，其中 k_1,k_2 为任意常数。

【考法4】　利用 $AX=B$ 求解初等变换矩阵

例题4　设 a 是常数，且矩阵 $\boldsymbol{A}=\begin{bmatrix}1 & 2 & a\\ 1 & 3 & 0\\ 2 & 7 & -a\end{bmatrix}$ 可经过初等列变换化为矩阵 $\boldsymbol{B}=\begin{bmatrix}1 & a & 2\\ 0 & 1 & 1\\ -1 & 1 & 1\end{bmatrix}$。

(1)求 a。(2)求满足 $\boldsymbol{AP}=\boldsymbol{B}$ 的可逆矩阵 $\boldsymbol{P}$。

解　(1) 由于矩阵的初等变换不改变矩阵的秩，故 $r(\boldsymbol{A})=r(\boldsymbol{B})$。

对矩阵 $\boldsymbol{A},\boldsymbol{B}$ 作初等行变换，得

$$\boldsymbol{A}=\begin{bmatrix}1&2&a\\1&3&0\\2&7&-a\end{bmatrix}\to\begin{bmatrix}1&2&a\\0&1&-a\\0&3&-3a\end{bmatrix}\to\begin{bmatrix}1&2&a\\0&1&-a\\0&0&0\end{bmatrix},$$

$$\boldsymbol{B}=\begin{bmatrix}1&a&2\\0&1&1\\-1&1&1\end{bmatrix}\to\begin{bmatrix}1&a&2\\0&1&1\\0&a+1&3\end{bmatrix}\to\begin{bmatrix}1&a&2\\0&1&1\\0&0&2-a\end{bmatrix},$$

显然 $r(\boldsymbol{A})=2$，要使 $r(\boldsymbol{B})=2$，必有 $2-a=0\Rightarrow a=2$。

(2) 将矩阵 $\boldsymbol{B}$ 按列分块为 $\boldsymbol{B}=[\boldsymbol{\beta}_1,\boldsymbol{\beta}_2,\boldsymbol{\beta}_3]$，矩阵方程 $\boldsymbol{AP}=\boldsymbol{B}$ 的解可化为解三个同系数的非齐次线性方程组：$\boldsymbol{Ax}=\boldsymbol{\beta}_j$，$j=1,2,3$。对下列矩阵施以初等行变换得

$$[\boldsymbol{A}\vdots\boldsymbol{B}]=\left[\begin{array}{ccc|ccc}1&2&2&1&2&2\\1&3&0&0&1&1\\2&7&-2&-1&1&1\end{array}\right]\to\left[\begin{array}{ccc|ccc}1&0&6&3&4&4\\0&1&-2&-1&-1&-1\\0&0&0&0&0&0\end{array}\right]$$

易知，齐次线性方程组 $\boldsymbol{Ax}=\boldsymbol{0}$ 的基础解系为 $\boldsymbol{\eta}_0=[-6,2,1]^{\mathrm{T}}$，三个非齐次线性方程组的特解分别为 $\boldsymbol{\eta}_1=[3,-1,0]^{\mathrm{T}}$，$\boldsymbol{\eta}_2=[4,-1,0]^{\mathrm{T}}$，$\boldsymbol{\eta}_3=[4,-1,0]^{\mathrm{T}}$。

因此，三个非齐次线性方程组的通解为

$$\boldsymbol{\xi}_1=k_1\begin{bmatrix}-6\\2\\1\end{bmatrix}+\begin{bmatrix}3\\-1\\0\end{bmatrix},\quad \boldsymbol{\xi}_2=k_2\begin{bmatrix}-6\\2\\1\end{bmatrix}+\begin{bmatrix}4\\-1\\0\end{bmatrix},\quad \boldsymbol{\xi}_3=k_3\begin{bmatrix}-6\\2\\1\end{bmatrix}+\begin{bmatrix}4\\-1\\0\end{bmatrix},$$

从而可得可逆矩阵 $\boldsymbol{P}=\begin{bmatrix}3-6k_1&4-6k_2&4-6k_3\\-1+2k_1&-1+2k_2&-1+2k_3\\k_1&k_2&k_3\end{bmatrix}$，其中 $k_2\neq k_3$。

【考法5】 利用正交建立方程

例题5 已经知4维列向量 $\boldsymbol{\alpha}_1,\boldsymbol{\alpha}_2,\boldsymbol{\alpha}_3$ 线性无关，若 $\boldsymbol{\beta}_i(i=1,2,3,4)$ 为非零向量，且与 $\boldsymbol{\alpha}_1,\boldsymbol{\alpha}_2,\boldsymbol{\alpha}_3$ 均正交，则 $r(\boldsymbol{\beta}_1,\boldsymbol{\beta}_2,\boldsymbol{\beta}_3,\boldsymbol{\beta}_4)=$________。

解 以 $\boldsymbol{\alpha}_1^{\mathrm{T}},\boldsymbol{\alpha}_2^{\mathrm{T}},\boldsymbol{\alpha}_3^{\mathrm{T}}$ 为行向量作矩阵 $\boldsymbol{A}$。因 $\boldsymbol{\beta}_i$ 与 $\boldsymbol{\alpha}_1,\boldsymbol{\alpha}_2,\boldsymbol{\alpha}_3$ 正交，故 $\boldsymbol{\beta}_i(i=1,2,3,4)$ 为 $\boldsymbol{Ax}=\boldsymbol{0}$ 的解向量。由于 $r(\boldsymbol{A})=3$，$\boldsymbol{Ax}=\boldsymbol{0}$ 的一个基础解系只含一个解向量，$\boldsymbol{\beta}_1,\boldsymbol{\beta}_2,\boldsymbol{\beta}_3,\boldsymbol{\beta}_4$ 为非零向量，有 $1\leqslant r(\boldsymbol{\beta}_1,\boldsymbol{\beta}_2,\boldsymbol{\beta}_3,\boldsymbol{\beta}_4)\leqslant n-r(\boldsymbol{A})=4-3=1$，则 $r(\boldsymbol{\beta}_1,\boldsymbol{\beta}_2,\boldsymbol{\beta}_3,\boldsymbol{\beta}_4)=1$。

专题18 构造特解或通解

【考法1】 构造特解

重要结论

特解构造法。$\boldsymbol{\gamma}_1,\boldsymbol{\gamma}_2,\cdots,\boldsymbol{\gamma}_n$ 是 $\boldsymbol{Ax}=\boldsymbol{\beta}$ 的解，则 $\begin{cases}\sum\limits_{i=1}^{n}k_i=0\text{ 时，}\boldsymbol{\gamma}=\sum\limits_{i=1}^{n}k_i\boldsymbol{\gamma}_i\text{ 为 }\boldsymbol{Ax}=\boldsymbol{0}\text{ 的解}\\\sum\limits_{i=1}^{n}k_i=1\text{ 时，}\boldsymbol{\gamma}=\sum\limits_{i=1}^{n}k_i\boldsymbol{\gamma}_i\text{ 为 }\boldsymbol{Ax}=\boldsymbol{\beta}\text{ 的解}\end{cases}$。

例题 1　设$\boldsymbol{\alpha}_1,\boldsymbol{\alpha}_2,\boldsymbol{\alpha}_3,\boldsymbol{\alpha}_4$是4元非齐次线性方程组$\boldsymbol{Ax}=\boldsymbol{\beta}$的4个解向量，且$\boldsymbol{\alpha}_1+\boldsymbol{\alpha}_2=[1,2,3,4]^{\mathrm{T}}$，$\boldsymbol{\alpha}_1+\boldsymbol{\alpha}_2+\boldsymbol{\alpha}_3=[2,3,4,5]^{\mathrm{T}}$，$\boldsymbol{\alpha}_1+2\boldsymbol{\alpha}_2-\boldsymbol{\alpha}_3=[2,0,2,4]^{\mathrm{T}}$，如果系数矩阵$\boldsymbol{A}$的$r(\boldsymbol{A})=2$，则$\boldsymbol{Ax}=\boldsymbol{\beta}$的通解为(　　)。

A. $k_1[1,2,3,4]^{\mathrm{T}}+k_2[2,3,4,5]^{\mathrm{T}}+[2,0,2,4]^{\mathrm{T}}$

B. $k_1[1,0,-1,-2]^{\mathrm{T}}+k_2[1,-2,-1,0]^{\mathrm{T}}+[1,1,1,1]^{\mathrm{T}}$

C. $k_1[1,1,1,1]^{\mathrm{T}}+k_2[1,-2,-1,0]^{\mathrm{T}}+[1,2,3,4]^{\mathrm{T}}$

D. $k_1[1,-2,-1,0]^{\mathrm{T}}+k_2[2,3,4,5]^{\mathrm{T}}+[2,3,4,5]^{\mathrm{T}}$

解　由$r(\boldsymbol{A})=2$，得$n-r(\boldsymbol{A})=4-2=2$，即$\boldsymbol{Ax}=\boldsymbol{0}$的基础解系中含线性无关的向量的个数为2。

因为$\boldsymbol{A}[(\boldsymbol{\alpha}_1+\boldsymbol{\alpha}_2+\boldsymbol{\alpha}_3)-(\boldsymbol{\alpha}_1+\boldsymbol{\alpha}_2)]=\boldsymbol{\beta}$，所以$(\boldsymbol{\alpha}_1+\boldsymbol{\alpha}_2+\boldsymbol{\alpha}_3)-(\boldsymbol{\alpha}_1+\boldsymbol{\alpha}_3)=[1,1,1,1]^{\mathrm{T}}$是$\boldsymbol{Ax}=\boldsymbol{\beta}$的一个特解。

又$\boldsymbol{A}[2(\boldsymbol{\alpha}_1+\boldsymbol{\alpha}_2+\boldsymbol{\alpha}_3)-3(\boldsymbol{\alpha}_1+\boldsymbol{\alpha}_2)]=\boldsymbol{0}$，$\boldsymbol{A}[(\boldsymbol{\alpha}_1+2\boldsymbol{\alpha}_2-\boldsymbol{\alpha}_3)-(\boldsymbol{\alpha}_1+\boldsymbol{\alpha}_2)]=\boldsymbol{0}$，

所以$2(\boldsymbol{\alpha}_1+\boldsymbol{\alpha}_2+\boldsymbol{\alpha}_3)-3(\boldsymbol{\alpha}_1+\boldsymbol{\alpha}_2)=[1,0,-1,-2]^{\mathrm{T}}$与$(\boldsymbol{\alpha}_1+2\boldsymbol{\alpha}_2-\boldsymbol{\alpha}_3)-(\boldsymbol{\alpha}_1+\boldsymbol{\alpha}_2)=[1,-2,-1,0]^{\mathrm{T}}$是$\boldsymbol{Ax}=\boldsymbol{0}$的两个解，且线性无关，故$\boldsymbol{Ax}=\boldsymbol{\beta}$的通解为$k_1[1,0,-1,-2]^{\mathrm{T}}+k_2[1,-2,-1,0]^{\mathrm{T}}+[1,1,1,1]^{\mathrm{T}}$，其中$k_1,k_2$为任意常数，故选B。

例题 2　设$\boldsymbol{\beta}_1,\boldsymbol{\beta}_2,\boldsymbol{\beta}_3$都是非齐次线性方程组$\boldsymbol{Ax}=\boldsymbol{b}$的解向量，有以下向量：

① $2\boldsymbol{\beta}_1-\boldsymbol{\beta}_2$；　② $2\boldsymbol{\beta}_1+\boldsymbol{\beta}_2+\boldsymbol{\beta}_3$；　③$\frac{1}{4}\boldsymbol{\beta}_1+\frac{1}{2}\boldsymbol{\beta}_2+\frac{1}{4}\boldsymbol{\beta}_3$；

④ $\boldsymbol{\beta}_1+\boldsymbol{\beta}_2-2\boldsymbol{\beta}_3$；　⑤ $2\boldsymbol{\beta}_1-4\boldsymbol{\beta}_2+2\boldsymbol{\beta}_3$；　⑥ $\frac{1}{2}\boldsymbol{\beta}_1+\boldsymbol{\beta}_2-\boldsymbol{\beta}_3$。

其中齐次线性方程组$\boldsymbol{Ax}=\boldsymbol{0}$与非齐次线性方程组$\boldsymbol{Ax}=\boldsymbol{b}$的解向量的个数分别有(　　)。

A. 2个，2个　　B. 2个，3个

C. 3个，2个　　D. 3个，3个

解　$\boldsymbol{\beta}_1,\boldsymbol{\beta}_2,\boldsymbol{\beta}_3$是方程$\boldsymbol{Ax}=\boldsymbol{b}$的解，对于$\boldsymbol{\beta}=\sum\limits_{i=1}^{n}\lambda_i\boldsymbol{\beta}_i$，有：

(1) 系数和$\sum\limits_{i=1}^{n}\lambda_i=0$时，$\boldsymbol{\beta}$为$\boldsymbol{Ax}=\boldsymbol{0}$的解向量；

(2) 系数和$\sum\limits_{i=1}^{n}\lambda_i=1$时，$\boldsymbol{\beta}$为$\boldsymbol{Ax}=\boldsymbol{b}$的解向量。

6个向量中，①③满足系数和$\sum\limits_{i=1}^{n}\lambda_i=1$，故$\boldsymbol{Ax}=\boldsymbol{b}$的解向量有2个。

④⑤满足系数和$\sum\limits_{i=1}^{n}\lambda_i=0$，故$\boldsymbol{Ax}=\boldsymbol{0}$的解向量有2个。故选A。

【考法2】　构造通解

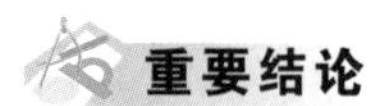

重要结论

$$\text{向量方程}\begin{cases}k_1\boldsymbol{\alpha}_1+k_2\boldsymbol{\alpha}_2+\cdots+k_n\boldsymbol{\alpha}_n=\boldsymbol{0}\Rightarrow[k_1,k_2,\cdots,k_n]^{\mathrm{T}}\text{ 为方程}[\boldsymbol{\alpha}_1,\boldsymbol{\alpha}_2,\cdots,\boldsymbol{\alpha}_n]x=\boldsymbol{0}\text{ 的解}\\k_1\boldsymbol{\alpha}_1+k_2\boldsymbol{\alpha}_2+\cdots+k_n\boldsymbol{\alpha}_n=\boldsymbol{\beta}\Rightarrow[k_1,k_2,\cdots,k_n]^{\mathrm{T}}\text{ 为方程}[\boldsymbol{\alpha}_1,\boldsymbol{\alpha}_2,\cdots,\boldsymbol{\alpha}_n]x=\boldsymbol{\beta}\text{ 的解}\end{cases}。$$

例题 3 已知三阶方阵 $A=[\alpha_1,\alpha_2,\alpha_3]$，若方程组 $Ax=\beta$ 的通解是 $[1,-2,0]^T+k[2,1,1]^T$，$B=[\alpha_1,\alpha_2,\alpha_3,\beta-5\alpha_3]$，求方程组 $Bx=\beta+\alpha_3$ 的通解。

解 由题可知 $\alpha_1-2\alpha_2=\beta$，$2\alpha_1+\alpha_2+\alpha_3=\mathbf{0}$，$r(A)=r(\alpha_1,\alpha_2,\alpha_3)=2$。

$B=[\alpha_1,\alpha_2,\alpha_3,\beta-5\alpha_3]=[\alpha_1,\alpha_2,\alpha_3,\alpha_1-2\alpha_2-5\alpha_3]$，$\beta+\alpha_3=\alpha_1-2\alpha_2+\alpha_3$，

$Bx=\beta+\alpha_3\Leftrightarrow[\alpha_1,\alpha_2,\alpha_3,\alpha_1-2\alpha_2-5\alpha_3]x=\alpha_1-2\alpha_2+\alpha_3$。

① 先求非齐次特解。$[\alpha_1,\alpha_2,\alpha_3,\alpha_1-2\alpha_2-5\alpha_3]\begin{bmatrix}1\\-2\\1\\0\end{bmatrix}=\alpha_1-2\alpha_2+\alpha_3$。

所以，$\eta=[1,-2,1,0]^T$ 是 $Bx=\beta+\alpha_3$ 的特解。

② 再求齐次通解。

$B=[\alpha_1,\alpha_2,\alpha_3,\alpha_1-2\alpha_2-5\alpha_3]\Rightarrow r(B)=[\alpha_1,\alpha_2,\alpha_3]=2$，故齐次方程 $Bx=\mathbf{0}$ 的基础解系中有 $4-r(B)=2$ 个解。又因为 $[\alpha_1,\alpha_2,\alpha_3,\alpha_1-2\alpha_2-5\alpha_3]\begin{bmatrix}2\\1\\1\\0\end{bmatrix}=\mathbf{0}$，$[\alpha_1,\alpha_2,\alpha_3,\alpha_1-2\alpha_2-5\alpha_3]\begin{bmatrix}1\\3\\6\\1\end{bmatrix}=\mathbf{0}$，可得 $Bx=\mathbf{0}$ 的基础解系为 $\xi_1=\begin{bmatrix}2\\1\\1\\0\end{bmatrix}$，$\xi_2=\begin{bmatrix}1\\3\\6\\1\end{bmatrix}$。

综合①②可得，非齐次方程 $Bx=\beta+\alpha_3$ 的通解是 $\eta+k_1\xi_1+k_2\xi_2$，其中 k_1,k_2 为任意常数。

专题 19 列满秩、行满秩

【考法 1】 行满秩矩阵，非齐次方程必有解

重要结论

行满秩矩阵，非齐次方程必有解。

证明：对行满秩矩阵 A 有 $r(A)=r(A,\beta)=$ 行数，所以 $Ax=\beta$ 必有解。

例题 1 设 A 为 $n\times m$ 矩阵，且 $m\neq n$。若 $AA^T=E_n$，则（　　）。

A. $Ax=\mathbf{0}$ 只有零解

B. $Ax=b$ 必有解

C. $A^Tx=b$ 必有解

D. 若 m 维列向量组 $\beta_1,\beta_2,\cdots,\beta_s$ 线性无关，则 $A\beta_1,A\beta_2,\cdots,A\beta_s$ 必线性无关

解 由 $AA^T=E_n$ 可知，$n=r(AA^T)\leqslant r(A)\leqslant n$。

于是，A 为行满秩矩阵，A^T 为列满秩矩阵。由于 A^T 的列向量组线性无关，故 $A^Tx=\mathbf{0}$ 只有零解。由于 A 为行满秩矩阵，故 $r(A)=$ 行数。又因为 $r(A,b)=$ 行数，所以 $r(A)=r(A,b)=$ 行数。故选 B。

下面说明选项 A、C、D 不正确。

考虑 $A=\begin{bmatrix}1&0&0\\0&1&0\end{bmatrix}$，则 $Ax=\mathbf{0}$ 有非零解 $\begin{bmatrix}0\\0\\1\end{bmatrix}$，而 $A^Tx=\begin{bmatrix}0\\0\\1\end{bmatrix}$ 无解，选项 A、C 不正确。

取$\boldsymbol{\beta}_1=\begin{bmatrix}1\\0\\0\end{bmatrix}$，$\boldsymbol{\beta}_2=\begin{bmatrix}0\\1\\0\end{bmatrix}$，$\boldsymbol{\beta}_3=\begin{bmatrix}0\\0\\1\end{bmatrix}$，则$\boldsymbol{\beta}_1,\boldsymbol{\beta}_2,\boldsymbol{\beta}_3$线性无关。但是$\boldsymbol{A}\boldsymbol{\beta}_3=\boldsymbol{0}$，故$\boldsymbol{A}\boldsymbol{\beta}_1,\boldsymbol{A}\boldsymbol{\beta}_2,\boldsymbol{A}\boldsymbol{\beta}_3$线性相关，选项D不正确。

【考法2】 列满秩矩阵有同解方程组

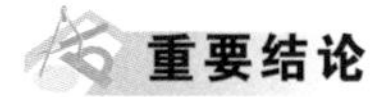
重要结论

若矩阵$\boldsymbol{A}$列满秩，则①$\boldsymbol{ABx}=\boldsymbol{0}$与$\boldsymbol{Bx}=\boldsymbol{0}$同解；②$r(\boldsymbol{AB})=r(\boldsymbol{B})$。

证明：一方面，方程组$\boldsymbol{Bx}=\boldsymbol{0}$的解一定是$\boldsymbol{ABx}=\boldsymbol{0}$的解。另一方面，若矩阵$\boldsymbol{A}$列满秩，则$\boldsymbol{Ay}=\boldsymbol{0}$只有零解，所以$\boldsymbol{ABx}=\boldsymbol{0}\Rightarrow\boldsymbol{y}=\boldsymbol{Bx}=\boldsymbol{0}$必成立，故

方程组$\boldsymbol{ABx}=\boldsymbol{0}$的解一定是$\boldsymbol{Bx}=\boldsymbol{0}$的解。

所以矩阵$\boldsymbol{A}$列满秩时有$\boldsymbol{ABx}=\boldsymbol{0}$与$\boldsymbol{Bx}=\boldsymbol{0}$同解。

例题2 设$\boldsymbol{A}$为$m\times s$矩阵，$\boldsymbol{B}$为$s\times n$矩阵，且$r(\boldsymbol{AB})=r(\boldsymbol{B})$，求证方程组$\boldsymbol{ABx}=\boldsymbol{0}$与$\boldsymbol{Bx}=\boldsymbol{0}$的基础解系等价。

证明：设$\boldsymbol{Bx}=\boldsymbol{0}$的基础解系为$\boldsymbol{\beta}_1,\boldsymbol{\beta}_2,\cdots,\boldsymbol{\beta}_{n-r}$。易知$\boldsymbol{Bx}=\boldsymbol{0}$的解必为$\boldsymbol{ABx}=\boldsymbol{0}$的解。

又因为$\boldsymbol{ABx}=\boldsymbol{0}$的基础解系中向量的个数$n-r(\boldsymbol{A})=n-r(\boldsymbol{AB})=n-r$。

所以$\boldsymbol{\beta}_1,\boldsymbol{\beta}_2,\cdots,\boldsymbol{\beta}_{n-r}$也是$\boldsymbol{ABx}=\boldsymbol{0}$的一组基础解系。

所以方程组$\boldsymbol{ABx}=\boldsymbol{0}$与$\boldsymbol{Bx}=\boldsymbol{0}$的基础解系等价。

【考法3】 左乘列满秩矩阵，秩不变

重要结论

若矩阵$\boldsymbol{A}$列满秩，则$r(\boldsymbol{AB})=r(\boldsymbol{B})$。

例题3 设$\boldsymbol{A}$是$m\times n$矩阵，$r(\boldsymbol{A})=n$，则下列结论不正确的是（　　）。

A. 若$\boldsymbol{AB}=\boldsymbol{O}$，则$\boldsymbol{B}=\boldsymbol{O}$　　B. 对任意矩阵$\boldsymbol{B}$，有$r(\boldsymbol{AB})=r(\boldsymbol{B})$

C. 存在$\boldsymbol{B}$，使得$\boldsymbol{BA}=\boldsymbol{E}$　　D. 对任意矩阵$\boldsymbol{B}$，有$r(\boldsymbol{BA})=r(\boldsymbol{B})$

解

选项A正确。因为$r(\boldsymbol{A})=n$，所以议程组$\boldsymbol{Ax}=\boldsymbol{0}$只有零解，而由$\boldsymbol{AB}=\boldsymbol{O}$得$\boldsymbol{B}$的列向量为方程组$\boldsymbol{Ax}=\boldsymbol{0}$的解，故若$\boldsymbol{AB}=\boldsymbol{O}$，则$\boldsymbol{B}=\boldsymbol{O}$。

选项B正确。令$\boldsymbol{Bx}=\boldsymbol{0}$，$\boldsymbol{ABx}=\boldsymbol{0}$为两个方程组。若$\boldsymbol{Bx}=\boldsymbol{0}$，则$\boldsymbol{ABx}=\boldsymbol{0}$；反之，若$\boldsymbol{ABx}=\boldsymbol{0}$，因为$r(\boldsymbol{A})=n$，所以方程组$\boldsymbol{Ay}=\boldsymbol{0}$只有零解，于是$\boldsymbol{y}=\boldsymbol{Bx}=\boldsymbol{0}$，即方程组$\boldsymbol{Bx}=\boldsymbol{0}$与$\boldsymbol{ABx}=\boldsymbol{0}$为同解方程组，故$r(\boldsymbol{AB})=r(\boldsymbol{B})$。

选项C正确。因为$r(\boldsymbol{A})=n$，所以$\boldsymbol{A}$经过有限次初等行变换化为$\begin{bmatrix}\boldsymbol{E}_n\\\boldsymbol{O}\end{bmatrix}$，即存在$\boldsymbol{P}$使得$\boldsymbol{PA}=\begin{bmatrix}\boldsymbol{E}_n\\\boldsymbol{O}\end{bmatrix}$，令$\boldsymbol{B}=[\boldsymbol{E}_n\quad\boldsymbol{O}]\boldsymbol{P}$，则$\boldsymbol{BA}=\boldsymbol{E}$。

也可以换一种方式理解：$\boldsymbol{A}$是$m\times n$矩阵，$r(\boldsymbol{A})=n$，所以$\boldsymbol{A}^{\mathrm{T}}$为行满秩矩阵。$r(\boldsymbol{A}^{\mathrm{T}},\boldsymbol{E}^{\mathrm{T}})=r(\boldsymbol{A}^{\mathrm{T}})=n$，方程组$\boldsymbol{A}^{\mathrm{T}}\boldsymbol{X}=\boldsymbol{E}^{\mathrm{T}}$必有解。故存在$\boldsymbol{B}^{\mathrm{T}}$使得$\boldsymbol{A}^{\mathrm{T}}\boldsymbol{B}^{\mathrm{T}}=\boldsymbol{E}^{\mathrm{T}}$成立。所以$\boldsymbol{BA}=\boldsymbol{E}$。

选项 D 错误。令 $\boldsymbol{A}=\begin{bmatrix}1\\-1\end{bmatrix}$,$\boldsymbol{B}=[1\quad 1]$,$r(\boldsymbol{A})=1$,但 $r(\boldsymbol{BA})=0\neq r(\boldsymbol{B})=1$,故选 D。

扩展阅读

方程组的几何意义

方程组的几何意义是什么?

1. 先考察非齐次方程的解

(1) 2 个变量的情况。

将方程组$\begin{cases}x_1+x_2=5\\x_1-x_2=1\end{cases}$变形为$\begin{cases}x+y=5\\x-y=1\end{cases}$形式,不难看出点$(x,y)$既满足直线方程 $x+y=5$,又满足直线方程 $x-y=1$。所以方程组$\begin{cases}x+y=5\\x-y=1\end{cases}$的解对应点$(x,y)$就是两条直线的交点。

平面上两条直线的关系为有唯一交点(相交)、无穷交点(共线)、没有交点(平行),分别对应二元一次方程组有唯一解、无穷解、无解。

(2) 3 个变量的情况。

三个变量的方程代表什么?

将方程组$\begin{cases}x_1+2x_2+x_3=1\\x_1-x_2-2x_3=0\\2x_1+x_2-x_3=1\end{cases}$变形为$\begin{cases}x+2y+z=1\\x-y-2z=0\\2x+y-z=1\end{cases}$,不难看出方程的解对应点$(x,y,z)$,同时满足三个平面方程 $x+2y+z=1$,$x-y-2z=0$,$2x+y-z=1$。所以方程的解对应点是 3 个空间平面的交点。

空间上三个平面的关系为有唯一交点、无穷交点(有共同的交线)、没有交点(平行),分别对应方程组有唯一解、无穷解、无解。

2. 再考察齐次方程的解

从两个变量出发,$\begin{cases}x_1+x_2=0\\2x_1+2x_2=0\end{cases}$方程可化为$\begin{cases}x+y=0\\2x+2y=0\end{cases}$,方程组等价于 $x+y=0$,系数矩阵的行向量为$\boldsymbol{\alpha}=(1,1)$,而方程的基础解系可取$\boldsymbol{\beta}=\begin{bmatrix}-1\\1\end{bmatrix}$,通解为$\begin{bmatrix}x\\y\end{bmatrix}=k\begin{bmatrix}-1\\1\end{bmatrix}=k\boldsymbol{\beta}$。如果将系数矩阵的行向量及方程的基础解系画在同一坐标系内,则两个向量相互垂直。

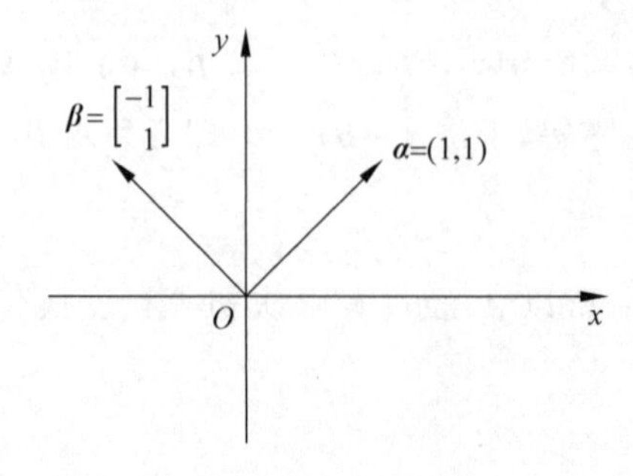

可以得出结论。方程组的解向量,一定与系数矩阵中所有行向量均垂直。

如果换成方程组$\begin{cases}x_1+x_2=0\\x_1-x_2=0\end{cases}$，其可化为$\begin{cases}x+y=0\\x-y=0\end{cases}$，行向量为$\boldsymbol{\alpha}_1=(1,1)$，$\boldsymbol{\alpha}_2=(1,-1)$，方程组的解向量一定与$\boldsymbol{\alpha}_1=(1,1)$，$\boldsymbol{\alpha}_2=(1,-1)$均垂直。但在平面内，无法找出一个向量与这两个向量均垂直，所以方程组无解。

下面再考虑三维的情况。

方程组$\begin{cases}2x_1+x_2=0\\x_1+2x_2=0\end{cases}$可化为$\begin{cases}2x+y=0\\x+2y=0\end{cases}$，一方面，运用方程组理论不难得出方程的通解为$k[0,0,1]^{\mathrm{T}}$；另一方面，通过解向量的垂直特性，也可得出基础解系。具体方法如下。

在空间直角坐标系中画出行向量$\boldsymbol{\alpha}_1=(2,1,0)$，$\boldsymbol{\alpha}_2=(1,2,0)$。解向量一定与这两个向量垂直。由于行向量均在$xOy$平面上，所以解向量一定平行于$\boldsymbol{\beta}=(0,0,1)$，将解向量写成列向量的形式为$\boldsymbol{\beta}=(0,0,1)^{\mathrm{T}}$。这与求解方程组得出的结果一致。

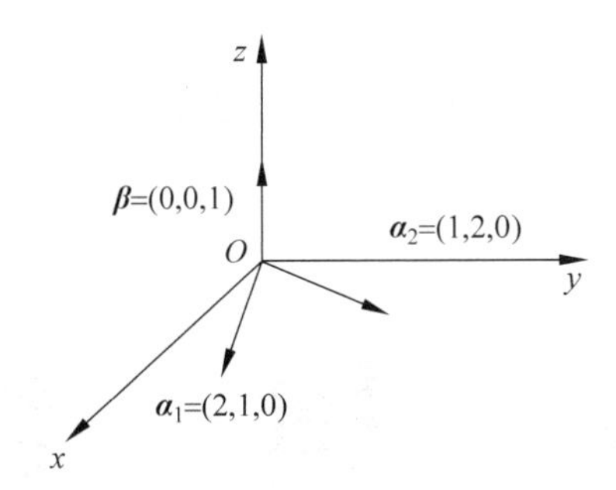

综上，得出一个非常重要的结论：方程组的解向量，一定与系数矩阵中所有行向量均垂直。换句话说，方程组的解向量，一定处于与系数矩阵中所有行向量均垂直的向量空间内。

3. 最后，方程组$z=0$的解在哪里

方程组的行向量为(0,0,1)就是图中的$\boldsymbol{\beta}$，由此可见，方程组的解向量均在xOy平面上。

此外，你有没有发现，上面的前一个例子中$\boldsymbol{\alpha}_1=(2,1,0)$，$\boldsymbol{\alpha}_2=(1,2,0)$构建系数矩阵，$\boldsymbol{\beta}=(0,0,1)$是解向量。而在这个例子中却反过来，$\boldsymbol{\beta}=(0,0,1)$成了系数矩阵，$\boldsymbol{\alpha}_1=(2,1,0)$，$\boldsymbol{\alpha}_2=(1,2,0)$变成了解向量。

这里发生了这样一个有趣的现象：同样的向量，既可是解向量，也可是系数矩阵的向量。那么，当一个向量放在你面前，它到底是系数矩阵的向量还是解向量？换言之，是庄周梦见了蝴蝶，还是蝴蝶梦见了庄周？

第4章

向　量　组

本章要点总结

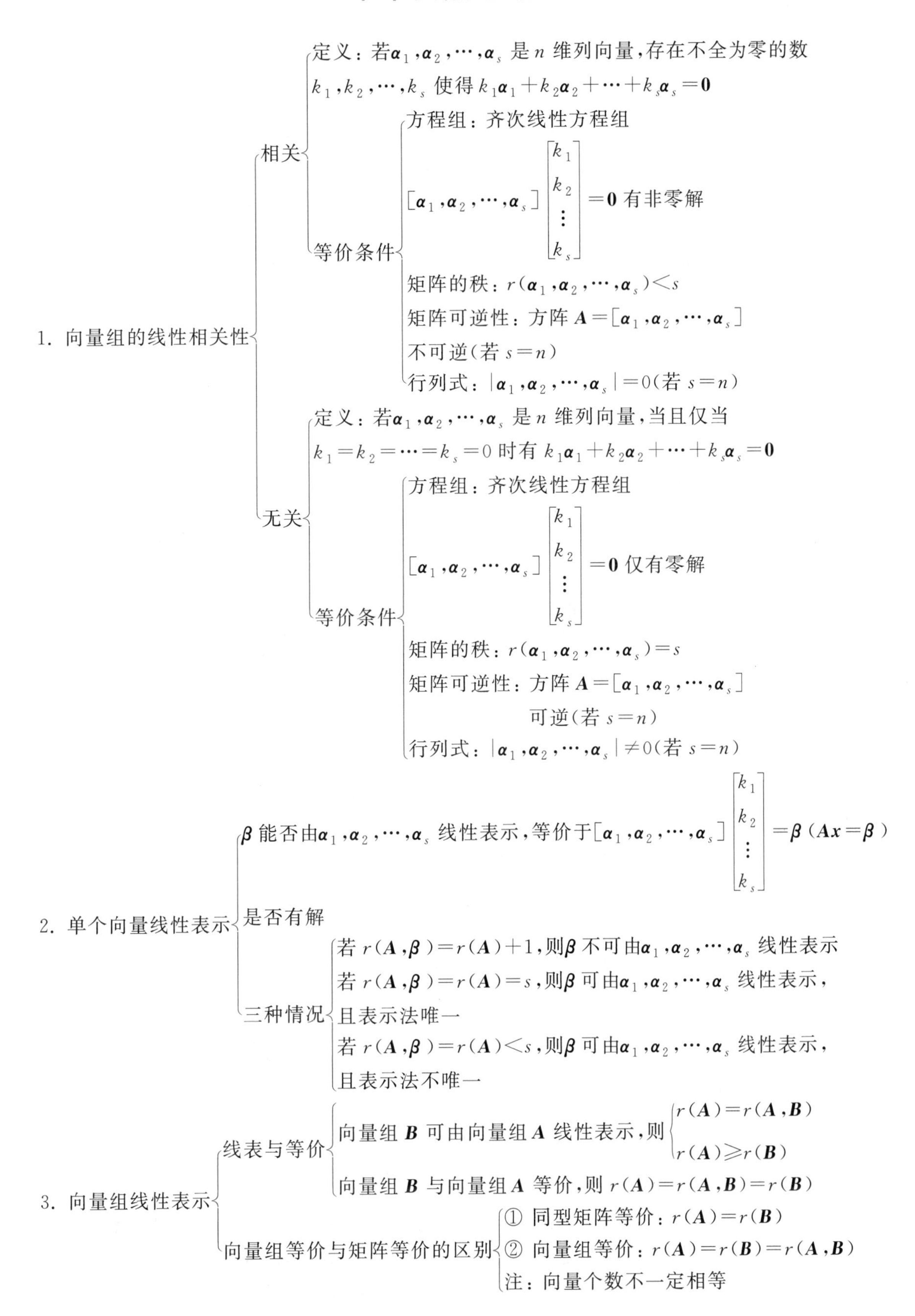

1. 向量组的线性相关性
   - 相关
     - 定义：若$\boldsymbol{\alpha}_1,\boldsymbol{\alpha}_2,\cdots,\boldsymbol{\alpha}_s$是$n$维列向量，存在不全为零的数$k_1,k_2,\cdots,k_s$使得$k_1\boldsymbol{\alpha}_1+k_2\boldsymbol{\alpha}_2+\cdots+k_s\boldsymbol{\alpha}_s=\mathbf{0}$
     - 等价条件
       - 方程组：齐次线性方程组$[\boldsymbol{\alpha}_1,\boldsymbol{\alpha}_2,\cdots,\boldsymbol{\alpha}_s]\begin{bmatrix}k_1\\k_2\\\vdots\\k_s\end{bmatrix}=\mathbf{0}$有非零解
       - 矩阵的秩：$r(\boldsymbol{\alpha}_1,\boldsymbol{\alpha}_2,\cdots,\boldsymbol{\alpha}_s)<s$
       - 矩阵可逆性：方阵$\boldsymbol{A}=[\boldsymbol{\alpha}_1,\boldsymbol{\alpha}_2,\cdots,\boldsymbol{\alpha}_s]$不可逆(若$s=n$)
       - 行列式：$|\boldsymbol{\alpha}_1,\boldsymbol{\alpha}_2,\cdots,\boldsymbol{\alpha}_s|=0$(若$s=n$)
   - 无关
     - 定义：若$\boldsymbol{\alpha}_1,\boldsymbol{\alpha}_2,\cdots,\boldsymbol{\alpha}_s$是$n$维列向量，当且仅当$k_1=k_2=\cdots=k_s=0$时有$k_1\boldsymbol{\alpha}_1+k_2\boldsymbol{\alpha}_2+\cdots+k_s\boldsymbol{\alpha}_s=\mathbf{0}$
     - 等价条件
       - 方程组：齐次线性方程组$[\boldsymbol{\alpha}_1,\boldsymbol{\alpha}_2,\cdots,\boldsymbol{\alpha}_s]\begin{bmatrix}k_1\\k_2\\\vdots\\k_s\end{bmatrix}=\mathbf{0}$仅有零解
       - 矩阵的秩：$r(\boldsymbol{\alpha}_1,\boldsymbol{\alpha}_2,\cdots,\boldsymbol{\alpha}_s)=s$
       - 矩阵可逆性：方阵$\boldsymbol{A}=[\boldsymbol{\alpha}_1,\boldsymbol{\alpha}_2,\cdots,\boldsymbol{\alpha}_s]$可逆(若$s=n$)
       - 行列式：$|\boldsymbol{\alpha}_1,\boldsymbol{\alpha}_2,\cdots,\boldsymbol{\alpha}_s|\neq0$(若$s=n$)

2. 单个向量线性表示
   - $\boldsymbol{\beta}$能否由$\boldsymbol{\alpha}_1,\boldsymbol{\alpha}_2,\cdots,\boldsymbol{\alpha}_s$线性表示，等价于$[\boldsymbol{\alpha}_1,\boldsymbol{\alpha}_2,\cdots,\boldsymbol{\alpha}_s]\begin{bmatrix}k_1\\k_2\\\vdots\\k_s\end{bmatrix}=\boldsymbol{\beta}\ (\boldsymbol{Ax}=\boldsymbol{\beta})$是否有解
   - 三种情况
     - 若$r(\boldsymbol{A},\boldsymbol{\beta})=r(\boldsymbol{A})+1$，则$\boldsymbol{\beta}$不可由$\boldsymbol{\alpha}_1,\boldsymbol{\alpha}_2,\cdots,\boldsymbol{\alpha}_s$线性表示
     - 若$r(\boldsymbol{A},\boldsymbol{\beta})=r(\boldsymbol{A})=s$，则$\boldsymbol{\beta}$可由$\boldsymbol{\alpha}_1,\boldsymbol{\alpha}_2,\cdots,\boldsymbol{\alpha}_s$线性表示，且表示法唯一
     - 若$r(\boldsymbol{A},\boldsymbol{\beta})=r(\boldsymbol{A})<s$，则$\boldsymbol{\beta}$可由$\boldsymbol{\alpha}_1,\boldsymbol{\alpha}_2,\cdots,\boldsymbol{\alpha}_s$线性表示，且表示法不唯一

3. 向量组线性表示
   - 线表与等价
     - 向量组$\boldsymbol{B}$可由向量组$\boldsymbol{A}$线性表示，则$\begin{cases}r(\boldsymbol{A})=r(\boldsymbol{A},\boldsymbol{B})\\r(\boldsymbol{A})\geqslant r(\boldsymbol{B})\end{cases}$
     - 向量组$\boldsymbol{B}$与向量组$\boldsymbol{A}$等价，则$r(\boldsymbol{A})=r(\boldsymbol{A},\boldsymbol{B})=r(\boldsymbol{B})$
   - 向量组等价与矩阵等价的区别
     - ① 同型矩阵等价：$r(\boldsymbol{A})=r(\boldsymbol{B})$
     - ② 向量组等价：$r(\boldsymbol{A})=r(\boldsymbol{B})=r(\boldsymbol{A},\boldsymbol{B})$
     - 注：向量个数不一定相等

4. 向量组的秩
- 极大线性无关组：向量组$\boldsymbol{\alpha}_1,\boldsymbol{\alpha}_2,\cdots,\boldsymbol{\alpha}_n$中有$r$个向量线性无关，且任意$r+1$个向量（如果有）线性相关，则称这$r$个线性无关的向量为该向量组的一个极大线性无关组，且$r(\boldsymbol{\alpha}_1,\boldsymbol{\alpha}_2,\cdots,\boldsymbol{\alpha}_n)=r$
- 秩的变化
  - 数量扩大与缩小
    - 线性无关向量组缩小后仍线性无关
    - 线性相关向量组扩大后仍线性相关
  - 分量增加与减少
    - 线性无关组分量增加后仍线性无关
    - 线性相关组分量减少后仍线性相关
  - 若向量组$\boldsymbol{A}$可由向量组$\boldsymbol{B}$线性表示，则$r(\boldsymbol{A})\leqslant r(\boldsymbol{B})$
  - 秩少量多则相关：若$\boldsymbol{\beta}_1,\boldsymbol{\beta}_2,\cdots,\boldsymbol{\beta}_t$可由$\boldsymbol{\alpha}_1,\boldsymbol{\alpha}_2,\cdots,\boldsymbol{\alpha}_s$线性表示，且$t>s$，则$\boldsymbol{\beta}_1,\boldsymbol{\beta}_2,\cdots,\boldsymbol{\beta}_t$线性相关

5. 施密特正交化
- $\boldsymbol{\alpha}_1,\boldsymbol{\alpha}_2,\boldsymbol{\alpha}_3$线性无关，则可构造$\boldsymbol{\beta}_1,\boldsymbol{\beta}_2,\boldsymbol{\beta}_3$使其两两正交
- 公式：

$$\begin{cases}\boldsymbol{\beta}_1=\boldsymbol{\alpha}_1\\ \boldsymbol{\beta}_2=\boldsymbol{\alpha}_2-\dfrac{(\boldsymbol{\alpha}_2,\boldsymbol{\beta}_1)}{(\boldsymbol{\beta}_1,\boldsymbol{\beta}_1)}\boldsymbol{\beta}_1\\ \boldsymbol{\beta}_3=\boldsymbol{\alpha}_3-\dfrac{(\boldsymbol{\alpha}_3,\boldsymbol{\beta}_1)}{(\boldsymbol{\beta}_1,\boldsymbol{\beta}_1)}\boldsymbol{\beta}_1-\dfrac{(\boldsymbol{\alpha}_3,\boldsymbol{\beta}_2)}{(\boldsymbol{\beta}_2,\boldsymbol{\beta}_2)}\boldsymbol{\beta}_2\end{cases}$$

6. 基与过渡矩阵（仅数学一）
- 坐标变换：
  - 公式：$\boldsymbol{x}=\boldsymbol{C}\boldsymbol{y}$
  - 说明：向量$\boldsymbol{\gamma}$在基$\boldsymbol{\alpha}_1,\boldsymbol{\alpha}_2,\cdots,\boldsymbol{\alpha}_n$与基$\boldsymbol{\beta}_1,\boldsymbol{\beta}_2,\cdots,\boldsymbol{\beta}_n$的坐标分别是$\boldsymbol{x}=[x_1,x_2,\cdots,x_n]^{\mathrm{T}}$与$\boldsymbol{y}=[y_1,y_2,\cdots,y_n]^{\mathrm{T}}$
- 过渡矩阵：由基$\boldsymbol{\alpha}_1,\boldsymbol{\alpha}_2,\cdots,\boldsymbol{\alpha}_n$到基$\boldsymbol{\beta}_1,\boldsymbol{\beta}_2,\cdots,\boldsymbol{\beta}_n$的过渡矩阵$\boldsymbol{C}$满足公式$[\boldsymbol{\beta}_1,\boldsymbol{\beta}_2,\cdots,\boldsymbol{\beta}_n]=[\boldsymbol{\alpha}_1,\boldsymbol{\alpha}_2,\cdots,\boldsymbol{\alpha}_n]\boldsymbol{C}$

7. 高等数学与线性代数（仅数学一）
- 二次型与二次曲面
  - 正惯性指数为 3 时，为椭球面
  - 正惯性指数为 2、负惯性指数为 1 时，为单叶双曲
  - 正负惯性指数之和为 2、负惯性指数为 0 时，为柱面
- 空间平面位置
  - 若三个平面的法向量分别为$\boldsymbol{\alpha}_1=\begin{bmatrix}a_{11}\\a_{12}\\a_{13}\end{bmatrix},\boldsymbol{\alpha}_2=\begin{bmatrix}a_{21}\\a_{22}\\a_{23}\end{bmatrix},\boldsymbol{\alpha}_3=\begin{bmatrix}a_{31}\\a_{32}\\a_{33}\end{bmatrix}$，则：
  - ① 若三个平面相互平行，则$r(\boldsymbol{\alpha}_1,\boldsymbol{\alpha}_2,\boldsymbol{\alpha}_3)=1$
  - ② 若三个平面交于一点，则$r(\boldsymbol{\alpha}_1,\boldsymbol{\alpha}_2,\boldsymbol{\alpha}_3)=3$
  - ③ 若三个平面两两相交且交线平行，则$r(\boldsymbol{\alpha}_1,\boldsymbol{\alpha}_2)=r(\boldsymbol{\alpha}_2,\boldsymbol{\alpha}_3)=r(\boldsymbol{\alpha}_3,\boldsymbol{\alpha}_1)=2$且$r(\boldsymbol{\alpha}_1,\boldsymbol{\alpha}_2,\boldsymbol{\alpha}_3)=2$
- 平面直线位置
  - 三个直线方程所构成的非齐次方程组：$\begin{cases}a_{11}x+a_{12}y=b_1\\a_{21}x+a_{22}y=b_2\\a_{31}x+a_{32}y=b_3\end{cases}$
  - $\boldsymbol{\alpha}_1=\begin{bmatrix}a_{11}\\a_{12}\\a_{13}\end{bmatrix},\boldsymbol{\alpha}_2=\begin{bmatrix}a_{21}\\a_{22}\\a_{23}\end{bmatrix},\boldsymbol{\beta}=\begin{bmatrix}b_1\\b_2\\b_3\end{bmatrix}$三直线的切向量为$\boldsymbol{\gamma}_1=\begin{bmatrix}a_{11}\\a_{12}\end{bmatrix}$，$\boldsymbol{\gamma}_2=\begin{bmatrix}a_{21}\\a_{22}\end{bmatrix},\boldsymbol{\gamma}_3=\begin{bmatrix}a_{31}\\a_{32}\end{bmatrix}$，则：
  - ① 若三条直线交于一点，则$r(\boldsymbol{\alpha}_1,\boldsymbol{\alpha}_2,\boldsymbol{\beta})=r(\boldsymbol{\alpha}_1,\boldsymbol{\alpha}_2)=2$
  - ② 若三条直线两两相交，但三条直线不交于同一点，则向量组$\boldsymbol{\gamma}_1,\boldsymbol{\gamma}_2,\boldsymbol{\gamma}_3$两两线性无关，但$\boldsymbol{\gamma}_1,\boldsymbol{\gamma}_2,\boldsymbol{\gamma}_3$线性相关，且$r(\boldsymbol{\alpha}_1,\boldsymbol{\alpha}_2,\boldsymbol{\beta})=r(\boldsymbol{\alpha}_1,\boldsymbol{\alpha}_2)+1$
  - ③ 若三条直线相互平行，则$r(\boldsymbol{\gamma}_1,\boldsymbol{\gamma}_2,\boldsymbol{\gamma}_3)=1$

专题 20　线性相关性

【考法 1】　利用秩判别线性相关性

重要结论

$$\alpha_1,\alpha_2,\cdots,\alpha_s\begin{cases}\text{线性相关,则 } r(\alpha_1,\alpha_2,\cdots,\alpha_s)<s\\ \text{线性无关,则 } r(\alpha_1,\alpha_2,\cdots,\alpha_s)=s\end{cases}$$

例题 1　设$\alpha_1,\alpha_2,\cdots,\alpha_s$ 均为 n 维列向量,A 为 $m\times n$ 矩阵,下列选项正确的是(　　)。

A. 若$\alpha_1,\alpha_2,\cdots,\alpha_s$ 线性相关,则 $A\alpha_1,A\alpha_2,\cdots,A\alpha_s$ 线性相关。

B. 若$\alpha_1,\alpha_2,\cdots,\alpha_s$ 线性相关,则 $A\alpha_1,A\alpha_2,\cdots,A\alpha_s$ 线性无关。

C. 若$\alpha_1,\alpha_2,\cdots,\alpha_s$ 线性无关,则 $A\alpha_1,A\alpha_2,\cdots,A\alpha_s$ 线性相关。

D. 若$\alpha_1,\alpha_2,\cdots,\alpha_s$ 线性无关,则 $A\alpha_1,A\alpha_2,\cdots,A\alpha_s$ 线性无关。

解　记 $B=[\alpha_1,\alpha_2,\cdots,\alpha_s]$,则$[A\alpha_1,A\alpha_2,\cdots,A\alpha_s]=AB$。若向量组$\alpha_1,\alpha_2,\cdots,\alpha_s$ 线性相关,则 $r(B)<s$,从而 $r(AB)\leqslant r(B)<s$,向量组 $A\alpha_1,A\alpha_2,\cdots,A\alpha_s$ 也线性相关,故选 A。

【考法 2】　量多秩少,必相关

重要结论

向量组$\alpha_1,\alpha_2,\cdots,\alpha_r$ 比$\beta_1,\beta_2,\cdots,\beta_s$ 的向量个数多,但秩却更小,则向量组$\alpha_1,\alpha_2,\cdots,\alpha_r$ 必线性相关(不可以直接在大题中使用)。

证明:由题设可知 $r(\alpha_1,\alpha_2,\cdots,\alpha_r)<r(\beta_1,\beta_2,\cdots,\beta_s)\leqslant s<r$,所以向量组$\alpha_1,\alpha_2,\cdots,\alpha_r$ 必线性相关。

例题 2　设向量组Ⅰ:$\alpha_1,\alpha_2,\cdots,\alpha_r$ 可由向量组Ⅱ:$\beta_1,\beta_2,\cdots,\beta_s$ 线性表示,则(　　)。

A. 当 $r<s$ 时,向量组Ⅱ必线性相关　　B. 当 $r>s$ 时,向量组Ⅱ必线性相关

C. 当 $r<s$ 时,向量组Ⅰ必线性相关　　D. 当 $r>s$ 时,向量组Ⅰ必线性相关

解　向量组Ⅰ:$\alpha_1,\alpha_2,\cdots,\alpha_r$ 可由向量组Ⅱ:$\beta_1,\beta_2,\cdots,\beta_s$ 线性表示,则 $r(\alpha_1,\alpha_2,\cdots,\alpha_r)\leqslant r(\beta_1,\beta_2,\cdots,\beta_s)$,故 $r(\alpha_1,\alpha_2,\cdots,\alpha_r)\leqslant r(\beta_1,\beta_2,\cdots,\beta_s)\leqslant s$,当 $r>s$ 时,$r(\alpha_1,\alpha_2,\cdots,\alpha_r)\leqslant s<r$,向量组Ⅰ线性相关,故选 D。

【考法 3】　化为阿尔法矩阵方程

重要结论

若β_1,β_2,β_3 是阿尔法向量的线性组合,则$[\beta_1,\beta_2,\beta_3]=[\alpha_1,\alpha_2,\alpha_3]\begin{bmatrix}c_{11}&c_{12}&c_{13}\\c_{21}&c_{22}&c_{23}\\c_{31}&c_{32}&c_{33}\end{bmatrix}$。本书将该方程称为阿尔法矩阵方程。记 $C=[c_{ij}]_{3\times3}$,若$\alpha_1,\alpha_2,\alpha_3$ 线性无关,则β_1,β_2,β_3 线性无关$\Leftrightarrow$矩阵 C 可逆。

例题 3　设 n 维向量$\alpha_1,\alpha_2,\alpha_3$ 满足$\alpha_1-2\alpha_2+3\alpha_3=\mathbf{0}$,对任意的 n 维向量β,向量组$\alpha_1+a\beta,\alpha_2+$

$b\boldsymbol{\beta},\boldsymbol{\alpha}_3$ 线性相关，则参数 a,b 应满足(　　)。

A. $a=-b$　　B. $a=b$　　C. $a=-2b$　　D. $a=2b$

解　由已知条件 $\boldsymbol{\alpha}_1-2\boldsymbol{\alpha}_2+3\boldsymbol{\alpha}_3=\mathbf{0}$，知

$$[\boldsymbol{\alpha}_1+a\boldsymbol{\beta},\boldsymbol{\alpha}_2+b\boldsymbol{\beta},\boldsymbol{\alpha}_3]=\left[\boldsymbol{\alpha}_1+a\boldsymbol{\beta},\boldsymbol{\alpha}_2+b\boldsymbol{\beta},\frac{1}{3}(2\boldsymbol{\alpha}_2-\boldsymbol{\alpha}_1)\right]=[\boldsymbol{\alpha}_1,\boldsymbol{\alpha}_2,\boldsymbol{\beta}]\begin{bmatrix}1&0&-\frac{1}{3}\\0&1&\frac{2}{3}\\a&b&0\end{bmatrix}。$$

对任意的 n 维向量 $\boldsymbol{\beta}$，当向量 $\boldsymbol{\alpha}_1,\boldsymbol{\alpha}_2,\boldsymbol{\beta}$ 线性无关时，向量组 $\boldsymbol{\alpha}_1+a\boldsymbol{\beta},\boldsymbol{\alpha}_2+b\boldsymbol{\beta},\boldsymbol{\alpha}_3$ 线性相关对应的行列式为 $\begin{vmatrix}1&0&-\frac{1}{3}\\0&1&\frac{2}{3}\\a&b&0\end{vmatrix}=0$，从而有 $a=2b$。故选 D。

例题 4　已知向量组 $\boldsymbol{\alpha}_1,\boldsymbol{\alpha}_2,\boldsymbol{\alpha}_3$ 的秩为 $r(\boldsymbol{\alpha}_1,\boldsymbol{\alpha}_2,\boldsymbol{\alpha}_3)=3$，若 $r(a\boldsymbol{\alpha}_1+b\boldsymbol{\alpha}_2,a\boldsymbol{\alpha}_2+b\boldsymbol{\alpha}_3,a\boldsymbol{\alpha}_3+b\boldsymbol{\alpha}_1)=3$，则 a,b 满足(　　)。

A. $a=b$　　B. $a\neq b$　　C. $|a|=|b|$　　D. $a+b\neq 0$

解　$r(a\boldsymbol{\alpha}_1+b\boldsymbol{\alpha}_2,a\boldsymbol{\alpha}_2+b\boldsymbol{\alpha}_3,a\boldsymbol{\alpha}_3+b\boldsymbol{\alpha}_1)=3$，$r\left([\boldsymbol{\alpha}_1,\boldsymbol{\alpha}_2,\boldsymbol{\alpha}_3]\begin{bmatrix}a&0&b\\b&a&0\\0&b&a\end{bmatrix}\right)=3=r(\boldsymbol{\alpha}_1,\boldsymbol{\alpha}_2,\boldsymbol{\alpha}_3)$，所以 $\boldsymbol{c}=\begin{bmatrix}a&0&b\\b&a&0\\0&b&a\end{bmatrix}$ 可逆，得 $\begin{vmatrix}a&0&b\\b&a&0\\0&b&a\end{vmatrix}\neq 0$。即 $a+b\neq 0$，故选 D。

【考法 4】　利用余子式说明线性相关性

重要结论

若方阵 $\boldsymbol{A}$ 的余子式 $A_{ij}\neq 0$，则①除第 i 行之外的所有行向量线性无关；②除第 j 列之外的所有列向量线性无关。

证明：以三阶方阵 $\boldsymbol{A}$，且 $A_{12}\neq 0$ 为例。$A_{12}\neq 0\Rightarrow M_{12}\neq 0\Rightarrow\begin{vmatrix}a_{21}&a_{23}\\a_{31}&a_{33}\end{vmatrix}\neq 0$。

所以列向量组 $\begin{bmatrix}a_{21}\\a_{31}\end{bmatrix},\begin{bmatrix}a_{23}\\a_{33}\end{bmatrix}$ 线性无关，其延长组 $\begin{bmatrix}a_{11}\\a_{21}\\a_{31}\end{bmatrix},\begin{bmatrix}a_{13}\\a_{23}\\a_{33}\end{bmatrix}$ 必线性无关。故第 2 列之外的所有列向量线性无关。同理可证，除第 1 行之外的所有行向量线性无关。

例题 5　设四阶矩阵 $\boldsymbol{A}=[a_{ij}]_{4\times 4}$ 不可逆，a_{34} 的代数余子式 $A_{34}\neq 0$，$\boldsymbol{\alpha}_1,\boldsymbol{\alpha}_2,\boldsymbol{\alpha}_3,\boldsymbol{\alpha}_4$ 为矩阵 $\boldsymbol{A}$ 的列向量组，$\boldsymbol{\beta}_1,\boldsymbol{\beta}_2,\boldsymbol{\beta}_3,\boldsymbol{\beta}_4$ 是矩阵 $\boldsymbol{A}$ 的行向量组。则下列向量组中线性无关的有(　　)。

① $\boldsymbol{\alpha}_1,\boldsymbol{\alpha}_2,\boldsymbol{\alpha}_3$　　② $\boldsymbol{\alpha}_1,\boldsymbol{\alpha}_2,\boldsymbol{\alpha}_4$　　③ $\boldsymbol{\beta}_1,\boldsymbol{\beta}_2,\boldsymbol{\beta}_3$

④ $\boldsymbol{\beta}_1,\boldsymbol{\beta}_2,\boldsymbol{\beta}_4$　　⑤ $\boldsymbol{\beta}_1,\boldsymbol{\beta}_2$　　⑥ $\boldsymbol{\alpha}_1+\boldsymbol{\alpha}_2,\boldsymbol{\alpha}_2+\boldsymbol{\alpha}_4,\boldsymbol{\alpha}_4$

⑦ $\boldsymbol{\alpha}_1+\boldsymbol{\alpha}_2+\boldsymbol{\alpha}_3,\boldsymbol{\alpha}_2+\boldsymbol{\alpha}_3,\boldsymbol{\alpha}_3$　　⑧ $\boldsymbol{\alpha}_1-\boldsymbol{\alpha}_2,\boldsymbol{\alpha}_2-\boldsymbol{\alpha}_4,\boldsymbol{\alpha}_4-\boldsymbol{\alpha}_1$

A. 3 个　　B. 4 个　　C. 5 个　　D. 6 个

解 矩阵 $\boldsymbol{A}$ 不可逆，则列向量组 $\boldsymbol{\alpha}_1,\boldsymbol{\alpha}_2,\boldsymbol{\alpha}_3,\boldsymbol{\alpha}_4$ 与行向量组 $\boldsymbol{\beta}_1,\boldsymbol{\beta}_2,\boldsymbol{\beta}_3,\boldsymbol{\beta}_4$ 均线性相关。

又因为代数余子式 $A_{34}\neq 0$，所以必有 $M_{34}\neq 0$，即 $\begin{vmatrix} a_{11} & a_{12} & a_{13} \\ a_{21} & a_{22} & a_{23} \\ a_{41} & a_{42} & a_{43} \end{vmatrix}\neq 0$。

所以向量组 $\begin{bmatrix} a_{11} \\ a_{21} \\ a_{41} \end{bmatrix},\begin{bmatrix} a_{12} \\ a_{22} \\ a_{42} \end{bmatrix},\begin{bmatrix} a_{13} \\ a_{23} \\ a_{43} \end{bmatrix}$ 必线性无关，其延长组 $\begin{bmatrix} a_{11} \\ a_{21} \\ a_{31} \\ a_{41} \end{bmatrix},\begin{bmatrix} a_{12} \\ a_{22} \\ a_{32} \\ a_{42} \end{bmatrix},\begin{bmatrix} a_{13} \\ a_{23} \\ a_{33} \\ a_{43} \end{bmatrix}$ 也线性无关，即 $\boldsymbol{\alpha}_1,\boldsymbol{\alpha}_2,\boldsymbol{\alpha}_3$ 线性无关，同理可得行向量组 $\boldsymbol{\beta}_1,\boldsymbol{\beta}_2,\boldsymbol{\beta}_4$ 线性无关。下面开始判断向量组的情况。

在①②③④中，显然①④线性无关。

对于⑤：$\boldsymbol{\beta}_1,\boldsymbol{\beta}_2$ 是 $\boldsymbol{\beta}_1,\boldsymbol{\beta}_2,\boldsymbol{\beta}_4$ 的部分组，$\boldsymbol{\beta}_1,\boldsymbol{\beta}_2,\boldsymbol{\beta}_4$ 线性无关必有 $\boldsymbol{\beta}_1,\boldsymbol{\beta}_2$ 线性无关。

对于⑥：$[\boldsymbol{\alpha}_1+\boldsymbol{\alpha}_2,\boldsymbol{\alpha}_2+\boldsymbol{\alpha}_4,\boldsymbol{\alpha}_4]=[\boldsymbol{\alpha}_1,\boldsymbol{\alpha}_2,\boldsymbol{\alpha}_4]\begin{bmatrix} 1 & 0 & 0 \\ 1 & 1 & 0 \\ 0 & 1 & 1 \end{bmatrix}=[\boldsymbol{\alpha}_1,\boldsymbol{\alpha}_2,\boldsymbol{\alpha}_4]\boldsymbol{C}_1$，易知矩阵 $\boldsymbol{C}_1$ 可逆，所以 $r(\boldsymbol{\alpha}_1+\boldsymbol{\alpha}_2,\boldsymbol{\alpha}_2+\boldsymbol{\alpha}_4,\boldsymbol{\alpha}_4)=r(\boldsymbol{\alpha}_1,\boldsymbol{\alpha}_2,\boldsymbol{\alpha}_4)$，但 $\boldsymbol{\alpha}_1,\boldsymbol{\alpha}_2,\boldsymbol{\alpha}_4$ 不一定线性无关，所以 $r(\boldsymbol{\alpha}_1+\boldsymbol{\alpha}_2,\boldsymbol{\alpha}_2+\boldsymbol{\alpha}_4,\boldsymbol{\alpha}_4)=r(\boldsymbol{\alpha}_1,\boldsymbol{\alpha}_2,\boldsymbol{\alpha}_4)\leqslant 3$。$\boldsymbol{\alpha}_1+\boldsymbol{\alpha}_2,\boldsymbol{\alpha}_2+\boldsymbol{\alpha}_4,\boldsymbol{\alpha}_4$ 不一定线性无关。

对于⑦：$[\boldsymbol{\alpha}_1+\boldsymbol{\alpha}_2+\boldsymbol{\alpha}_3,\boldsymbol{\alpha}_2+\boldsymbol{\alpha}_3,\boldsymbol{\alpha}_3]=[\boldsymbol{\alpha}_1,\boldsymbol{\alpha}_2,\boldsymbol{\alpha}_3]\begin{bmatrix} 1 & 0 & 0 \\ 1 & 1 & 0 \\ 1 & 1 & 1 \end{bmatrix}=[\boldsymbol{\alpha}_1,\boldsymbol{\alpha}_2,\boldsymbol{\alpha}_3]\boldsymbol{C}_2$，易知矩阵 $\boldsymbol{C}_2$ 可逆，又因为 $\boldsymbol{\alpha}_1,\boldsymbol{\alpha}_2,\boldsymbol{\alpha}_3$ 线性无关，所以 $r(\boldsymbol{\alpha}_1+\boldsymbol{\alpha}_2+\boldsymbol{\alpha}_3,\boldsymbol{\alpha}_2+\boldsymbol{\alpha}_3,\boldsymbol{\alpha}_3)=r(\boldsymbol{\alpha}_1,\boldsymbol{\alpha}_2,\boldsymbol{\alpha}_3)=3$，即 $\boldsymbol{\alpha}_1+\boldsymbol{\alpha}_2+\boldsymbol{\alpha}_3,\boldsymbol{\alpha}_2+\boldsymbol{\alpha}_3,\boldsymbol{\alpha}_3$ 线性无关。

对于⑧：$(\boldsymbol{\alpha}_1-\boldsymbol{\alpha}_2)+(\boldsymbol{\alpha}_2-\boldsymbol{\alpha}_4)+(\boldsymbol{\alpha}_4-\boldsymbol{\alpha}_1)=\boldsymbol{0}$，所以⑧中向量组线性相关。

综上，共有 4 个线性无关，故选 B。

【考法 5】 求解极大线性无关组的相关问题

重要结论

极大线性无关组：向量组 $\boldsymbol{\alpha}_1,\boldsymbol{\alpha}_2,\cdots,\boldsymbol{\alpha}_n$ 中有 r 个向量线性无关，且任意 $r+1$ 个向量(如果有)线性相关，则称这 r 个线性无关的向量为该向量组的一个极大线性无关组，且 $r(\boldsymbol{\alpha}_1,\boldsymbol{\alpha}_2,\cdots,\boldsymbol{\alpha}_n)=r$。

例题 6 $\boldsymbol{\alpha}_1=\begin{bmatrix} 1 \\ -1 \\ 2 \\ 4 \end{bmatrix},\boldsymbol{\alpha}_2=\begin{bmatrix} 0 \\ 3 \\ 1 \\ 2 \end{bmatrix},\boldsymbol{\alpha}_3=\begin{bmatrix} 3 \\ 0 \\ 7 \\ 14 \end{bmatrix},\boldsymbol{\alpha}_4=\begin{bmatrix} 1 \\ -2 \\ 2 \\ 0 \end{bmatrix},\boldsymbol{\alpha}_5=\begin{bmatrix} 2 \\ 1 \\ 5 \\ 10 \end{bmatrix}$。

(1) 求极大线性无关组，并把其余向量用极大线性无关组线性表示。

(2) 若 $\boldsymbol{A}=[\boldsymbol{\alpha}_1,\boldsymbol{\alpha}_2,\boldsymbol{\alpha}_3,\boldsymbol{\alpha}_4,\boldsymbol{\alpha}_5]$，求非齐次方程 $\boldsymbol{Ax}=2\boldsymbol{\alpha}_3+\boldsymbol{\alpha}_5$ 的通解。

解

(1) 令 $\boldsymbol{A}=\begin{bmatrix} 1 & 0 & 3 & 1 & 2 \\ -1 & 3 & 0 & -2 & 1 \\ 2 & 1 & 7 & 2 & 5 \\ 4 & 2 & 14 & 0 & 10 \end{bmatrix}\rightarrow\begin{bmatrix} 1 & 0 & 3 & 1 & 2 \\ 0 & 3 & 3 & -1 & 3 \\ 0 & 1 & 1 & 0 & 1 \\ 0 & 0 & 0 & -4 & 0 \end{bmatrix}\rightarrow\begin{bmatrix} 1 & 0 & 3 & 1 & 2 \\ 0 & 3 & 3 & -1 & 3 \\ 0 & 1 & 1 & 0 & 1 \\ 0 & 0 & 0 & 1 & 0 \end{bmatrix}\rightarrow$

$$\begin{bmatrix}1&0&3&1&2\\0&1&1&0&1\\0&0&0&-1&0\\0&0&0&1&0\end{bmatrix}\to\begin{bmatrix}1&0&3&0&2\\0&1&1&0&1\\0&0&0&1&0\\0&0&0&0&0\end{bmatrix}$$ $\Rightarrow\boldsymbol{\alpha}_1,\boldsymbol{\alpha}_2,\boldsymbol{\alpha}_4$ 为一个极大线性无关组，$\boldsymbol{\alpha}_3=3\boldsymbol{\alpha}_1+\boldsymbol{\alpha}_2,\boldsymbol{\alpha}_5=2\boldsymbol{\alpha}_1+\boldsymbol{\alpha}_2$。

(2) ① 先求齐次方程 $\boldsymbol{Ax}=\mathbf{0}$ 的通解。$r(\boldsymbol{A})=3,n-r(\boldsymbol{A})=5-3=2$，由$\boldsymbol{\alpha}_3=3\boldsymbol{\alpha}_1+\boldsymbol{\alpha}_2,\boldsymbol{\alpha}_5=2\boldsymbol{\alpha}_1+\boldsymbol{\alpha}_2$，可得 $\boldsymbol{A}\begin{bmatrix}3\\1\\-1\\0\\0\end{bmatrix}=[\boldsymbol{\alpha}_1,\boldsymbol{\alpha}_2,\boldsymbol{\alpha}_3,\boldsymbol{\alpha}_4,\boldsymbol{\alpha}_5]\begin{bmatrix}3\\1\\-1\\0\\0\end{bmatrix}=\mathbf{0},\boldsymbol{A}\begin{bmatrix}2\\1\\0\\0\\-1\end{bmatrix}=[\boldsymbol{\alpha}_1,\boldsymbol{\alpha}_2,\boldsymbol{\alpha}_3,\boldsymbol{\alpha}_4,\boldsymbol{\alpha}_5]\begin{bmatrix}2\\1\\0\\0\\-1\end{bmatrix}=\mathbf{0}$，齐次方程的基础解系可为 $\begin{bmatrix}3\\1\\-1\\0\\0\end{bmatrix},\begin{bmatrix}2\\1\\0\\0\\-1\end{bmatrix}$。

② 再求非齐次方程 $\boldsymbol{Ax}=2\boldsymbol{\alpha}_3+\boldsymbol{\alpha}_5$ 的一个特解。

$\boldsymbol{A}\begin{bmatrix}0\\0\\2\\0\\1\end{bmatrix}=2\boldsymbol{\alpha}_3+\boldsymbol{\alpha}_5$，所以非齐次方程的一个特解可为 $\begin{bmatrix}0\\0\\2\\0\\1\end{bmatrix}$。

综上，非齐次方程 $\boldsymbol{Ax}=2\boldsymbol{\alpha}_3+\boldsymbol{\alpha}_5$ 的通解可为 $c_1\begin{bmatrix}3\\1\\-1\\0\\0\end{bmatrix}+c_2\begin{bmatrix}2\\1\\0\\0\\-1\end{bmatrix}+\begin{bmatrix}0\\0\\2\\0\\1\end{bmatrix}$，其中 c_1,c_2 为任意常数。

【考法6】 线性变换确定秩

重要结论

① "线表秩不变"原理。若$\boldsymbol{\beta}$ 可由$\boldsymbol{\alpha}_1,\boldsymbol{\alpha}_2,\boldsymbol{\alpha}_3$ 线性表示，则向量组$\boldsymbol{\alpha}_1,\boldsymbol{\alpha}_2,\boldsymbol{\alpha}_3$ 加入新向量$\boldsymbol{\beta}$ 后，秩不变，即 $r(\boldsymbol{\alpha}_1,\boldsymbol{\alpha}_2,\boldsymbol{\alpha}_3,\boldsymbol{\beta})=r(\boldsymbol{\alpha}_1,\boldsymbol{\alpha}_2,\boldsymbol{\alpha}_3)$。

② 由"线表秩不变"原理演变出求秩方法：线表消除法。能被其他向量线性表示的向量可被消除，而不影响向量组的秩。

③ 不可线表秩加 1 原理。若$\boldsymbol{\beta}$ 不可由$\boldsymbol{\alpha}_1,\boldsymbol{\alpha}_2,\boldsymbol{\alpha}_3$ 线性表示，则向量组$\boldsymbol{\alpha}_1,\boldsymbol{\alpha}_2,\boldsymbol{\alpha}_3$ 加入新向量$\boldsymbol{\beta}$ 后，秩加 1，即 $r(\boldsymbol{\alpha}_1,\boldsymbol{\alpha}_2,\boldsymbol{\alpha}_3,\boldsymbol{\beta})=r(\boldsymbol{\alpha}_1,\boldsymbol{\alpha}_2,\boldsymbol{\alpha}_3)+1$。

例题 7 设向量组$\boldsymbol{\alpha}_1,\boldsymbol{\alpha}_2,\boldsymbol{\alpha}_3$ 线性无关，向量$\boldsymbol{\beta}_1,\boldsymbol{\beta}_2$ 可由$\boldsymbol{\alpha}_1,\boldsymbol{\alpha}_2,\boldsymbol{\alpha}_3$ 线性表示，而向量$\boldsymbol{\beta}_3,\boldsymbol{\beta}_4$ 不能由$\boldsymbol{\alpha}_1,\boldsymbol{\alpha}_2,\boldsymbol{\alpha}_3$ 线性表示，则必有(　　)。

A. $r(\boldsymbol{\alpha}_1,\boldsymbol{\alpha}_2,\boldsymbol{\alpha}_3,\boldsymbol{\beta}_1+\boldsymbol{\beta}_3)=3$　　B. $r(\boldsymbol{\alpha}_1,\boldsymbol{\alpha}_2,\boldsymbol{\beta}_4)=3$

C. $r(\boldsymbol{\alpha}_1,\boldsymbol{\alpha}_2,\boldsymbol{\alpha}_3,\boldsymbol{\beta}_2,\boldsymbol{\beta}_3,\boldsymbol{\beta}_4)=5$　　D. $r(\boldsymbol{\alpha}_1,\boldsymbol{\alpha}_2,\boldsymbol{\beta}_2)=2$

解

选项 A 错误。$\boldsymbol{\beta}_1$ 可由$\boldsymbol{\alpha}_1,\boldsymbol{\alpha}_2,\boldsymbol{\alpha}_3$ 线性表示，所以由列变换得$[\boldsymbol{\alpha}_1,\boldsymbol{\alpha}_2,\boldsymbol{\alpha}_3,\boldsymbol{\beta}_1+\boldsymbol{\beta}_3]\to[\boldsymbol{\alpha}_1,\boldsymbol{\alpha}_2,\boldsymbol{\alpha}_3,\boldsymbol{\beta}_3]$。$\boldsymbol{\alpha}_1,\boldsymbol{\alpha}_2,\boldsymbol{\alpha}_3$ 线性无关，$r(\boldsymbol{\alpha}_1,\boldsymbol{\alpha}_2,\boldsymbol{\alpha}_3)=3$ 由不可线表秩加 1 原理可得

$r(\boldsymbol{\alpha}_1,\boldsymbol{\alpha}_2,\boldsymbol{\alpha}_3,\boldsymbol{\beta}_3)=r(\boldsymbol{\alpha}_1,\boldsymbol{\alpha}_2,\boldsymbol{\alpha}_3)+1=4$

$r(\boldsymbol{\alpha}_1,\boldsymbol{\alpha}_2,\boldsymbol{\alpha}_3,\boldsymbol{\beta}_1+\boldsymbol{\beta}_3)=r(\boldsymbol{\alpha}_1,\boldsymbol{\alpha}_2,\boldsymbol{\alpha}_3,\boldsymbol{\beta}_3)=4$。故选项 A 错。

选项 B 正确。由于向量$\boldsymbol{\beta}_4$ 不能由$\boldsymbol{\alpha}_1,\boldsymbol{\alpha}_2,\boldsymbol{\alpha}_3$ 线性表示，所以$\boldsymbol{\beta}_4$ 不能由$\boldsymbol{\alpha}_1,\boldsymbol{\alpha}_2$ 线性表示。由“不可线性表秩加 1 原理”可得 $r(\boldsymbol{\alpha}_1,\boldsymbol{\alpha}_2,\boldsymbol{\beta}_4)=r(\boldsymbol{\alpha}_1,\boldsymbol{\alpha}_2)+1=3$。故选 B。

选项 C 错误。秩可能为 4。例如，取$\boldsymbol{\beta}_4=2\boldsymbol{\beta}_3,\boldsymbol{\beta}_2=\boldsymbol{\alpha}_1$。

由列变换，有$[\boldsymbol{\alpha}_1,\boldsymbol{\alpha}_2,\boldsymbol{\alpha}_3,\boldsymbol{\beta}_2,\boldsymbol{\beta}_3,\boldsymbol{\beta}_4]\to[\boldsymbol{\alpha}_1,\boldsymbol{\alpha}_2,\boldsymbol{\alpha}_3,0,\boldsymbol{\beta}_3,0]$，此时秩为 4，故选项 C 错误。

选项 D 错误。秩可能为 3。例如，取$\boldsymbol{\beta}_2=\boldsymbol{\alpha}_3$，此时有 $r(\boldsymbol{\alpha}_1,\boldsymbol{\alpha}_2,\boldsymbol{\beta}_2)=r(\boldsymbol{\alpha}_1,\boldsymbol{\alpha}_2,\boldsymbol{\alpha}_3)=3$，故选项 D 错误。

【考法 7】 越多越相关，越长越无关

重要结论

① 向量组中的向量个数越多，越容易相关；越少，越容易无关。

② 向量组中的向量越长(维度或分量越多)，越容易无关；越短，越容易相关。

③ 相关组增加新向量后必相关，无关组延长后必无关。

理解①：$\boldsymbol{\alpha}_1,\boldsymbol{\alpha}_2$ 线性无关，加入第 3 个向量$\boldsymbol{\alpha}_3$ 之后，可能变成线性相关。反过来，$\boldsymbol{\alpha}_1,\boldsymbol{\alpha}_2,\boldsymbol{\alpha}_3$ 线性相关，去掉第 3 个向量之后，可能变成线性无关。所以，“越多越相关，越少越无关”。

理解②：$\boldsymbol{\alpha}_1=\begin{bmatrix}1\\1\end{bmatrix},\boldsymbol{\alpha}_2=\begin{bmatrix}2\\2\end{bmatrix}$，线性相关，前两个分量都是 1：2，但是延长后第 3 个分量可能不再是 1：2。如$\boldsymbol{\alpha}_1=\begin{bmatrix}1\\1\\2\end{bmatrix},\boldsymbol{\alpha}_2=\begin{bmatrix}2\\2\\3\end{bmatrix}$，线性无关。反之，$\boldsymbol{\alpha}_1=\begin{bmatrix}1\\1\\2\end{bmatrix},\boldsymbol{\alpha}_2=\begin{bmatrix}2\\2\\3\end{bmatrix}$线性无关，如果都去掉第 3 个分量，则得到$\boldsymbol{\alpha}_1=\begin{bmatrix}1\\1\end{bmatrix},\boldsymbol{\alpha}_2=\begin{bmatrix}2\\2\end{bmatrix}$，线性相关。所以，“越长越无关，越短越相关”。由①②可推出③。

例题 8 下列命题中，正确的有(　　)个。

① 若向量组$\boldsymbol{\alpha}_1,\boldsymbol{\alpha}_2,\cdots,\boldsymbol{\alpha}_s$ 线性相关，则存在全不为零的数 $k_1,k_2,\cdots,k_s$，使得$\sum_{i=1}^{s}k_i\boldsymbol{\alpha}_i=\mathbf{0}$。

② 若向量组$\boldsymbol{\alpha}_1,\boldsymbol{\alpha}_2,\cdots,\boldsymbol{\alpha}_s$ 线性相关，则$\boldsymbol{\alpha}_s$ 可由其余 $s-1$ 个向量线性表示。

③ 若向量组$\boldsymbol{\alpha}_1,\boldsymbol{\alpha}_2,\cdots,\boldsymbol{\alpha}_{s-1}$ 线性相关，则$\boldsymbol{\alpha}_1,\boldsymbol{\alpha}_2,\cdots,\boldsymbol{\alpha}_s$ 必线性相关。

④ 若向量组$\boldsymbol{\alpha}_1,\boldsymbol{\alpha}_2,\cdots,\boldsymbol{\alpha}_s$ 线性无关，则$\boldsymbol{\alpha}_s$ 不可由其余 $s-1$ 个向量线性表示。

⑤ 若向量组$\boldsymbol{\alpha}_1,\boldsymbol{\alpha}_2,\cdots,\boldsymbol{\alpha}_s$ 线性无关，则它的任何一个部分组线性无关。

A. 1　　B. 2　　C. 3　　D. 4

解

① 错误。向量组$\boldsymbol{\alpha}_1,\boldsymbol{\alpha}_2,\cdots,\boldsymbol{\alpha}_s$ 线性相关，则存在不全为零的数 $k_1,k_2,\cdots,k_s$，使得$\sum_{i=1}^{s}k_i\boldsymbol{\alpha}_i=\mathbf{0}$。

② 错误。若向量组$\boldsymbol{\alpha}_1,\boldsymbol{\alpha}_2,\cdots,\boldsymbol{\alpha}_s$ 线性相关，则至少存在一个向量可由其余向量线性表示，但不一定就是$\boldsymbol{\alpha}_s$。

③ 正确。向量越多越相关。向量组$\boldsymbol{\alpha}_1,\boldsymbol{\alpha}_2,\cdots,\boldsymbol{\alpha}_{s-1}$ 已经线性相关，增加$\boldsymbol{\alpha}_s$ 之后的新向量组$\boldsymbol{\alpha}_1$，

$\boldsymbol{\alpha}_2,\cdots,\boldsymbol{\alpha}_s$ 必线性相关。

④ 正确。反证法：向量组$\boldsymbol{\alpha}_1,\boldsymbol{\alpha}_2,\cdots,\boldsymbol{\alpha}_s$ 线性无关时，假设$\boldsymbol{\alpha}_s$ 可由其余 $s-1$ 个向量线性表示，则 $r(\boldsymbol{\alpha}_1,\boldsymbol{\alpha}_2,\cdots,\boldsymbol{\alpha}_{s-1})=r(\boldsymbol{\alpha}_1,\boldsymbol{\alpha}_2,\cdots,\boldsymbol{\alpha}_{s-1},\boldsymbol{\alpha}_s)$。由于$\boldsymbol{\alpha}_1,\boldsymbol{\alpha}_2,\cdots,\boldsymbol{\alpha}_s$ 线性无关，所以 $r(\boldsymbol{\alpha}_1,\boldsymbol{\alpha}_2,\cdots,\boldsymbol{\alpha}_{s-1})=s-1\neq r(\boldsymbol{\alpha}_1,\boldsymbol{\alpha}_2,\cdots,\boldsymbol{\alpha}_{s-1},\boldsymbol{\alpha}_s)=s$，矛盾。所以假设不成立，即 ④ 正确。

⑤ 正确。向量个数越少越容易无关。向量组$\boldsymbol{\alpha}_1,\boldsymbol{\alpha}_2,\cdots,\boldsymbol{\alpha}_s$ 线性无关，它的任何一个部分组中向量更少，所以部分组必线性无关。3 个正确，故选 C。

例题 9 下列命题中正确的有(　　)个。

① 若向量组$\boldsymbol{\alpha}_1,\boldsymbol{\alpha}_2,\cdots,\boldsymbol{\alpha}_s$ 线性相关，则$\boldsymbol{\alpha}_1-\boldsymbol{\alpha}_s,\boldsymbol{\alpha}_2-\boldsymbol{\alpha}_s,\cdots,\boldsymbol{\alpha}_{s-1}-\boldsymbol{\alpha}_s$ 必线性相关。

② 若向量组$\boldsymbol{\alpha}_1,\boldsymbol{\alpha}_2,\cdots,\boldsymbol{\alpha}_s$ 线性无关，则$\boldsymbol{\alpha}_1+\boldsymbol{\alpha}_s,\boldsymbol{\alpha}_2+\boldsymbol{\alpha}_s,\cdots,\boldsymbol{\alpha}_{s-1}+\boldsymbol{\alpha}_s$ 线性无关。

③ 若向量组$\boldsymbol{\alpha}_1,\boldsymbol{\alpha}_2,\cdots,\boldsymbol{\alpha}_s$ 线性相关，则 $\begin{bmatrix}\boldsymbol{\alpha}_1\\ \boldsymbol{\alpha}_1\end{bmatrix},\begin{bmatrix}\boldsymbol{\alpha}_2\\ \boldsymbol{\alpha}_1\end{bmatrix},\cdots,\begin{bmatrix}\boldsymbol{\alpha}_s\\ \boldsymbol{\alpha}_1\end{bmatrix}$ 必线性相关。

④ 若向量组$\boldsymbol{\alpha}_1,\boldsymbol{\alpha}_2,\cdots,\boldsymbol{\alpha}_s$ 线性无关，则 $\begin{bmatrix}\boldsymbol{\alpha}_1\\ \boldsymbol{\alpha}_s\end{bmatrix},\begin{bmatrix}\boldsymbol{\alpha}_2\\ \boldsymbol{\alpha}_s\end{bmatrix},\cdots,\begin{bmatrix}\boldsymbol{\alpha}_s\\ \boldsymbol{\alpha}_s\end{bmatrix}$ 线性无关。

A. 1　　　　B. 2　　　　C. 3　　　　D. 4

解

① 错误。考虑 $s=3$ 的情况。取$\boldsymbol{\alpha}_1,\boldsymbol{\alpha}_2$，线性无关，且$\boldsymbol{\alpha}_s$ 为零向量，则$\boldsymbol{\alpha}_1-\boldsymbol{\alpha}_3,\boldsymbol{\alpha}_2-\boldsymbol{\alpha}_3\Leftrightarrow\boldsymbol{\alpha}_1,\boldsymbol{\alpha}_2$ 是线性无关的。

② 正确。$[\boldsymbol{\alpha}_1+\boldsymbol{\alpha}_s,\boldsymbol{\alpha}_2+\boldsymbol{\alpha}_s,\cdots,\boldsymbol{\alpha}_{s-1}+\boldsymbol{\alpha}_s]=[\boldsymbol{\alpha}_1,\boldsymbol{\alpha}_2,\cdots,\boldsymbol{\alpha}_s]\begin{bmatrix}1&0&0&0\\0&1&0&0\\0&0&\cdots&0\\ \vdots&\vdots&&\vdots\\1&1&\cdots&1\end{bmatrix}=\boldsymbol{AB}$。易知 $\boldsymbol{A}$ 为列满秩矩阵，且 $\boldsymbol{B}$ 矩阵有 $s-1$ 列也是列满秩矩阵。所以 $r(\boldsymbol{AB})=r(\boldsymbol{B})=s-1$，向量组线性无关。

③ 错误。考虑 $s=2$ 的情况。取$\boldsymbol{\alpha}_1=\begin{bmatrix}1\\0\end{bmatrix},\boldsymbol{\alpha}_2=\begin{bmatrix}2\\0\end{bmatrix}$线性相关。但 $\begin{bmatrix}\boldsymbol{\alpha}_1\\ \boldsymbol{\alpha}_1\end{bmatrix}=\begin{bmatrix}1\\0\\1\\0\end{bmatrix},\begin{bmatrix}\boldsymbol{\alpha}_2\\ \boldsymbol{\alpha}_1\end{bmatrix}=\begin{bmatrix}2\\0\\1\\0\end{bmatrix}$ 线性无关。

④ 正确。向量越长越容易线性无关。向量组$\boldsymbol{\alpha}_1,\boldsymbol{\alpha}_2,\cdots,\boldsymbol{\alpha}_s$ 已经线性无关，延长后 $\begin{bmatrix}\boldsymbol{\alpha}_1\\ \boldsymbol{\alpha}_s\end{bmatrix},\begin{bmatrix}\boldsymbol{\alpha}_2\\ \boldsymbol{\alpha}_s\end{bmatrix},\cdots,\begin{bmatrix}\boldsymbol{\alpha}_s\\ \boldsymbol{\alpha}_s\end{bmatrix}$ 依然线性无关。

②④正确，故选 B。

专题 21　线性无关的判别与证明

【考法 1】 利用定义法证明线性无关

重要结论

$k_1\boldsymbol{\alpha}_1+k_2\boldsymbol{\alpha}_2+\cdots+k_s\boldsymbol{\alpha}_s=\boldsymbol{0}\Rightarrow k_1=k_2=\cdots=k_s=0$，则向量组$\boldsymbol{\alpha}_1,\boldsymbol{\alpha}_2,\cdots,\boldsymbol{\alpha}_s$ 线性无关。

例题 1 设 $\boldsymbol{A}$ 为 n 阶矩阵，$\boldsymbol{\alpha}_1,\boldsymbol{\alpha}_2,\boldsymbol{\alpha}_3$ 为 n 维列向量，其中$\boldsymbol{\alpha}_1\neq\mathbf{0}$，且 $\boldsymbol{A\alpha}_1=\boldsymbol{\alpha}_1,\boldsymbol{A\alpha}_2=\boldsymbol{\alpha}_1+\boldsymbol{\alpha}_2,\boldsymbol{A\alpha}_3=\boldsymbol{\alpha}_2+\boldsymbol{\alpha}_3$，证明：$\boldsymbol{\alpha}_1,\boldsymbol{\alpha}_2,\boldsymbol{\alpha}_3$ 线性无关。

证明：由 $\boldsymbol{A\alpha}_1=\boldsymbol{\alpha}_1$ 得$(\boldsymbol{A}-\boldsymbol{E})\boldsymbol{\alpha}_1=\mathbf{0}$。

由 $\boldsymbol{A\alpha}_2=\boldsymbol{\alpha}_1+\boldsymbol{\alpha}_2$ 得$(\boldsymbol{A}-\boldsymbol{E})\boldsymbol{\alpha}_2=\boldsymbol{\alpha}_1$；由 $\boldsymbol{A\alpha}_3=\boldsymbol{\alpha}_2+\boldsymbol{\alpha}_3$ 得$(\boldsymbol{A}-\boldsymbol{E})\boldsymbol{\alpha}_3=\boldsymbol{\alpha}_2$。

令

$$k_1\boldsymbol{\alpha}_1+k_2\boldsymbol{\alpha}_2+k_3\boldsymbol{\alpha}_3=\mathbf{0} \qquad ①$$

两边左乘 $\boldsymbol{A}-\boldsymbol{E}$，得

$$k_2\boldsymbol{\alpha}_1+k_3\boldsymbol{\alpha}_2=\mathbf{0} \qquad ②$$

两边左乘 $\boldsymbol{A}-\boldsymbol{E}$，得 $k_3\boldsymbol{\alpha}_1=\mathbf{0}$。因为$\boldsymbol{\alpha}_1\neq\mathbf{0}$，所以 $k_3=0$，代入①、②得 $k_1=0,k_2=0$，故$\boldsymbol{\alpha}_1,\boldsymbol{\alpha}_2,\boldsymbol{\alpha}_3$ 线性无关。

例题 2 设 n 维向量$\boldsymbol{\alpha}_1,\boldsymbol{\alpha}_2$ 线性无关，且$\boldsymbol{\alpha}_3,\boldsymbol{\alpha}_4$ 线性无关，若$\boldsymbol{\alpha}_1,\boldsymbol{\alpha}_2$ 分别与$\boldsymbol{\alpha}_3,\boldsymbol{\alpha}_4$ 正交，证明：$\boldsymbol{\alpha}_1,\boldsymbol{\alpha}_2,\boldsymbol{\alpha}_3,\boldsymbol{\alpha}_4$ 线性无关。

证明：设存在常数 k_1,k_2,k_3,k_4，使 $k_1\boldsymbol{\alpha}_1+k_2\boldsymbol{\alpha}_2+k_3\boldsymbol{\alpha}_3+k_4\boldsymbol{\alpha}_4=\mathbf{0}$ ①

分别用$\boldsymbol{\alpha}_1,\boldsymbol{\alpha}_2$ 与①式两边内积，得

$$k_1(\boldsymbol{\alpha}_1,\boldsymbol{\alpha}_1)+k_2(\boldsymbol{\alpha}_1,\boldsymbol{\alpha}_2)+k_3(\boldsymbol{\alpha}_1,\boldsymbol{\alpha}_3)+k_4(\boldsymbol{\alpha}_1,\boldsymbol{\alpha}_4)=0 \qquad ②$$

$$k_1(\boldsymbol{\alpha}_2,\boldsymbol{\alpha}_1)+k_2(\boldsymbol{\alpha}_2,\boldsymbol{\alpha}_2)+k_3(\boldsymbol{\alpha}_2,\boldsymbol{\alpha}_3)+k_4(\boldsymbol{\alpha}_2,\boldsymbol{\alpha}_4)=0 \qquad ③$$

由于$\boldsymbol{\alpha}_1,\boldsymbol{\alpha}_2$ 分别与$\boldsymbol{\alpha}_3,\boldsymbol{\alpha}_4$ 正交，所以$(\boldsymbol{\alpha}_1,\boldsymbol{\alpha}_3)=(\boldsymbol{\alpha}_1,\boldsymbol{\alpha}_4)=\mathbf{0}$，$(\boldsymbol{\alpha}_2,\boldsymbol{\alpha}_3)=(\boldsymbol{\alpha}_2,\boldsymbol{\alpha}_4)=0$，于是，由②，③分别得出$\begin{cases}k_1(\boldsymbol{\alpha}_1,\boldsymbol{\alpha}_1)+k_2(\boldsymbol{\alpha}_1,\boldsymbol{\alpha}_2)=0\\ k_1(\boldsymbol{\alpha}_2,\boldsymbol{\alpha}_1)+k_2(\boldsymbol{\alpha}_2,\boldsymbol{\alpha}_2)=0\end{cases}$。

因为$\begin{vmatrix}(\boldsymbol{\alpha}_1,\boldsymbol{\alpha}_1) & (\boldsymbol{\alpha}_1,\boldsymbol{\alpha}_2)\\ (\boldsymbol{\alpha}_2,\boldsymbol{\alpha}_1) & (\boldsymbol{\alpha}_2,\boldsymbol{\alpha}_2)\end{vmatrix}=(\boldsymbol{\alpha}_1,\boldsymbol{\alpha}_1)(\boldsymbol{\alpha}_2,\boldsymbol{\alpha}_2)-(\boldsymbol{\alpha}_1,\boldsymbol{\alpha}_2)^2>0$，所以 $k_1=k_2=0$，代入①式，得 $k_3\boldsymbol{\alpha}_3+k_4\boldsymbol{\alpha}_4=\mathbf{0}$。又因为$\boldsymbol{\alpha}_3,\boldsymbol{\alpha}_4$ 线性无关，所以 $k_3=k_4=0$。可知 $k_1=k_2=k_3=k_4=0$，故$\boldsymbol{\alpha}_1,\boldsymbol{\alpha}_2,\boldsymbol{\alpha}_3,\boldsymbol{\alpha}_4$ 线性无关。

【考法 2】 利用秩证明线性无关

重要结论

$r(\boldsymbol{\alpha}_1,\boldsymbol{\alpha}_2,\cdots,\boldsymbol{\alpha}_s)=s$，则向量组$\boldsymbol{\alpha}_1,\boldsymbol{\alpha}_2,\cdots,\boldsymbol{\alpha}_s$ 线性无关。

例题 3 $\boldsymbol{A}$ 为$n\times m$ 矩阵，$\boldsymbol{B}$ 为 $m\times n$ 矩阵$(m>n)$，且 $\boldsymbol{AB}=\boldsymbol{E}$。证明：$\boldsymbol{B}$ 的列向量组线性无关。

证明：首先 $r(\boldsymbol{B})\leqslant\min\{m,n\}=n$，由 $\boldsymbol{AB}=\boldsymbol{E}$，得 $r(\boldsymbol{AB})=n$，而 $r(\boldsymbol{AB})\leqslant r(\boldsymbol{B})$，所以 $r(\boldsymbol{B})\geqslant n$，从而 $r(\boldsymbol{B})=n$，于是 $\boldsymbol{B}$ 的列向量组线性无关。

例题 4 设 $\boldsymbol{A}$ 为三阶矩阵，且 $\boldsymbol{A}$ 有 3 个不同的特征值 $\lambda_1,\lambda_2,\lambda_3$，对应于 $\lambda_1,\lambda_2,\lambda_3$ 的特征向量分别为$\boldsymbol{\alpha}_1,\boldsymbol{\alpha}_2,\boldsymbol{\alpha}_3$，记$\boldsymbol{\beta}=(\boldsymbol{\alpha}_1+\boldsymbol{\alpha}_2+\boldsymbol{\alpha}_3)$。证明：$\boldsymbol{\beta},\boldsymbol{A\beta},\boldsymbol{A}^2\boldsymbol{\beta}$ 线性无关。

解 $\boldsymbol{\beta}=(\boldsymbol{\alpha}_1+\boldsymbol{\alpha}_2+\boldsymbol{\alpha}_3)$，$\boldsymbol{A\beta}=\boldsymbol{A\alpha}_1+\boldsymbol{A\alpha}_2+\boldsymbol{A\alpha}_3=\lambda_1\boldsymbol{\alpha}_1+\lambda_2\boldsymbol{\alpha}_2+\lambda_3\boldsymbol{\alpha}_3$，$\boldsymbol{A}^2\boldsymbol{\beta}=\lambda_1\boldsymbol{A\alpha}_1+\lambda_2\boldsymbol{A\alpha}_2+\lambda_3\boldsymbol{A\alpha}_3=\lambda_1^2\boldsymbol{\alpha}_1+\lambda_2^2\boldsymbol{\alpha}_2+\lambda_3^2\boldsymbol{\alpha}_3$。

方法 1：定义法。令 $k_1\boldsymbol{\beta}+k_2\boldsymbol{A\beta}+k_3\boldsymbol{A}^2\boldsymbol{\beta}=\mathbf{0}$，则$(k_1+\lambda_1k_2+\lambda_1^2k_3)\boldsymbol{\alpha}_1+(k_1+\lambda_2k_2+\lambda_2^2k_3)\boldsymbol{\alpha}_2+(k_1+\lambda_3k_2+\lambda_3^2k_3)\boldsymbol{\alpha}_3=\mathbf{0}$，由于$\boldsymbol{\alpha}_1,\boldsymbol{\alpha}_2,\boldsymbol{\alpha}_3$ 线性无关，则$\begin{cases}k_1+\lambda_1k_2+\lambda_1^2k_3=0\\ k_1+\lambda_2k_2+\lambda_2^2k_3=0\\ k_1+\lambda_3k_2+\lambda_3^2k_3=0\end{cases}$。

因为$\begin{vmatrix} 1 & \lambda_1 & \lambda_1^2 \\ 1 & \lambda_2 & \lambda_2^2 \\ 1 & \lambda_3 & \lambda_3^2 \end{vmatrix}=(\lambda_2-\lambda_1)(\lambda_3-\lambda_1)(\lambda_3-\lambda_2)\neq 0$，所以方程组仅有零解，即$k_1=k_2=k_3=0$，故$\boldsymbol{\beta},\boldsymbol{A\beta},\boldsymbol{A}^2\boldsymbol{\beta}$线性无关。

方法2：利用秩。因为$\boldsymbol{\alpha}_1,\boldsymbol{\alpha}_2,\boldsymbol{\alpha}_3$线性无关，$[\boldsymbol{\beta},\boldsymbol{A\beta},\boldsymbol{A}^2\boldsymbol{\beta}]=[\boldsymbol{\alpha}_1,\boldsymbol{\alpha}_2,\boldsymbol{\alpha}_3]\begin{bmatrix} 1 & \lambda_1 & \lambda_1^2 \\ 1 & \lambda_2 & \lambda_2^2 \\ 1 & \lambda_3 & \lambda_3^2 \end{bmatrix}$，且$\begin{vmatrix} 1 & \lambda_1 & \lambda_1^2 \\ 1 & \lambda_2 & \lambda_2^2 \\ 1 & \lambda_3 & \lambda_3^2 \end{vmatrix}=(\lambda_2-\lambda_1)(\lambda_3-\lambda_1)(\lambda_3-\lambda_2)\neq 0$，所以向量组$\boldsymbol{\beta},\boldsymbol{A\beta},\boldsymbol{A}^2\boldsymbol{\beta}$的秩为3，故向量组线性无关。

【考法3】 线性无关的判别

重要结论

线性无关：
- 定义：若$\boldsymbol{\alpha}_1,\boldsymbol{\alpha}_2,\cdots,\boldsymbol{\alpha}_s$是$n$维列向量，当且仅当$k_1=k_2=\cdots=k_s=0$时，有$k_1\boldsymbol{\alpha}_1+k_2\boldsymbol{\alpha}_2+\cdots+k_s\boldsymbol{\alpha}_s=\mathbf{0}$
- 等价条件：
  - 方程组：齐次线性方程组$[\boldsymbol{\alpha}_1,\boldsymbol{\alpha}_2,\cdots,\boldsymbol{\alpha}_s]\begin{bmatrix} k_1 \\ k_2 \\ \vdots \\ k_s \end{bmatrix}=\mathbf{0}$仅有零解
  - 矩阵的秩：$r(\boldsymbol{\alpha}_1,\boldsymbol{\alpha}_2,\cdots,\boldsymbol{\alpha}_s)=s$
  - 矩阵可逆性：方阵$\boldsymbol{A}=[\boldsymbol{\alpha}_1,\boldsymbol{\alpha}_2,\cdots,\boldsymbol{\alpha}_s]$可逆（若$s=n$）
  - 行列式：$|\boldsymbol{\alpha}_1,\boldsymbol{\alpha}_2,\cdots,\boldsymbol{\alpha}_s|\neq 0$（若$s=n$）

例题5 设$\boldsymbol{\alpha}_1,\boldsymbol{\alpha}_2,\boldsymbol{\alpha}_3$均为三维向量，则对任意常数$k$和$\mu$，向量组$\boldsymbol{\alpha}_1+k\boldsymbol{\alpha}_3,\boldsymbol{\alpha}_2+\mu\boldsymbol{\alpha}_3$线性无关是向量组$\boldsymbol{\alpha}_1,\boldsymbol{\alpha}_2,\boldsymbol{\alpha}_3$线性无关的（　　）。

A. 充分必要条件　　B. 充分非必要条件

C. 必要非充分条件　　D. 非充分非必要条件

解 记$\boldsymbol{\beta}_1=\boldsymbol{\alpha}_1+k\boldsymbol{\alpha}_3,\boldsymbol{\beta}_2=\boldsymbol{\alpha}_2+\mu\boldsymbol{\alpha}_3$，则$[\boldsymbol{\beta}_1,\boldsymbol{\beta}_2]=[\boldsymbol{\alpha}_1,\boldsymbol{\alpha}_2,\boldsymbol{\alpha}_3]\begin{bmatrix} 1 & 0 \\ 0 & 1 \\ k & \mu \end{bmatrix}$。

若$\boldsymbol{\alpha}_1,\boldsymbol{\alpha}_2,\boldsymbol{\alpha}_3$线性无关，则矩阵$[\boldsymbol{\alpha}_1,\boldsymbol{\alpha}_2,\boldsymbol{\alpha}_3]$可逆，故$r(\boldsymbol{\beta}_1,\boldsymbol{\beta}_2)=r\left(\begin{bmatrix} 1 & 0 \\ 0 & 1 \\ k & \mu \end{bmatrix}\right)=2$，所以$\boldsymbol{\alpha}_1+k\boldsymbol{\alpha}_3$，$\boldsymbol{\alpha}_2+\mu\boldsymbol{\alpha}_3$线性无关。

反之，若$\boldsymbol{\alpha}_1,\boldsymbol{\alpha}_2$线性无关，取$\boldsymbol{\alpha}_3=0$，则对任意$k,\mu$，必有$\boldsymbol{\alpha}_1+k\boldsymbol{\alpha}_3,\boldsymbol{\alpha}_2+\mu\boldsymbol{\alpha}_3$线性无关，但$\boldsymbol{\alpha}_1,\boldsymbol{\alpha}_2,\boldsymbol{\alpha}_3$线性相关，故$\boldsymbol{\alpha}_1+k\boldsymbol{\alpha}_3,\boldsymbol{\alpha}_2+\mu\boldsymbol{\alpha}_3$线性无关是$\boldsymbol{\alpha}_1,\boldsymbol{\alpha}_2,\boldsymbol{\alpha}_3$线性无关的必要非充分条件。故选C。

例题6 设n维列向量组$\boldsymbol{\alpha}_1,\boldsymbol{\alpha}_2,\cdots,\boldsymbol{\alpha}_m(m<n)$线性无关，则$n$维列向量组$\boldsymbol{\beta}_1,\boldsymbol{\beta}_2,\cdots,\boldsymbol{\beta}_m$线性无关的充分必要条件为（　　）。

A. 向量组 $\boldsymbol{\alpha}_1,\cdots,\boldsymbol{\alpha}_m$ 可由向量组 $\boldsymbol{\beta}_1,\cdots,\boldsymbol{\beta}_m$ 线性表示

B. 向量组 $\boldsymbol{\beta}_1,\cdots,\boldsymbol{\beta}_m$ 可由向量组 $\boldsymbol{\alpha}_1,\cdots,\boldsymbol{\alpha}_m$ 线性表示

C. 向量组 $\boldsymbol{\alpha}_1,\cdots,\boldsymbol{\alpha}_m$ 与向量组 $\boldsymbol{\beta}_1,\cdots,\boldsymbol{\beta}_m$ 等价

D. 矩阵 $\boldsymbol{A}=(\boldsymbol{\alpha}_1,\cdots,\boldsymbol{\alpha}_m)$与矩阵 $\boldsymbol{B}=(\boldsymbol{\beta}_1,\cdots,\boldsymbol{\beta}_m)$等价

解

选项 D 正确。事实上,矩阵 $\boldsymbol{A}=[\boldsymbol{\alpha}_1,\cdots,\boldsymbol{\alpha}_m]$与矩阵 $\boldsymbol{B}=[\boldsymbol{\beta}_1,\cdots,\boldsymbol{\beta}_m]$等价$\Leftrightarrow r(\boldsymbol{A})=r(\boldsymbol{B})\Leftrightarrow r(\boldsymbol{\beta}_1,\cdots,\boldsymbol{\beta}_m)=r(\boldsymbol{\alpha}_1,\cdots,\boldsymbol{\alpha}_m)=m$,因此,D 选项是向量组$\boldsymbol{\beta}_1,\cdots,\boldsymbol{\beta}_m$ 线性无关的充要条件。

专题 22 单个向量的线性表示

【考法 1】 可被线性表示,秩不变;不可被线性表示,秩加 1

重要结论

$$\begin{cases}\text{若 } r(\boldsymbol{A},\boldsymbol{\beta})=r(\boldsymbol{A})+1,\text{则}\boldsymbol{\beta}\text{ 不可由}\boldsymbol{\alpha}_1,\boldsymbol{\alpha}_2,\cdots,\boldsymbol{\alpha}_s\text{ 线性表示}\\ \text{若 } r(\boldsymbol{A},\boldsymbol{\beta})=r(\boldsymbol{A}),\text{则}\boldsymbol{\beta}\text{ 可由}\boldsymbol{\alpha}_1,\boldsymbol{\alpha}_2,\cdots,\boldsymbol{\alpha}_s\text{ 线性表示}\end{cases}$$

例题 1 设向量$\boldsymbol{\beta}$可由向量组$\boldsymbol{\alpha}_1,\boldsymbol{\alpha}_2,\cdots,\boldsymbol{\alpha}_m$ 线性表示,但不能由向量组(Ⅰ)$\boldsymbol{\alpha}_1,\boldsymbol{\alpha}_2,\cdots,\boldsymbol{\alpha}_{m-1}$ 线性表示,记向量组(Ⅱ)$\boldsymbol{\alpha}_1,\boldsymbol{\alpha}_2,\cdots,\boldsymbol{\alpha}_{m-1},\boldsymbol{\beta}$,则(　　)。

A. $\boldsymbol{\alpha}_m$ 不能由(Ⅰ)线性表示,也不能由(Ⅱ)线性表示

B. $\boldsymbol{\alpha}_m$ 不能由(Ⅰ)线性表示,但可由(Ⅱ)线性表示

C. $\boldsymbol{\alpha}_m$ 可由(Ⅰ)线性表示,也可由(Ⅱ)线性表示

D. $\boldsymbol{\alpha}_m$ 可由(Ⅰ)线性表示,但不可由(Ⅱ)线性表示

解 记$[\boldsymbol{\alpha}_1,\boldsymbol{\alpha}_2,\cdots,\boldsymbol{\alpha}_{m-1}]$为 $\boldsymbol{I}$,向量$\boldsymbol{\beta}$可由向量组$\boldsymbol{\alpha}_1,\boldsymbol{\alpha}_2,\cdots,\boldsymbol{\alpha}_m$ 线性表示,但不能由向量组(Ⅰ)$\boldsymbol{\alpha}_1,\boldsymbol{\alpha}_2,\cdots,\boldsymbol{\alpha}_{m-1}$ 线性表示。

这说明若 $r(\boldsymbol{I})=r$,则 $r(\boldsymbol{I},\boldsymbol{\alpha}_m)=r+1$,且 $r(\boldsymbol{I},\boldsymbol{\alpha}_m,\boldsymbol{\beta})=r(\boldsymbol{I},\boldsymbol{\alpha}_m)=r(\boldsymbol{I},\boldsymbol{\beta})=r+1$。

所以有 $r(\boldsymbol{I},\boldsymbol{\alpha}_m)=r+1\neq r(\boldsymbol{I})=r$,即$\boldsymbol{\alpha}_m$ 不能由(Ⅰ)线性表示。

同时有 $r(\boldsymbol{I},\boldsymbol{\beta},\boldsymbol{\alpha}_m)=r+1=r(\boldsymbol{I},\boldsymbol{\beta})$,即$\boldsymbol{\alpha}_m$ 能由(Ⅱ)线性表示,故选 B。

【考法 2】 不能被 n 个 n 维向量线性表示

重要结论

若存在一个 n 维列向量$\boldsymbol{\beta}$ 不能由 n 个 n 维的列向量组$\boldsymbol{\alpha}_1,\boldsymbol{\alpha}_2,\cdots,\boldsymbol{\alpha}_n$ 线性表示,则向量组$\boldsymbol{\alpha}_1,\boldsymbol{\alpha}_2,\cdots,\boldsymbol{\alpha}_n$ 必线性相关。

证明:反证法。假设$\boldsymbol{\alpha}_1,\boldsymbol{\alpha}_2,\cdots,\boldsymbol{\alpha}_n$ 线性无关。

则必有 $r(\boldsymbol{\alpha}_1,\boldsymbol{\alpha}_2,\cdots,\boldsymbol{\alpha}_n)=n$,由于矩阵$[\boldsymbol{\alpha}_1,\boldsymbol{\alpha}_2,\cdots,\boldsymbol{\alpha}_n]$行满秩,增加列向量后秩不变,$r(\boldsymbol{\alpha}_1,\boldsymbol{\alpha}_2,\cdots,\boldsymbol{\alpha}_n,\boldsymbol{\beta})=n$。所以 $r(\boldsymbol{\alpha}_1,\boldsymbol{\alpha}_2,\cdots,\boldsymbol{\alpha}_n)=r(\boldsymbol{\alpha}_1,\boldsymbol{\alpha}_2,\cdots,\boldsymbol{\alpha}_n,\boldsymbol{\beta})=n$ 此时向量$\boldsymbol{\beta}$ 可由$\boldsymbol{\alpha}_1,\boldsymbol{\alpha}_2,\cdots,\boldsymbol{\alpha}_n$ 线性表示,与题设矛盾。故假设不成立。

注意:反过来不一定成立。因为 n 个 n 维的列向量组$\boldsymbol{\alpha}_1,\boldsymbol{\alpha}_2,\cdots,\boldsymbol{\alpha}_n$ 线性相关时,也可能线性表示$\boldsymbol{\beta}$。

例题 2 设向量组$\boldsymbol{\alpha}_1=(1,0,1)^{\mathrm{T}},\boldsymbol{\alpha}_2=(0,1,1)^{\mathrm{T}},\boldsymbol{\alpha}_3=(1,3,5)^{\mathrm{T}}$,不能由向量组$\boldsymbol{\beta}_1=(1,1,1)^{\mathrm{T}},\boldsymbol{\beta}_2=(1,2,3)^{\mathrm{T}},\boldsymbol{\beta}_3=(3,4,a)^{\mathrm{T}}$ 线性表示。

(1) 求 a 的值。

(2) 将$\boldsymbol{\beta}_1,\boldsymbol{\beta}_2,\boldsymbol{\beta}_3$ 用$\boldsymbol{\alpha}_1,\boldsymbol{\alpha}_2,\boldsymbol{\alpha}_3$ 线性表示。

解 (1) 因为$|\boldsymbol{\alpha}_1,\boldsymbol{\alpha}_2,\boldsymbol{\alpha}_3|=\begin{vmatrix}1&0&1\\0&1&3\\1&1&5\end{vmatrix}=1\neq 0$,所以$\boldsymbol{\alpha}_1,\boldsymbol{\alpha}_2,\boldsymbol{\alpha}_3$ 线性无关。又因为$\boldsymbol{\alpha}_1,\boldsymbol{\alpha}_2,\boldsymbol{\alpha}_3$ 不能由$\boldsymbol{\beta}_1,\boldsymbol{\beta}_2,\boldsymbol{\beta}_3$ 线性表示,所以 $r(\boldsymbol{\beta}_1,\boldsymbol{\beta}_2,\boldsymbol{\beta}_3)<3$,所以$|\boldsymbol{\beta}_1,\boldsymbol{\beta}_2,\boldsymbol{\beta}_3|=\begin{vmatrix}1&1&3\\1&2&4\\1&3&a\end{vmatrix}=\begin{vmatrix}1&1&3\\0&1&1\\0&2&a-3\end{vmatrix}=a-5=0$,所以 $a=5$。

(2) $$[\boldsymbol{\alpha}_1,\boldsymbol{\alpha}_2,\boldsymbol{\alpha}_3\ \vdots\ \boldsymbol{\beta}_1,\boldsymbol{\beta}_2,\boldsymbol{\beta}_3]=\left[\begin{array}{ccc:ccc}1&0&1&1&1&3\\0&1&3&1&2&4\\1&1&5&1&3&5\end{array}\right]\to\left[\begin{array}{ccc:ccc}1&0&1&1&1&3\\0&1&3&1&2&4\\0&1&4&0&2&2\end{array}\right]$$

$$\to\left[\begin{array}{ccc:ccc}1&0&1&1&1&3\\0&1&3&1&2&4\\0&0&1&-1&0&-2\end{array}\right]\to\left[\begin{array}{ccc:ccc}1&0&0&2&1&5\\0&1&0&4&2&10\\0&0&1&-1&0&-2\end{array}\right]。$$

故$\boldsymbol{\beta}_1=2\boldsymbol{\alpha}_1+4\boldsymbol{\alpha}_2-\boldsymbol{\alpha}_3,\boldsymbol{\beta}_2=\boldsymbol{\alpha}_1+2\boldsymbol{\alpha}_2,\boldsymbol{\beta}_3=5\boldsymbol{\alpha}_1+10\boldsymbol{\alpha}_2-2\boldsymbol{\alpha}_3$。

【考法 3】 线性表示唯一性定理

唯一性定理:若向量组$\boldsymbol{\alpha}_1,\boldsymbol{\alpha}_2,\cdots,\boldsymbol{\alpha}_n$ 线性无关,向量组$\boldsymbol{\alpha}_1,\boldsymbol{\alpha}_2,\cdots,\boldsymbol{\alpha}_n,\boldsymbol{\beta}$ 线性相关,则$\boldsymbol{\beta}$ 可由向量组$\boldsymbol{\alpha}_1,\boldsymbol{\alpha}_2,\cdots,\boldsymbol{\alpha}_n$ 线性表示,且表示方法唯一。

证明:$\boldsymbol{\alpha}_1,\boldsymbol{\alpha}_2,\cdots,\boldsymbol{\alpha}_n$ 线性无关,则 $r(\boldsymbol{\alpha}_1,\boldsymbol{\alpha}_2,\cdots,\boldsymbol{\alpha}_n)=n$,向量组$\boldsymbol{\alpha}_1,\boldsymbol{\alpha}_2,\cdots,\boldsymbol{\alpha}_n,\boldsymbol{\beta}$ 线性相关则有 $n=r(\boldsymbol{\alpha}_1,\boldsymbol{\alpha}_2,\cdots,\boldsymbol{\alpha}_n)\leqslant r(\boldsymbol{\alpha}_1,\boldsymbol{\alpha}_2,\cdots,\boldsymbol{\alpha}_n,\boldsymbol{\beta})<n+1$,故 $r(\boldsymbol{\alpha}_1,\boldsymbol{\alpha}_2,\cdots,\boldsymbol{\alpha}_n)=r(\boldsymbol{\alpha}_1,\boldsymbol{\alpha}_2,\cdots,\boldsymbol{\alpha}_n,\boldsymbol{\beta})=n$。方程组$[\boldsymbol{\alpha}_1,\boldsymbol{\alpha}_2,\cdots,\boldsymbol{\alpha}_n]\boldsymbol{x}=\boldsymbol{\beta}$ 仅有唯一解。所以$\boldsymbol{\beta}$ 可由向量组$\boldsymbol{\alpha}_1,\boldsymbol{\alpha}_2,\cdots,\boldsymbol{\alpha}_n$ 线性表示,且表示方法唯一。

例题 3 若向量组$\boldsymbol{\alpha},\boldsymbol{\beta},\boldsymbol{\gamma}$ 线性无关,$\boldsymbol{\alpha},\boldsymbol{\beta},\boldsymbol{\delta}$ 线性相关,则(　　)。

A. $\boldsymbol{\alpha}$ 必可由$\boldsymbol{\beta},\boldsymbol{\gamma},\boldsymbol{\delta}$ 线性表示　　B. $\boldsymbol{\beta}$ 必不可由$\boldsymbol{\alpha},\boldsymbol{\gamma},\boldsymbol{\delta}$ 线性表示

C. $\boldsymbol{\delta}$ 必可由$\boldsymbol{\alpha},\boldsymbol{\beta},\boldsymbol{\gamma}$ 线性表示　　D. $\boldsymbol{\delta}$ 必不可由$\boldsymbol{\alpha},\boldsymbol{\beta},\boldsymbol{\gamma}$ 线性表示

解 由向量组$\boldsymbol{\alpha},\boldsymbol{\beta},\boldsymbol{\gamma}$ 线性无关,知$\boldsymbol{\alpha},\boldsymbol{\beta}$ 线性无关。又因$\boldsymbol{\alpha},\boldsymbol{\beta},\boldsymbol{\delta}$ 线性相关,故$\boldsymbol{\delta}$ 必可由$\boldsymbol{\alpha},\boldsymbol{\beta}$ 线性表示,因此$\boldsymbol{\delta}$ 必可由$\boldsymbol{\alpha},\boldsymbol{\beta},\boldsymbol{\gamma}$ 线性表示,故选 C。

例题 4 设向量组$\boldsymbol{\alpha}_1,\boldsymbol{\alpha}_2,\boldsymbol{\alpha}_3$ 线性相关,向量组$\boldsymbol{\alpha}_2,\boldsymbol{\alpha}_3,\boldsymbol{\alpha}_4$ 线性无关。

(1) $\boldsymbol{\alpha}_1$ 能否由$\boldsymbol{\alpha}_2,\boldsymbol{\alpha}_3$ 线性表示?试证明或举出反例。

(2) $\boldsymbol{\alpha}_4$ 能否由$\boldsymbol{\alpha}_1,\boldsymbol{\alpha}_2,\boldsymbol{\alpha}_3$ 线性表示?试证明或举出反例。

解 (1) $\boldsymbol{\alpha}_1$ 能由$\boldsymbol{\alpha}_2,\boldsymbol{\alpha}_3$ 线性表示。

方法 1:定义法。因$\boldsymbol{\alpha}_1,\boldsymbol{\alpha}_2,\boldsymbol{\alpha}_3$ 线性相关,必有一组不全为零的常数 k_1,k_2,k_3,使得 $k_1\boldsymbol{\alpha}_1+k_2\boldsymbol{\alpha}_2+k_3\boldsymbol{\alpha}_3=\boldsymbol{0}$,下面只要证明 $k_1\neq 0$。

若 $k_1=0$,则 k_2,k_3 不全为 0,于是有 $k_2\boldsymbol{\alpha}_2+k_3\boldsymbol{\alpha}_3=\boldsymbol{0}$,即$\boldsymbol{\alpha}_2,\boldsymbol{\alpha}_3$ 线性相关;又由$\boldsymbol{\alpha}_2,\boldsymbol{\alpha}_3,\boldsymbol{\alpha}_4$ 线性无关,所以其部分向量组$\boldsymbol{\alpha}_2,\boldsymbol{\alpha}_3$ 必线性无关,得出矛盾,从而 $k_1\neq 0$,即$\boldsymbol{\alpha}_1$ 能由$\boldsymbol{\alpha}_2,\boldsymbol{\alpha}_3$ 线性表示。

方法 2:利用线性表示唯一性定理。

向量组$\boldsymbol{\alpha}_2,\boldsymbol{\alpha}_3,\boldsymbol{\alpha}_4$ 线性无关,则必有$\boldsymbol{\alpha}_2,\boldsymbol{\alpha}_3$ 线性无关,又因为向量组$\boldsymbol{\alpha}_1,\boldsymbol{\alpha}_2,\boldsymbol{\alpha}_3$ 线性相关,所以由线性表示唯一性可知,$\boldsymbol{\alpha}_1$ 可由$\boldsymbol{\alpha}_2,\boldsymbol{\alpha}_3$ 线性表示,且表示方法唯一。

方法3：利用秩来说明。向量组$\boldsymbol{\alpha}_2,\boldsymbol{\alpha}_3,\boldsymbol{\alpha}_4$线性无关，则必有$\boldsymbol{\alpha}_2,\boldsymbol{\alpha}_3$线性无关，又因为向量组$\boldsymbol{\alpha}_1,\boldsymbol{\alpha}_2,\boldsymbol{\alpha}_3$线性相关。所以有$r(\boldsymbol{\alpha}_2,\boldsymbol{\alpha}_3)=r(\boldsymbol{\alpha}_1,\boldsymbol{\alpha}_2,\boldsymbol{\alpha}_3)=2$，方程组$[\boldsymbol{\alpha}_2,\boldsymbol{\alpha}_3]\boldsymbol{x}=\boldsymbol{\alpha}_1$有唯一解。即$\boldsymbol{\alpha}_1$可由$\boldsymbol{\alpha}_2,\boldsymbol{\alpha}_3$线性表示，且表示方法唯一。

(2) $\boldsymbol{\alpha}_4$不能由$\boldsymbol{\alpha}_1,\boldsymbol{\alpha}_2,\boldsymbol{\alpha}_3$线性表示。如$\boldsymbol{\alpha}_1=[1,0,0]^{\mathrm{T}},\boldsymbol{\alpha}_2=[1,0,0]^{\mathrm{T}},\boldsymbol{\alpha}_3=[0,1,0]^{\mathrm{T}},\boldsymbol{\alpha}_4=[0,0,1]^{\mathrm{T}}$，显然，$\boldsymbol{\alpha}_1,\boldsymbol{\alpha}_2,\boldsymbol{\alpha}_3$线性相关，$\boldsymbol{\alpha}_2,\boldsymbol{\alpha}_3,\boldsymbol{\alpha}_4$线性无关，但是$\boldsymbol{\alpha}_4$不能由$\boldsymbol{\alpha}_1,\boldsymbol{\alpha}_2,\boldsymbol{\alpha}_3$线性表示。

专题23 向量组的线性表示

【考法1】 $AB=C$ 则 A 可线性表示 C 的列向量组

重要结论

若$\boldsymbol{AB}=\boldsymbol{C}$，则$\boldsymbol{A}$的列向量组可线性表示$\boldsymbol{AB}$(即$\boldsymbol{C}$)的列向量组。

证明：将$\boldsymbol{A},\boldsymbol{C}$按列分块，$\boldsymbol{A}=[\boldsymbol{\alpha}_1,\cdots,\boldsymbol{\alpha}_n]$，$\boldsymbol{C}=[\boldsymbol{\gamma}_1,\cdots,\boldsymbol{\gamma}_n]$，由于$\boldsymbol{AB}=\boldsymbol{C}$，故

$$[\boldsymbol{\alpha}_1,\cdots,\boldsymbol{\alpha}_n]\begin{bmatrix} b_{11} & \cdots & b_{1n} \\ \vdots & & \vdots \\ b_{n1} & \cdots & b_{nn} \end{bmatrix}=[\boldsymbol{\gamma}_1,\cdots,\boldsymbol{\gamma}_n]$$

即$\boldsymbol{\gamma}_1=b_{11}\boldsymbol{\alpha}_1+\cdots+b_{n1}\boldsymbol{\alpha}_n,\cdots,\boldsymbol{\gamma}_n=b_{1n}\boldsymbol{\alpha}_1+\cdots+b_{nn}\boldsymbol{\alpha}_n$，故$\boldsymbol{\alpha}_1,\cdots,\boldsymbol{\alpha}_n$可线性表示$\boldsymbol{\gamma}_1,\cdots,\boldsymbol{\gamma}_n$。

例题1 设$\boldsymbol{A},\boldsymbol{B},\boldsymbol{C}$均为$n$阶矩阵，若$\boldsymbol{AB}=\boldsymbol{C}$，且$\boldsymbol{B}$可逆，则(　　)。

A. 矩阵$\boldsymbol{C}$的行向量组与矩阵$\boldsymbol{A}$的行向量组等价

B. 矩阵$\boldsymbol{C}$的列向量组与矩阵$\boldsymbol{A}$的列向量组等价

C. 矩阵$\boldsymbol{C}$的行向量组与矩阵$\boldsymbol{B}$的行向量组等价

D. 矩阵$\boldsymbol{C}$的列向量组与矩阵$\boldsymbol{B}$的列向量组等价

解 将$\boldsymbol{A},\boldsymbol{C}$按列分块，$\boldsymbol{A}=[\boldsymbol{\alpha}_1,\cdots,\boldsymbol{\alpha}_n]$，$\boldsymbol{C}=[\boldsymbol{\gamma}_1,\cdots,\boldsymbol{\gamma}_n]$，由于$\boldsymbol{AB}=\boldsymbol{C}$，故

$$[\boldsymbol{\alpha}_1,\cdots,\boldsymbol{\alpha}_n]\begin{bmatrix} b_{11} & \cdots & b_{1n} \\ \vdots & & \vdots \\ b_{n1} & \cdots & b_{nn} \end{bmatrix}=[\boldsymbol{\gamma}_1,\cdots,\boldsymbol{\gamma}_n]$$

即$\boldsymbol{\gamma}_1=b_{11}\boldsymbol{\alpha}_1+\cdots+b_{n1}\boldsymbol{\alpha}_n,\cdots,\boldsymbol{\gamma}_n=b_{1n}\boldsymbol{\alpha}_1+\cdots+b_{nn}\boldsymbol{\alpha}_n$，$\boldsymbol{C}$的列向量组可由$\boldsymbol{A}$的列向量组线性表示。由于$\boldsymbol{B}$可逆，故$\boldsymbol{A}=\boldsymbol{CB}^{-1}$，$\boldsymbol{A}$的列向量组可由$\boldsymbol{C}$的列向量组线性表示，故选B。

【考法2】 $BA=C$，则 A 可线性表示 C 的行向量组

重要结论

若$\boldsymbol{BA}=\boldsymbol{C}$则$\boldsymbol{A}$的行向量组可线性表示$\boldsymbol{BA}$(即$\boldsymbol{C}$)的行向量组。

证明：将方程$\boldsymbol{BA}=\boldsymbol{C}$转置可得$\boldsymbol{A}^{\mathrm{T}}\boldsymbol{B}^{\mathrm{T}}=\boldsymbol{C}^{\mathrm{T}}$。

将$\boldsymbol{A}^{\mathrm{T}},\boldsymbol{C}^{\mathrm{T}}$按列分块，$\boldsymbol{A}^{\mathrm{T}}=[\boldsymbol{\alpha}_1,\cdots,\boldsymbol{\alpha}_n]$，$\boldsymbol{C}^{\mathrm{T}}=[\boldsymbol{\gamma}_1,\cdots,\boldsymbol{\gamma}_n]$，由于$\boldsymbol{A}^{\mathrm{T}}\boldsymbol{B}^{\mathrm{T}}=\boldsymbol{C}^{\mathrm{T}}$，故

$$[\boldsymbol{\alpha}_1,\cdots,\boldsymbol{\alpha}_n]\begin{bmatrix} b_{11} & \cdots & b_{n1} \\ \vdots & & \vdots \\ b_{1n} & \cdots & b_{nn} \end{bmatrix}=[\boldsymbol{\gamma}_1,\cdots,\boldsymbol{\gamma}_n]$$

即$\boldsymbol{\gamma}_1=b_{11}\boldsymbol{\alpha}_1+\cdots+b_{1n}\boldsymbol{\alpha}_n,\cdots,\boldsymbol{\gamma}_n=b_{n1}\boldsymbol{\alpha}_1+\cdots+b_{nn}\boldsymbol{\alpha}_n$，故$\boldsymbol{\alpha}_1,\cdots,\boldsymbol{\alpha}_n$可线性表示$\boldsymbol{\gamma}_1,\cdots,\boldsymbol{\gamma}_n$。故$\boldsymbol{A}^{\mathrm{T}}$的列向量组可线性表示$\boldsymbol{C}^{\mathrm{T}}$的列向量组。所以$\boldsymbol{A}$的行向量组可线性表示$\boldsymbol{C}$的行向量组。

例题 2 设$\boldsymbol{\alpha}=\begin{bmatrix}1\\-1\\1\end{bmatrix}$，$\boldsymbol{A},\boldsymbol{B}$均为$n$阶矩阵，且$(\boldsymbol{\alpha\alpha}^{\mathrm{T}}-\boldsymbol{E})\boldsymbol{A}=\boldsymbol{B}$，则(　　)。

A. $\boldsymbol{B}$的列向量组与$\boldsymbol{\alpha\alpha}^{\mathrm{T}}-\boldsymbol{E}$的列向量组等价

B. $\boldsymbol{B}$的行向量组与$\boldsymbol{\alpha\alpha}^{\mathrm{T}}-\boldsymbol{E}$的行向量组等价

C. $\boldsymbol{B}$的列向量组与$\boldsymbol{A}$的列向量组等价

D. $\boldsymbol{B}$的行向量组与$\boldsymbol{A}$的行向量组等价

解

由于$r(\boldsymbol{\alpha\alpha}^{\mathrm{T}})=1$，故其特征值为$3,0,0$，实对称矩阵$\boldsymbol{\alpha\alpha}^{\mathrm{T}}-\boldsymbol{E}$的特征值为$2,-1,-1$，故$r(\boldsymbol{\alpha\alpha}^{\mathrm{T}}-\boldsymbol{E})=3$，即$\boldsymbol{\alpha\alpha}^{\mathrm{T}}-\boldsymbol{E}$可逆。因为$(\boldsymbol{\alpha\alpha}^{\mathrm{T}}-\boldsymbol{E})\boldsymbol{A}=\boldsymbol{B}$，所以$\boldsymbol{A}^{\mathrm{T}}(\boldsymbol{\alpha\alpha}^{\mathrm{T}}-\boldsymbol{E})^{\mathrm{T}}=\boldsymbol{B}^{\mathrm{T}}\Rightarrow\boldsymbol{A}^{\mathrm{T}}(\boldsymbol{\alpha\alpha}^{\mathrm{T}}-\boldsymbol{E})=\boldsymbol{B}^{\mathrm{T}}$，所以$\boldsymbol{A}^{\mathrm{T}}$的列向量组可线性表示$\boldsymbol{B}^{\mathrm{T}}$的列向量组，即$\boldsymbol{A}$的行向量组可线性表示$\boldsymbol{B}$的行向量组。

又由$(\boldsymbol{\alpha\alpha}^{\mathrm{T}}-\boldsymbol{E})$可逆，可得$\boldsymbol{B}^{\mathrm{T}}(\boldsymbol{\alpha\alpha}^{\mathrm{T}}-\boldsymbol{E})^{-1}=\boldsymbol{A}^{\mathrm{T}}$。所以$\boldsymbol{B}^{\mathrm{T}}$的列向量组可线性表示$\boldsymbol{A}^{\mathrm{T}}$的列向量组。即$\boldsymbol{B}$的行向量组可线性表示$\boldsymbol{A}$的行向量组。所以$\boldsymbol{A}$的行向量组与$\boldsymbol{B}$的行向量组等价，故选D。

【考法3】 向量组等价与矩阵等价的区别

例题 3 设n维列向量组$\boldsymbol{\alpha}_1,\boldsymbol{\alpha}_2,\cdots,\boldsymbol{\alpha}_m(m<n)$线性无关，则$n$维列向量组$\boldsymbol{\beta}_1,\boldsymbol{\beta}_2,\cdots,\boldsymbol{\beta}_m$线性无关的充分必要条件是(　　)。

A. 向量组$\boldsymbol{\alpha}_1,\boldsymbol{\alpha}_2,\cdots,\boldsymbol{\alpha}_m$可由向量组$\boldsymbol{\beta}_1,\boldsymbol{\beta}_2,\cdots,\boldsymbol{\beta}_m$线性表示

B. 向量组$\boldsymbol{\beta}_1,\boldsymbol{\beta}_2,\cdots,\boldsymbol{\beta}_m$可由向量组$\boldsymbol{\alpha}_1,\boldsymbol{\alpha}_2,\cdots,\boldsymbol{\alpha}_m$线性表示

C. 向量组$\boldsymbol{\alpha}_1,\boldsymbol{\alpha}_2,\cdots,\boldsymbol{\alpha}_m$与向量组$\boldsymbol{\beta}_1,\boldsymbol{\beta}_2,\cdots,\boldsymbol{\beta}_m$等价

D. 矩阵$[\boldsymbol{\alpha}_1,\boldsymbol{\alpha}_2,\cdots,\boldsymbol{\alpha}_m]$与矩阵$[\boldsymbol{\beta}_1,\boldsymbol{\beta}_2,\cdots,\boldsymbol{\beta}_m]$等价

解 因为$\boldsymbol{\alpha}_1,\boldsymbol{\alpha}_2,\cdots,\boldsymbol{\alpha}_m$线性无关，所以向量组$\boldsymbol{\alpha}_1,\boldsymbol{\alpha}_2,\cdots,\boldsymbol{\alpha}_m$的秩为$m$，向量组$\boldsymbol{\beta}_1,\boldsymbol{\beta}_2,\cdots,\boldsymbol{\beta}_m$线性无关的充分必要条件是其秩为$m$。由同型矩阵等价，秩相等，故选D。

【考法4】 双(向量)组线(性)表(示)同一向量(适用于对系数无要求的情况)

重要结论

非零向量被两个向量组线性表示的问题可化为齐次方程组。

设非零向量$\boldsymbol{\xi}$既可由$\boldsymbol{\alpha}_1,\boldsymbol{\alpha}_2,\cdots,\boldsymbol{\alpha}_n$线性表示，又可由$\boldsymbol{\beta}_1,\boldsymbol{\beta}_2,\cdots,\boldsymbol{\beta}_n$线性表示，则$\boldsymbol{\xi}=x_1\boldsymbol{\alpha}_1+x_2\boldsymbol{\alpha}_2+\cdots+x_n\boldsymbol{\alpha}_n=y_1\boldsymbol{\beta}_1+y_2\boldsymbol{\beta}_2+\cdots+y_n\boldsymbol{\beta}_n$。

所以$x_1\boldsymbol{\alpha}_1+x_2\boldsymbol{\alpha}_2+\cdots+x_n\boldsymbol{\alpha}_n-(y_1\boldsymbol{\beta}_1+y_2\boldsymbol{\beta}_2+\cdots+y_n\boldsymbol{\beta}_n)=\boldsymbol{0}$有非零解。

上述过程可简记为：非零$\boldsymbol{\xi}=\boldsymbol{Ax}=\boldsymbol{By}$，进而$\boldsymbol{Ax}-\boldsymbol{By}=\boldsymbol{0}\Rightarrow[\boldsymbol{A},-\boldsymbol{B}]\begin{bmatrix}\boldsymbol{x}\\\boldsymbol{y}\end{bmatrix}=\boldsymbol{0}$有非零解。

例题 4 设$\boldsymbol{\alpha}_1,\boldsymbol{\alpha}_2,\boldsymbol{\beta}_1,\boldsymbol{\beta}_2$均为三维列向量，且$\boldsymbol{\alpha}_1,\boldsymbol{\alpha}_2$线性无关，$\boldsymbol{\beta}_1,\boldsymbol{\beta}_2$线性无关。

(1) 证明：存在非零向量$\boldsymbol{\xi}$，使得$\boldsymbol{\xi}$既可由$\boldsymbol{\alpha}_1,\boldsymbol{\alpha}_2$线性表示，又可由$\boldsymbol{\beta}_1,\boldsymbol{\beta}_2$线性表示。

(2) 当$\boldsymbol{\alpha}_1=[1,3,4]^{\mathrm{T}},\boldsymbol{\alpha}_2=[2,5,5]^{\mathrm{T}},\boldsymbol{\beta}_1=[2,3,-1]^{\mathrm{T}},\boldsymbol{\beta}_2=[-3,-4,3]^{\mathrm{T}}$时，求(1)中的$\xi$。

解 (1) 设向量$\boldsymbol{\xi}$满足条件，即$\boldsymbol{\xi}=k_1\boldsymbol{\alpha}_1+k_2\boldsymbol{\alpha}_2$，且$\boldsymbol{\xi}=-(l_1\boldsymbol{\beta}_1+l_2\boldsymbol{\beta}_2)$。联立两式可得$\boldsymbol{\xi}=k_1\boldsymbol{\alpha}_1+k_2\boldsymbol{\alpha}_2=-(l_1\boldsymbol{\beta}_1+l_2\boldsymbol{\beta}_2)\Rightarrow k_1\boldsymbol{\alpha}_1+k_2\boldsymbol{\alpha}_2+l_1\boldsymbol{\beta}_1+l_2\boldsymbol{\beta}_2=\boldsymbol{0}$。

因为4个三维向量$\boldsymbol{\alpha}_1,\boldsymbol{\alpha}_2,\boldsymbol{\beta}_1,\boldsymbol{\beta}_2$一定线性相关，故存在不全为零的数$k_1,k_2,l_1,l_2$使得$k_1\boldsymbol{\alpha}_1+k_2\boldsymbol{\alpha}_2+l_1\boldsymbol{\beta}_1+l_2\boldsymbol{\beta}_2=\mathbf{0}$。

其中，k_1,k_2不全为零(如果$k_1=k_2=0$，则$l_1\boldsymbol{\beta}_1+l_2\boldsymbol{\beta}_2=\mathbf{0}$。由$\boldsymbol{\beta}_1,\boldsymbol{\beta}_2$线性无关，得$l_1=l_2=0$，与已知矛盾)。

同理l_1,l_2不全为零，则$\boldsymbol{\xi}=k_1\boldsymbol{\alpha}_1+k_2\boldsymbol{\alpha}_2=-(l_1\boldsymbol{\beta}_1+l_2\boldsymbol{\beta}_2)\neq\mathbf{0}$。

故非零向量$\boldsymbol{\xi}=k_1\boldsymbol{\alpha}_1+k_2\boldsymbol{\alpha}_2=-(l_1\boldsymbol{\beta}_1+l_2\boldsymbol{\beta}_2)\neq\mathbf{0}$，$\boldsymbol{\xi}$既可由$\boldsymbol{\alpha}_1,\boldsymbol{\alpha}_2$线性表示，又可由$\boldsymbol{\beta}_1,\boldsymbol{\beta}_2$线性表示。

(2) 由(1)知，存在不全为零的数k_1,k_2,l_1,l_2，且k_1,k_2不全为零，l_1,l_2不全为零，使得

$$k_1\boldsymbol{\alpha}_1+k_2\boldsymbol{\alpha}_2+l_1\boldsymbol{\beta}_1+l_2\boldsymbol{\beta}_2=\mathbf{0} \quad ①$$

令$\boldsymbol{A}=[\boldsymbol{\alpha}_1,\boldsymbol{\alpha}_2,\boldsymbol{\beta}_1,\boldsymbol{\beta}_2]$，对$\boldsymbol{A}$实施初等行变换，得

$$\boldsymbol{A}=\begin{bmatrix}1&2&2&-3\\3&5&3&-4\\4&5&-1&3\end{bmatrix}\rightarrow\begin{bmatrix}1&2&2&-3\\0&-1&-3&5\\0&-3&-9&15\end{bmatrix}\rightarrow\begin{bmatrix}1&0&-4&7\\0&1&3&-5\\0&0&0&0\end{bmatrix}$$

由线性方程组①的解为$[k_1,k_2,l_1,l_2]^{\mathrm{T}}=c_1[4,-3,1,0]^{\mathrm{T}}+c_2[-7,5,0,1]^{\mathrm{T}}$，于是(1)中的$\boldsymbol{\xi}=[4c_1-7c_2]\boldsymbol{\alpha}_1+[-3c_1+5c_2]\boldsymbol{\alpha}_2=-[c_1\boldsymbol{\beta}_1+c_2\boldsymbol{\beta}_2]=[-2c_1+3c_2,-3c_1+4c_2,c_1-3c_2]^{\mathrm{T}}$，其中，$c_1,c_2$为不同时为零的任意常数。

【考法5】 双(向量)组线(性)表(示)同一向量(适用于系数一致的情况)

重要结论

非零向量被两个向量组线性表示，且两组线性表示的系数一致，可化为齐次方程组。

设非零向量$\boldsymbol{\xi}$既可由$\boldsymbol{\alpha}_1,\boldsymbol{\alpha}_2,\cdots,\boldsymbol{\alpha}_n$线性表示，又可由$\boldsymbol{\beta}_1,\boldsymbol{\beta}_2,\cdots,\boldsymbol{\beta}_n$线性表示，且线性表示的系数一致，则$\boldsymbol{\xi}=x_1\boldsymbol{\alpha}_1+x_2\boldsymbol{\alpha}_2+\cdots+x_n\boldsymbol{\alpha}_n=x_1\boldsymbol{\beta}_1+x_2\boldsymbol{\beta}_2+\cdots+x_n\boldsymbol{\beta}_n$，$x_1(\boldsymbol{\alpha}_1-\boldsymbol{\beta}_1)+x_2(\boldsymbol{\alpha}_2-\boldsymbol{\beta}_2)+\cdots+x_n(\boldsymbol{\alpha}_n-\boldsymbol{\beta}_n)=\mathbf{0}$有非零解。

上述过程可简记为$\boldsymbol{\xi}=\boldsymbol{Ax}=\boldsymbol{Bx}$，进而$\boldsymbol{Ax}-\boldsymbol{Bx}=\mathbf{0}\Rightarrow(\boldsymbol{A}-\boldsymbol{B})\boldsymbol{x}=\mathbf{0}$有非零解。

例题5 设$\boldsymbol{\alpha}_1=[1,2,1]^{\mathrm{T}}$，$\boldsymbol{\alpha}_2=[-3,1,0]^{\mathrm{T}}$，$\boldsymbol{\beta}_1=[3,0,2]^{\mathrm{T}}$，$\boldsymbol{\beta}_2=[2,-1,1]^{\mathrm{T}}$。

(1) 是否存在非零向量$\boldsymbol{\xi}$既可由$\boldsymbol{\alpha}_1,\boldsymbol{\alpha}_2$线性表示，又可由$\boldsymbol{\beta}_1,\boldsymbol{\beta}_2$线性表示？

(2) 是否存在非零向量$\boldsymbol{\xi}$由$\boldsymbol{\alpha}_1,\boldsymbol{\alpha}_2$和$\boldsymbol{\beta}_1,\boldsymbol{\beta}_2$线性表示时的系数对应相同(即是否存在$\boldsymbol{\xi}=x_1\boldsymbol{\alpha}_1+x_2\boldsymbol{\alpha}_2=x_1\boldsymbol{\beta}_1+x_2\boldsymbol{\beta}_2$)？

解 (1) 由已知，可设$\boldsymbol{\xi}=x_1\boldsymbol{\alpha}_1+x_2\boldsymbol{\alpha}_2=x_3\boldsymbol{\beta}_1+x_4\boldsymbol{\beta}_2$，则

$$x_1\boldsymbol{\alpha}_1+x_2\boldsymbol{\alpha}_2-x_3\boldsymbol{\beta}_1-x_4\boldsymbol{\beta}_2=[\boldsymbol{\alpha}_1,\boldsymbol{\alpha}_2,-\boldsymbol{\beta}_1,-\boldsymbol{\beta}_2]\begin{bmatrix}x_1\\x_2\\x_3\\x_4\end{bmatrix}=\begin{bmatrix}1&-3&-3&-2\\2&1&0&1\\1&0&-2&-1\end{bmatrix}\begin{bmatrix}x_1\\x_2\\x_3\\x_4\end{bmatrix}\xlongequal{\text{记}}\boldsymbol{Ax}=\mathbf{0}。$$

对$\boldsymbol{A}$作初等行变换，有

$$\boldsymbol{A}=\begin{bmatrix}1&-3&-3&-2\\2&1&0&1\\1&0&-2&-1\end{bmatrix}\rightarrow\begin{bmatrix}1&-3&-3&-2\\0&7&6&5\\0&3&1&1\end{bmatrix}\rightarrow\begin{bmatrix}1&0&0&\frac{5}{11}\\0&1&0&\frac{1}{11}\\0&0&1&\frac{8}{11}\end{bmatrix}$$

。取$x_3=8$，则$x_2=1$，$x_4=$

$-11, x_1=5$。

故$\boldsymbol{\xi}=5\boldsymbol{\alpha}_1+\boldsymbol{\alpha}_2=\begin{bmatrix}2\\11\\5\end{bmatrix}$,全体向量为$k\begin{bmatrix}2\\11\\5\end{bmatrix}$,其中$k$为任意常数；或$\boldsymbol{\xi}=8\boldsymbol{\beta}_1-11\boldsymbol{\beta}_2=\begin{bmatrix}2\\11\\5\end{bmatrix}$,全体向量为$k\begin{bmatrix}2\\11\\5\end{bmatrix}$,其中$k$为任意常数。

(2) 由已知,可设$\boldsymbol{\xi}=x_1\boldsymbol{\alpha}_1+x_2\boldsymbol{\alpha}_2=x_1\boldsymbol{\beta}_1+x_2\boldsymbol{\beta}_2$,则

$$x_1\boldsymbol{\alpha}_1+x_2\boldsymbol{\alpha}_2-x_1\boldsymbol{\beta}_1-x_2\boldsymbol{\beta}_2=[\boldsymbol{\alpha}_1-\boldsymbol{\beta}_1,\boldsymbol{\alpha}_2-\boldsymbol{\beta}_2]\begin{bmatrix}x_1\\x_2\end{bmatrix}=\begin{bmatrix}-2&-5\\2&2\\-1&-1\end{bmatrix}\begin{bmatrix}x_1\\x_2\end{bmatrix}\overset{\text{记}}{=}\boldsymbol{C}\boldsymbol{x}=\boldsymbol{0}。$$

对$\boldsymbol{C}$作初等行变换,有$\boldsymbol{C}=\begin{bmatrix}-2&-5\\2&2\\-1&-1\end{bmatrix}\to\begin{bmatrix}1&0\\0&1\\0&0\end{bmatrix}$,所以$r(\boldsymbol{C})=2$方程组$\boldsymbol{C}\boldsymbol{x}=\boldsymbol{0}$仅有零解,故不存在满足题意的向量。

专题 24 线性无关解的个数

【考法】 线性方程线性无关解的个数

重要结论

齐次方程线性无关解的个数最多为$n-r(\boldsymbol{A})$；非齐次方程线性无关解的个数最多为$n-r(\boldsymbol{A})+1$。

证明：$\boldsymbol{A}\boldsymbol{x}=\boldsymbol{0}$的基础解系中解向量的个数为$n-r(\boldsymbol{A})$,线性无关解的个数最多为$n-r(\boldsymbol{A})$。

非齐次方程$\boldsymbol{A}\boldsymbol{x}=\boldsymbol{\beta}$的通解为$\boldsymbol{\xi}=\boldsymbol{\xi}_0+k_1\boldsymbol{\xi}_1+k_2\boldsymbol{\xi}_2+\cdots+k_s\boldsymbol{\xi}_s$　其中$s=n-r(\boldsymbol{A})$

非齐次特解$\boldsymbol{\xi}_0$必不可由齐次方程基础解系$\boldsymbol{\xi}_1,\boldsymbol{\xi}_2,\cdots,\boldsymbol{\xi}_s$线性表示(否则必有$\boldsymbol{\xi}_0=l_1\boldsymbol{\xi}_1+l_2\boldsymbol{\xi}_2+\cdots+l_s\boldsymbol{\xi}_s$,此时$\boldsymbol{A}\boldsymbol{\xi}=\boldsymbol{A}\boldsymbol{\xi}_0=\boldsymbol{A}(l_1\boldsymbol{\xi}_1+l_2\boldsymbol{\xi}_2+\cdots+l_s\boldsymbol{\xi}_s)=\boldsymbol{0}\neq\boldsymbol{\beta}$,矛盾)。

所以有$r(\boldsymbol{\xi}_0,\boldsymbol{\xi}_1,\boldsymbol{\xi}_2,\cdots,\boldsymbol{\xi}_s)\neq r(\boldsymbol{\xi}_1,\boldsymbol{\xi}_2,\cdots,\boldsymbol{\xi}_s)$,但$r(\boldsymbol{\xi}_0,\boldsymbol{\xi}_1,\boldsymbol{\xi}_2,\cdots,\boldsymbol{\xi}_s)=r(\boldsymbol{\xi}_1,\boldsymbol{\xi}_2,\cdots,\boldsymbol{\xi}_s)+1=n-r(\boldsymbol{A})+1$。

又因为$\boldsymbol{\xi}_0,\boldsymbol{\xi}_1,\boldsymbol{\xi}_2,\cdots,\boldsymbol{\xi}_s$可线性表示所有非齐次方程的解,且线性无关,所以$\boldsymbol{\xi}_0,\boldsymbol{\xi}_1,\boldsymbol{\xi}_2,\cdots,\boldsymbol{\xi}_s$是非齐次解向量组的一个极大线性无关组。故非齐次方程线性无关解的个数最多为$n-r(\boldsymbol{A})+1$。

举一个例子：易知$\boldsymbol{\xi}_0,\boldsymbol{\xi}_0+\boldsymbol{\xi}_1,\boldsymbol{\xi}_0+\boldsymbol{\xi}_2,\cdots,\boldsymbol{\xi}_0+\boldsymbol{\xi}_s$为方程组$\boldsymbol{A}\boldsymbol{x}=\boldsymbol{\beta}$的解。

$(\boldsymbol{\xi}_0,\boldsymbol{\xi}_0+\boldsymbol{\xi}_1,\boldsymbol{\xi}_0+\boldsymbol{\xi}_2,\cdots,\boldsymbol{\xi}_0+\boldsymbol{\xi}_s)$经过列变换可化为$(\boldsymbol{\xi}_0,\boldsymbol{\xi}_1,\boldsymbol{\xi}_2,\cdots,\boldsymbol{\xi}_s)$,所以$r(\boldsymbol{\xi}_0,\boldsymbol{\xi}_0+\boldsymbol{\xi}_1,\boldsymbol{\xi}_0+\boldsymbol{\xi}_2,\cdots,\boldsymbol{\xi}_0+\boldsymbol{\xi}_s)=n-r(\boldsymbol{A})+1$。

例题 1 设$\boldsymbol{A}$是三阶非零矩阵,满足$\boldsymbol{A}^2=\boldsymbol{O}$,则线性非齐次方程组$\boldsymbol{A}\boldsymbol{x}=\boldsymbol{\beta}$的线性无关解向量个数最多有(　　)个。

A. 1　　B. 2　　C. 3　　D. 4

解 $\boldsymbol{A}$是3×3的矩阵,$\boldsymbol{A}^2=\boldsymbol{A}\cdot\boldsymbol{A}=\boldsymbol{O}$,$r(\boldsymbol{A})+r(\boldsymbol{A})=2r(\boldsymbol{A})\leqslant3$,得$r(\boldsymbol{A})\leqslant\frac{3}{2}$。又$\boldsymbol{A}\neq\boldsymbol{O}$,$r(\boldsymbol{A})\geqslant1$,从而知$r(\boldsymbol{A})=1$。

齐次方程组$\boldsymbol{A}\boldsymbol{x}=\boldsymbol{0}$基础解系中线性无关解向量的个数为$n-1=3-1=2$,非齐次线性方程组$\boldsymbol{A}\boldsymbol{x}=\boldsymbol{\beta}$的线性无关解向量的个数最多有3个,故选C。

例题 2 已知方程组$\begin{cases}x_1+x_2+x_3+x_4=-1\\4x_1+3x_2+5x_3-x_4=-1\\ax_1+x_2+3x_3+bx_4=1\end{cases}$有 3 个线性无关的解，则 a,b 的值分别为________。

解 由题意可知，非齐次方程至少有 3 个线性无关的解，所以 $n-r(\boldsymbol{A})+1\geqslant3\Rightarrow4-r(\boldsymbol{A})+1\geqslant3\Rightarrow r(\boldsymbol{A})\leqslant2$。

因为系数阵存在一个二阶余子式$\begin{vmatrix}1&1\\4&3\end{vmatrix}=-1\neq0$，所以 $r(\boldsymbol{A})\geqslant2$，故 $r(\boldsymbol{A})=2$。又因为有解，所以增广矩阵的秩也为 2。

$$[\boldsymbol{A},\boldsymbol{\beta}]=\begin{bmatrix}1&1&1&1&-1\\4&3&5&-1&-1\\a&1&3&b&1\end{bmatrix}\to\begin{bmatrix}1&1&1&1&-1\\0&-1&1&-5&3\\0&0&4-2a&4a+b-5&4-2a\end{bmatrix}$$

得$\begin{cases}4-2a=0\\4a+b-5=0\end{cases}$，即 $a=2,b=-3$。

例题 3 设 $\boldsymbol{A}$ 是三阶矩阵，$\boldsymbol{\xi}_1=[1,2,-2]^{\mathrm{T}},\boldsymbol{\xi}_2=[2,1,-1]^{\mathrm{T}},\boldsymbol{\xi}_3=[1,1,t]^{\mathrm{T}}$ 是线性非齐次方程组 $\boldsymbol{Ax}=\boldsymbol{b}$ 的解向量，其中 $\boldsymbol{b}=[1,3,-2]^{\mathrm{T}}$，则（ ）。

A. $t=-1$，必有 $r(\boldsymbol{A})=1$　　B. $t=-1$，必有 $r(\boldsymbol{A})=2$

C. $t\neq-1$，必有 $r(\boldsymbol{A})=1$　　D. $t\neq-1$，必有 $r(\boldsymbol{A})=2$

解 利用齐次方程线性无关解的个数。

【经典错解】$t=-1$ 时，$\boldsymbol{\xi}_1=[1,2,-2]^{\mathrm{T}},\boldsymbol{\xi}_2=[2,1,-1]^{\mathrm{T}},\boldsymbol{\xi}_3=[1,1,-1]^{\mathrm{T}}$ 线性相关。

由题意可知 $\boldsymbol{A\xi}_1=\boldsymbol{b},\boldsymbol{A\xi}_2=\boldsymbol{b},\boldsymbol{A\xi}_3=\boldsymbol{b}$，所以 $\boldsymbol{A}(\boldsymbol{\xi}_1-\boldsymbol{\xi}_3)=0,\boldsymbol{A}(\boldsymbol{\xi}_2-\boldsymbol{\xi}_3)=\boldsymbol{0}$，

$\boldsymbol{\alpha}_1=\boldsymbol{\xi}_1-\boldsymbol{\xi}_3=[0,1,-1],\boldsymbol{\alpha}_2=\boldsymbol{\xi}_2-\boldsymbol{\xi}_3=[1,0,0]$，线性无关。故 $\boldsymbol{Ax}=\boldsymbol{0}$ 有两个线性无关的解，所以 $n-r(\boldsymbol{A})\geqslant2\Rightarrow r(\boldsymbol{A})\leqslant1$。又因为 $\boldsymbol{b}=(1,3,-2)^{\mathrm{T}}$ 非零，非齐次方程 $\boldsymbol{Ax}=\boldsymbol{b}$ 有解，系数矩阵必不为零矩阵（否则 $r(\boldsymbol{A})=0\neq r(\boldsymbol{A},\boldsymbol{b})=1$），故 $r(\boldsymbol{A})\geqslant1$，综上 $r(\boldsymbol{A})=1$。故选 A。

注意，以上是经典错误。错误的原因在于，不存在满足上述条件的矩阵 $\boldsymbol{A}$。

事实上，这是一种隐藏很深的错误，并且不是由于系数设计失误而导致的，而是一种普遍的错误。

请熟记以下结论：

非齐次方程 $\boldsymbol{Ax}=\boldsymbol{b}$ 的解 $\boldsymbol{\xi}_1,\boldsymbol{\xi}_2,\boldsymbol{\xi}_3$ 线性相关时，即 $k_1\boldsymbol{\xi}_1+k_2\boldsymbol{\xi}_2+k_3\boldsymbol{\xi}_3=\boldsymbol{0}$，必有 $k_1+k_2+k_3=0$，否则不存在矩阵 $\boldsymbol{A}$ 满足条件。

证明如下：

$\boldsymbol{\xi}_1,\boldsymbol{\xi}_2,\boldsymbol{\xi}_3$ 均为非齐次方程 $\boldsymbol{Ax}=\boldsymbol{b}$ 的解，且线性相关。设 $k_1\boldsymbol{\xi}_1+k_2\boldsymbol{\xi}_2+k_3\boldsymbol{\xi}_3=\boldsymbol{0}$，则有 $k_1\boldsymbol{A\xi}_1+k_2\boldsymbol{A\xi}_2+k_3\boldsymbol{A\xi}_3=(k_1+k_2+k_3)\boldsymbol{b}=\boldsymbol{0}$。又因为 $\boldsymbol{b}$ 非零，所以 $k_1+k_2+k_3=0$。由此可见，非齐次方程 $\boldsymbol{Ax}=\boldsymbol{b}$ 的解$\boldsymbol{\xi}_1,\boldsymbol{\xi}_2,\boldsymbol{\xi}_3$ 线性相关时，必有 $k_1+k_2+k_3=0$。这样才存在矩阵 $\boldsymbol{A}$ 满足条件。而本题中 $\boldsymbol{\xi}_1+\boldsymbol{\xi}_2-3\boldsymbol{\xi}_3=\boldsymbol{0},k_1+k_2+k_3=1+1-3=-1\neq0$。故不存在这样的矩阵 $\boldsymbol{A}$ 满足条件。

本题正确解法如下。

方法 1：利用最大线性无关解的个数。

$t\neq-1$ 时，$\boldsymbol{\xi}_1,\boldsymbol{\xi}_2,\boldsymbol{\xi}_3$ 线性无关，故非齐次方程 $\boldsymbol{Ax}=\boldsymbol{b}$ 线性无关解至少为 3 个，即 $n-r(\boldsymbol{A})+1\geqslant3\Rightarrow r(\boldsymbol{A})\leqslant1$，又因为 $\boldsymbol{b}=[1,3,-2]^{\mathrm{T}}$ 非零。非齐次方程 $\boldsymbol{Ax}=\boldsymbol{b}$ 有解，系数矩阵必不为零矩阵（否则 $r(\boldsymbol{A})=0\neq r(\boldsymbol{A},\boldsymbol{b})=1$），故 $r(\boldsymbol{A})\geqslant1$。综上，$r(\boldsymbol{A})=1$，故选 C。

方法 2：线性无关时，利用齐次方程的解。

$B=(\boldsymbol{\xi}_1,\boldsymbol{\xi}_2,\boldsymbol{\xi}_3)\to\begin{bmatrix}1&2&1\\0&-3&-1\\0&0&t+1\end{bmatrix}$，当 $t\neq-1$ 时，$r(\boldsymbol{B})=3$，$\boldsymbol{\xi}_1,\boldsymbol{\xi}_2,\boldsymbol{\xi}_3$ 线性无关，故 $\boldsymbol{\xi}_1-\boldsymbol{\xi}_2,\boldsymbol{\xi}_1-\boldsymbol{\xi}_3$ 线性无关且是 $\boldsymbol{Ax}=\boldsymbol{0}$ 的解，但 $\boldsymbol{A}\neq\boldsymbol{O}$（否则非齐次方程组无解），所以 $r(\boldsymbol{A})=1$，故选 C。

方法 3：构造矩阵方程，利用秩的传递性。

由题意可知 $\boldsymbol{A}(\boldsymbol{\xi}_1,\boldsymbol{\xi}_2,\boldsymbol{\xi}_3)=(\boldsymbol{b},\boldsymbol{b},\boldsymbol{b})$，记为 $\boldsymbol{AC}=\boldsymbol{B}$。当 $t\neq-1$ 时，$\boldsymbol{\xi}_1,\boldsymbol{\xi}_2,\boldsymbol{\xi}_3$ 线性无关，所以矩阵 $\boldsymbol{C}$ 可逆。由矩阵秩的公式可得 $r(\boldsymbol{A})=r(\boldsymbol{AC})=r(\boldsymbol{B})=1$，故选 C。

专题 25 数学一专属向量组考法

【考法 1】 平面直线关系与线代结合

重要结论

平面直线位置：

- 三个直线方程所构成的非齐次方程组：$\begin{cases}a_{11}x+a_{12}y=b_1\\a_{21}x+a_{22}y=b_2\\a_{31}x+a_{32}y=b_3\end{cases}$
- $\boldsymbol{\alpha}_1=\begin{bmatrix}a_{11}\\a_{12}\\a_{13}\end{bmatrix}$，$\boldsymbol{\alpha}_2=\begin{bmatrix}a_{21}\\a_{22}\\a_{23}\end{bmatrix}$，$\boldsymbol{\beta}=\begin{bmatrix}b_1\\b_2\\b_3\end{bmatrix}$，三直线的切向量为
- $\boldsymbol{\gamma}_1=\begin{bmatrix}a_{11}\\a_{12}\end{bmatrix}$，$\boldsymbol{\gamma}_2=\begin{bmatrix}a_{21}\\a_{22}\end{bmatrix}$，$\boldsymbol{\gamma}_3=\begin{bmatrix}a_{31}\\a_{32}\end{bmatrix}$
- 则：
- ① 若三条直线交于一点，则 $r(\boldsymbol{\alpha}_1,\boldsymbol{\alpha}_2,\boldsymbol{\beta})=r(\boldsymbol{\alpha}_1,\boldsymbol{\alpha}_2)=2$
- ② 若三条直线两两相交，但三条直线不共点，则向量组 $\boldsymbol{\gamma}_1,\boldsymbol{\gamma}_2,\boldsymbol{\gamma}_3$ 两两线性无关，但 $\boldsymbol{\gamma}_1,\boldsymbol{\gamma}_2,\boldsymbol{\gamma}_3$ 线性相关且 $r(\boldsymbol{\alpha}_1,\boldsymbol{\alpha}_2,\boldsymbol{\beta})=r(\boldsymbol{\alpha}_1,\boldsymbol{\alpha}_2)+1$
- ③ 若三条直线相互平行，则 $r(\boldsymbol{\gamma}_1,\boldsymbol{\gamma}_2,\boldsymbol{\gamma}_3)=1$

例题 1 设 $\boldsymbol{\alpha}_1=(a_1,a_2,a_3)^{\mathrm{T}}$，$\boldsymbol{\alpha}_2=(b_1,b_2,b_3)^{\mathrm{T}}$，$\boldsymbol{\alpha}_3=(c_1,c_2,c_3)^{\mathrm{T}}$，则三条直线 $a_1x+b_1y+c_1=0$，$a_2x+b_2y+c_2=0$，$a_3x+b_3y+c_3=0$ 相交于一点的充分必要条件是（　　）。

A. $\boldsymbol{\alpha}_1,\boldsymbol{\alpha}_2,\boldsymbol{\alpha}_3$ 线性无关

B. $\boldsymbol{\alpha}_1,\boldsymbol{\alpha}_2,\boldsymbol{\alpha}_3$ 线性相关，且其中任意两个向量均线性相关

C. $r(\boldsymbol{\alpha}_1,\boldsymbol{\alpha}_2,\boldsymbol{\alpha}_3)=r(\boldsymbol{\alpha}_1,\boldsymbol{\alpha}_2)=2$

D. $r(\boldsymbol{\alpha}_1,\boldsymbol{\alpha}_2,\boldsymbol{\alpha}_3)=r(\boldsymbol{\alpha}_1,\boldsymbol{\alpha}_2)=1$

解 联立三直线方程得方程组 $\begin{cases}a_1x+b_1y=-c_1\\a_2x+b_2y=-c_2\\a_3x+b_3y=-c_3\end{cases}$，设其系数矩阵为 $\boldsymbol{A}$，增广矩阵为 $\overline{\boldsymbol{A}}$，因为三条直线交于一点，则 $r(\overline{\boldsymbol{A}})=r(\boldsymbol{A})=2$，即 $r(\boldsymbol{\alpha}_1,\boldsymbol{\alpha}_2,\boldsymbol{\alpha}_3)=r(\boldsymbol{\alpha}_1,\boldsymbol{\alpha}_2)=2$，故选 C。

【考法 2】 基与过渡矩阵

重要结论

① $\boldsymbol{\alpha}_1,\boldsymbol{\alpha}_2,\cdots,\boldsymbol{\alpha}_n$ 与 $\boldsymbol{\beta}_1,\boldsymbol{\beta}_2,\cdots,\boldsymbol{\beta}_n$ 均为基底，由基 $\boldsymbol{\alpha}_1,\boldsymbol{\alpha}_2,\cdots,\boldsymbol{\alpha}_n$ 到基 $\boldsymbol{\beta}_1,\boldsymbol{\beta}_2,\cdots,\boldsymbol{\beta}_n$ 的过渡矩阵为

$\boldsymbol{P}$，则有$(\boldsymbol{\beta}_1,\boldsymbol{\beta}_2,\cdots,\boldsymbol{\beta}_n)=(\boldsymbol{\alpha}_1,\boldsymbol{\alpha}_2,\cdots,\boldsymbol{\alpha}_n)\boldsymbol{P}$。

② 向量$\boldsymbol{\xi}$在$\boldsymbol{\alpha}_1,\boldsymbol{\alpha}_2,\cdots,\boldsymbol{\alpha}_n$下的坐标为$\boldsymbol{x}=(x_1,x_2,\cdots,x_n)$，在$\boldsymbol{\beta}_1,\boldsymbol{\beta}_2,\cdots,\boldsymbol{\beta}_n$下的坐标为$\boldsymbol{y}=(y_1,y_2,\cdots,y_n)$，坐标变换公式为$\boldsymbol{x}=\boldsymbol{P}\boldsymbol{y}$。

助记：① 坐标变换公式为$\boldsymbol{x}=\boldsymbol{P}\boldsymbol{y}$，这个写法和二次型的可逆变换类似。

② 新基为$\boldsymbol{\beta}_1,\boldsymbol{\beta}_2,\cdots,\boldsymbol{\beta}_n$，旧基为$\boldsymbol{\alpha}_1,\boldsymbol{\alpha}_2,\cdots,\boldsymbol{\alpha}_n$，过渡矩阵$\boldsymbol{P}$为可逆矩阵，视为列变换。

$(\boldsymbol{\beta}_1,\boldsymbol{\beta}_2,\cdots,\boldsymbol{\beta}_n)=(\boldsymbol{\alpha}_1,\boldsymbol{\alpha}_2,\cdots,\boldsymbol{\alpha}_n)\boldsymbol{P}$可理解为新基是旧基的列变换。

例题 2　设$\mathbf{R}^3$中的向量$\boldsymbol{\xi}$在基$\boldsymbol{\alpha}_1=[1,-2,1]^{\mathrm{T}},\boldsymbol{\alpha}_2=[0,1,1]^{\mathrm{T}},\boldsymbol{\alpha}_3=[3,2,1]^{\mathrm{T}}$下的坐标为$[x_1,x_2,x_3]^{\mathrm{T}}$，它在基$\boldsymbol{\beta}_1,\boldsymbol{\beta}_2,\boldsymbol{\beta}_3$下的坐标为$[y_1,y_2,y_3]^{\mathrm{T}}$，且$y_1=x_1-x_2-x_3,y_2=-x_1+x_2,y_3=x_1+2x_3$，则由基$\boldsymbol{\beta}_1,\boldsymbol{\beta}_2,\boldsymbol{\beta}_3$到基$\boldsymbol{\alpha}_1,\boldsymbol{\alpha}_2,\boldsymbol{\alpha}_3$的过渡矩阵$\boldsymbol{P}=$________。

解　方法1：公式法。

$\because[\boldsymbol{\alpha}_1\quad\boldsymbol{\alpha}_2\quad\boldsymbol{\alpha}_3]=[\boldsymbol{\beta}_1\quad\boldsymbol{\beta}_2\quad\boldsymbol{\beta}_3]\boldsymbol{P},[y_1\quad y_2\quad y_3]^{\mathrm{T}}=\boldsymbol{P}[x_1,x_2,x_3]^{\mathrm{T}}$

又$y_1=x_1-x_2-x_3,y_2=-x_1+x_2,y_3=x_1+2x_3$，$\therefore\begin{bmatrix}y_1\\y_2\\y_3\end{bmatrix}=\begin{bmatrix}1&-1&-1\\-1&1&0\\1&0&2\end{bmatrix}\begin{bmatrix}x_1\\x_2\\x_3\end{bmatrix}$，故

$$\boldsymbol{P}=\begin{bmatrix}1&-1&-1\\-1&1&0\\1&0&2\end{bmatrix}。$$

方法2：原理法。

$\boldsymbol{\xi}=x_1\boldsymbol{\alpha}_1+x_2\boldsymbol{\alpha}_2+x_3\boldsymbol{\alpha}_3=y_1\boldsymbol{\beta}_1+y_2\boldsymbol{\beta}_2+y_3\boldsymbol{\beta}_3$，所以$\boldsymbol{\xi}=[\boldsymbol{\alpha}_1,\boldsymbol{\alpha}_2,\boldsymbol{\alpha}_3]\begin{bmatrix}x_1\\x_2\\x_3\end{bmatrix}=[\boldsymbol{\beta}_1,\boldsymbol{\beta}_2,\boldsymbol{\beta}_3]\begin{bmatrix}y_1\\y_2\\y_3\end{bmatrix}$。

又因为$y_1=x_1-x_2-x_3,y_2=-x_1+x_2,y_3=x_1+2x_3$，所以$\begin{bmatrix}y_1\\y_2\\y_3\end{bmatrix}=\begin{bmatrix}1&-1&-1\\-1&1&0\\1&0&2\end{bmatrix}\begin{bmatrix}x_1\\x_2\\x_3\end{bmatrix}$，

所以$\boldsymbol{\xi}=[\boldsymbol{\alpha}_1,\boldsymbol{\alpha}_2,\boldsymbol{\alpha}_3]\begin{bmatrix}x_1\\x_2\\x_3\end{bmatrix}=[\boldsymbol{\beta}_1,\boldsymbol{\beta}_2,\boldsymbol{\beta}_3]\begin{bmatrix}1&-1&-1\\-1&1&0\\1&0&2\end{bmatrix}\begin{bmatrix}x_1\\x_2\\x_3\end{bmatrix}$。由此可推出$[\boldsymbol{\alpha}_1,\boldsymbol{\alpha}_2,\boldsymbol{\alpha}_3]=[\boldsymbol{\beta}_1,\boldsymbol{\beta}_2,\boldsymbol{\beta}_3]\begin{bmatrix}1&-1&-1\\-1&1&0\\1&0&2\end{bmatrix}$，过渡矩阵$\boldsymbol{P}=\begin{bmatrix}1&-1&-1\\-1&1&0\\1&0&2\end{bmatrix}$。

例题 3　从$\mathbf{R}^2$的基$\boldsymbol{\alpha}_1=\begin{bmatrix}1\\0\end{bmatrix},\boldsymbol{\alpha}_2=\begin{bmatrix}1\\-1\end{bmatrix}$到基$\boldsymbol{\beta}_1=\begin{bmatrix}1\\1\end{bmatrix},\boldsymbol{\beta}_2=\begin{bmatrix}1\\2\end{bmatrix}$的过渡矩阵为________。

解　设由基$\boldsymbol{\alpha}_1,\boldsymbol{\alpha}_2$到基$\boldsymbol{\beta}_1,\boldsymbol{\beta}_2$的过渡矩阵为$\boldsymbol{C}$，则$[\boldsymbol{\beta}_1,\boldsymbol{\beta}_2]=[\boldsymbol{\alpha}_1,\boldsymbol{\alpha}_2]\boldsymbol{C}\Rightarrow\boldsymbol{C}=[\boldsymbol{\alpha}_1,\boldsymbol{\alpha}_2]^{-1}[\boldsymbol{\beta}_1,\boldsymbol{\beta}_2]=\begin{bmatrix}1&1\\0&-1\end{bmatrix}^{-1}\begin{bmatrix}1&1\\1&2\end{bmatrix}=\begin{bmatrix}1&1\\0&-1\end{bmatrix}\begin{bmatrix}1&1\\1&2\end{bmatrix}=\begin{bmatrix}2&3\\-1&-2\end{bmatrix}$。

【考法 3】 在两组基下的坐标相同

重要结论

若$\boldsymbol{\xi}$在两个基底下的坐标相同，则有 $\boldsymbol{x}=\boldsymbol{P}\boldsymbol{y}\Rightarrow\boldsymbol{x}=\boldsymbol{P}\boldsymbol{x}\Rightarrow(\boldsymbol{E}-\boldsymbol{P})\boldsymbol{x}=\boldsymbol{0}$。

例题 4 设四维向量空间 V 的两个基分别为（Ⅰ）$\boldsymbol{\alpha}_1,\boldsymbol{\alpha}_2,\boldsymbol{\alpha}_3,\boldsymbol{\alpha}_4$；（Ⅱ）$\boldsymbol{\beta}_1=\boldsymbol{\alpha}_1+\boldsymbol{\alpha}_2+\boldsymbol{\alpha}_3,\boldsymbol{\beta}_2=\boldsymbol{\alpha}_2+\boldsymbol{\alpha}_3+\boldsymbol{\alpha}_4,\boldsymbol{\beta}_3=\boldsymbol{\alpha}_3+\boldsymbol{\alpha}_4,\boldsymbol{\beta}_4=\boldsymbol{\alpha}_4$。

求(1) 由基(Ⅱ)到基(Ⅰ)的过渡矩阵。

(2) 在基(Ⅰ)和基(Ⅱ)下有相同坐标的全体向量。

解 (1) 由题设条件可得 $[\boldsymbol{\beta}_1,\boldsymbol{\beta}_2,\boldsymbol{\beta}_3,\boldsymbol{\beta}_4]=[\boldsymbol{\alpha}_1,\boldsymbol{\alpha}_2,\boldsymbol{\alpha}_3,\boldsymbol{\alpha}_4]\begin{bmatrix}1&0&0&0\\1&1&0&0\\1&1&1&0\\0&1&1&1\end{bmatrix}$，

设由基(Ⅱ)到基(Ⅰ)的过渡矩阵为 $\boldsymbol{P}$，则有 $[\boldsymbol{\alpha}_1,\boldsymbol{\alpha}_2,\boldsymbol{\alpha}_3,\boldsymbol{\alpha}_4]=[\boldsymbol{\beta}_1,\boldsymbol{\beta}_2,\boldsymbol{\beta}_3,\boldsymbol{\beta}_4]\boldsymbol{P}$，因此，由基(Ⅱ)到基(Ⅰ)的过渡矩阵为 $\boldsymbol{P}=\begin{bmatrix}1&0&0&0\\1&1&0&0\\1&1&1&0\\0&1&1&1\end{bmatrix}^{-1}=\begin{bmatrix}1&0&0&0\\-1&1&0&0\\0&-1&1&0\\1&0&-1&1\end{bmatrix}$。

(2) 设向量$\boldsymbol{\xi}$在基(Ⅰ)和基(Ⅱ)下有相同的坐标，且坐标为 $[x_1,x_2,x_3,x_4]^{\mathrm{T}}$，则由坐标变换公式 $\boldsymbol{x}=\boldsymbol{P}\boldsymbol{y}$ 可得 $\boldsymbol{x}=\boldsymbol{P}\boldsymbol{x}$，即 $(\boldsymbol{P}-\boldsymbol{E})\boldsymbol{x}=\boldsymbol{0}$。

$$\begin{bmatrix}x_1\\x_2\\x_3\\x_4\end{bmatrix}=\boldsymbol{P}\begin{bmatrix}x_1\\x_2\\x_3\\x_4\end{bmatrix}=\begin{bmatrix}1&0&0&0\\-1&1&0&0\\0&-1&1&0\\1&0&-1&1\end{bmatrix}\begin{bmatrix}x_1\\x_2\\x_3\\x_4\end{bmatrix}$$，即 $$\begin{bmatrix}0&0&0&0\\-1&0&0&0\\0&-1&0&0\\1&0&-1&0\end{bmatrix}\begin{bmatrix}x_1\\x_2\\x_3\\x_4\end{bmatrix}=\boldsymbol{0}$$，解得 $\boldsymbol{x}=\begin{bmatrix}x_1\\x_2\\x_3\\x_4\end{bmatrix}=k\begin{bmatrix}0\\0\\0\\1\end{bmatrix}$，$k$ 为任意常数。于是，在基(Ⅰ)和基(Ⅱ)下有相同坐标的全体向量为 $\boldsymbol{\xi}=0\boldsymbol{\alpha}_1+0\boldsymbol{\alpha}_2+0\boldsymbol{\alpha}_3+k\boldsymbol{\alpha}_4$，其中 k 为任意常数。

【考法 4】 反求基底

重要结论

$\alpha_1,\alpha_2,\cdots,\alpha_n$ 与 $\beta_1,\beta_2,\cdots,\beta_n$ 均为基底，由基 $\alpha_1,\alpha_2,\cdots,\alpha_n$ 到基 $\beta_1,\beta_2,\cdots,\beta_n$ 的过渡矩阵为 $\boldsymbol{P}$，则有 $(\beta_1,\beta_2,\cdots,\beta_n)=(\alpha_1,\alpha_2,\cdots,\alpha_n)\boldsymbol{P}$。

例题 5 已知 $\boldsymbol{\alpha}_1,\boldsymbol{\alpha}_2,\boldsymbol{\alpha}_3$ 与 $\boldsymbol{\beta}_1,\boldsymbol{\beta}_2,\boldsymbol{\beta}_3$ 是三维向量空间的两组基，若向量$\boldsymbol{\gamma}$在这两组基下的坐标分别为 (x_1,x_2,x_3) 与 (y_1,y_2,y_3) 且 $y_1=x_1,y_2=x_1+x_2,y_3=x_1+x_2+x_3$。

(1)求由基 $\boldsymbol{\alpha}_1,\boldsymbol{\alpha}_2,\boldsymbol{\alpha}_3$ 到基 $\boldsymbol{\beta}_1,\boldsymbol{\beta}_2,\boldsymbol{\beta}_3$ 的过渡矩阵。(2)若 $\boldsymbol{\alpha}_1=[1,2,3]^{\mathrm{T}},\boldsymbol{\alpha}_2=[2,3,1]^{\mathrm{T}},\boldsymbol{\alpha}_3=[3,1,2]^{\mathrm{T}}$，试求 $\boldsymbol{\beta}_1,\boldsymbol{\beta}_2,\boldsymbol{\beta}_3$。

解 (1) 由题设有 $[y_1,y_2,y_3]=[x_1,x_2,x_3]\begin{bmatrix}1&1&1\\0&1&1\\0&0&1\end{bmatrix}$。又设 $[\boldsymbol{\beta}_1,\boldsymbol{\beta}_2,\boldsymbol{\beta}_3]=[\boldsymbol{\alpha}_1,\boldsymbol{\alpha}_2,\boldsymbol{\alpha}_3]\boldsymbol{P}$，

所以$\begin{bmatrix}1&1&1\\0&1&1\\0&0&1\end{bmatrix}=(\boldsymbol{P}^{\mathrm{T}})^{-1}$，即$\boldsymbol{P}=\left(\begin{bmatrix}1&1&1\\0&1&1\\0&0&1\end{bmatrix}^{-1}\right)^{\mathrm{T}}=\begin{bmatrix}1&0&0\\-1&1&0\\0&-1&1\end{bmatrix}$。

(2) $[\boldsymbol{\beta}_1,\boldsymbol{\beta}_2,\boldsymbol{\beta}_3]=[\boldsymbol{\alpha}_1,\boldsymbol{\alpha}_2,\boldsymbol{\alpha}_3]\boldsymbol{P}=\begin{bmatrix}1&2&3\\2&3&1\\3&1&2\end{bmatrix}\begin{bmatrix}1&0&0\\-1&1&0\\0&-1&1\end{bmatrix}=\begin{bmatrix}-1&-1&3\\-2&2&1\\2&-1&2\end{bmatrix}$，

即$\boldsymbol{\beta}_1=[-1,-2,2]^{\mathrm{T}}$，$\boldsymbol{\beta}_2=[-1,2,-1]^{\mathrm{T}}$，$\boldsymbol{\beta}_3=[3,1,2]^{\mathrm{T}}$。

专题 26 施密特正交化

【考法】 施密特正交化

重要公式

施密特正交化
- $\boldsymbol{\alpha}_1,\boldsymbol{\alpha}_2,\boldsymbol{\alpha}_3$ 线性无关，则可构造$\boldsymbol{\beta}_1,\boldsymbol{\beta}_2,\boldsymbol{\beta}_3$ 使其两两正交
- 公式：$\begin{cases}\boldsymbol{\beta}_1=\boldsymbol{\alpha}_1\\ \boldsymbol{\beta}_2=\boldsymbol{\alpha}_2-\dfrac{(\boldsymbol{\alpha}_2,\boldsymbol{\beta}_1)}{(\boldsymbol{\beta}_1,\boldsymbol{\beta}_1)}\boldsymbol{\beta}_1\\ \boldsymbol{\beta}_3=\boldsymbol{\alpha}_3-\dfrac{(\boldsymbol{\alpha}_3,\boldsymbol{\beta}_1)}{(\boldsymbol{\beta}_1,\boldsymbol{\beta}_1)}\boldsymbol{\beta}_1-\dfrac{(\boldsymbol{\alpha}_3,\boldsymbol{\beta}_2)}{(\boldsymbol{\beta}_2,\boldsymbol{\beta}_2)}\boldsymbol{\beta}_2\end{cases}$

例题 1 已知$\boldsymbol{\alpha}_1=\begin{bmatrix}1\\0\\1\end{bmatrix}$，$\boldsymbol{\alpha}_2=\begin{bmatrix}1\\2\\1\end{bmatrix}$，$\boldsymbol{\alpha}_3=\begin{bmatrix}3\\1\\2\end{bmatrix}$，记$\boldsymbol{\beta}_1=\boldsymbol{\alpha}_1$，$\boldsymbol{\beta}_2=\boldsymbol{\alpha}_2-k\boldsymbol{\beta}_1$，$\boldsymbol{\beta}_3=\boldsymbol{\alpha}_3-l_1\boldsymbol{\beta}_1-l_2\boldsymbol{\beta}_2$，若$\boldsymbol{\beta}_1$，$\boldsymbol{\beta}_2$，$\boldsymbol{\beta}_3$ 两两正交，则 l_1，l_2 分别为(　　)。

A. $\frac{5}{2},\frac{1}{2}$　　B. $-\frac{5}{2},\frac{1}{2}$　　C. $\frac{5}{2},-\frac{1}{2}$　　D. $-\frac{5}{2},-\frac{1}{2}$

解 方法 1：利用施密特正交化公式。

利用施密特正交化公式知$\boldsymbol{\beta}_2=\boldsymbol{\alpha}_2-\dfrac{(\boldsymbol{\alpha}_2,\boldsymbol{\beta}_1)}{(\boldsymbol{\beta}_1,\boldsymbol{\beta}_1)}\boldsymbol{\beta}_1=\begin{bmatrix}0\\2\\0\end{bmatrix}$，$\boldsymbol{\beta}_3=\boldsymbol{\alpha}_3-\dfrac{(\boldsymbol{\alpha}_3,\boldsymbol{\beta}_1)}{(\boldsymbol{\beta}_1,\boldsymbol{\beta}_1)}\boldsymbol{\beta}_1-\dfrac{(\boldsymbol{\alpha}_3,\boldsymbol{\beta}_2)}{(\boldsymbol{\beta}_2,\boldsymbol{\beta}_2)}\boldsymbol{\beta}_2$，故 $l_1=\dfrac{(\boldsymbol{\alpha}_3,\boldsymbol{\beta}_1)}{(\boldsymbol{\beta}_1,\boldsymbol{\beta}_1)}=\dfrac{5}{2}$，$l_2=\dfrac{(\boldsymbol{\alpha}_3,\boldsymbol{\beta}_2)}{(\boldsymbol{\beta}_2,\boldsymbol{\beta}_2)}=\dfrac{1}{2}$，故选 A。

方法 2：直接利用正交。

$\boldsymbol{\beta}_1=[1,0,1]^{\mathrm{T}}$，$\boldsymbol{\beta}_2=[1-k,2,1-k]^{\mathrm{T}}$，两个向量正交，则必有$(1-k)+(1-k)=0\Rightarrow k=1$。

所以$\boldsymbol{\beta}_2=[0,2,0]^{\mathrm{T}}$，$\boldsymbol{\beta}_3=[3,1,2]^{\mathrm{T}}-l_1[1,0,1]^{\mathrm{T}}-l_2[0,2,0]^{\mathrm{T}}=[3-l_1,1-2l_2,2-l_1]$。

由于$\boldsymbol{\beta}_1,\boldsymbol{\beta}_2,\boldsymbol{\beta}_3$ 两两正交，所以$(\boldsymbol{\beta}_1,\boldsymbol{\beta}_3)=(\boldsymbol{\beta}_2,\boldsymbol{\beta}_3)=0$。

所以$\begin{cases}(3-l_1)+(2-l_1)=0\\1-2l_2=0\end{cases}\Rightarrow l_1=\dfrac{5}{2}$，$l_2=\dfrac{1}{2}$。

注意：事实上，方法 2 将施密特正交化公式推导了一遍。如：

$(\boldsymbol{\beta}_1,\boldsymbol{\beta}_2)=0\Rightarrow(\boldsymbol{\beta}_1,\boldsymbol{\beta}_2)=(\boldsymbol{\alpha}_1,\boldsymbol{\alpha}_2-k\boldsymbol{\alpha}_1)=(\boldsymbol{\alpha}_1,\boldsymbol{\alpha}_2)-k(\boldsymbol{\alpha}_1,\boldsymbol{\alpha}_1)=0\Rightarrow k=\dfrac{(\boldsymbol{\alpha}_1,\boldsymbol{\alpha}_2)}{(\boldsymbol{\alpha}_1,\boldsymbol{\alpha}_1)}$。

这正是施密特正交化公式的系数。同理，其他 l_1，l_2 也是施密特正交化公式的系数。可用这个方法理解施密特正交化公式的系数。

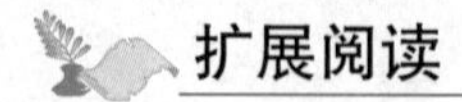

扩展阅读

关于施密特正交化的几个问题

问题1：如何理解？

问题2：如何记忆？

问题3：为什么特征向量正交化后还是特征向量？

问题4：如何避免施密特正交化？

问题1：如何理解？

以两个向量为例。

取$\boldsymbol{\beta}_1=\boldsymbol{\alpha}_1$。这个公式很好理解，$\boldsymbol{\beta}_1$是任意指定的，也可以指定$\boldsymbol{\beta}_1=\boldsymbol{\alpha}_3$。难点在于对$\boldsymbol{\beta}_2=\boldsymbol{\alpha}_2-\dfrac{(\boldsymbol{\alpha}_2,\boldsymbol{\beta}_1)}{(\boldsymbol{\beta}_1,\boldsymbol{\beta}_1)}\boldsymbol{\beta}_1$的理解。从向量分解的角度出发。$\boldsymbol{\beta}_2$事实上就是$\boldsymbol{\alpha}_2$的垂直分量(垂直于$\boldsymbol{\beta}_1=\boldsymbol{\alpha}_1$)。换句话说，施密特正交化公式，实际上是向量分解公式。将$\boldsymbol{\beta}_1=\boldsymbol{\alpha}_1$视为水平向量，下面开始计算$\boldsymbol{\alpha}_2$的水平分量：

水平投影长度：$|\boldsymbol{\alpha}_2|\cdot\cos\theta$，如图1所示。

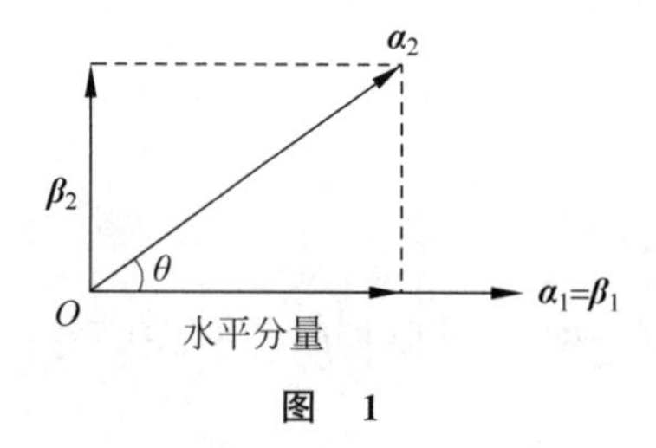

图 1

由恒等式$(\boldsymbol{\beta}_1,\boldsymbol{\alpha}_2)=|\boldsymbol{\beta}_1|\cdot|\boldsymbol{\alpha}_2|\cdot\cos\theta$可得水平投影长度，可改写为$|\boldsymbol{\alpha}_2|\cdot\cos\theta=\dfrac{(\boldsymbol{\beta}_1,\boldsymbol{\alpha}_2)}{|\boldsymbol{\beta}_1|}$。考虑到水平方向的单位方向向量为$\dfrac{\boldsymbol{\beta}_1}{|\boldsymbol{\beta}_1|}$。最终可得出$\boldsymbol{\alpha}_2$水平分量：

$$|\boldsymbol{\alpha}_2|\cdot\cos\theta\cdot\frac{\boldsymbol{\beta}_1}{|\boldsymbol{\beta}_1|}=\frac{(\boldsymbol{\alpha}_1,\boldsymbol{\alpha}_2)}{|\boldsymbol{\beta}_1|}\cdot\frac{\boldsymbol{\beta}_1}{|\boldsymbol{\beta}_1|}=\frac{(\boldsymbol{\beta}_1,\boldsymbol{\alpha}_2)}{(\boldsymbol{\beta}_1,\boldsymbol{\beta}_1)}\boldsymbol{\beta}_1。$$

所以垂直分量为$\boldsymbol{\beta}_2=\boldsymbol{\alpha}_2-\dfrac{(\boldsymbol{\beta}_1,\boldsymbol{\alpha}_2)}{(\boldsymbol{\beta}_1,\boldsymbol{\beta}_1)}\boldsymbol{\beta}_1$，以上就是施密特正交化的原理及公式。

问题2：如何记忆？

口诀：去投影，4个1(减去投影向量，投影中有4个$\boldsymbol{\beta}_1$)。

公式：$\boldsymbol{\beta}_2=\boldsymbol{\alpha}_2-\dfrac{(\boldsymbol{\beta}_1,\boldsymbol{\alpha}_2)}{(\boldsymbol{\beta}_1,\boldsymbol{\beta}_1)}\boldsymbol{\beta}_1$。

推广：$\boldsymbol{\beta}_3=\boldsymbol{\alpha}_3-\dfrac{(\boldsymbol{\beta}_1,\boldsymbol{\alpha}_3)}{(\boldsymbol{\beta}_1,\boldsymbol{\beta}_1)}\boldsymbol{\beta}_1-\dfrac{(\boldsymbol{\beta}_2,\boldsymbol{\alpha}_3)}{(\boldsymbol{\beta}_2,\boldsymbol{\beta}_2)}\boldsymbol{\beta}_2$(口诀：去投影，4个1+去投影，4个2)。

问题3：为什么正交化后还是特征向量？

因为同一特征值对应的特征向量的线性组合依然是特征向量。

例如：$\lambda_1=3,\lambda_2=\lambda_3=0$。非零特征值对应的特征向量为$\boldsymbol{\alpha}_1=(1,1,-1)^{\mathrm{T}}$，设特征值0对应的特征向量为$(x_1,x_2,x_3)^{\mathrm{T}}$，则$x_1+x_2-x_3=0$，则0对应的特征向量为$\boldsymbol{\alpha}_2=(-1,1,0)^{\mathrm{T}}$，$\boldsymbol{\alpha}_3=(1,0,1)^{\mathrm{T}}$。$\boldsymbol{\beta}_2=\boldsymbol{\alpha}_2=(-1,1,0)^{\mathrm{T}}$；$\boldsymbol{\beta}_3=\boldsymbol{\alpha}_3-\dfrac{(\boldsymbol{\beta}_2,\boldsymbol{\alpha}_3)}{(\boldsymbol{\beta}_2,\boldsymbol{\beta}_2)}\boldsymbol{\beta}_2=\begin{bmatrix}1\\0\\1\end{bmatrix}-\dfrac{-1}{2}\begin{bmatrix}-1\\1\\0\end{bmatrix}$。本例中$\boldsymbol{\alpha}_2,\boldsymbol{\alpha}_3$同属于特征值$\lambda_2=\lambda_3=0$，$\boldsymbol{\beta}_3=$

$\boldsymbol{\alpha}_3-\dfrac{(\boldsymbol{\beta}_2,\boldsymbol{\alpha}_3)}{(\boldsymbol{\beta}_2,\boldsymbol{\beta}_2)}\boldsymbol{\beta}_2=\boldsymbol{\alpha}_3-\dfrac{(\boldsymbol{\beta}_2,\boldsymbol{\alpha}_3)}{(\boldsymbol{\beta}_2,\boldsymbol{\beta}_2)}\boldsymbol{\alpha}_2$ 其实是$\boldsymbol{\alpha}_2,\boldsymbol{\alpha}_3$ 的线性组合。所以$\boldsymbol{\beta}_3$ 依然为 $\lambda_2=\lambda_3=0$ 对应的特征向量。

问题 4：如何避免施密特正交化？

由于施密特正交化方法比较麻烦，在解题时应尽量采用其他方法。可以使第 2 向量强制与其他向量正交。

例如：$\lambda_1=3,\lambda_2=\lambda_3=0$。非零特征值对应的特征向量为$\boldsymbol{\alpha}_1=(1,1,-1)^{\mathrm{T}}$。有两种方法可得出 $\lambda_2=\lambda_3=0$ 相互正交的特征向量，从而避免施密特正交化。

方法 1：观察法：$\boldsymbol{\alpha}_2=(1,-1,0)^{\mathrm{T}},\boldsymbol{\alpha}_3=(1,1,2)^{\mathrm{T}}$。

方法 2：建立正交方程。任取$\boldsymbol{\alpha}_2$ 与$\boldsymbol{\alpha}_1$ 正交，强制$\boldsymbol{\alpha}_3$ 与$\boldsymbol{\alpha}_2,\boldsymbol{\alpha}_1$ 正交。这可以通过正交建立约束方程实现。设$\boldsymbol{\alpha}_3=(x_1,x_2,x_3)^{\mathrm{T}}$ 与$\boldsymbol{\alpha}_2$ 与$\boldsymbol{\alpha}_1$ 均正交。

如选$\boldsymbol{\alpha}_2=(1,-1,0)^{\mathrm{T}}$，则$\begin{cases}\boldsymbol{\alpha}_1^{\mathrm{T}}\boldsymbol{\alpha}_3=\mathbf{0}\\ \boldsymbol{\alpha}_2^{\mathrm{T}}\boldsymbol{\alpha}_3=\mathbf{0}\end{cases}\Rightarrow\begin{cases}x_1+x_2-x_3=0\\ x_1-x_2=0\end{cases}\Rightarrow\boldsymbol{\alpha}_3=k(1,1,2)^{\mathrm{T}}(k\neq 0)$。

这样求出来的三个向量必定相互正交，所以不需要再施密特正交化。

如果熟悉以下两种正交的向量组，有助于使用观察法直接得出正交的特征向量。

第 1 组：$\boldsymbol{\alpha}_1=\begin{bmatrix}1\\-1\\0\end{bmatrix},\boldsymbol{\alpha}_2=\begin{bmatrix}1\\1\\1\end{bmatrix},\boldsymbol{\alpha}_3=\begin{bmatrix}1\\1\\-2\end{bmatrix}$；第 2 组：$\boldsymbol{\alpha}_1=\begin{bmatrix}1\\-1\\0\end{bmatrix},\boldsymbol{\alpha}_2=\begin{bmatrix}1\\1\\0\end{bmatrix},\boldsymbol{\alpha}_3=\begin{bmatrix}0\\0\\1\end{bmatrix}$。

第5章

相似矩阵、特征值

本章要点总结

1. 隐含的特征值
   - 行列式
     - $|\boldsymbol{A}|=0\Rightarrow\lambda=0$
     - $|\boldsymbol{A}-k\boldsymbol{E}|=0\Rightarrow\lambda=k$
   - 矩阵
     - $r(\boldsymbol{A})=k\Rightarrow\lambda=0$ 至少为 $n-k$ 重特征值
     - $\boldsymbol{A}$ 不可逆 $\Rightarrow\lambda=0$
   - 方程组
     - $\boldsymbol{Ax}=\boldsymbol{0}\Rightarrow\lambda=0$
     - $\boldsymbol{A\beta}=k\boldsymbol{\beta}\Rightarrow\lambda=k$

2.
   - 特征值性质
     - $\lambda_1+\lambda_2+\cdots+\lambda_n=\sum_{i=1}^{n}a_{ii}=\mathrm{tr}(\boldsymbol{A})$
     - $\lambda_1\lambda_2\cdots\lambda_n=|\boldsymbol{A}|$
   - 特征向量的性质
     - $\boldsymbol{A}$ 的不同特征值对应的特征向量是线性无关的
     - k 重特征值对应线性无关的特征向量不超过 k 个
     - 特征向量线性组合
       - $\boldsymbol{A\alpha}_1=\lambda_1\boldsymbol{\alpha}_1,\boldsymbol{A\alpha}_2=\lambda_2\boldsymbol{\alpha}_2(\boldsymbol{\alpha}_1\neq\boldsymbol{0},\boldsymbol{\alpha}_2\neq\boldsymbol{0})$
       - 则
         - $\lambda_1=\lambda_2$ 时，$k_1\boldsymbol{\alpha}_1+k_2\boldsymbol{\alpha}_2$ 是 $\boldsymbol{A}$ 的特征向量
         - $\lambda_1\neq\lambda_2$ 时，$k_1\boldsymbol{\alpha}_1+k_2\boldsymbol{\alpha}_2$ 不是 $\boldsymbol{A}$ 的特征向量
   - 多项式与相似传递（$f(x)$是幂函数）

矩阵	$\boldsymbol{A}$	$\boldsymbol{A}^n$	$f(\boldsymbol{A})$	$\boldsymbol{A}^{-1}$	$\boldsymbol{A}^*$	$\boldsymbol{P}^{-1}\boldsymbol{AP}$
特征值	λ	λ^n	$f(\lambda)$	$\frac{1}{\lambda}$	$\frac{\lvert\boldsymbol{A}\rvert}{\lambda}$	λ
特征向量	$\boldsymbol{\alpha}$	$\boldsymbol{\alpha}$	$\boldsymbol{\alpha}$	$\boldsymbol{\alpha}$	$\boldsymbol{\alpha}$	$\boldsymbol{P}^{-1}\boldsymbol{\alpha}$

3. 相似
   - $\boldsymbol{A},\boldsymbol{B}$ 相似
     - 三个必要条件：$|\boldsymbol{A}|=|\boldsymbol{B}|,\sum_{i=1}^{n}a_{ii}=\sum_{i=1}^{n}b_{ii},r(\boldsymbol{A})=r(\boldsymbol{B})$
     - 三组相似：$\boldsymbol{A}^{\mathrm{T}}\sim\boldsymbol{B}^{\mathrm{T}},\boldsymbol{A}^{-1}\sim\boldsymbol{B}^{-1},\boldsymbol{A}^*\sim\boldsymbol{B}^*$
     - 证明方式：利用 $\boldsymbol{A},\boldsymbol{B}$ 相似于同样的对角矩阵可证 $\boldsymbol{A},\boldsymbol{B}$ 相似
     - 更多相似
       - $\boldsymbol{A}\sim\boldsymbol{B},\boldsymbol{C}\sim\boldsymbol{D}$，则 $\begin{bmatrix}\boldsymbol{A}&\boldsymbol{O}\\\boldsymbol{O}&\boldsymbol{C}\end{bmatrix}\sim\begin{bmatrix}\boldsymbol{B}&\boldsymbol{O}\\\boldsymbol{O}&\boldsymbol{D}\end{bmatrix}$
       - $\boldsymbol{A}\sim\boldsymbol{B}$，则 $f(\boldsymbol{A})\sim f(\boldsymbol{B})$，$|f(\boldsymbol{A})|=|f(\boldsymbol{B})|$（$f(x)$ 是幂函数）
   - 可对角化
     - 条件
       - 充分条件：$\boldsymbol{A}$ 有 n 个不同的特征值 $\Rightarrow\boldsymbol{A}\sim\boldsymbol{\Lambda}$
       - 充分条件：$\boldsymbol{A}$ 为实对称矩阵 $\Rightarrow\boldsymbol{A}\sim\boldsymbol{\Lambda}$
       - 充要条件：$\boldsymbol{A}\sim\boldsymbol{\Lambda}\Leftrightarrow\boldsymbol{A}$ 有 n 个线性无关的特征向量
       - 充要条件：$\boldsymbol{A}\sim\boldsymbol{\Lambda}\Leftrightarrow\boldsymbol{A}$ 的 k 重特征值对应 k 个线性无关的特征向量 $\Leftrightarrow$ 对每个 k_i 重特征值 λ_i，有 $n-r(\lambda_i\boldsymbol{E}-\boldsymbol{A})=k_i$
     - 性质
       - 非零特征值的个数（重根算多个）$=r(\boldsymbol{A})$
       - $\boldsymbol{P}^{-1}\boldsymbol{AP}=\boldsymbol{\Lambda}\Rightarrow\boldsymbol{A}^n=\boldsymbol{P\Lambda}^n\boldsymbol{P}^{-1}$

4. $\boldsymbol{A}^n$ 的两种求法
   - ① 列行矩阵：$\boldsymbol{A}^n=\lambda^{n-1}\boldsymbol{A}$，其中 $\boldsymbol{A}=\boldsymbol{\alpha\beta}^{\mathrm{T}},\lambda=\boldsymbol{\beta}^{\mathrm{T}}\boldsymbol{\alpha}$
   - ② 可对角化矩阵：$\boldsymbol{A}^n=\boldsymbol{P\Lambda}^n\boldsymbol{P}^{-1}$ 或 $\boldsymbol{A}^n=\boldsymbol{Q\Lambda}^n\boldsymbol{Q}^{-1}=\boldsymbol{Q\Lambda}^n\boldsymbol{Q}^{\mathrm{T}}$

5. 特征向量与特征值的次序对应：$\boldsymbol{A}[\boldsymbol{\alpha}_{\lambda_1},\boldsymbol{\alpha}_{\lambda_2},\boldsymbol{\alpha}_{\lambda_3}]=[\boldsymbol{\alpha}_{\lambda_1},\boldsymbol{\alpha}_{\lambda_2},\boldsymbol{\alpha}_{\lambda_3}]\begin{bmatrix}\lambda_1&&\\&\lambda_2&\\&&\lambda_3\end{bmatrix}$

6. 由相似 $P^{-1}AP=B$，求解 P 的步骤 $\begin{cases} P_1^{-1}AP_1=\Lambda \\ P_2^{-1}BP_2=\Lambda \\ P=P_1P_2^{-1}\text{（原因：}P_1^{-1}AP_1=P_2^{-1}BP_2\Rightarrow \\ (P_1P_2^{-1})^{-1}AP_1P_2^{-1}=B\text{）} \end{cases}$

专题 27 求特征值与特征向量

【考法 1】 特征值的可能取值

重要结论

设 $f(x)=0$ 为幂函数，若 $f(A)=O$，则矩阵 A 的所有可能取值为方程 $f(\lambda)=0$ 的根。

说明：① $f(\lambda)=0$ 的根，是矩阵 A 可能的取值，并非一定所有值全部取到。

比如 $A^2-A=O$，则 $f(\lambda)=0\Rightarrow\lambda=0$ 或 1。取单位矩阵 $A=E$ 满足等式 $A^2-A=O$，但显然 E 所有特征值均为 1，没有 0。

② 特征值只能从 $f(\lambda)=0$ 的根中取，不可能取其他值。

反证法。$f(A)=O$ 时，假设存在特征值 k 使得 $f(k)\neq 0$，k 对应的特征向量为α，则有

$f(A)=O\Rightarrow f(A)\alpha=0\cdot\alpha\Rightarrow f(k)\alpha=0$。又因为特征向量为$\alpha$ 非零，所以 $f(k)=0$，这与原假设矛盾。故原假设（存在特征值 k 使得 $f(k)\neq 0$）不成立。

例题 1 若矩阵 A 的迹为 0，且满足 $A^2+A=2E$，则行列式 $|A+E|=$________。

解 由 $A^2+A=2E$，可得 $A^2+A-2E=O$，所以矩阵 A 特征值 λ 的可能取值为方程 $\lambda^2+\lambda-2=0$ 的解，解方程可得 $\lambda=1$ 或 $\lambda=-2$。又因为矩阵的迹为 0，所以特征值之和为 0。由特征值的取值范围可得，矩阵 A 的全部特征值只可能为 $1,1,-2$，所以 $A+E$ 的全部特征值为 $2,2,-1$，故 $|A+E|=-4$。

【考法 2】 利用特征值的性质

重要结论

$\begin{cases} \sum_{i=1}^{n}\lambda_i=\sum_{i=1}^{n}a_{ii} \\ \prod_{i=1}^{n}\lambda_i=|A| \end{cases}$，特征值之和为矩阵的迹，特征值之积为矩阵的行列式。

例题 2 已知矩阵 $A=\begin{bmatrix} b & 0 & 2 \\ 0 & -1 & 0 \\ a & 4 & a+2 \end{bmatrix}$ 的特征值之和为 2，特征值之积为 -2，若 $a<0$，则 $b=$（ ）。

A. 4　　B. -4　　C. 2　　D. -2

解 本题考查特征值、特征向量的性质：设 n 阶矩阵 $A=[a_{ij}]_{n\times n}$ 的 n 个特征值为 $\lambda_1,\cdots,\lambda_n$，则 (1) $\sum_{i=1}^{n}\lambda_i=\sum_{i=1}^{n}a_{ii}$；(2) $\prod_{i=1}^{n}\lambda_i=|A|$。

根据题意 $\lambda_1+\lambda_2+\lambda_3=2=a_{11}+a_{22}+a_{33}=b+(-1)+a+2\Rightarrow b=1-a$。又因为 $\lambda_1\lambda_2\lambda_3=$

$-2=|\boldsymbol{A}|=2a-(a+2)b \Rightarrow 2a-ab-2b=-2$，从而解得 $a^2+3a=0$，因 $a<0$，故 $a=-3,b=4$，故选 A。

【考法 3】 定义确定特征向量

例题 3 设 $\boldsymbol{A}$ 是 n 阶实对称矩阵，$\boldsymbol{P}$ 是 n 阶可逆矩阵，已知 n 维列向量 $\boldsymbol{\alpha}$ 是 $\boldsymbol{A}$ 的属于特征值 λ 的特征向量，则矩阵 $(\boldsymbol{P}^{-1}\boldsymbol{A}\boldsymbol{P})^{\mathrm{T}}$ 的属于特征值 λ 的特征向量是（　　）。

A. $\boldsymbol{P}^{-1}\boldsymbol{\alpha}$　　B. $\boldsymbol{P}^{\mathrm{T}}\boldsymbol{\alpha}$

C. $\boldsymbol{P}\boldsymbol{\alpha}$　　D. $(\boldsymbol{P}^{-1})^{\mathrm{T}}\boldsymbol{\alpha}$

解 由题设有 $\boldsymbol{A}\boldsymbol{\alpha}=\lambda\boldsymbol{\alpha}$，且 $\boldsymbol{A}^{\mathrm{T}}=\boldsymbol{A}$，令 $\boldsymbol{B}=(\boldsymbol{P}^{-1}\boldsymbol{A}\boldsymbol{P})^{\mathrm{T}}$，则 $\boldsymbol{B}=(\boldsymbol{P}^{-1}\boldsymbol{A}\boldsymbol{P})^{\mathrm{T}}=\boldsymbol{P}^{\mathrm{T}}\boldsymbol{A}^{\mathrm{T}}(\boldsymbol{P}^{-1})^{\mathrm{T}}=\boldsymbol{P}^{\mathrm{T}}\boldsymbol{A}(\boldsymbol{P}^{\mathrm{T}})^{-1}$，即 $\boldsymbol{A}=(\boldsymbol{P}^{\mathrm{T}})^{-1}\boldsymbol{B}\boldsymbol{P}^{\mathrm{T}}$，故 $\boldsymbol{A}\boldsymbol{\alpha}=(\boldsymbol{P}^{\mathrm{T}})^{-1}\boldsymbol{B}\boldsymbol{P}^{\mathrm{T}}\boldsymbol{\alpha}$，即 $(\boldsymbol{P}^{\mathrm{T}})^{-1}\boldsymbol{B}(\boldsymbol{P}^{\mathrm{T}}\boldsymbol{\alpha})=\lambda\boldsymbol{\alpha}$。两边乘以 $\boldsymbol{P}^{\mathrm{T}}$ 得到 $\boldsymbol{B}(\boldsymbol{P}^{\mathrm{T}}\boldsymbol{\alpha})=\lambda\boldsymbol{P}^{\mathrm{T}}\boldsymbol{\alpha}$，所以 $\boldsymbol{P}^{\mathrm{T}}\boldsymbol{\alpha}$ 为矩阵 $\boldsymbol{B}=(\boldsymbol{P}^{-1}\boldsymbol{A}\boldsymbol{P})^{\mathrm{T}}$ 的属于特征值 λ 的特征向量，故选 B。

【考法 4】 伴随矩阵的特征值

例题 4 已知 $\boldsymbol{\alpha}=[1,3,2]^{\mathrm{T}}$，$\boldsymbol{\beta}=[1,-1,2]^{\mathrm{T}}$，若矩阵 $\boldsymbol{A}$ 与 $\boldsymbol{\alpha}\boldsymbol{\beta}^{\mathrm{T}}$ 相似，那么 $(2\boldsymbol{A}+\boldsymbol{E})^*$ 的特征值是________。

解 记 $\boldsymbol{B}=\boldsymbol{\alpha}\boldsymbol{\beta}^{\mathrm{T}}$，则 $\boldsymbol{B}=\begin{bmatrix}1\\3\\2\end{bmatrix}[1,-1,2]=\begin{bmatrix}1&-1&2\\3&-3&6\\2&-2&4\end{bmatrix}$。

由 $|\lambda\boldsymbol{E}-\boldsymbol{B}|=\lambda^3-2\lambda^2=\lambda^2(\lambda-2)=0$，知 $\boldsymbol{B}$ 的特征值是 $2,0,0$。因为 $\boldsymbol{A}\sim\boldsymbol{B}$，故矩阵 $\boldsymbol{A}$ 的特征值也是 $2,0,0$，从而 $2\boldsymbol{A}+\boldsymbol{E}$ 的特征值是 $5,1,1$，因此 $|2\boldsymbol{A}+\boldsymbol{E}|=5\times1\times1=5$。所以 $(2\boldsymbol{A}+\boldsymbol{E})^*$ 的特征值是 $1,5,5$。

【考法 5】 将特征向量与特征值对应

重要结论

① 实对称矩阵不同特征值对应的特征向量正交，但反过来不成立。但实对称矩阵 $\boldsymbol{A}$ 不正交的特征向量一定属于同一个特征值。

② 同一特征值对应的特征向量线性组合依然是特征向量，但不同特征值对应的特征向量线性组合后不再是特征向量，所以，两个特征向量线性组合依然是特征向量，则 3 个特征向量必属于同一特征值。

例题 5 设 $\boldsymbol{A}$ 为三阶实对称矩阵，$\boldsymbol{A}$ 的特征值为 $2,1,1$，特征向量为 $\boldsymbol{\alpha}_1=(1,1,-2)^{\mathrm{T}}$，$\boldsymbol{\alpha}_2=(1,-1,0)^{\mathrm{T}}$，$\boldsymbol{\alpha}_3=(2,0,-2)^{\mathrm{T}}$，$\boldsymbol{\alpha}_4=(4,0,-4)^{\mathrm{T}}$。

(1) 求 $\boldsymbol{A}$ 的属于特征值 $\lambda_1=2$ 的所有特征向量。(2) 求 $\boldsymbol{A}$。

解 (1) 方法 1：利用特征向量线性组合依然是特征向量，反推两个向量属于同一个特征值。由题意可知 $\boldsymbol{\alpha}_1+\boldsymbol{\alpha}_2=\boldsymbol{\alpha}_3$，依然属于特征向量，所以 $\boldsymbol{\alpha}_1,\boldsymbol{\alpha}_2,\boldsymbol{\alpha}_3$ 必属于同一个特征值。又因为 $\boldsymbol{\alpha}_1,\boldsymbol{\alpha}_2$ 线性无关，则该特征值至少为二重根。本题中只有 1 为二重根。所以 $\boldsymbol{\alpha}_1,\boldsymbol{\alpha}_2,\boldsymbol{\alpha}_3$ 对应的特征值为 1。$\boldsymbol{\alpha}_4=2\boldsymbol{\alpha}_3$，所以 $\boldsymbol{\alpha}_1,\boldsymbol{\alpha}_2,\boldsymbol{\alpha}_3,\boldsymbol{\alpha}_4$ 对应的特征值均为 1。

设 $\lambda_1=2$ 的所有特征向量为 $\boldsymbol{\beta}$，则 $\boldsymbol{\beta}$ 与 $\boldsymbol{\alpha}_1,\boldsymbol{\alpha}_2$ 均正交，可取 $\boldsymbol{\beta}=(1,1,1)^{\mathrm{T}}$（也可设 $\boldsymbol{\beta}=(x_1,x_2,x_3)^{\mathrm{T}}$ 列方程求解）。

方法 2：利用实对称矩阵不正交的特征向量必为同一特征值。

$\boldsymbol{\alpha}_1=(1,1,-2)^{\mathrm{T}}$ 与$\boldsymbol{\alpha}_3=(2,0,-2)^{\mathrm{T}}$ 不正交，所以为同一特征值。又因为$\boldsymbol{\alpha}_1,\boldsymbol{\alpha}_3$ 线性无关，所以该特征值至少为二重根。本题中只有 1 为二重根。所以$\boldsymbol{\alpha}_1,\boldsymbol{\alpha}_3$ 对应的特征值为 1。后续过程同方法 1。

(2) $(\boldsymbol{\beta},\boldsymbol{\alpha}_1,\boldsymbol{\alpha}_2)$单位化后，得 $\boldsymbol{Q}=\begin{bmatrix}\frac{1}{\sqrt{3}} & \frac{1}{\sqrt{6}} & \frac{1}{\sqrt{2}}\\ \frac{1}{\sqrt{3}} & \frac{1}{\sqrt{6}} & -\frac{1}{\sqrt{2}}\\ \frac{1}{\sqrt{3}} & -\frac{2}{\sqrt{6}} & 0\end{bmatrix}$，$\boldsymbol{Q}^{\mathrm{T}}=\begin{bmatrix}\frac{1}{\sqrt{3}} & \frac{1}{\sqrt{3}} & \frac{1}{\sqrt{3}}\\ \frac{1}{\sqrt{6}} & \frac{1}{\sqrt{6}} & -\frac{2}{\sqrt{6}}\\ \frac{1}{\sqrt{2}} & -\frac{1}{\sqrt{2}} & 0\end{bmatrix}$，

$$\boldsymbol{A}=\begin{bmatrix}\frac{1}{\sqrt{3}} & \frac{1}{\sqrt{6}} & \frac{1}{\sqrt{2}}\\ \frac{1}{\sqrt{3}} & \frac{1}{\sqrt{6}} & -\frac{1}{\sqrt{2}}\\ \frac{1}{\sqrt{3}} & -\frac{2}{\sqrt{6}} & 0\end{bmatrix}\begin{bmatrix}2 & & \\ & 1 & \\ & & 1\end{bmatrix}\begin{bmatrix}\frac{1}{\sqrt{3}} & \frac{1}{\sqrt{3}} & \frac{1}{\sqrt{3}}\\ \frac{1}{\sqrt{6}} & \frac{1}{\sqrt{6}} & -\frac{2}{\sqrt{6}}\\ \frac{1}{\sqrt{2}} & -\frac{1}{\sqrt{2}} & 0\end{bmatrix}=\frac{1}{3}\begin{bmatrix}4 & 1 & 1\\ 1 & 4 & 1\\ 1 & 1 & 4\end{bmatrix}。$$

【考法 6】 特征值的应用题

重要结论

若建立关系式 $\begin{bmatrix}x_n\\ y_n\end{bmatrix}=\boldsymbol{A}\begin{bmatrix}x_{n-1}\\ y_{n-1}\end{bmatrix}$，则可通过特征值方法求解数列 x_n,y_n(其中 $\boldsymbol{A}$ 为二阶方阵)。

说明：$\begin{bmatrix}x_n\\ y_n\end{bmatrix}=\boldsymbol{A}\begin{bmatrix}x_{n-1}\\ y_{n-1}\end{bmatrix}=\boldsymbol{A}^2\begin{bmatrix}x_{n-2}\\ y_{n-2}\end{bmatrix}=\boldsymbol{A}^{n-1}\begin{bmatrix}x_1\\ y_1\end{bmatrix}$，求出 $\boldsymbol{A}^{n-1}$ 后可得 x_n,y_n 的表达式，或求解相关问题。

例题 6 某生产线在每年一月份进行熟练工与非熟练工的人数统计，然后将$\frac{1}{6}$的熟练工支援其他生产部门，其缺额由招收新的非熟练工补充。新、老非熟练工经过培训及实践至年终考核，有$\frac{2}{5}$成为熟练工。设第 n 年一月份统计的熟练工和非熟练工所占百分比分别为 x_n，y_n，记成向量$\begin{bmatrix}x_n\\ y_n\end{bmatrix}$。

(1) 求$\begin{bmatrix}x_{n+1}\\ y_{n+1}\end{bmatrix}$与$\begin{bmatrix}x_n\\ y_n\end{bmatrix}$的关系式并写成矩阵形式：$\begin{bmatrix}x_{n+1}\\ y_{n+1}\end{bmatrix}=\boldsymbol{A}\begin{bmatrix}x_n\\ y_n\end{bmatrix}$。

(2) 验证$\boldsymbol{\eta}_1=\begin{bmatrix}4\\ 1\end{bmatrix}$，$\boldsymbol{\eta}_2=\begin{bmatrix}-1\\ 1\end{bmatrix}$是 $\boldsymbol{A}$ 的两个线性无关的特征向量，并求出相应的特征值。

(3) 当$\begin{bmatrix}x_1\\ y_1\end{bmatrix}=\begin{bmatrix}\frac{1}{2}\\ \frac{1}{2}\end{bmatrix}$时，求$\begin{bmatrix}x_{n+1}\\ y_{n+1}\end{bmatrix}$。

解 (1) 由题意，$\frac{1}{6}x_n+y_n$ 是非熟练工的人数，$\frac{2}{5}\left(\frac{1}{6}x_n+y_n\right)$是年终由非熟练工变成的熟练工的人数，$\frac{5}{6}x_n$ 是年初支援其他部门后的熟练工的人数，根据年终熟练工的人数列出等式①，根据年

终非熟练工的人数列出等式②，即$\begin{cases} x_{n+1}=\frac{5}{6}x_n+\frac{2}{5}\left(\frac{1}{6}x_n+y_n\right) & ① \\ y_{n+1}=\frac{3}{5}\left(\frac{1}{6}x_n+y_n\right) & ② \end{cases}$

$\Rightarrow\begin{cases} x_{n+1}=\frac{5}{6}x_n+\frac{1}{15}x_n+\frac{2}{5}y_n \\ y_{n+1}=\frac{1}{10}x_n+\frac{3}{5}y_n \end{cases}\Rightarrow\begin{cases} x_{n+1}=\frac{9}{10}x_n+\frac{2}{5}y_n \\ y_{n+1}=\frac{1}{10}x_n+\frac{3}{5}y_n \end{cases}$，即$\begin{bmatrix} x_{n+1} \\ y_{n+1} \end{bmatrix}=\begin{bmatrix} \frac{9}{10} & \frac{2}{5} \\ \frac{1}{10} & \frac{3}{5} \end{bmatrix}\begin{bmatrix} x_n \\ y_n \end{bmatrix}$，

可见$\boldsymbol{A}=\begin{bmatrix} \frac{9}{10} & \frac{2}{5} \\ \frac{1}{10} & \frac{3}{5} \end{bmatrix}$。

(2) 把$\boldsymbol{\eta}_1,\boldsymbol{\eta}_2$作为列向量写成矩阵的形式$[\boldsymbol{\eta}_1,\boldsymbol{\eta}_2]$，因为其行列式$|[\boldsymbol{\eta}_1,\boldsymbol{\eta}_2]|=\begin{vmatrix} 4 & -1 \\ 1 & 1 \end{vmatrix}=5\neq 0$，矩阵为满秩，由矩阵的秩和向量的关系可见$\boldsymbol{\eta}_1,\boldsymbol{\eta}_2$线性无关。

又$\boldsymbol{A\eta}_1=\begin{bmatrix} \frac{9}{10} & \frac{2}{5} \\ \frac{1}{10} & \frac{3}{5} \end{bmatrix}\begin{bmatrix} 4 \\ 1 \end{bmatrix}=\begin{bmatrix} 4 \\ 1 \end{bmatrix}=\boldsymbol{\eta}_1$，$\boldsymbol{A\eta}_2=\begin{bmatrix} -\frac{1}{2} \\ \frac{1}{2} \end{bmatrix}=\frac{1}{2}\boldsymbol{\eta}_2$，由特征值、特征向量的定义，得$\boldsymbol{\eta}_1$为$\boldsymbol{A}$的当特征值$\lambda_1=1$时的特征向量，$\boldsymbol{\eta}_2$为$\boldsymbol{A}$的当特征值$\lambda_2=\frac{1}{2}$时的特征向量。

(3) 因为$\begin{bmatrix} x_{n+1} \\ y_{n+1} \end{bmatrix}=\boldsymbol{A}\begin{bmatrix} x_n \\ y_n \end{bmatrix}=\boldsymbol{A}^2\begin{bmatrix} x_{n-1} \\ y_{n-1} \end{bmatrix}=\cdots=\boldsymbol{A}^n\begin{bmatrix} x_1 \\ y_1 \end{bmatrix}=\boldsymbol{A}^n\begin{bmatrix} \frac{1}{2} \\ \frac{1}{2} \end{bmatrix}$，因此只要计算$\boldsymbol{A}^n$即可。令$\boldsymbol{P}=[\boldsymbol{\eta}_1,\boldsymbol{\eta}_2]=\begin{bmatrix} 4 & -1 \\ 1 & 1 \end{bmatrix}$，则由$\boldsymbol{P}^{-1}\boldsymbol{AP}=\begin{bmatrix} \lambda_1 & \\ & \lambda_2 \end{bmatrix}$，有$\boldsymbol{A}=\boldsymbol{P}\begin{bmatrix} \lambda_1 & \\ & \lambda_2 \end{bmatrix}\boldsymbol{P}^{-1}$，于是$\boldsymbol{A}^n=\boldsymbol{P}\begin{bmatrix} \lambda_1 & \\ & \lambda_2 \end{bmatrix}^n\boldsymbol{P}^{-1}=\begin{bmatrix} 4 & -1 \\ 1 & 1 \end{bmatrix}\begin{bmatrix} 1 & \\ & \left(\frac{1}{2}\right)^n \end{bmatrix}\begin{bmatrix} 4 & -1 \\ 1 & 1 \end{bmatrix}^{-1}=\frac{1}{5}\begin{bmatrix} 4+\left(\frac{1}{2}\right)^n & 4-\left(\frac{1}{2}\right)^n \\ 1-\left(\frac{1}{2}\right)^n & 1+4\left(\frac{1}{2}\right)^n \end{bmatrix}$，其中，

$\begin{bmatrix} 4 & -1 \\ 1 & 1 \end{bmatrix}^{-1}=\frac{1}{5}\begin{bmatrix} 1 & 1 \\ -1 & 4 \end{bmatrix}$，因此$\begin{bmatrix} x_{n+1} \\ y_{n+1} \end{bmatrix}=\boldsymbol{A}^n\begin{bmatrix} \frac{1}{2} \\ \frac{1}{2} \end{bmatrix}=\frac{1}{10}\begin{bmatrix} 8-3\left(\frac{1}{2}\right)^n \\ 2+3\left(\frac{1}{2}\right)^n \end{bmatrix}$。

【考法7】 由正交化求解实对称矩阵的特征向量

重要结论

实对称矩阵不同特征值对应的特征向量正交。

例题 7 已知二阶非零实对称矩阵$\boldsymbol{A}$不可逆，$(1,1)^{\mathrm{T}}$是矩阵的一个特征向量，则下列向量中为$\boldsymbol{A}$的特征向量的是(   )。

A. $c(1,1)^{\mathrm{T}}$

B. $c(1,-1)^{\mathrm{T}},c\neq 0$

C. $c_1(1,1)^{\mathrm{T}}+c_2(1,-1)^{\mathrm{T}}$，$c_1\neq 0$ 且 $c_2\neq 0$

D. $c_1(1,1)^{\mathrm{T}}+c_2(1,-1)^{\mathrm{T}}$，$c_1,c_2$ 不同时为零

因为 $\boldsymbol{A}$ 为二阶实对称矩阵，且不可逆，则必有 0 为特征值。又因为矩阵非零，所以秩为 1。考虑到矩阵 $\boldsymbol{A}$ 可对角化，所以此时必有非零特征值的个数为 1，故 $\boldsymbol{A}$ 的两个特征值中有一个是 0，有一个不是 0，于是两个特征值所对应的特征向量正交。显然 B 中向量与 $(1,1)^{\mathrm{T}}$ 正交，且 $c\neq 0$，故为 $\boldsymbol{A}$ 的特征向量。而 A 中 c 可能为零，又两个不同特征值所对应的特征向量的线性组合，一定不是 $\boldsymbol{A}$ 的特征向量，故 C、D 也不能入选，故选 B。

【考法 8】 利用特征值求解矩阵的迹

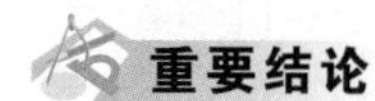

重要结论

矩阵的迹等于特征值之和。

例题 8 设 $\boldsymbol{A}$ 是三阶矩阵，且 $|2\boldsymbol{A}+\boldsymbol{E}|=|3\boldsymbol{A}-2\boldsymbol{E}|=|2\boldsymbol{A}+5\boldsymbol{E}|=0$。

(1) 求行列式 $|2\boldsymbol{A}^*+3\boldsymbol{E}|$。

(2) 求行列式 $|\boldsymbol{A}|$ 的主对角线元素的代数余子式之和 $A_{11}+A_{22}+A_{33}$。

解 (1) 由 $|2\boldsymbol{A}+\boldsymbol{E}|=|3\boldsymbol{A}-2\boldsymbol{E}|=|2\boldsymbol{A}+5\boldsymbol{E}|=0$，得 $\boldsymbol{A}$ 的特征值为 $-\frac{1}{2},\frac{2}{3},-\frac{5}{2}$。则 $|\boldsymbol{A}|=-\frac{1}{2}\times\frac{2}{3}\times\left(-\frac{5}{2}\right)=\frac{5}{6}$。设 $\boldsymbol{A}$ 的一个特征值为 λ，则 $\boldsymbol{A}^*$ 的一个特征值为 $\frac{|\boldsymbol{A}|}{\lambda}$，从而 $2\boldsymbol{A}^*+3\boldsymbol{E}$ 的一个特征值为 $2\frac{|\boldsymbol{A}|}{\lambda}+3$。故 $2\boldsymbol{A}^*+3\boldsymbol{E}$ 的特征值为 $2\times\frac{\frac{5}{6}}{-\frac{1}{2}}+3=-\frac{1}{3}$，$2\times\frac{\frac{5}{6}}{\frac{2}{3}}+3=\frac{11}{2}$，$2\times\frac{\frac{5}{6}}{-\frac{5}{2}}+3=\frac{7}{3}$，所以 $|2\boldsymbol{A}^*+3\boldsymbol{E}|=-\frac{1}{3}\times\frac{11}{2}\times\frac{7}{3}=-\frac{77}{18}$。

(2) $A_{11}+A_{22}+A_{33}$ 为伴随矩阵的迹，等于伴随矩阵的特征值之和。由(1)可知，$\boldsymbol{A}$ 的特征为 $-\frac{1}{2},\frac{2}{3},-\frac{5}{2}$，$|\boldsymbol{A}|=\frac{5}{6}$，则 $\boldsymbol{A}^*$ 的特征值为 $-\frac{5}{3},\frac{5}{4},-\frac{1}{3}$，所以 $A_{11}+A_{22}+A_{33}=-\frac{5}{3}+\frac{5}{4}-\frac{1}{3}=-\frac{3}{4}$。

【考法 9】 由特征定义求解矩阵参数

重要方法

可用特征值与特征向量的定义求解矩阵参数。

例题 9 设 $\boldsymbol{A}=\begin{bmatrix}a & -1 & c\\ 5 & b & 3\\ 1-c & 0 & -a\end{bmatrix}$，$|\boldsymbol{A}|=-1$，$\boldsymbol{\alpha}=\begin{bmatrix}-1\\ -1\\ 1\end{bmatrix}$ 为 $\boldsymbol{A}^*$ 的特征向量，求 $\boldsymbol{A}^*$ 的特征值 λ 及 a,b,c 和 $\boldsymbol{A}$ 对应的特征值 μ。

解 因为 $\boldsymbol{A}^*$ 的特征向量也是 $\boldsymbol{A}$ 的特征向量，由 $\begin{bmatrix}a & -1 & c\\ 5 & b & 3\\ 1-c & 0 & -a\end{bmatrix}\begin{bmatrix}-1\\ -1\\ 1\end{bmatrix}=\mu\begin{bmatrix}-1\\ -1\\ 1\end{bmatrix}$，得

$\begin{cases}-a+1+c=-\mu\\-5-b+3=-\mu\\c-1-a=\mu\end{cases}$，解得$\begin{cases}\mu=-1\\b=-3\\a=c\end{cases}$。因为$|\boldsymbol{A}|=-1$，所以$a=2$，于是$a=2,b=-3,c=2,\lambda=\dfrac{|\boldsymbol{A}|}{\mu}=1$。

【考法 10】 公共特征向量

重要结论

$\begin{pmatrix}\boldsymbol{A}-\lambda\boldsymbol{E}\\\boldsymbol{B}-\lambda\boldsymbol{E}\end{pmatrix}x=\boldsymbol{0}$ 有非零解，则 $\boldsymbol{A},\boldsymbol{B}$ 有公共的特征向量。

例题 10 设 $\boldsymbol{A},\boldsymbol{B}$ 均为 n 阶方阵，且 $r(\boldsymbol{A})+r(\boldsymbol{B})<n$。证明 $\boldsymbol{A},\boldsymbol{B}$ 有公共的特征向量。

证明：由 $r(\boldsymbol{A})+r(\boldsymbol{B})<n$ 知，$r(\boldsymbol{A})<n,r(\boldsymbol{B})<n$，因而$|\boldsymbol{A}|=|\boldsymbol{B}|=0$，于是 $\boldsymbol{A},\boldsymbol{B}$ 均有非零解。要证明它们有非零的公共解，可转化为证明方程 $\begin{bmatrix}\boldsymbol{A}\\\boldsymbol{B}\end{bmatrix}\boldsymbol{x}=\boldsymbol{0}$ 有非零解。事实上 $r\begin{pmatrix}\boldsymbol{A}\\\boldsymbol{B}\end{pmatrix}\leqslant r(\boldsymbol{A})+r(\boldsymbol{B})<n$，即知 $\begin{bmatrix}\boldsymbol{A}\\\boldsymbol{B}\end{bmatrix}\boldsymbol{x}=\boldsymbol{0}$ 有非零解，即 $\lambda=0$ 时，$\boldsymbol{A},\boldsymbol{B}$ 有公共的特征向量。

【考法 11】 结合三元一次方程

重要方法

求解三元一次方程时，可先用试根法，验证 $0,\pm1,\pm2$ 这些简单数值是否为方程的根，随后从三元表达式中分离出$(x-a)$因式。

例题 11 设有三阶实对称矩阵 $\boldsymbol{A}$ 满足 $\boldsymbol{A}^3-6\boldsymbol{A}^2+11\boldsymbol{A}-6\boldsymbol{E}=\boldsymbol{O}$，且$|\boldsymbol{A}|=6$。

(1) 写出用正交变换将二次型 $f=\boldsymbol{x}^{\mathrm{T}}(\boldsymbol{A}+\boldsymbol{E})\boldsymbol{x}$ 化成的标准形。

(2) 判断二次型 $f=\boldsymbol{x}^{\mathrm{T}}(\boldsymbol{A}+\boldsymbol{E})\boldsymbol{x}$ 的正定性。

解 (1) 设 λ 是 $\boldsymbol{A}$ 的特征值，$\boldsymbol{x}$ 是 $\boldsymbol{A}$ 的关于 λ 所对应的特征向量，由 $\boldsymbol{A}^3-6\boldsymbol{A}^2+11\boldsymbol{A}-6\boldsymbol{E}=\boldsymbol{O}$，得$(\lambda^3-6\lambda^2+11\lambda-6)\boldsymbol{x}=\boldsymbol{0}$，由于 $\boldsymbol{x}\neq\boldsymbol{0}$，所以 $\lambda^3-6\lambda^2+11\lambda-6=0\Rightarrow(\lambda-1)(\lambda^2-5\lambda+6)=0$，进一步分解可得$(\lambda-1)(\lambda-2)(\lambda-3)=0$，解得 $\lambda=1,2,3$。由于$|\boldsymbol{A}|=6$，所以 $\lambda_1=1,\lambda_2=2,\lambda_3=3$ 为 $\boldsymbol{A}$ 的三个特征值。由于 $\boldsymbol{A}+\boldsymbol{E}$ 仍是对称矩阵，其特征值为 $2,3,4$，故存在正交变换 $\boldsymbol{x}=\boldsymbol{P}\boldsymbol{y}$，使 $f=\boldsymbol{x}^{\mathrm{T}}(\boldsymbol{A}+\boldsymbol{E})\boldsymbol{x}=2y_1^2+3y_2^2+4y_3^2$。

(2) 由于 $f=\boldsymbol{x}^{\mathrm{T}}(\boldsymbol{A}+\boldsymbol{E})\boldsymbol{x}$ 的标准形的系数全为正，所以 $f=\boldsymbol{x}^{\mathrm{T}}(\boldsymbol{A}+\boldsymbol{E})\boldsymbol{x}$ 正定。

专题 28 特殊矩阵的特征值

【考法 1】 列行矩阵的特征值

重要结论

列行矩阵
1. 定义：秩为 1 的矩阵 $\boldsymbol{A}$，可化为 $\boldsymbol{A}=\boldsymbol{\alpha}\boldsymbol{\beta}^{\mathrm{T}}$，其中$\boldsymbol{\alpha}$，$\boldsymbol{\beta}$ 均为列向量
2. 特征值：$\lambda=\boldsymbol{\alpha}^{\mathrm{T}}\boldsymbol{\beta}=\boldsymbol{\beta}^{\mathrm{T}}\boldsymbol{\alpha}$ 与 $n-1$ 个 0
3. 特征向量：
   - $\lambda=\boldsymbol{\alpha}^{\mathrm{T}}\boldsymbol{\beta}$ 对应的特征向量可取$\boldsymbol{\alpha}$
   - $\lambda=0$ 对应的特征向量可取$\boldsymbol{\beta}^{\mathrm{T}}\boldsymbol{x}=\boldsymbol{0}$ 基础解系

例题 1 设$\boldsymbol{\alpha}$，$\boldsymbol{\beta}$为三维列向量，$\boldsymbol{\beta}^{\mathrm{T}}$为$\boldsymbol{\beta}$的转置向量，矩阵$\boldsymbol{A}=\boldsymbol{E}+\boldsymbol{\alpha}\boldsymbol{\beta}^{\mathrm{T}}$，其中$\boldsymbol{E}$为三阶单位矩阵，

且$\boldsymbol{A}$相似于$\begin{bmatrix}1&&\\&1&\\&&-2\end{bmatrix}$，则$\boldsymbol{\beta}^{\mathrm{T}}\boldsymbol{\alpha}=$（　　）。

A. 2　　B. -2　　C. 3　　D. -3

解 矩阵$\boldsymbol{\alpha}\boldsymbol{\beta}^{\mathrm{T}}$的特征值为$0,0,\boldsymbol{\beta}^{\mathrm{T}}\boldsymbol{\alpha}$，从而$\boldsymbol{A}=\boldsymbol{E}+\boldsymbol{\alpha}\boldsymbol{\beta}^{\mathrm{T}}$的特征值为$1,1,1+\boldsymbol{\beta}^{\mathrm{T}}\boldsymbol{\alpha}$。

由于$\boldsymbol{A}$相似于$\begin{bmatrix}1&&\\&1&\\&&-2\end{bmatrix}$，所以$1+\boldsymbol{\beta}^{\mathrm{T}}\boldsymbol{\alpha}=-2$，$\boldsymbol{\beta}^{\mathrm{T}}\boldsymbol{\alpha}=-3$，故选D。

【考法2】 列行矩阵能否对角化

重要结论

$$\text{列行矩阵的对角化}\begin{cases}\text{若 }\lambda=\boldsymbol{\alpha}^{\mathrm{T}}\boldsymbol{\beta}=\boldsymbol{\beta}^{\mathrm{T}}\boldsymbol{\alpha}\neq0\text{，则矩阵 }\boldsymbol{A}=\boldsymbol{\alpha}\boldsymbol{\beta}^{\mathrm{T}}\text{ 可对角化}\\ \text{若 }\lambda=\boldsymbol{\alpha}^{\mathrm{T}}\boldsymbol{\beta}=\boldsymbol{\beta}^{\mathrm{T}}\boldsymbol{\alpha}=0\text{，则矩阵 }\boldsymbol{A}=\boldsymbol{\alpha}\boldsymbol{\beta}^{\mathrm{T}}\text{ 不可对角化}\end{cases}$$

例题 2 设$\boldsymbol{A}$是n阶矩阵，$\boldsymbol{A}$的第i行、第j列元素$a_{ij}=ij\,(i,j=1,\cdots,n)$。

（1）求$r(\boldsymbol{A})$。

（2）求$\boldsymbol{A}$的特征值与特征向量。$\boldsymbol{A}$能否相似于对角矩阵？若能，求出相似对角矩阵；若不能，则说明理由。

解

（1）由题设条件知$\boldsymbol{A}=\begin{bmatrix}1&2&\cdots&n\\2&4&\cdots&2n\\\cdots&\cdots&\vdots&\vdots\\n&2n&\cdots&n^2\end{bmatrix}=\begin{bmatrix}1\\2\\\vdots\\n\end{bmatrix}\begin{bmatrix}1&2&\cdots&n\end{bmatrix}=\boldsymbol{\alpha}\boldsymbol{\alpha}^{\mathrm{T}}$，故$r(\boldsymbol{A})=1$。

（2）因为$r(\boldsymbol{A})=1$，所以$\lambda=0$为矩阵$\boldsymbol{A}$的特征值。对应特征向量满足$\boldsymbol{A}\boldsymbol{x}=\boldsymbol{\alpha}\boldsymbol{\alpha}^{\mathrm{T}}\boldsymbol{x}=\boldsymbol{0}$，因为$\boldsymbol{\alpha}^{\mathrm{T}}\boldsymbol{\alpha}=\sum_{i=1}^{n}i^2\neq0$，故方程组$\boldsymbol{\alpha}\boldsymbol{\alpha}^{\mathrm{T}}\boldsymbol{x}=\boldsymbol{0}$与$\boldsymbol{\alpha}^{\mathrm{T}}\boldsymbol{x}=\boldsymbol{0}$是同解方程组。

只需要解方程$\boldsymbol{\alpha}^{\mathrm{T}}\boldsymbol{x}=\boldsymbol{0}$，即满足$x_1+2x_2+\cdots+nx_n=0$的线性无关特征向量为$\boldsymbol{\xi}_1=[-2,1,0,\cdots,0]^{\mathrm{T}}$，$\boldsymbol{\xi}_2=[-3,0,1,\cdots,0]^{\mathrm{T}}$，$\cdots$，$\boldsymbol{\xi}_{n-1}=[-n,0,\cdots,1]^{\mathrm{T}}$，由此可知$\lambda=0$至少是$n-1$重根。又因为$\boldsymbol{A}\boldsymbol{\alpha}=\boldsymbol{\alpha}\boldsymbol{\alpha}^{\mathrm{T}}\boldsymbol{\alpha}=(\boldsymbol{\alpha}^{\mathrm{T}}\boldsymbol{\alpha})\boldsymbol{\alpha}$，所以$\lambda_n=\boldsymbol{\alpha}^{\mathrm{T}}\boldsymbol{\alpha}=\sum_{i=1}^{n}i^2\neq0$，对应的特征向量为$\boldsymbol{\xi}_n=\boldsymbol{\alpha}$。

由于实对称矩阵不同特征值对应的特征向量相互正交，所以$\boldsymbol{\xi}_n=\boldsymbol{\alpha}$必与$\lambda=0$对应的$n-1$个特征向量正交，故$\boldsymbol{A}$有$n$个线性无关特征向量，$\boldsymbol{A}$能相似对角化。

取$\boldsymbol{P}=(\boldsymbol{\xi}_1,\boldsymbol{\xi}_2,\cdots,\boldsymbol{\xi}_{n-1},\boldsymbol{\xi}_n)$，则$\boldsymbol{P}^{-1}\boldsymbol{A}\boldsymbol{P}=\begin{bmatrix}0&&&&\\&0&&&\\&&\ddots&&\\&&&0&\\&&&&\sum_{i=1}^{n}i^2\end{bmatrix}=\boldsymbol{\Lambda}$。

【考法3】 双列行矩阵的特征值

例题3 设$\boldsymbol{\alpha}$，$\boldsymbol{\beta}$均为三维单位列向量，并且$\boldsymbol{\alpha}^{\mathrm{T}}\boldsymbol{\beta}=0$，若$\boldsymbol{A}=\boldsymbol{\alpha\alpha}^{\mathrm{T}}+\boldsymbol{\beta\beta}^{\mathrm{T}}$。

(1) $\boldsymbol{Ax}=\boldsymbol{0}$是否存在非零解？

(2) $\boldsymbol{A}$能否相似于对角矩阵$\boldsymbol{\Lambda}$？若能，求出相似对角矩阵；若不能，则说明理由。

解 (1) 方法1：因为$\boldsymbol{\alpha}$，$\boldsymbol{\beta}$为单位向量，且$\boldsymbol{\alpha}^{\mathrm{T}}\boldsymbol{\beta}=\boldsymbol{0}$，故$\begin{bmatrix}\boldsymbol{\alpha}^{\mathrm{T}}\\ \boldsymbol{\beta}^{\mathrm{T}}\end{bmatrix}$的秩为2，从而有$\boldsymbol{x}\neq\boldsymbol{0}$，使$\begin{bmatrix}\boldsymbol{\alpha}^{\mathrm{T}}\\ \boldsymbol{\beta}^{\mathrm{T}}\end{bmatrix}\boldsymbol{x}=\boldsymbol{0}$，即$\boldsymbol{\alpha}^{\mathrm{T}}\boldsymbol{x}=\boldsymbol{0}$，$\boldsymbol{\beta}^{\mathrm{T}}\boldsymbol{x}=\boldsymbol{0}$，于是有$\boldsymbol{Ax}=(\boldsymbol{\alpha\alpha}^{\mathrm{T}}+\boldsymbol{\beta\beta}^{\mathrm{T}})\boldsymbol{x}=\boldsymbol{\alpha\alpha}^{\mathrm{T}}\boldsymbol{x}+\boldsymbol{\beta\beta}^{\mathrm{T}}\boldsymbol{x}=\boldsymbol{0}$。故$\boldsymbol{Ax}=\boldsymbol{0}$存在非零解。

方法2：利用秩。$r(\boldsymbol{A})=r(\boldsymbol{\alpha\alpha}^{\mathrm{T}}+\boldsymbol{\beta\beta}^{\mathrm{T}})\leqslant r(\boldsymbol{\alpha\alpha}^{\mathrm{T}})+r(\boldsymbol{\beta\beta}^{\mathrm{T}})=2<3$，所以方程$\boldsymbol{Ax}=\boldsymbol{0}$必有非零解。

(2) 由(1)可知$\lambda_1=0$是矩阵$\boldsymbol{A}$的一个特征值，对应一个特征向量记为$\boldsymbol{x}$。又$\boldsymbol{A\alpha}=(\boldsymbol{\alpha\alpha}^{\mathrm{T}}+\boldsymbol{\beta\beta}^{\mathrm{T}})\boldsymbol{\alpha}=\boldsymbol{\alpha\alpha}^{\mathrm{T}}\boldsymbol{\alpha}+\boldsymbol{\beta\beta}^{\mathrm{T}}\boldsymbol{\alpha}=\boldsymbol{\alpha}$，$\boldsymbol{A\beta}=(\boldsymbol{\alpha\alpha}^{\mathrm{T}}+\boldsymbol{\beta\beta}^{\mathrm{T}})\boldsymbol{\beta}=\boldsymbol{\alpha\alpha}^{\mathrm{T}}\boldsymbol{\beta}+\boldsymbol{\beta\beta}^{\mathrm{T}}\boldsymbol{\beta}=\boldsymbol{\beta}$，因此，$\boldsymbol{A}$的特征值为1，1，0，其对应的特征向量为$\boldsymbol{\alpha}$，$\boldsymbol{\beta}$，$\boldsymbol{x}$，且$\boldsymbol{\alpha}$，$\boldsymbol{\beta}$，$\boldsymbol{x}$线性无关，故存在可逆矩阵$\boldsymbol{P}=[\boldsymbol{\alpha},\boldsymbol{\beta},\boldsymbol{x}]$，使$\boldsymbol{A}$相似于对角矩阵$\boldsymbol{\Lambda}$，且

$$\boldsymbol{P}^{-1}\boldsymbol{AP}=\begin{bmatrix}1&&\\&1&\\&&0\end{bmatrix}。$$

【考法4】 伴随矩阵的特征

重要结论

若矩阵$\boldsymbol{A}$具有特征值λ，对应的特征向量为$\boldsymbol{\alpha}$，则其伴随矩阵$\boldsymbol{A}^*$必有特征值$\dfrac{|\boldsymbol{A}|}{\lambda}$，且对应特征向量为$\boldsymbol{\alpha}$。

例题4 设n阶矩阵$\boldsymbol{A}$的行列式$|\boldsymbol{A}|=a\neq0(n\geqslant2)$，$\lambda$是$\boldsymbol{A}$的一个特征值，则$(\boldsymbol{A}^*)^*$的一个特征值是(　　)。

A. $\lambda^{-1}a^{n-1}$　　B. $\lambda^{-1}a^{n-2}$

C. λa^{n-2}　　D. λa^{n-1}

解 由$(\boldsymbol{A}^*)^*=|\boldsymbol{A}^*|(\boldsymbol{A}^*)^{-1}=|\boldsymbol{A}|^{n-1}\dfrac{\boldsymbol{A}}{|\boldsymbol{A}|}=a^{n-2}\boldsymbol{A}$知，若$\lambda$是$\boldsymbol{A}$的一个特征值，则$\lambda a^{n-2}$是$(\boldsymbol{A}^*)^*$的一个特征值，故选C。

例题5 设$\boldsymbol{B}=\boldsymbol{A}+\boldsymbol{E}$，其中$\boldsymbol{A}=2\boldsymbol{\alpha\alpha}^{\mathrm{T}}+\boldsymbol{\beta\beta}^{\mathrm{T}}$，且$\boldsymbol{\alpha}$，$\boldsymbol{\beta}$是三维单位正交列向量，则$|\boldsymbol{B}^*-\boldsymbol{E}|=$________。

解 $r(\boldsymbol{A})=r(2\boldsymbol{\alpha\alpha}^{\mathrm{T}}+\boldsymbol{\beta\beta}^{\mathrm{T}})\leqslant r(2\boldsymbol{\alpha\alpha}^{\mathrm{T}})+r(\boldsymbol{\beta\beta}^{\mathrm{T}})=2<3$，所以方程$\boldsymbol{Ax}=\boldsymbol{0}$必有非零解，可知$\lambda_1=0$是矩阵$\boldsymbol{A}$的一个特征值。

又$\boldsymbol{A\alpha}=(2\boldsymbol{\alpha\alpha}^{\mathrm{T}}+\boldsymbol{\beta\beta}^{\mathrm{T}})\boldsymbol{\alpha}=2\boldsymbol{\alpha\alpha}^{\mathrm{T}}\boldsymbol{\alpha}+\boldsymbol{\beta\beta}^{\mathrm{T}}\boldsymbol{\alpha}=2\boldsymbol{\alpha}$，$\boldsymbol{A\beta}=(2\boldsymbol{\alpha\alpha}^{\mathrm{T}}+\boldsymbol{\beta\beta}^{\mathrm{T}})\boldsymbol{\beta}=2\boldsymbol{\alpha\alpha}^{\mathrm{T}}\boldsymbol{\beta}+\boldsymbol{\beta\beta}^{\mathrm{T}}\boldsymbol{\beta}=\boldsymbol{\beta}$，因此，$\boldsymbol{A}$的特征值为1，2，0，$\boldsymbol{B}=\boldsymbol{A}+\boldsymbol{E}$存在特征值2，3，1。$|\boldsymbol{B}|=6$，$\boldsymbol{B}^*-\boldsymbol{E}$存在特征值$\dfrac{|\boldsymbol{B}|}{\lambda_{\boldsymbol{B}}}-1$为2，1，5，所以行列式$|\boldsymbol{B}^*-\boldsymbol{E}|=10$。

【考法5】 abb类型

重要结论

$\boldsymbol{A}=\begin{bmatrix}a&b&b\\b&a&b\\b&b&a\end{bmatrix}$的特征值为$a+2b,a-b,a-b$，对应的特征向量为$\boldsymbol{\alpha}_1=\begin{bmatrix}1\\1\\1\end{bmatrix}$，$\boldsymbol{\alpha}_2=\begin{bmatrix}-1\\0\\1\end{bmatrix}$，$\boldsymbol{\alpha}_3=\begin{bmatrix}0\\-1\\1\end{bmatrix}$。也可取正交组，对应的特征向量为$\boldsymbol{\alpha}_1=\begin{bmatrix}1\\1\\1\end{bmatrix}$，$\boldsymbol{\alpha}_2=\begin{bmatrix}1\\0\\-1\end{bmatrix}$，$\boldsymbol{\alpha}_3=\begin{bmatrix}1\\-2\\1\end{bmatrix}$。

推广：n阶矩阵$\boldsymbol{A}=\begin{bmatrix}a&b&\cdots&b\\b&a&\cdots&b\\\vdots&\vdots&\ddots&\vdots\\b&b&\cdots&a\end{bmatrix}$的特征值为$a+(n-1)b,a-b,\cdots,a-b$（共$n-1$个$a-b$）。对应的特征向量为$\boldsymbol{\alpha}_1=\begin{bmatrix}1\\1\\1\\\vdots\\1\end{bmatrix}$，$\boldsymbol{\alpha}_2=\begin{bmatrix}-1\\0\\0\\\vdots\\1\end{bmatrix}$，$\boldsymbol{\alpha}_3=\begin{bmatrix}0\\-1\\0\\\vdots\\1\end{bmatrix}$，$\cdots$，$\boldsymbol{\alpha}_n=\begin{bmatrix}0\\0\\\vdots\\-1\\1\end{bmatrix}$。

助记：① $a+2b$是各行元素之和。所以对应特征向量为$(1,1,1)^{\mathrm{T}}$。

② $a-b$是因为$a=b$时秩为1，此时特征值是2个0，但别记成了$b-a$。$a-b$是主对角线上的元素，可记成“主对角线减其他”，或取$b=0$验证。

③ 记住$a-b$对应的特征向量与$[1,1,1]^{\mathrm{T}}$正交，满足正交的其他取法也可以。

证明：$\boldsymbol{A}=\begin{bmatrix}a&b&b\\b&a&b\\b&b&a\end{bmatrix}=\begin{bmatrix}b&b&b\\b&b&b\\b&b&b\end{bmatrix}+(a-b)\boldsymbol{E}=\begin{bmatrix}1\\1\\1\end{bmatrix}\begin{bmatrix}b&b&b\end{bmatrix}+(a-b)\boldsymbol{E}=\boldsymbol{B}+(a-b)\boldsymbol{E}$，其中，$\boldsymbol{B}=\boldsymbol{\alpha\beta}^{\mathrm{T}}=\begin{bmatrix}1\\1\\1\end{bmatrix}\begin{bmatrix}b&b&b\end{bmatrix}$的特征值为$3b,0,0$。所以$\boldsymbol{B}+(a-b)\boldsymbol{E}$的特征值为$a+2b,a-b,a-b$。

说明：n阶的情况同理。

例题6 已知矩阵$\boldsymbol{A}=\begin{bmatrix}2&1&1\\1&2&1\\1&1&2\end{bmatrix}$，设二次型$f=\boldsymbol{x}^{\mathrm{T}}(\boldsymbol{A}^*+\boldsymbol{E})\boldsymbol{x}$经过正交变换$\boldsymbol{x}=\boldsymbol{Q}\boldsymbol{y}$

(1) 可化为标准形（　　）。

A. $2y_1^2+5y_2^2+5y_3^2$　　B. $4y_1^2+y_2^2+y_3^2$

C. $4y_1^2+2y_2^2$　　D. $y_1^2+2y_2^2+3y_3^2$

(2) $\boldsymbol{Q}$可以为（　　）。

A. $\begin{bmatrix}\frac{\sqrt{3}}{3}&\frac{\sqrt{2}}{2}&\frac{\sqrt{6}}{6}\\\frac{\sqrt{3}}{3}&0&-\frac{\sqrt{6}}{3}\\\frac{\sqrt{3}}{3}&-\frac{\sqrt{2}}{2}&\frac{\sqrt{6}}{6}\end{bmatrix}$　　B. $\begin{bmatrix}\frac{\sqrt{3}}{3}&\frac{\sqrt{2}}{2}&0\\\frac{\sqrt{3}}{3}&0&\frac{\sqrt{2}}{2}\\\frac{\sqrt{3}}{3}&-\frac{\sqrt{2}}{2}&-\frac{\sqrt{2}}{2}\end{bmatrix}$

C. $\begin{bmatrix} \frac{\sqrt{2}}{2} & \frac{\sqrt{3}}{3} & \frac{\sqrt{2}}{2} \\ 0 & \frac{\sqrt{3}}{3} & -\frac{\sqrt{2}}{2} \\ -\frac{\sqrt{2}}{2} & \frac{\sqrt{3}}{3} & 0 \end{bmatrix}$　　D. $\begin{bmatrix} \frac{\sqrt{2}}{2} & \frac{\sqrt{3}}{3} & \frac{\sqrt{6}}{6} \\ 0 & \frac{\sqrt{3}}{3} & \frac{\sqrt{6}}{3} \\ -\frac{\sqrt{2}}{2} & \frac{\sqrt{3}}{3} & -\frac{\sqrt{6}}{6} \end{bmatrix}$

解 由 abb 模型易知 $\boldsymbol{A}=\begin{bmatrix} 2 & 1 & 1 \\ 1 & 2 & 1 \\ 1 & 1 & 2 \end{bmatrix}$的特征值为 4,1,1。$\boldsymbol{A}^*+\boldsymbol{E}$ 的特征值为 2,5,5。对应特征向量为$\boldsymbol{\alpha}_1=\begin{bmatrix} 1 \\ 1 \\ 1 \end{bmatrix}$,$\boldsymbol{\alpha}_2=\begin{bmatrix} 1 \\ 0 \\ -1 \end{bmatrix}$,$\boldsymbol{\alpha}_3=\begin{bmatrix} 1 \\ -2 \\ 1 \end{bmatrix}$,已经正交化,只需要单位化,单位化后$\boldsymbol{\gamma}_1=\frac{\sqrt{3}}{3}\begin{bmatrix} 1 \\ 1 \\ 1 \end{bmatrix}$,$\boldsymbol{\gamma}_2=\frac{\sqrt{2}}{2}\begin{bmatrix} 1 \\ 0 \\ -1 \end{bmatrix}$,$\boldsymbol{\gamma}_3=\frac{\sqrt{6}}{6}\begin{bmatrix} 1 \\ -2 \\ 1 \end{bmatrix}$,所以经过正交变换可化为标准形 $2y_1^2+5y_2^2+5y_3^2$,所需的正交变换为 $\boldsymbol{Q}=[\boldsymbol{\gamma}_1,\boldsymbol{\gamma}_2,\boldsymbol{\gamma}_3]$,故(1)选 A,(2)选 A。

例题 7 设 n 阶($n\geqslant 3$)矩阵 $\boldsymbol{A}=\begin{bmatrix} 1 & b & \cdots & b \\ b & 1 & \cdots & b \\ \vdots & \vdots & & \vdots \\ b & b & \cdots & 1 \end{bmatrix}$,若 $r(\boldsymbol{A})+r(\boldsymbol{A}^*)=n$,则 b 的值为(　　)。

A. $b=\frac{1}{1-n}$　　B. $b=-\frac{1}{n}$

C. $b=0$　　D. $b=1$

解 矩阵 $\boldsymbol{A}=\begin{bmatrix} 1 & b & \cdots & b \\ b & 1 & \cdots & b \\ \vdots & \vdots & & \vdots \\ b & b & \cdots & 1 \end{bmatrix}$的特征值为 $1+(n-1)b,1-b,\cdots,1-b$,(共 $n-1$ 个 $1-b$)。实对称矩阵必可对角化,此时非零特征值的个数等于矩阵的秩。所以当 $1+(n-1)b=0\Rightarrow b=\frac{1}{1-n}$时有 $r(\boldsymbol{A})=n-1$,$r(\boldsymbol{A}^*)=1$,此时有 $r(\boldsymbol{A})+r(\boldsymbol{A}^*)=n$,故选 A。

专题 29 多项式与相似传递

【考法 1】 传递给伴随矩阵

重要结论

多项式与相似传递关系

矩阵	$\boldsymbol{A}$	$\boldsymbol{A}^n$	$f(\boldsymbol{A})$	$\boldsymbol{A}^{-1}$	$\boldsymbol{A}^*$	$\boldsymbol{P}^{-1}\boldsymbol{AP}$
特征值	λ	λ^n	$f(\lambda)$	$\frac{1}{\lambda}$	$\frac{\lvert\boldsymbol{A}\rvert}{\lambda}$	λ
特征向量	$\boldsymbol{\alpha}$	$\boldsymbol{\alpha}$	$\boldsymbol{\alpha}$	$\boldsymbol{\alpha}$	$\boldsymbol{\alpha}$	$\boldsymbol{P}^{-1}\boldsymbol{\alpha}$

($f(x)$是幂函数)。

例题 1 设矩阵 $A=\begin{bmatrix}1&-1&-1&-1\\-1&1&-1&-1\\-1&-1&1&-1\\-1&-1&-1&1\end{bmatrix}$，$\beta=\begin{bmatrix}8\\8\\8\\8\end{bmatrix}$，则方程 $(A^*+8E)x=\beta$ 的通解为________。

解 总体思路：通过特征值求解方程的解。

(1) 先写出矩阵 A 的特征值与特征向量。

矩阵 A 的特征值为 $-2,2,2,2$，分别对应线性无关的特征向量 $\alpha_1,\alpha_2,\alpha_3,\alpha_4$，矩阵各元素之和为 -2，所以特征值 -2 所对应的特征向量可取 $\alpha_1=(1,1,1,1)^T$。又因为实对称矩阵不同特征值所对应的特征向量相互正交，所以 $\alpha_2,\alpha_3,\alpha_4$ 与 $\alpha_1=(1,1,1,1)^T$ 正交，所以可取 $\alpha_2=(-1,0,0,1)^T$，$\alpha_3=(0,-1,0,1)^T$，$\alpha_4=(0,0,-1,1)^T$。

(2) 变换出伴随矩阵 A^* 的特征值与特征向量。

若 A 有特征值 λ_A，则矩阵 A^* 必有 $\frac{|A|}{\lambda_A}=\frac{-16}{\lambda_A}$ 所以 A^* 有特征值 $8,-8,-8,-8$，分别对应线性无关的特征向量 $\alpha_1,\alpha_2,\alpha_3,\alpha_4$。所以 A^*+8E 有特征值 $16,0,0,0$，分别对应线性无关的特征向量 $\alpha_1,\alpha_2,\alpha_3,\alpha_4$。

(3) 求齐次方程的基础解系：特征值 0 对应的特征向量为齐次方程的解。

$(A^*+8E)\alpha_1=16\alpha_1$，$(A^*+8E)(\alpha_2,\alpha_3,\alpha_4)=O$，所以 $\alpha_2,\alpha_3,\alpha_4$ 为 $(A^*+8E)x=0$ 的三个线性无关的解。

又因为 (A^*+8E) 可对角化，矩阵的秩等于非零特征值的个数，所以 $r(A^*+8E)=1$，所以基础解系中向量的个数为 3，故 $\alpha_2,\alpha_3,\alpha_4$ 均为 $(A^*+8E)x=0$ 的一个基础解系。

(4) 求非齐次的一个特解：利用特征定义构造非齐次方程的解。

$(A^*+8E)\alpha_1=16\alpha_1=2\beta\Rightarrow(A^*+8E)\left(\frac{\alpha_1}{2}\right)=\beta$，所以 $\frac{\alpha_1}{2}=\frac{1}{2}(1,1,1,1)^T$ 为方程 $(A^*+8E)x=\beta$ 的特解。

(5) 写出非齐次方程的通解。

可得 $(A^*+8E)x=\beta$ 的通解为 $\frac{1}{2}(1,1,1,1)^T+k_1(-1,0,0,1)^T+k_2(0,-1,0,1)^T+k_3(0,0,-1,1)^T$，其中 k_1,k_2,k_3 为任意实数。

【考法 2】 多项式传递

例题 2 设三阶对称矩阵 A 的特征值为 $\lambda_1=1,\lambda_2=2,\lambda_3=-2$，$\alpha_1=(1,-1,1)^T$ 是 A 的属于 λ_1 的一个特征向量，记 $B=A^5-4A^3+E$，其中 E 为三阶单位矩阵。

(1) 验证 α_1 是矩阵 B 的特征向量，并求 B 的全部特征值与特征向量。

(2) 求矩阵 B。

解 (1) $B\alpha_1=(A^5-4A^3+E)\alpha_1=\lambda_1^5\alpha_1-4\lambda_1^3\alpha_1+\alpha_1=(\lambda_1^5-4\lambda_1^3+1)\alpha_1=2\alpha_1$，则 α_1 是矩阵 B 的属于 2 的特征向量。同理可得，$B\alpha_2=(\lambda_2^5-4\lambda_2^3+1)\alpha_2=\alpha_2$，$B\alpha_3=(\lambda_3^5-4\lambda_3^3+1)\alpha_3=\alpha_3$，所以 B 的全部特征值为 $2,1,1$。

设 B 的属于 1 的特征向量为 $\alpha_2=(x_1,x_2,x_3)^T$，显然 B 为对称矩阵，所以根据不同特征值所对应的特征向量正交，可得 $\alpha_1^T\alpha_2=0$，即 $x_1-x_2+x_3=0$，解方程组可得 B 的属于 1 的特征向量。

$\boldsymbol{\alpha}_2=k_1(1,0,-1)^{\mathrm{T}}+k_2(0,1,0)^{\mathrm{T}}$，其中，$k_1,k_2$ 为不全为零的任意常数。由前可知 $\boldsymbol{B}$ 的属于 2 的特征向量为 $k_3(1,-1,1)^{\mathrm{T}}$，其中，k_3 不为零。

(2) 令 $\boldsymbol{P}=\begin{bmatrix}1&0&1\\0&1&-1\\-1&0&1\end{bmatrix}$，由(1)可得 $\boldsymbol{P}^{-1}\boldsymbol{BP}=\begin{bmatrix}1&0&0\\0&1&0\\0&0&2\end{bmatrix}$，则 $\boldsymbol{B}=\begin{bmatrix}0&1&-1\\1&0&1\\-1&1&0\end{bmatrix}$。

【考法 3】 相似传递

例题 3 设 $\boldsymbol{A}$ 是 n 阶实对称矩阵，$\boldsymbol{P}$ 是 n 阶可逆矩阵，已知 n 维列向量 $\boldsymbol{\alpha}$ 是 $\boldsymbol{A}$ 的属于特征值 λ 的特征向量，则矩阵 $\boldsymbol{B}=\boldsymbol{P}^{-1}\boldsymbol{AP}$ 的属于特征值 λ 的特征向量是(　　)。

A. $\boldsymbol{P}^{-1}\boldsymbol{\alpha}$　　B. $\boldsymbol{P}^{\mathrm{T}}\boldsymbol{\alpha}$

C. $\boldsymbol{P\alpha}$　　D. $(\boldsymbol{P}^{-1})^{\mathrm{T}}\boldsymbol{\alpha}$

解 由 $\boldsymbol{A\alpha}=\lambda\boldsymbol{\alpha}$，可得 $\boldsymbol{B}(\boldsymbol{P}^{-1}\boldsymbol{\alpha})=\boldsymbol{P}^{-1}\boldsymbol{AP}(\boldsymbol{P}^{-1}\boldsymbol{\alpha})=\boldsymbol{P}^{-1}\boldsymbol{A\alpha}=\lambda\boldsymbol{P}^{-1}\boldsymbol{\alpha}$，故选 A。

例题 4 设 $\boldsymbol{A}$ 为三阶矩阵，$\boldsymbol{\alpha}_1,\boldsymbol{\alpha}_2,\boldsymbol{\alpha}_3$ 是线性无关的三维列向量，且满足 $\boldsymbol{A\alpha}_1=\boldsymbol{\alpha}_1+\boldsymbol{\alpha}_2+\boldsymbol{\alpha}_3$，$\boldsymbol{A\alpha}_2=2\boldsymbol{\alpha}_2+\boldsymbol{\alpha}_3$，$\boldsymbol{A\alpha}_3=2\boldsymbol{\alpha}_2+3\boldsymbol{\alpha}_3$。

(1) 求矩阵 $\boldsymbol{B}$，使得 $\boldsymbol{A}(\boldsymbol{\alpha}_1,\boldsymbol{\alpha}_2,\boldsymbol{\alpha}_3)=(\boldsymbol{\alpha}_1,\boldsymbol{\alpha}_2,\boldsymbol{\alpha}_3)\boldsymbol{B}$。

(2) 求矩阵 $\boldsymbol{A}$ 的特征值。

(3) 求可逆矩阵 $\boldsymbol{P}$，使得 $\boldsymbol{P}^{-1}\boldsymbol{AP}$ 为对角矩阵。

解 (1) $\boldsymbol{A}(\boldsymbol{\alpha}_1,\boldsymbol{\alpha}_2,\boldsymbol{\alpha}_3)=(\boldsymbol{\alpha}_1,\boldsymbol{\alpha}_2,\boldsymbol{\alpha}_3)\begin{bmatrix}1&0&0\\1&2&2\\1&1&3\end{bmatrix}$，可知 $\boldsymbol{B}=\begin{bmatrix}1&0&0\\1&2&2\\1&1&3\end{bmatrix}$。

(2) 因为 $\boldsymbol{\alpha}_1,\boldsymbol{\alpha}_2,\boldsymbol{\alpha}_3$ 是线性无关的三维列向量，可知矩阵 $\boldsymbol{C}=[\boldsymbol{\alpha}_1,\boldsymbol{\alpha}_2,\boldsymbol{\alpha}_3]$ 可逆，所以 $\boldsymbol{C}^{-1}\boldsymbol{AC}=\boldsymbol{B}$，即矩阵 $\boldsymbol{A}$ 与 $\boldsymbol{B}$ 相似，由此可得矩阵 $\boldsymbol{A}$ 与 $\boldsymbol{B}$ 有相同的特征值。

由 $|\lambda\boldsymbol{E}-\boldsymbol{B}|=\begin{vmatrix}\lambda-1&0&0\\-1&\lambda-2&-2\\-1&-1&\lambda-3\end{vmatrix}=(\lambda-1)^2(\lambda-4)=0$。得矩阵 $\boldsymbol{B}$ 的特征值，也即矩阵 $\boldsymbol{A}$ 的特征值 $\lambda_1=\lambda_2=1$，$\lambda_3=4$。

(3) 对应 $\lambda_1=\lambda_2=1$，解齐次线性方程组 $(\boldsymbol{E}-\boldsymbol{B})\boldsymbol{x}=\boldsymbol{0}$，得基础解系 $\boldsymbol{\xi}_1=(-1,1,0)^{\mathrm{T}}$，$\boldsymbol{\xi}_2=(-2,0,1)^{\mathrm{T}}$。对应 $\lambda_3=4$，解齐次线性方程组 $(4\boldsymbol{E}-\boldsymbol{B})\boldsymbol{x}=\boldsymbol{0}$，得基础解系 $\boldsymbol{\xi}_3=(0,1,1)^{\mathrm{T}}$。令矩阵 $\boldsymbol{Q}=[\boldsymbol{\xi}_1,\boldsymbol{\xi}_2,\boldsymbol{\xi}_3]=\begin{bmatrix}-1&-2&0\\1&0&1\\0&1&1\end{bmatrix}$，则 $\boldsymbol{Q}^{-1}\boldsymbol{BQ}=\begin{bmatrix}1&0&0\\0&1&0\\0&0&4\end{bmatrix}$。因为 $\boldsymbol{Q}^{-1}\boldsymbol{BQ}=\boldsymbol{Q}^{-1}\boldsymbol{C}^{-1}\boldsymbol{ACQ}=(\boldsymbol{CQ})^{-1}\boldsymbol{A}(\boldsymbol{CQ})$，记矩阵 $\boldsymbol{P}=\boldsymbol{CQ}=(\boldsymbol{\alpha}_1,\boldsymbol{\alpha}_2,\boldsymbol{\alpha}_3)\begin{bmatrix}-1&-2&0\\1&0&1\\0&1&1\end{bmatrix}=(-\boldsymbol{\alpha}_1+\boldsymbol{\alpha}_2,-2\boldsymbol{\alpha}_1+\boldsymbol{\alpha}_3,\boldsymbol{\alpha}_2+\boldsymbol{\alpha}_3)$，故 $\boldsymbol{P}$ 即为所求的可逆矩阵。

专题 30 可对角化

【考法 1】 可对角化的条件

重要结论

可对角化的条件：
- 充分条件：$\boldsymbol{A}$ 有 n 个不同的特征值 $\Rightarrow \boldsymbol{A} \sim \boldsymbol{\Lambda}$。
- 充分条件：$\boldsymbol{A}$ 为实对称矩阵 $\Rightarrow \boldsymbol{A} \sim \boldsymbol{\Lambda}$。
- 充要条件：$\boldsymbol{A} \sim \boldsymbol{\Lambda} \Leftrightarrow \boldsymbol{A}$ 有 n 个线性无关的特征向量。
- 充要条件：$\boldsymbol{A} \sim \boldsymbol{\Lambda} \Leftrightarrow \boldsymbol{A}$ 的 k 重特征值对应 k 个线性无关的特征向量。
- $\Leftrightarrow$ 对每个 k_i 重特征值 λ_i，有 $n - r(\lambda_i \boldsymbol{E} - \boldsymbol{A}) = k_i$。

例题 1 下列矩阵中，不能相似于对角矩阵的是（　　）。

A. $\begin{bmatrix} 1 & 1 & 0 \\ 0 & 2 & 1 \\ 0 & 0 & 3 \end{bmatrix}$　　B. $\begin{bmatrix} 1 & 1 & 0 \\ 0 & 1 & 0 \\ 0 & 0 & 2 \end{bmatrix}$

C. $\begin{bmatrix} 1 & 0 & 1 \\ 0 & 1 & 0 \\ 1 & 0 & 1 \end{bmatrix}$　　D. $\begin{bmatrix} 1 & 0 & 0 \\ 0 & 1 & 1 \\ 0 & 0 & 2 \end{bmatrix}$

解 方法 1：直接法。直接说明选项 B 满足题意。

选项 B：$|\lambda \boldsymbol{E} - \boldsymbol{B}| = \begin{vmatrix} \lambda-1 & -1 & 0 \\ 0 & \lambda-1 & 0 \\ 0 & 0 & \lambda-2 \end{vmatrix} = (\lambda-1)^2(\lambda-2) = 0$，得 $\lambda_1 = \lambda_2 = 1, \lambda_3 = 2$，选项 B 是否可对角化取决于 $\lambda_1 = \lambda_2 = 1$ 时，方程组 $(\boldsymbol{E} - \boldsymbol{B})\boldsymbol{x} = \boldsymbol{0}$ 的基础解系是否含 2 个解向量。由 $\boldsymbol{E} - \boldsymbol{B} = \begin{bmatrix} 0 & -1 & 0 \\ 0 & 0 & 0 \\ 0 & 0 & -1 \end{bmatrix}$，知 $r(\boldsymbol{E} - \boldsymbol{B}) = 2$，故方程组 $(\boldsymbol{E} - \boldsymbol{B})\boldsymbol{x} = \boldsymbol{0}$ 的基础解系只含 1 个解向量，此时 B 只有两个线性无关的特征向量，而 B 不能相似于对角矩阵，所以选择选项 B。

方法 2：排除法。设 4 个选项中的矩阵依次为 $\boldsymbol{A}, \boldsymbol{B}, \boldsymbol{C}, \boldsymbol{D}$。

选项 A：$|\lambda \boldsymbol{E} - \boldsymbol{A}| = \begin{vmatrix} \lambda-1 & -1 & 0 \\ 0 & \lambda-2 & -1 \\ 0 & 0 & \lambda-3 \end{vmatrix} = 0$，得 $\lambda_1 = 1, \lambda_2 = 2, \lambda_3 = 3$，因为它有 3 个不同的特征值，则必可对角化，故可排除选项 A。

选项 C：矩阵为实对称矩阵，故一定可相似对角化，所以排除选项 C。

选项 D：$|\lambda \boldsymbol{E} - \boldsymbol{D}| = \begin{vmatrix} \lambda-1 & 0 & 0 \\ 0 & \lambda-1 & -1 \\ 0 & 0 & \lambda-2 \end{vmatrix} = (\lambda-1)^2(\lambda-2) = 0$，得 $\lambda_1 = \lambda_2 = 1, \lambda_3 = 2$，$\boldsymbol{D}$ 是否可对角化取决于 $\lambda_1 = \lambda_2 = 1$ 时，方程组 $(\boldsymbol{E} - \boldsymbol{D})\boldsymbol{x} = \boldsymbol{0}$ 的基础解系是否含 2 个解向量，由 $\boldsymbol{E} - \boldsymbol{D} = \begin{bmatrix} 0 & 0 & 0 \\ 0 & 0 & -1 \\ 0 & 0 & -1 \end{bmatrix}$，知 $r(\boldsymbol{E} - \boldsymbol{D}) = 1$，故方程组 $(\boldsymbol{E} - \boldsymbol{D})\boldsymbol{x} = \boldsymbol{0}$ 的基础解系含 2 个解向量，则 $\boldsymbol{D}$ 可相似对角化，所以排除选项 D。故选 B。

【考法 2】 重根时可对角化的条件

重要结论

含 k 重根 λ 时，$\boldsymbol{A}$ 可对角化，则必有 $r(\boldsymbol{A}-\lambda\boldsymbol{E})=n-k$。

说明：①此时能解出 k 个线性无关的特征向量。②助记：k 重根，则秩 $r(\boldsymbol{A}-\lambda\boldsymbol{E})$ 降 k。

例题 2 设矩阵 $\boldsymbol{A}=\begin{bmatrix}1&-1&1\\x&4&y\\-3&-3&5\end{bmatrix}$，已知 $\boldsymbol{A}$ 有三个线性无关的特征向量，$\lambda=2$ 是 $\boldsymbol{A}$ 的二重特征值，试求可逆矩阵 $\boldsymbol{P}$，使得 $\boldsymbol{P}^{-1}\boldsymbol{AP}$ 为对角矩阵。

解 因 $\boldsymbol{A}$ 是三阶矩阵，有三个线性无关特征向量，$\lambda=2$ 是二重特征值，故对应的线性无关特征向量有 2 个，$r(2\boldsymbol{E}-\boldsymbol{A})=1$，将 $2\boldsymbol{E}-\boldsymbol{A}$ 作初等行变换，得 $2\boldsymbol{E}-\boldsymbol{A}=\begin{bmatrix}1&1&-1\\-x&-2&-y\\3&3&-3\end{bmatrix}\rightarrow$ $\begin{bmatrix}1&1&-1\\2-x&0&-2-y\\0&0&0\end{bmatrix}$。由 $r(2\boldsymbol{E}-\boldsymbol{A})=1$，故 $x=2,y=-2$，从而 $\boldsymbol{A}=\begin{bmatrix}1&-1&1\\2&4&-2\\-3&-3&5\end{bmatrix}$。$\boldsymbol{A}$ 的另一个特征值为 $\lambda_3=\sum\limits_{i=1}^{3}a_{ij}-\lambda_1-\lambda_2=10-4=6$。

(1) 对 $\lambda=2$，由 $(2\boldsymbol{E}-\boldsymbol{A})\boldsymbol{x}=\boldsymbol{0}$，其同解方程为 $x_1+x_2-x_3=0$，对应的特征向量为 $\boldsymbol{\xi}_1=(1,-1,0)^{\mathrm{T}}$，$\boldsymbol{\xi}_2=(1,0,1)^{\mathrm{T}}$。

(2) 对 $\lambda=6$，由 $(6\boldsymbol{E}-\boldsymbol{A})\boldsymbol{x}=\boldsymbol{0}$，有

$$6\boldsymbol{E}-\boldsymbol{A}=\begin{bmatrix}5&1&-1\\-2&2&2\\3&3&1\end{bmatrix}\rightarrow\begin{bmatrix}-2&2&2\\1&5&3\\0&0&0\end{bmatrix}\rightarrow\begin{bmatrix}1&5&3\\0&3&2\\0&0&0\end{bmatrix}$$

对应的特征向量为 $\boldsymbol{\xi}_3=(1\quad -2\quad 3)^{\mathrm{T}}$。

令 $\boldsymbol{P}=[\boldsymbol{\xi}_1,\boldsymbol{\xi}_2,\boldsymbol{\xi}_3]=\begin{bmatrix}1&1&1\\-1&0&-2\\0&1&3\end{bmatrix}$，则 $\boldsymbol{P}^{-1}\boldsymbol{AP}=\boldsymbol{\Lambda}=\begin{bmatrix}2&&\\&2&\\&&6\end{bmatrix}$。

例题 3 设矩阵 $\boldsymbol{A}=\begin{bmatrix}1&2&-3\\-1&4&-3\\1&a&5\end{bmatrix}$，其特征方程有一个二重根，求 a 的值，并讨论 $\boldsymbol{A}$ 是否可以相似对角化。

解 由题意得 $|\lambda\boldsymbol{E}-\boldsymbol{A}|=\begin{vmatrix}\lambda-1&-2&3\\1&\lambda-4&3\\-1&-a&\lambda-5\end{vmatrix}=(\lambda^2-8\lambda+18+3a)(\lambda-2)$。

注意：这一步的计算较复杂，要仔细应对；另一方面，因为条件是有二重根，所以不用将此式全部展开，直接可以讨论。

若 $\lambda=2$ 是二重根，则有 $\lambda^2-8\lambda+18+3a\big|_{\lambda=2}=0$，解得 $a=-2$，另一个特征值为 6，满足条件。

代入原矩阵，有 $2\boldsymbol{E}-\boldsymbol{A}=\begin{bmatrix}1&-2&3\\1&-2&3\\-1&2&-3\end{bmatrix}$，$r(2\boldsymbol{E}-\boldsymbol{A})=1$，因此对应 $\lambda=2$ 的线性无关的特征向

量有两个,$\boldsymbol{A}$ 可对角化。

另一方面,若 $\lambda^2-8\lambda+18+3a=0$ 有二重根,则有 $18+3a=16$,$a=-\frac{2}{3}$,$\boldsymbol{A}$ 的特征值为 4,4,2,同理化简得 $r(4\boldsymbol{E}-\boldsymbol{A})=2$,所以对应 $\lambda=4$ 的线性无关的特征向量只有一个,所以 $\boldsymbol{A}$ 不可对角化。

【考法3】 列行矩阵可对角化

重要结论

设 $\boldsymbol{\alpha}$,$\boldsymbol{\beta}$ 均为 n 维列向量,$\boldsymbol{A}=\boldsymbol{\alpha\beta}^{\mathrm{T}}$,则有特征值 $0,0,\cdots,0,\lambda=\boldsymbol{\alpha}^{\mathrm{T}}\boldsymbol{\beta}$ ($\boldsymbol{\alpha}^{\mathrm{T}}\boldsymbol{\beta}$ 前面是 $n-1$ 个 0),则当 $\lambda=\boldsymbol{\alpha}^{\mathrm{T}}\boldsymbol{\beta}\neq 0$ 时,$\boldsymbol{A}$ 必可对角化;当 $\lambda=\boldsymbol{\alpha}^{\mathrm{T}}\boldsymbol{\beta}=0$ 时,$\boldsymbol{A}$ 矩阵必不可对角化。

证明如下:①若 $\lambda=\boldsymbol{\alpha}^{\mathrm{T}}\boldsymbol{\beta}\neq 0$,先求 $\lambda_1=\lambda_2=\cdots=\lambda_{n-1}=0$ 时的特征向量。$r(\boldsymbol{A})=r(\boldsymbol{\alpha\beta}^{\mathrm{T}})=1$,故 $(\boldsymbol{A}-0\boldsymbol{E})\boldsymbol{x}=\boldsymbol{0}$ 也就是 $\boldsymbol{Ax}=\boldsymbol{0}$,有 $n-1$ 个线性无关的解,也就是 $n-1$ 个无关的特征向量。如果此时 $\lambda=\boldsymbol{\alpha}^{\mathrm{T}}\boldsymbol{\beta}\neq 0$,$\lambda$ 对应的特征向量必与 0 对应的特征向量线性无关。所以,$\lambda=\boldsymbol{\alpha}^{\mathrm{T}}\boldsymbol{\beta}\neq 0$ 时,矩阵 $\boldsymbol{A}$ 共有 n 个线性无关的特征向量,必可对角化。

② 如果 $\lambda=\boldsymbol{\alpha}^{\mathrm{T}}\boldsymbol{\beta}=0$,此时矩阵 $\boldsymbol{A}$ 的所有特征值为 0,矩阵 $\boldsymbol{A}$ 的全部特征向量均由 $(\boldsymbol{A}-0\boldsymbol{E})\boldsymbol{x}=\boldsymbol{0}$ 方程求出。易知,$(\boldsymbol{A}-0\boldsymbol{E})\boldsymbol{x}=\boldsymbol{0}$ 仅可求出 $n-1$ 个线性无关的特征向量。故矩阵 $\boldsymbol{A}$ 不能对角化。

例题 4 矩阵 $\boldsymbol{A}=\begin{bmatrix}1&0&-1\\2&0&-2\\1&0&-1\end{bmatrix}$,$\boldsymbol{B}=\begin{bmatrix}1&1&-1\\3&3&-3\\2&1&-2\end{bmatrix}$,$\boldsymbol{C}=\begin{bmatrix}1&0&-1\\0&2&-1\\-1&-1&-2\end{bmatrix}$ 中可对角化的共有(　　)个。

A. 0　　B. 1　　C. 2　　D. 3

解

$\boldsymbol{C}=\begin{bmatrix}1&0&-1\\0&2&-1\\-1&-1&-2\end{bmatrix}$ 为实对称矩阵,必可对角化。$\boldsymbol{A}$,$\boldsymbol{B}$ 均为列行矩阵。下面进行详细分析。

$\boldsymbol{A}=\begin{bmatrix}1&0&-1\\2&0&-2\\1&0&-1\end{bmatrix}=\begin{bmatrix}1\\2\\1\end{bmatrix}[1,0,-1]=\boldsymbol{\alpha}_1\boldsymbol{\beta}_1^{\mathrm{T}}$ 的特征值为 $\boldsymbol{\alpha}_1^{\mathrm{T}}\boldsymbol{\beta}_1,0,0$,即 0,0,0。$\boldsymbol{B}=\begin{bmatrix}1&1&-1\\3&3&-3\\2&1&-2\end{bmatrix}=\begin{bmatrix}1\\3\\2\end{bmatrix}[1,1,-1]=\boldsymbol{\alpha}_2\boldsymbol{\beta}_2^{\mathrm{T}}$ 的特征值为 $\boldsymbol{\alpha}_2^{\mathrm{T}}\boldsymbol{\beta}_2,0,0$,即 2,0,0。矩阵 $\boldsymbol{B}$ 可对角化,而矩阵 $\boldsymbol{A}$ 不可对角化。故选 C。

【考法4】 两个矩阵同时对角化

重要结论

两步变换法(或称 CQ 法)一个矩阵 $\boldsymbol{P}$ 将两个矩阵同时对角化。

若 $\boldsymbol{B}$ 正定,则存在可逆矩阵 $\boldsymbol{P}$ 及对角矩阵 $\boldsymbol{\Lambda}$,使得 $\boldsymbol{P}^{\mathrm{T}}\boldsymbol{AP}=\boldsymbol{\Lambda}$ 且 $\boldsymbol{P}^{\mathrm{T}}\boldsymbol{BP}=\boldsymbol{E}$。

如何求解?

第 1 步:求出第一个变换矩阵 $\boldsymbol{C}$,使得 $\boldsymbol{C}^{\mathrm{T}}\boldsymbol{BC}=\boldsymbol{E}$。

第 2 步:对 $\boldsymbol{A}$ 进行同样的合同变换得到 $\boldsymbol{D}=\boldsymbol{C}^{\mathrm{T}}\boldsymbol{AC}$。

第 3 步:求出第二个变换矩阵 $\boldsymbol{Q}$,使得 $\boldsymbol{Q}^{\mathrm{T}}\boldsymbol{DQ}=\boldsymbol{\Lambda}$。

第 4 步:两步变换,一气呵成($\boldsymbol{P}=\boldsymbol{CQ}$)。

$P^TAP=(CQ)^TACQ=Q^TC^TACQ=Q^TDQ=\Lambda$，

$P^TBP=(CQ)^TBCQ=Q^TC^TBCQ=Q^TEQ=E$。

说明：由于第一步变换已经得到 $C^TBC=E$ 的单位阵，所以只要第二步进行正交变换，无论是什么样的正交变换，均有 $Q^TC^TBCQ=Q^TEQ=E$。由此可见，虽然同时变换两个矩阵，但第一个变换只需要将 B 矩阵变换为单位阵，而不用在意矩阵 A 的变换结果。第二步反过来，只需要将 A 得到的 D 矩阵正交变换成对角阵，不用在意矩阵 B 的变换结果。

例题 5 设 $A=\begin{bmatrix}0&1&0\\1&0&0\\0&0&0\end{bmatrix}$，$B=\begin{bmatrix}1&1&1\\1&2&2\\1&2&3\end{bmatrix}$。

(1) 求可逆变换 $x=Cy$，将二次型 $f=x^TBx$ 化为标准形 $y_1^2+y_2^2+y_3^2$。

(2) 求一个可逆矩阵 P 及对角矩阵Λ，使得 $P^TAP=\Lambda$ 且 $P^TBP=E$。

解 (1) $f=x^TBx=x_1^2+2x_2^2+3x_3^2+2x_1x_2+4x_2x_3+2x_1x_3=(x_1+x_2+x_3)^2+(x_2+x_3)^2+x_3^2$。

令$(x_1+x_2+x_3)^2+(x_2+x_3)^2+x_3^2=y_1^2+y_2^2+y_3^2$，可得

$$\begin{cases}x_1+x_2+x_3=y_1\\x_2+x_3=y_2\\x_3=y_3\end{cases}\Rightarrow\begin{bmatrix}y_1\\y_2\\y_3\end{bmatrix}=\begin{bmatrix}1&1&1\\0&1&1\\0&0&1\end{bmatrix}\begin{bmatrix}x_1\\x_2\\x_3\end{bmatrix}\Rightarrow\begin{bmatrix}x_1\\x_2\\x_3\end{bmatrix}\begin{bmatrix}1&-1&0\\0&1&-1\\0&0&1\end{bmatrix}\begin{bmatrix}y_1\\y_2\\y_3\end{bmatrix}\text{，其中}\begin{bmatrix}1&-1&0\\0&1&-1\\0&0&1\end{bmatrix}=C\text{。}$$

易知矩阵 C 可逆，$x=Cy$ 可将二次型 $f=x^TBx$ 化为标准形 $y_1^2+y_2^2+y_3^2$。

(2) 第 1 步：求出第一个变换矩阵 C，使得 $C^TBC=E$(已完成)。

第 2 步：对 A 进行同样的合同变换得到 $D=C^TAC$。

$$\text{令 } D=C^TAC=\begin{bmatrix}1&0&0\\-1&1&0\\0&-1&1\end{bmatrix}\begin{bmatrix}0&1&0\\1&0&0\\0&0&0\end{bmatrix}\begin{bmatrix}1&-1&0\\0&1&-1\\0&0&1\end{bmatrix}=\begin{bmatrix}0&1&-1\\1&-2&1\\-1&1&0\end{bmatrix}\text{。}$$

第 3 步：求出第二个变换矩阵 Q，使得 $Q^TDQ=\Lambda$。

$$|D-\lambda E|=\begin{vmatrix}-\lambda&1&-1\\1&-2-\lambda&1\\-1&1&-\lambda\end{vmatrix}=\begin{vmatrix}-\lambda&-\lambda&-\lambda\\1&-2-\lambda&1\\-1&1&-\lambda\end{vmatrix}=(-\lambda)\begin{vmatrix}1&1&1\\1&-2-\lambda&1\\-1&1&-\lambda\end{vmatrix}=$$

$-\lambda(-3-\lambda)(1-\lambda)=0$。

解得 $\lambda=0,1,-3$。

(a) 当 $\lambda=0$ 时，对矩阵 $D-0\cdot E$ 各行元素之和为 0。所以特征值 0 对应的特征向量可取$\alpha_1=(1,1,1)^T$。

(b) 当 $\lambda=1$ 时，矩阵 $D-E=\begin{bmatrix}-1&1&-1\\1&-3&1\\-1&1&-1\end{bmatrix}\to\begin{bmatrix}1&-1&1\\0&-2&0\\0&0&0\end{bmatrix}\to\begin{bmatrix}1&0&1\\0&1&0\\0&0&0\end{bmatrix}$，

特征向量可取$\alpha_2=(1,0,-1)^T$。

(c) 当 $\lambda=-3$ 时，矩阵 $D+3E=\begin{bmatrix}3&1&-1\\1&1&1\\-1&1&3\end{bmatrix}\to\begin{bmatrix}1&1&1\\0&-2&-4\\0&2&4\end{bmatrix}\to\begin{bmatrix}1&0&-1\\0&1&2\\0&0&0\end{bmatrix}$，

特征向量可取 $\alpha_3=(1,-2,1)^T$。其已经正交化，故再单位化之后可得正交矩阵 $Q=$

$$\left[\frac{\boldsymbol{\alpha}_1}{\|\boldsymbol{\alpha}_1\|},\frac{\boldsymbol{\alpha}_2}{\|\boldsymbol{\alpha}_2\|},\frac{\boldsymbol{\alpha}_3}{\|\boldsymbol{\alpha}_3\|}\right]=\begin{bmatrix}\frac{1}{\sqrt{3}} & \frac{1}{\sqrt{2}} & \frac{1}{\sqrt{6}}\\ \frac{1}{\sqrt{3}} & 0 & -\frac{2}{\sqrt{6}}\\ \frac{1}{\sqrt{3}} & -\frac{1}{\sqrt{2}} & \frac{1}{\sqrt{6}}\end{bmatrix}$$，使得 $\boldsymbol{\Lambda}=\boldsymbol{Q}^{-1}\boldsymbol{D}\boldsymbol{Q}=\boldsymbol{Q}^{\mathrm{T}}\boldsymbol{D}\boldsymbol{Q}=\begin{bmatrix}0&0&0\\0&1&0\\0&0&-3\end{bmatrix}$。

第 4 步：两步变换，一气呵成（$\boldsymbol{P}=\boldsymbol{C}\boldsymbol{Q}$）。

若取 $\boldsymbol{P}=\boldsymbol{C}\boldsymbol{Q}=\begin{bmatrix}1&-1&0\\0&1&-1\\0&0&1\end{bmatrix}\begin{bmatrix}\frac{1}{\sqrt{3}} & \frac{1}{\sqrt{2}} & \frac{1}{\sqrt{6}}\\ \frac{1}{\sqrt{3}} & 0 & -\frac{2}{\sqrt{6}}\\ \frac{1}{\sqrt{3}} & -\frac{1}{\sqrt{2}} & \frac{1}{\sqrt{6}}\end{bmatrix}=\begin{bmatrix}0 & \frac{1}{\sqrt{2}} & \frac{3}{\sqrt{6}}\\ 0 & \frac{1}{\sqrt{2}} & -\frac{3}{\sqrt{6}}\\ \frac{1}{\sqrt{3}} & -\frac{1}{\sqrt{2}} & \frac{1}{\sqrt{6}}\end{bmatrix}$，则有

$\boldsymbol{P}^{\mathrm{T}}\boldsymbol{A}\boldsymbol{P}=(\boldsymbol{C}\boldsymbol{Q})^{\mathrm{T}}\boldsymbol{A}\boldsymbol{C}\boldsymbol{Q}=\boldsymbol{Q}^{\mathrm{T}}\boldsymbol{C}^{\mathrm{T}}\boldsymbol{A}\boldsymbol{C}\boldsymbol{Q}=\boldsymbol{Q}^{\mathrm{T}}\boldsymbol{D}\boldsymbol{Q}=\begin{bmatrix}0&0&0\\0&1&0\\0&0&-3\end{bmatrix}=\boldsymbol{\Lambda}$，$\boldsymbol{P}^{\mathrm{T}}\boldsymbol{B}\boldsymbol{P}=(\boldsymbol{C}\boldsymbol{Q})^{\mathrm{T}}\boldsymbol{B}\boldsymbol{C}\boldsymbol{Q}=\boldsymbol{Q}^{\mathrm{T}}\boldsymbol{C}^{\mathrm{T}}\boldsymbol{B}\boldsymbol{C}\boldsymbol{Q}=$ $\boldsymbol{Q}^{\mathrm{T}}\boldsymbol{E}\boldsymbol{Q}=\boldsymbol{E}$。

【考法 5】 非可逆矩阵的伴随矩阵对角化

重要结论

$\boldsymbol{Q}^{\mathrm{T}}\boldsymbol{A}^*\boldsymbol{Q}=\boldsymbol{\Lambda}^*$。

证明：$\boldsymbol{Q}^{\mathrm{T}}\boldsymbol{A}^*\boldsymbol{Q}=\boldsymbol{Q}^{-1}\boldsymbol{A}^*\boldsymbol{Q}=\boldsymbol{Q}^{-1}(\boldsymbol{Q}\boldsymbol{\Lambda}\boldsymbol{Q}^{-1})^*\boldsymbol{Q}=\boldsymbol{Q}^{-1}(\boldsymbol{Q}^{-1})^*\boldsymbol{\Lambda}^*\boldsymbol{Q}^*\boldsymbol{Q}$。

注意到 $|\boldsymbol{Q}|=1$，所以 $\boldsymbol{Q}^*\boldsymbol{Q}=|\boldsymbol{Q}|\boldsymbol{E}=\boldsymbol{E}$，$\boldsymbol{Q}^{-1}(\boldsymbol{Q}^{-1})^*=|\boldsymbol{Q}^{-1}|\boldsymbol{E}=\boldsymbol{E}$，所以 $\boldsymbol{Q}^{\mathrm{T}}\boldsymbol{A}^*\boldsymbol{Q}=\boldsymbol{Q}^{-1}(\boldsymbol{Q}^{-1})^*\boldsymbol{\Lambda}^*\boldsymbol{Q}^*\boldsymbol{Q}=\boldsymbol{\Lambda}^*$。

例题 6 实对称矩阵 $\boldsymbol{A}=(\boldsymbol{\alpha}_1,\boldsymbol{\alpha}_2,\boldsymbol{\alpha}_3)$ 满足各行元素之和为 0，且 $\boldsymbol{\alpha}_1-\boldsymbol{\alpha}_2=(1,-1,0)^{\mathrm{T}}$，$r[(\boldsymbol{A}+\boldsymbol{E})^*]=1$。

(1) 求一个正交矩阵 $\boldsymbol{Q}$，使得 $\boldsymbol{Q}^{\mathrm{T}}\boldsymbol{A}\boldsymbol{Q}=\boldsymbol{\Lambda}$。

(2) 计算 $\boldsymbol{Q}^{\mathrm{T}}(\boldsymbol{A}^*+2\boldsymbol{A})\boldsymbol{Q}$。

解 (1) $\boldsymbol{\alpha}_1-\boldsymbol{\alpha}_2=(\boldsymbol{\alpha}_1,\boldsymbol{\alpha}_2,\boldsymbol{\alpha}_3)\begin{bmatrix}1\\-1\\0\end{bmatrix}=\begin{bmatrix}1\\-1\\0\end{bmatrix}$，所以矩阵 $\boldsymbol{A}$ 有特征值 1，对应的特征向量为 $\boldsymbol{\beta}_1=(1,-1,0)^{\mathrm{T}}$。又因为矩阵 $\boldsymbol{A}$ 满足各行元素之和为 0，所以有特征值 0，其对应的特征向量可取 $\boldsymbol{\beta}_2=(1,1,1)^{\mathrm{T}}$，又因为 $r[(\boldsymbol{A}+\boldsymbol{E})^*]=1\Rightarrow r(\boldsymbol{A}+\boldsymbol{E})=2$，所以矩阵 $\boldsymbol{A}$ 有特征值 -1，对应特征向量 $\boldsymbol{\beta}_3$。

由于实对称矩阵不同特征值对应的特征向量相互正交，所以可取 $\boldsymbol{\beta}_3=(1,1,-2)^{\mathrm{T}}$，3 个特征向量已经正交化，再单位化之后可得正交矩阵。

$\boldsymbol{Q}=\left[\frac{\boldsymbol{\beta}_1}{\|\boldsymbol{\beta}_1\|},\frac{\boldsymbol{\beta}_2}{\|\boldsymbol{\beta}_2\|},\frac{\boldsymbol{\beta}_3}{\|\boldsymbol{\beta}_3\|}\right]=\begin{bmatrix}\frac{1}{\sqrt{2}} & \frac{1}{\sqrt{3}} & \frac{1}{\sqrt{6}}\\ -\frac{1}{\sqrt{2}} & \frac{1}{\sqrt{3}} & \frac{1}{\sqrt{6}}\\ 0 & \frac{1}{\sqrt{3}} & -\frac{2}{\sqrt{6}}\end{bmatrix}$ 可使得 $\boldsymbol{Q}^{\mathrm{T}}\boldsymbol{A}\boldsymbol{Q}=\boldsymbol{\Lambda}=\begin{bmatrix}1&0&0\\0&0&0\\0&0&-1\end{bmatrix}$。

(2) 注意无法使用 $\boldsymbol{A}^*=|\boldsymbol{A}|\boldsymbol{A}^{-1}$ 公式。

$\boldsymbol{Q}^{\mathrm{T}}\boldsymbol{A}^*\boldsymbol{Q}=\boldsymbol{Q}^{-1}\boldsymbol{A}^*\boldsymbol{Q}=\boldsymbol{Q}^{-1}(\boldsymbol{Q}\boldsymbol{\Lambda}\boldsymbol{Q}^{-1})^*\boldsymbol{Q}=\boldsymbol{Q}^{-1}(\boldsymbol{Q}^{-1})^*\boldsymbol{\Lambda}^*\boldsymbol{Q}^*\boldsymbol{Q}$。注意到 $|\boldsymbol{Q}|=1$，所以 $\boldsymbol{Q}^*\boldsymbol{Q}=|\boldsymbol{Q}|\boldsymbol{E}=\boldsymbol{E}$，$\boldsymbol{Q}^{-1}(\boldsymbol{Q}^{-1})^*=|\boldsymbol{Q}^{-1}|\boldsymbol{E}=\boldsymbol{E}$，

求出各个代数余子式可得 $\begin{bmatrix}1&0&0\\0&0&0\\0&0&-1\end{bmatrix}^*=\begin{bmatrix}0&0&0\\0&-1&0\\0&0&0\end{bmatrix}$，所以 $\boldsymbol{Q}^{\mathrm{T}}\boldsymbol{A}^*\boldsymbol{Q}=\boldsymbol{Q}^{-1}(\boldsymbol{Q}^{-1})^*\boldsymbol{\Lambda}^*\boldsymbol{Q}^*\boldsymbol{Q}=\boldsymbol{\Lambda}^*=\begin{bmatrix}0&0&0\\0&-1&0\\0&0&0\end{bmatrix}$。又因为 $\boldsymbol{Q}^{\mathrm{T}}(2\boldsymbol{A})\boldsymbol{Q}=2\boldsymbol{\Lambda}=\begin{bmatrix}2&0&0\\0&0&0\\0&0&-2\end{bmatrix}$，所以 $\boldsymbol{Q}^{\mathrm{T}}(\boldsymbol{A}^*+2\boldsymbol{A})\boldsymbol{Q}=\begin{bmatrix}0&0&0\\0&-1&0\\0&0&0\end{bmatrix}+\begin{bmatrix}2&0&0\\0&0&0\\0&0&-2\end{bmatrix}=\begin{bmatrix}2&0&0\\0&-1&0\\0&0&-2\end{bmatrix}$。

专题 31　相似关系及其变换矩阵

【考法 1】　判别具体矩阵相似

重要结论

$\boldsymbol{A},\boldsymbol{B}$ 共用相同的特征值 $\lambda_1,\lambda_2,\cdots,\lambda_n$ 是相似的必要条件。

① 若 $\lambda_1,\lambda_2,\cdots,\lambda_n$ 均不相同，则 $\boldsymbol{A},\boldsymbol{B}$ 必相似。

② 若 $\lambda_1,\lambda_2,\cdots,\lambda_n$ 有重根，则在重根 λ 处，至少还需满足 $r(\boldsymbol{A}-\lambda\boldsymbol{E})=r(\boldsymbol{B}-\lambda\boldsymbol{E})$。

严格来说，任意 k 重根 λ 处，均有 $r(\boldsymbol{A}-\lambda\boldsymbol{E})=r(\boldsymbol{B}-\lambda\boldsymbol{E})=n-k$，则 $\boldsymbol{A},\boldsymbol{B}$ 相似（此时 $\boldsymbol{A},\boldsymbol{B}$ 相似于同样的对角矩阵）。

例题 1　下列矩阵中，与矩阵 $\begin{bmatrix}1&1&0\\0&1&1\\0&0&1\end{bmatrix}$ 相似的是（　　）。

A. $\begin{bmatrix}1&1&-1\\0&1&1\\0&0&1\end{bmatrix}$　　B. $\begin{bmatrix}1&0&-1\\0&1&1\\0&0&1\end{bmatrix}$　　C. $\begin{bmatrix}1&1&-1\\0&1&0\\0&0&1\end{bmatrix}$　　D. $\begin{bmatrix}1&0&-1\\0&1&0\\0&0&1\end{bmatrix}$

解　记矩阵 $\boldsymbol{H}=\begin{bmatrix}1&1&0\\0&1&1\\0&0&1\end{bmatrix}$，则 $r(\boldsymbol{H})=3$，$\mathrm{tr}(\boldsymbol{H})=3$，特征值 $\lambda=1$。

【利用三重关系另解】观察 A，B，C，D 四个选项，它们与矩阵 $\boldsymbol{H}$ 的秩相等、迹相等、行列式相等，特征值也相等，进一步分析可得：$r(\lambda\boldsymbol{E}-\boldsymbol{H})=2$，$r(\lambda\boldsymbol{E}-\boldsymbol{A})=2$，$r(\lambda\boldsymbol{E}-\boldsymbol{B})=1$，$r(\lambda\boldsymbol{E}-\boldsymbol{C})=1$，$r(\lambda\boldsymbol{E}-\boldsymbol{D})=1$。如果矩阵 $\boldsymbol{A}$ 与矩阵 $\boldsymbol{X}$ 相似，则必有 $k\boldsymbol{E}-\boldsymbol{A}$ 与 $k\boldsymbol{E}-\boldsymbol{X}$ 相似（k 为任意常数），从而 $r(k\boldsymbol{E}-\boldsymbol{A})=r(k\boldsymbol{E}-\boldsymbol{X})$，故选 A。

例题 2　矩阵 $\begin{bmatrix}1&a&1\\a&b&a\\1&a&1\end{bmatrix}$ 与 $\begin{bmatrix}2&0&0\\0&b&0\\0&0&0\end{bmatrix}$ 相似的充分必要条件为（　　）。

A. $a=0,b=2$　　B. $a=0$，b 为任意实数

C. $a=2,b=0$　　D. $b=0$，a 为任意实数

解 令 $\boldsymbol{A}=\begin{bmatrix}1&a&1\\a&b&a\\1&a&1\end{bmatrix}$，$\boldsymbol{B}=\begin{bmatrix}2&0&0\\0&b&0\\0&0&0\end{bmatrix}$，因为 $\boldsymbol{A}$ 为实对称矩阵，$\boldsymbol{B}$ 为对角矩阵，则 $\boldsymbol{A}$ 与 $\boldsymbol{B}$ 相似的充要条件是 $\boldsymbol{A}$ 的特征值分别为 $2,b,0$，$\boldsymbol{A}$ 的特征方程 $|\lambda\boldsymbol{E}-\boldsymbol{A}|=\begin{vmatrix}\lambda-1&-a&-1\\-a&\lambda-b&-a\\-1&-a&\lambda-1\end{vmatrix}=\begin{vmatrix}\lambda&-a&-1\\0&\lambda-b&-a\\-\lambda&-a&\lambda-1\end{vmatrix}=\begin{vmatrix}\lambda&-a&-1\\0&\lambda-b&-a\\0&-2a&\lambda-2\end{vmatrix}=\lambda[(\lambda-2)(\lambda-b)-2a^2]$，因为 $\lambda=2$ 是 $\boldsymbol{A}$ 的特征值，所以 $|2\boldsymbol{E}-\boldsymbol{A}|=0$，所以 $-2a^2=0$，即 $a=0$。故选 B。

【考法2】 判别抽象矩阵相似

例题 3 设 $\boldsymbol{A},\boldsymbol{B}$ 均为 n 阶矩阵，$\boldsymbol{A}$ 可逆且 $\boldsymbol{A}\sim\boldsymbol{B}$，则下列命题正确的有(　　)个。

① $\boldsymbol{AB}\sim\boldsymbol{BA}$　② $\boldsymbol{A}^2\sim\boldsymbol{B}^2$　③ $\boldsymbol{A}^{\mathrm{T}}\sim\boldsymbol{B}^{\mathrm{T}}$　④ $\boldsymbol{A}^{-1}\sim\boldsymbol{B}^{-1}$

A. 1　B. 2　C. 3　D. 4

解 由 $\boldsymbol{A}\sim\boldsymbol{B}$ 可知，存在可逆矩阵 $\boldsymbol{P}$，使得 $\boldsymbol{P}^{-1}\boldsymbol{AP}=\boldsymbol{B}$，故

$\boldsymbol{P}^{-1}\boldsymbol{A}^2\boldsymbol{P}=\boldsymbol{B}^2$，$\boldsymbol{P}^{\mathrm{T}}\boldsymbol{A}^{\mathrm{T}}(\boldsymbol{P}^{\mathrm{T}})^{-1}=\boldsymbol{B}^{\mathrm{T}}$，$\boldsymbol{P}^{-1}\boldsymbol{A}^{-1}\boldsymbol{P}=\boldsymbol{B}^{-1}$，所以 $\boldsymbol{A}^2\sim\boldsymbol{B}^2$，$\boldsymbol{A}^{\mathrm{T}}\sim\boldsymbol{B}^{\mathrm{T}}$，$\boldsymbol{A}^{-1}\sim\boldsymbol{B}^{-1}$，$\boldsymbol{A}^{-1}\sim\boldsymbol{B}^{-1}$。又由 $\boldsymbol{A}$ 可逆，可知 $\boldsymbol{A}^{-1}(\boldsymbol{AB})\boldsymbol{A}=\boldsymbol{BA}$，故 $\boldsymbol{AB}\sim\boldsymbol{BA}$，故正确的有 4 个，选 D。

注意：若没有 $\boldsymbol{A}$ 可逆这个条件，无法得出 $\boldsymbol{AB}\sim\boldsymbol{BA}$。

【考法3】 证明两矩阵相似

重要结论

$\boldsymbol{A},\boldsymbol{B}$ 可对角化时，$\boldsymbol{A},\boldsymbol{B}$ 相似于同样的对角阵，则 $\boldsymbol{A},\boldsymbol{B}$ 相似。

例题 4 证明 n 阶矩阵 $\begin{bmatrix}1&1&\cdots&1\\1&1&\cdots&1\\\vdots&\vdots&&\vdots\\1&1&\cdots&1\end{bmatrix}$ 与 $\begin{bmatrix}0&\cdots&0&1\\0&\cdots&0&2\\\vdots&&\vdots&\vdots\\0&\cdots&0&n\end{bmatrix}$ 相似。

证明：设 $\boldsymbol{A}=\begin{bmatrix}1&1&\cdots&1\\1&1&\cdots&1\\\vdots&\vdots&&\vdots\\1&1&\cdots&1\end{bmatrix}$，$\boldsymbol{B}=\begin{bmatrix}0&\cdots&0&1\\0&\cdots&0&2\\\vdots&&\vdots&\vdots\\0&\cdots&0&n\end{bmatrix}$。

分别求两个矩阵的特征值和特征向量如下：

$$|\lambda\boldsymbol{E}-\boldsymbol{A}|=\begin{vmatrix}\lambda-1&-1&\cdots&-1\\-1&\lambda-1&\cdots&-1\\\vdots&\vdots&&\vdots\\-1&-1&\cdots&\lambda-1\end{vmatrix}=(\lambda-n)\lambda^{n-1},$$

所以 $\boldsymbol{A}$ 的 n 个特征值为 $\lambda_1=n,\lambda_2=\lambda_3=\cdots=\lambda_n=0$。

而且 $\boldsymbol{A}$ 是实对称矩阵，所以一定可以对角化，且 $\boldsymbol{A}\sim\begin{bmatrix}n&&&\\&0&&\\&&\ddots&\\&&&0\end{bmatrix}$，$|\lambda\boldsymbol{E}-\boldsymbol{B}|=$

$\begin{vmatrix} \lambda & 0 & \cdots & -1 \\ 0 & \lambda & \cdots & -2 \\ \vdots & \vdots & & \vdots \\ 0 & 0 & \cdots & \lambda-n \end{vmatrix}=(\lambda-n)\lambda^{n-1}$，所以 $\boldsymbol{B}$ 的 n 个特征值也为 $\lambda_1=n,\lambda_2=\lambda_3=\cdots=\lambda_n=0$。

对于 $n-1$ 重特征值 $\lambda=0$，由于矩阵 $(0\boldsymbol{E}-\boldsymbol{B})=-\boldsymbol{B}$ 的秩显然为 1，所以矩阵 $\boldsymbol{B}$ 对应 $n-1$ 重特征值 $\lambda=0$ 应该有 $n-1$ 个线性无关的特征向量，进而矩阵 $\boldsymbol{B}$ 存在 n 个线性无关的特征向量，即矩阵 $\boldsymbol{B}$ 一定可以对角化，且 $\boldsymbol{B}\sim\begin{pmatrix} n & & & \\ & 0 & & \\ & & \ddots & \\ & & & 0 \end{pmatrix}$，由相似的传递性可知 n 阶矩阵 $\boldsymbol{A}$ 与 $\boldsymbol{B}$ 相似。

【考法 4】　求解相似的变换矩阵 P

重要结论

$\boldsymbol{A},\boldsymbol{B}$ 可对角化时，若 $\boldsymbol{P}^{-1}\boldsymbol{AP}=\boldsymbol{B}$，则 $\boldsymbol{P}=\boldsymbol{P}_1\boldsymbol{P}_2^{-1}$，其中 $\boldsymbol{P}_1^{-1}\boldsymbol{AP}_1=\boldsymbol{\Lambda},\boldsymbol{P}_2^{-1}\boldsymbol{BP}_2=\boldsymbol{\Lambda}$。

证明：$\boldsymbol{P}_1^{-1}\boldsymbol{AP}_1=\boldsymbol{\Lambda},\boldsymbol{P}_2^{-1}\boldsymbol{BP}_2=\boldsymbol{\Lambda}$。由 $\boldsymbol{P}_1^{-1}\boldsymbol{AP}_1=\boldsymbol{P}_2^{-1}\boldsymbol{BP}_2$，得 $\boldsymbol{P}_2\boldsymbol{P}_1^{-1}\boldsymbol{AP}_1\boldsymbol{P}_2^{-1}=\boldsymbol{B}$。令 $\boldsymbol{P}=\boldsymbol{P}_1\boldsymbol{P}_2^{-1}$，则有 $\boldsymbol{P}^{-1}\boldsymbol{AP}=\boldsymbol{B}$。

例题 5　设 $\boldsymbol{A}=\begin{bmatrix} 1 & 2 & 3 \\ 0 & 0 & 0 \\ 0 & 0 & 0 \end{bmatrix},\boldsymbol{B}=\begin{bmatrix} 2 & -2 & 4 \\ 1 & -1 & 2 \\ 0 & 0 & 0 \end{bmatrix}$，求可逆矩阵 $\boldsymbol{P}$，使 $\boldsymbol{P}^{-1}\boldsymbol{AP}=\boldsymbol{B}$。

解　由 $\boldsymbol{A}$ 的特征方程 $|\lambda\boldsymbol{E}-\boldsymbol{A}|=\begin{vmatrix} \lambda-1 & -2 & -3 \\ 0 & \lambda & 0 \\ 0 & 0 & \lambda \end{vmatrix}=\lambda^2(\lambda-1)=0$。得 $\boldsymbol{A}$ 的特征值 $\lambda_1=\lambda_2=0,\lambda_3=1$。

当 $\lambda_1=\lambda_2=0$ 时，$0\boldsymbol{E}-\boldsymbol{A}=\begin{bmatrix} -1 & -2 & -3 \\ 0 & 0 & 0 \\ 0 & 0 & 0 \end{bmatrix}\to\begin{bmatrix} 1 & 2 & 3 \\ 0 & 0 & 0 \\ 0 & 0 & 0 \end{bmatrix}$，得其线性无关的特征向量 $\boldsymbol{\alpha}_1=(-2,1,0)^{\mathrm{T}},\boldsymbol{\alpha}_2=(-3,0,1)^{\mathrm{T}}$。

当 $\lambda_3=1$ 时，$\boldsymbol{E}-\boldsymbol{A}=\begin{bmatrix} 0 & -2 & -3 \\ 0 & 1 & 0 \\ 0 & 0 & 1 \end{bmatrix}\to\begin{bmatrix} 0 & 1 & 0 \\ 0 & 0 & 1 \\ 0 & 0 & 0 \end{bmatrix}$，得其特征向量 $\boldsymbol{\alpha}_3=(1,0,0)^{\mathrm{T}}$。由 $\boldsymbol{B}$ 的特征方程 $|\lambda\boldsymbol{E}-\boldsymbol{B}|=\begin{vmatrix} \lambda-2 & 2 & -4 \\ -1 & \lambda+1 & -2 \\ 0 & 0 & \lambda \end{vmatrix}=\lambda^2(\lambda-1)=0$，得 $\boldsymbol{B}$ 的特征值 $\lambda_1=\lambda_2=0,\lambda_3=1$。

当 $\lambda_1=\lambda_2=0$ 时，$0\boldsymbol{E}-\boldsymbol{B}=\begin{bmatrix} -2 & 2 & -4 \\ -1 & 1 & -2 \\ 0 & 0 & 0 \end{bmatrix}\to\begin{bmatrix} 1 & -1 & 2 \\ 0 & 0 & 0 \\ 0 & 0 & 0 \end{bmatrix}$，得其线性无关的特征向量 $\boldsymbol{\beta}_1=(1,1,0)^{\mathrm{T}},\boldsymbol{\beta}_2=(-2,0,1)^{\mathrm{T}}$。

当 $\lambda_3=1$ 时，$\boldsymbol{E}-\boldsymbol{B}=\begin{bmatrix} -1 & 2 & -4 \\ -1 & 2 & -2 \\ 0 & 0 & 1 \end{bmatrix}\to\begin{bmatrix} 1 & -2 & 4 \\ 0 & 0 & 1 \\ 0 & 0 & 0 \end{bmatrix}$，得其特征向量 $\boldsymbol{\beta}_3=(2,1,0)^{\mathrm{T}}$。

令 $\boldsymbol{P}_1=(\boldsymbol{\alpha}_1,\boldsymbol{\alpha}_2,\boldsymbol{\alpha}_3)=\begin{bmatrix} -2 & -3 & 1 \\ 1 & 0 & 0 \\ 0 & 1 & 0 \end{bmatrix},\boldsymbol{P}_2=(\boldsymbol{\beta}_1,\boldsymbol{\beta}_2,\boldsymbol{\beta}_3)=\begin{bmatrix} 1 & -2 & 2 \\ 1 & 0 & 1 \\ 0 & 1 & 0 \end{bmatrix}$，则 $\boldsymbol{P}_1^{-1}\boldsymbol{AP}_1=$

$\begin{bmatrix}0&&\\&0&\\&&1\end{bmatrix}$，$P_2^{-1}BP_2=\begin{bmatrix}0&&\\&0&\\&&1\end{bmatrix}$。由 $P_1^{-1}AP_1=P_2^{-1}BP_2$，得 $P_2P_1^{-1}AP_1P_2^{-1}=B$。

令 $P=P_1P_2^{-1}=\begin{bmatrix}-2&-3&1\\1&0&0\\0&1&0\end{bmatrix}\begin{bmatrix}1&-2&2\\1&0&1\\0&1&0\end{bmatrix}^{-1}=\begin{bmatrix}3&-5&3\\-1&2&-2\\0&0&1\end{bmatrix}$，则 P 可逆，且 $P^{-1}AP=B$。

【考法5】 相似于对角矩阵

重要结论

① 若矩阵 A 相似于对角矩阵 Λ，则对角矩阵非零元素必为矩阵 A 的特征值 $\lambda_1,\lambda_2,\lambda_3$。

② 若特征值 $\lambda_1,\lambda_2,\lambda_3$ 分别对应特征向量 $\alpha_1,\alpha_2,\alpha_3$，则 $A[\alpha_1,\alpha_2,\alpha_3]=[\alpha_1,\alpha_2,\alpha_3]\begin{bmatrix}\lambda_1&&\\&\lambda_2&\\&&\lambda_3\end{bmatrix}$。

例题6 设三阶实对称矩阵满足 $A^3-A=O$，且 $|A|=0$，且 $r[(A-E)^*]=1$，则下列矩阵中可能与 A 相似的有（　　）个。

① $\begin{bmatrix}1&&\\&1&\\&&0\end{bmatrix}$　② $\begin{bmatrix}1&&\\&0&\\&&-1\end{bmatrix}$　③ $\begin{bmatrix}-1&&\\&-1&\\&&0\end{bmatrix}$　④ $\begin{bmatrix}0&&\\&1&\\&&0\end{bmatrix}$

A. 1　　B. 2

C. 3　　D. 4

解 设 A 的特征值为 λ，因为 $A^3-A=O$，所以 $\lambda^3-\lambda=0\Rightarrow\lambda(\lambda-1)(\lambda+1)=0$，所以矩阵 A 的特征值只能从 $\lambda=0$ 或 $\lambda=1$ 或 $\lambda=-1$ 中取。又因为 $|A|=0$，则 0 必为矩阵 A 的特征值。由伴随矩阵秩的公式可知，当 $r[(A-E)^*]=1$ 时，必有 $r[(A-E)]=2$，又因为 A 为实对称矩阵，必可对角化，则 $A-E$ 的非零特征值的个数为 2，故 A 的特征值必含 1，但又不可能有两个 1。排除①③，则②④为可能的矩阵，故选 B。

【考法6】 由初等变换建立相似关系

例题7 设 A 是一个 n 阶实对称矩阵，先交换 A 的第 1 列与第 3 列，然后再交换第 1 行与第 3 行得到的矩阵记为 B，则下列说法正确的有（　　）个。

① $|A|=|B|$　② A 与 B 等价　③ A 与 B 合同　④ A 与 B 相似

A. 1　　B. 2

C. 3　　D. 4

解 由题设有 $E_{ij}AE_{ij}=B$，因 $E_{ij}^{-1}=E_{ij}$，故 $E_{ij}AE_{ij}=E_{ij}^{-1}AE_{ij}=B$，所以 A 与 B 相似。

由实对称矩阵相似可知，①②③④全部正确，故选 D。

本题中的 E_{13} 是 E_{ij} 的一个特例，故①②③④均正确。

注意：也可运用基本初等矩阵性质确定。$|E_{ij}|=-1\Rightarrow|E_{ij}AE_{ij}|=|B|\Rightarrow|A|=|B|$，

又因为 $E_{ij}=E_{ij}^{\mathrm{T}}$，故 $E_{ij}AE_{ij}=E_{ij}^{\mathrm{T}}AE_{ij}=B$，所以 A 与 B 合同。

专题 32 利用相似求解

【考法 1】 利用阿尔法矩阵建立相似

重要结论

若 $A\alpha_i$ 是阿尔法向量的线性组合，则可通过阿尔法矩阵建立相似。

$$\boldsymbol{A}[\boldsymbol{\alpha}_1,\boldsymbol{\alpha}_2,\boldsymbol{\alpha}_3]=(c_{11}\boldsymbol{\alpha}_1+c_{21}\boldsymbol{\alpha}_2+c_{31}\boldsymbol{\alpha}_3,c_{12}\boldsymbol{\alpha}_1+c_{22}\boldsymbol{\alpha}_2+c_{32}\boldsymbol{\alpha}_3,c_{13}\boldsymbol{\alpha}_1+c_{23}\boldsymbol{\alpha}_2+c_{33}\boldsymbol{\alpha}_3)$$

$=[\boldsymbol{\alpha}_1,\boldsymbol{\alpha}_2,\boldsymbol{\alpha}_3]\begin{bmatrix}c_{11}&c_{12}&c_{13}\\c_{21}&c_{22}&c_{23}\\c_{31}&c_{32}&c_{33}\end{bmatrix}$。记 $\boldsymbol{P}=(\boldsymbol{\alpha}_1,\boldsymbol{\alpha}_2,\boldsymbol{\alpha}_3)$，$\boldsymbol{B}=\begin{bmatrix}c_{11}&c_{12}&c_{13}\\c_{21}&c_{22}&c_{23}\\c_{31}&c_{32}&c_{33}\end{bmatrix}$，若 $\boldsymbol{\alpha}_1,\boldsymbol{\alpha}_2,\boldsymbol{\alpha}_3$ 线性无关，则 $\boldsymbol{A},\boldsymbol{B}$ 相似。

例题 1 设 $\boldsymbol{A}$ 为三阶矩阵，$\boldsymbol{\alpha}_1,\boldsymbol{\alpha}_2,\boldsymbol{\alpha}_3$ 是线性无关的三维列向量，且满足 $\boldsymbol{A}\boldsymbol{\alpha}_1=3\boldsymbol{\alpha}_1+\boldsymbol{\alpha}_2+\boldsymbol{\alpha}_3$，$\boldsymbol{A}\boldsymbol{\alpha}_2=\boldsymbol{\alpha}_1+3\boldsymbol{\alpha}_2+\boldsymbol{\alpha}_3$，$\boldsymbol{A}\boldsymbol{\alpha}_3=\boldsymbol{\alpha}_1+\boldsymbol{\alpha}_2+3\boldsymbol{\alpha}_3$。

(1) 求矩阵 $\boldsymbol{A}$ 的特征值。

(2) 求可逆矩阵 $\boldsymbol{P}$，使得 $\boldsymbol{P}^{-1}\boldsymbol{A}\boldsymbol{P}$ 为对角矩阵。

解 (1) $\boldsymbol{A}(\boldsymbol{\alpha}_1,\boldsymbol{\alpha}_2,\boldsymbol{\alpha}_3)=(3\boldsymbol{\alpha}_1+\boldsymbol{\alpha}_2+\boldsymbol{\alpha}_3,\boldsymbol{\alpha}_1+3\boldsymbol{\alpha}_2+\boldsymbol{\alpha}_3,\boldsymbol{\alpha}_1+\boldsymbol{\alpha}_2+3\boldsymbol{\alpha}_3)$

$=(\boldsymbol{\alpha}_1,\boldsymbol{\alpha}_2,\boldsymbol{\alpha}_3)\begin{bmatrix}3&1&1\\1&3&1\\1&1&3\end{bmatrix}$。记 $\boldsymbol{P}_1=(\boldsymbol{\alpha}_1,\boldsymbol{\alpha}_2,\boldsymbol{\alpha}_3)$，$\boldsymbol{B}=\begin{bmatrix}3&1&1\\1&3&1\\1&1&3\end{bmatrix}$，$\boldsymbol{\alpha}_1,\boldsymbol{\alpha}_2,\boldsymbol{\alpha}_3$ 线性无关，$\boldsymbol{P}_1^{-1}\boldsymbol{A}\boldsymbol{P}_1=\boldsymbol{B}$，即 $\boldsymbol{A},\boldsymbol{B}$ 相似，$\boldsymbol{A},\boldsymbol{B}$ 具有相同的特征值。

$$|\boldsymbol{B}-\lambda\boldsymbol{E}|=\begin{vmatrix}3-\lambda&1&1\\1&3-\lambda&1\\1&1&3-\lambda\end{vmatrix}=0\Rightarrow\lambda_1=5,\lambda_{2,3}=2$$，所以矩阵 $\boldsymbol{A}$ 具有特征值 5,2,2。

(2) 先求 $\boldsymbol{B}$ 的特征向量，再求 $\boldsymbol{A}$ 的特征向量。

当 $\lambda_1=5$ 时，显然 $\boldsymbol{B}$ 矩阵各行元素之和为 5，所以可取特征向量 $\boldsymbol{\beta}_1=(1,1,1)^{\mathrm{T}}$。

当 $\lambda_{2,3}=2$ 时，$\boldsymbol{B}-2\boldsymbol{E}=\begin{bmatrix}1&1&1\\1&1&1\\1&1&1\end{bmatrix}\to\begin{bmatrix}1&1&1\\0&0&0\\0&0&0\end{bmatrix}$，可取 $\boldsymbol{\beta}_2=(-1,0,1)^{\mathrm{T}}$，$\boldsymbol{\beta}_3=(0,-1,1)^{\mathrm{T}}$。

当矩阵 $\boldsymbol{B}$ 具有一个特征值 λ，对应的特征向量为 $\boldsymbol{\beta}$ 时，必有 $\boldsymbol{B}\boldsymbol{\beta}=\lambda\boldsymbol{\beta}$。又因为 $\boldsymbol{P}_1^{-1}\boldsymbol{A}\boldsymbol{P}_1=\boldsymbol{B}$，在等式左右同时乘 $\boldsymbol{\beta}$ 可得 $\boldsymbol{P}_1^{-1}\boldsymbol{A}\boldsymbol{P}_1\boldsymbol{\beta}=\boldsymbol{B}\boldsymbol{\beta}=\lambda\boldsymbol{\beta}\Rightarrow\boldsymbol{A}\boldsymbol{P}_1\boldsymbol{\beta}=\boldsymbol{B}\boldsymbol{\beta}=\lambda\boldsymbol{P}_1\boldsymbol{\beta}$，所以此时有 $\boldsymbol{P}_1\boldsymbol{\beta}$ 为矩阵 $\boldsymbol{A}$ 的特征值 λ 对应的特征向量。所以对矩阵 $\boldsymbol{A}$ 有 $\lambda_1=5,\lambda_{2,3}=2$ 时，分别对应特征向量 $\boldsymbol{P}_1\boldsymbol{\beta}_1,\boldsymbol{P}_1\boldsymbol{\beta}_2,\boldsymbol{P}_1\boldsymbol{\beta}_3$，计算可得 $\boldsymbol{P}_1\boldsymbol{\beta}_1=(\boldsymbol{\alpha}_1,\boldsymbol{\alpha}_2,\boldsymbol{\alpha}_3)\begin{bmatrix}1\\1\\1\end{bmatrix}=\boldsymbol{\alpha}_1+\boldsymbol{\alpha}_2+\boldsymbol{\alpha}_3$，$\boldsymbol{P}_1\boldsymbol{\beta}_2=(\boldsymbol{\alpha}_1,\boldsymbol{\alpha}_2,\boldsymbol{\alpha}_3)\begin{bmatrix}-1\\0\\1\end{bmatrix}=\boldsymbol{\alpha}_3-\boldsymbol{\alpha}_1$，$\boldsymbol{P}_1\boldsymbol{\beta}_3=(\boldsymbol{\alpha}_1,\boldsymbol{\alpha}_2,\boldsymbol{\alpha}_3)\begin{bmatrix}0\\-1\\1\end{bmatrix}=\boldsymbol{\alpha}_3-\boldsymbol{\alpha}_2$，所以 $\boldsymbol{P}=[\boldsymbol{P}_1\boldsymbol{\beta}_1,\boldsymbol{P}_1\boldsymbol{\beta}_2,\boldsymbol{P}_1\boldsymbol{\beta}_3]$ 可使得 $\boldsymbol{P}^{-1}\boldsymbol{A}\boldsymbol{P}=\begin{bmatrix}5&&\\&2&\\&&2\end{bmatrix}$。

【考法2】 利用 A^k 矩阵建立相似

例题 2 已知三阶矩阵 $\boldsymbol{A}$ 与三维列向量 $\boldsymbol{\alpha}$，若向量组 $\boldsymbol{\alpha},\boldsymbol{A\alpha},\boldsymbol{A}^2\boldsymbol{\alpha}$ 线性无关，且 $\boldsymbol{A}^3\boldsymbol{\alpha}=3\boldsymbol{A\alpha}-2\boldsymbol{A}^2\boldsymbol{\alpha}$，则 $r(\boldsymbol{A})=$(　　)。

A. 0　　　　B. 1

C. 2　　　　D. 3

解 由 $\boldsymbol{A}(\boldsymbol{\alpha},\boldsymbol{A\alpha},\boldsymbol{A}^2\boldsymbol{\alpha})=(\boldsymbol{A\alpha},\boldsymbol{A}^2\boldsymbol{\alpha},\boldsymbol{A}^3\boldsymbol{\alpha})=(\boldsymbol{A\alpha},\boldsymbol{A}^2\boldsymbol{\alpha},3\boldsymbol{A\alpha}-2\boldsymbol{A}^2\boldsymbol{\alpha})=(\boldsymbol{\alpha},\boldsymbol{A\alpha},\boldsymbol{A}^2\boldsymbol{\alpha})\begin{bmatrix}0&0&0\\1&0&3\\0&1&-2\end{bmatrix}$，因为向量组 $\boldsymbol{\alpha},\boldsymbol{A\alpha},\boldsymbol{A}^2\boldsymbol{\alpha}$ 线性无关，所以 $\boldsymbol{A}$ 与矩阵 $\begin{bmatrix}0&0&0\\1&0&3\\0&1&-2\end{bmatrix}$ 相似，矩阵 $\begin{bmatrix}0&0&0\\1&0&3\\0&1&-2\end{bmatrix}$ 的秩为2，所以 $r(\boldsymbol{A})=2$。

例题 3 已知三阶矩阵 $\boldsymbol{A}$ 与三维向量 $\boldsymbol{x}$，使得向量组 $\boldsymbol{x},\boldsymbol{Ax},\boldsymbol{A}^2\boldsymbol{x}$ 线性无关，且满足 $\boldsymbol{A}^3\boldsymbol{x}=3\boldsymbol{Ax}-2\boldsymbol{A}^2\boldsymbol{x}$。则 $|\boldsymbol{A}^2+3\boldsymbol{A}+2\boldsymbol{E}|=$________。

解 (1) 由于 $\boldsymbol{AP}=\boldsymbol{PB}$，即 $\boldsymbol{A}(\boldsymbol{x},\boldsymbol{Ax},\boldsymbol{A}^2\boldsymbol{x})=(\boldsymbol{Ax},\boldsymbol{A}^2\boldsymbol{x},\boldsymbol{A}^3\boldsymbol{x})=(\boldsymbol{Ax},\boldsymbol{A}^2\boldsymbol{x},3\boldsymbol{Ax}-2\boldsymbol{A}^2\boldsymbol{x})=(\boldsymbol{x},\boldsymbol{Ax},\boldsymbol{A}^2\boldsymbol{x})\begin{bmatrix}0&0&0\\1&0&3\\0&1&-2\end{bmatrix}$，所以 $\boldsymbol{B}=\begin{bmatrix}0&0&0\\1&0&3\\0&1&-2\end{bmatrix}$。$\boldsymbol{A}\sim\boldsymbol{B}$，那么 $\boldsymbol{A}+\boldsymbol{E}\sim\boldsymbol{B}+\boldsymbol{E}$，从而 $|\boldsymbol{A}+\boldsymbol{E}|=|\boldsymbol{B}+\boldsymbol{E}|=\begin{vmatrix}1&0&0\\1&1&3\\0&1&-1\end{vmatrix}=-4$，$|\boldsymbol{A}+2\boldsymbol{E}|=\begin{vmatrix}2&0&0\\1&2&3\\0&1&0\end{vmatrix}=-6$，所以原式等于24。

【考法3】 求解 A^k 的特征向量

例题 4 已知三阶矩阵 $\boldsymbol{A}$ 与三维非零列向量 $\boldsymbol{\alpha}$，若向量组 $\boldsymbol{\alpha},\boldsymbol{A\alpha},\boldsymbol{A}^2\boldsymbol{\alpha}$ 线性无关，而 $\boldsymbol{A}^3\boldsymbol{\alpha}=3\boldsymbol{A\alpha}-2\boldsymbol{A}^2\boldsymbol{\alpha}$，那么矩阵 $\boldsymbol{A}$ 属于特征值 $\lambda=-3$ 的特征向量是(　　)。

A. $\boldsymbol{\alpha}$　　　　B. $\boldsymbol{A\alpha}+2\boldsymbol{\alpha}$

C. $\boldsymbol{A}^2\boldsymbol{\alpha}-\boldsymbol{A\alpha}$　　　　D. $\boldsymbol{A}^2\boldsymbol{\alpha}+2\boldsymbol{A\alpha}-3\boldsymbol{\alpha}$

解 因为 $\boldsymbol{A}^3\boldsymbol{\alpha}+2\boldsymbol{A}^2\boldsymbol{\alpha}-3\boldsymbol{A\alpha}=\boldsymbol{0}$。故 $(\boldsymbol{A}+3\boldsymbol{E})(\boldsymbol{A}^2\boldsymbol{\alpha}-\boldsymbol{A\alpha})=\boldsymbol{0}=0(\boldsymbol{A}^2\boldsymbol{\alpha}-\boldsymbol{A\alpha})$。因为 $\boldsymbol{\alpha},\boldsymbol{A\alpha},\boldsymbol{A}^2\boldsymbol{\alpha}$ 线性无关，必有 $\boldsymbol{A}^2\boldsymbol{\alpha}-\boldsymbol{A\alpha}\neq\boldsymbol{0}$，所以 $\boldsymbol{A}^2\boldsymbol{\alpha}-\boldsymbol{A\alpha}$ 是矩阵 $\boldsymbol{A}+3\boldsymbol{E}$ 属于特征值 $\lambda=0$ 的特征向量，即矩阵 $\boldsymbol{A}$ 属于特征值 $\lambda=-3$ 的特征向量，故选C。

【考法4】 利用初等变换建立相似关系

例题 5 设 $\boldsymbol{B}=[b_{ij}]_{3\times3}$ 是正交矩阵，且 $\boldsymbol{AB}=\begin{bmatrix}2b_{11}+b_{12}&b_{11}+2b_{12}&b_{13}\\2b_{21}+b_{22}&b_{21}+2b_{22}&b_{23}\\2b_{31}+b_{32}&b_{31}+2b_{32}&b_{33}\end{bmatrix}$，则正确的命题

为(　　)。

① 矩阵 $\boldsymbol{A}$ 为正定矩阵　　② 矩阵 $\boldsymbol{A}$ 一定是可逆矩阵

③ 行列式 $|\boldsymbol{A}^*-2\boldsymbol{E}|=1$　　④ 矩阵 $\boldsymbol{A}$ 一定是对称矩阵

A. ①②③　　B. ①②③④　　C. ②③④　　D. ①②④

$$\boldsymbol{AB}=\begin{bmatrix}2b_{11}+b_{12} & b_{11}+2b_{12} & b_{13}\\ 2b_{21}+b_{22} & b_{21}+2b_{22} & b_{23}\\ 2b_{31}+b_{32} & b_{31}+2b_{32} & b_{33}\end{bmatrix}=\begin{bmatrix}b_{11} & b_{12} & b_{13}\\ b_{21} & b_{22} & b_{23}\\ b_{31} & b_{32} & b_{33}\end{bmatrix}\begin{bmatrix}2 & 1 & 0\\ 1 & 2 & 0\\ 0 & 0 & 1\end{bmatrix}=\boldsymbol{BC}$$。$\boldsymbol{B}=[b_{ij}]_{3\times3}$ 是正交矩阵,必可逆,所以有 $\boldsymbol{B}^{-1}\boldsymbol{AB}=\boldsymbol{C}$,$\boldsymbol{A}=\boldsymbol{BCB}^{-1}$,所以 $\boldsymbol{A},\boldsymbol{C}$ 相似。又因为同时有 $\boldsymbol{B}^{-1}=\boldsymbol{B}^{\mathrm{T}}$,所以 $\boldsymbol{A}=\boldsymbol{BCB}^{-1}=\boldsymbol{BCB}^{\mathrm{T}}$,即 $\boldsymbol{A},\boldsymbol{C}$ 合同。$\boldsymbol{A}^{\mathrm{T}}=(\boldsymbol{BCB}^{\mathrm{T}})^{\mathrm{T}}=\boldsymbol{BC}^{\mathrm{T}}\boldsymbol{B}^{\mathrm{T}}=\boldsymbol{BCB}^{\mathrm{T}}=\boldsymbol{A}$,所以矩阵 $\boldsymbol{A}$ 是对称矩阵,④正确。

矩阵 $\boldsymbol{A},\boldsymbol{C}$ 具有相同的特征值,所以 $|\boldsymbol{C}-\lambda\boldsymbol{E}|=\begin{vmatrix}2-\lambda & 1 & 0\\ 1 & 2-\lambda & 0\\ 0 & 0 & 1-\lambda\end{vmatrix}=-(1-\lambda)^2(\lambda-3)=0$,所以 $\lambda_1=3,\lambda_{2,3}=1$,所有特征值大于 0,所以是正定矩阵,说法①正确,说法②也正确。$|\boldsymbol{A}|=3\times1\times1=3$,$\boldsymbol{A}^*$ 的特征值 $\dfrac{|\boldsymbol{A}|}{\lambda}$ 为 1,3,3,$\boldsymbol{A}^*-2\boldsymbol{E}$ 的特征值为 $-1,1,1$,所以 $|\boldsymbol{A}^*-2\boldsymbol{E}|=-1$,说法③错误。综上,说法①②④正确,故选 D。

专题 33　隐含的特征值

【考法 1】　通过矩阵的秩暗示特征值

重要结论

矩阵 $\begin{cases}r(\boldsymbol{A}-\lambda\boldsymbol{E})=k\Rightarrow\lambda \text{ 至少为 } n-k \text{ 重特征值}\\ \boldsymbol{A}-\lambda\boldsymbol{E} \text{ 不可逆}\Rightarrow\boldsymbol{A} \text{ 有特征值 } \lambda\end{cases}$。

例题 1　已知 $\boldsymbol{A}$ 是三阶非零矩阵,若矩阵 $\boldsymbol{B}=\begin{bmatrix}1 & 2 & 3\\ 4 & 5 & 6\\ 7 & 8 & 9\end{bmatrix}$ 使得 $\boldsymbol{AB}=\boldsymbol{O}$,又知 $\boldsymbol{A}+3\boldsymbol{E}$ 不可逆,则 $r(\boldsymbol{A})+r(\boldsymbol{A}+\boldsymbol{E})=$________。

解　因为 $\boldsymbol{AB}=\boldsymbol{O}$,所以 $\boldsymbol{B}$ 的 3 个列向量均为 $\boldsymbol{Ax}=\boldsymbol{0}$ 的解,$r(\boldsymbol{B})=2$,所以 $r(\boldsymbol{A})=1$(非零矩阵的秩不为零),$\lambda_1=\lambda_2=0$ 是矩阵 $\boldsymbol{A}$ 的二重特征值。又因为 $\boldsymbol{A}+3\boldsymbol{E}$ 不可逆,$\lambda_3=-3$ 是矩阵 $\boldsymbol{A}$ 的特征值。所以有 $\boldsymbol{A}\sim\begin{bmatrix}-3 & & \\ & 0 & \\ & & 0\end{bmatrix}$,$\boldsymbol{A}+\boldsymbol{E}\sim\begin{bmatrix}-2 & & \\ & 1 & \\ & & 1\end{bmatrix}$,从而 $r(\boldsymbol{A})+r(\boldsymbol{A}+\boldsymbol{E})=4$。

【考法 2】　通过阿尔法方程组暗示特征值

重要结论

若 $\boldsymbol{A\alpha}_i$ 是阿尔法向量的线性组合,则可通过阿尔法矩阵建立相似关系。

$\boldsymbol{A}(\boldsymbol{\alpha}_1,\boldsymbol{\alpha}_2,\boldsymbol{\alpha}_3)=(c_{11}\boldsymbol{\alpha}_1+c_{21}\boldsymbol{\alpha}_2+c_{31}\boldsymbol{\alpha}_3,c_{12}\boldsymbol{\alpha}_1+c_{22}\boldsymbol{\alpha}_2+c_{32}\boldsymbol{\alpha}_3,c_{13}\boldsymbol{\alpha}_1+c_{23}\boldsymbol{\alpha}_2+c_{33}\boldsymbol{\alpha}_3)$

$=(\boldsymbol{\alpha}_1,\boldsymbol{\alpha}_2,\boldsymbol{\alpha}_3)\begin{bmatrix}c_{11}&c_{12}&c_{13}\\c_{21}&c_{22}&c_{23}\\c_{31}&c_{32}&c_{33}\end{bmatrix}$。记 $\boldsymbol{P}=(\boldsymbol{\alpha}_1,\boldsymbol{\alpha}_2,\boldsymbol{\alpha}_3)$，$\boldsymbol{B}=\begin{bmatrix}c_{11}&c_{12}&c_{13}\\c_{21}&c_{22}&c_{23}\\c_{31}&c_{32}&c_{33}\end{bmatrix}$。若 $\boldsymbol{\alpha}_1,\boldsymbol{\alpha}_2,\boldsymbol{\alpha}_3$ 线性无关，则 $\boldsymbol{A},\boldsymbol{B}$ 相似。

例题 2 设 $\boldsymbol{A}$ 为三阶实对称矩阵，$\boldsymbol{\alpha}_1,\boldsymbol{\alpha}_2,\boldsymbol{\alpha}_3$ 为三维线性无关列向量，$\boldsymbol{A}\boldsymbol{\alpha}_1=2\boldsymbol{\alpha}_1+\boldsymbol{\alpha}_2$，$\boldsymbol{A}\boldsymbol{\alpha}_2=\boldsymbol{\alpha}_1+3\boldsymbol{\alpha}_2+\boldsymbol{\alpha}_3$，$\boldsymbol{A}\boldsymbol{\alpha}_3=\boldsymbol{\alpha}_2+2\boldsymbol{\alpha}_3$，则二次型 $f(x_1,x_2,x_3)=\boldsymbol{x}^{\mathrm{T}}\boldsymbol{A}^*\boldsymbol{x}$ 经过正交变换得到标准形为(　　)。

A. $y_1^2+2y_2^2+4y_3^2$　　　　B. $8y_1^2+4y_2^2+2y_3^2$

C. $y_1^2-2y_2^2+4y_3^2$　　　　D. $y_1^2+y_2^2+4y_3^2$

解

$\boldsymbol{A}(\boldsymbol{\alpha}_1,\boldsymbol{\alpha}_2,\boldsymbol{\alpha}_3)=(\boldsymbol{\alpha}_1,\boldsymbol{\alpha}_2,\boldsymbol{\alpha}_3)\begin{bmatrix}2&1&0\\1&3&1\\0&1&2\end{bmatrix}=(\boldsymbol{\alpha}_1,\boldsymbol{\alpha}_2,\boldsymbol{\alpha}_3)\boldsymbol{B}$。易知 $\boldsymbol{A}\sim\boldsymbol{B}$，$\boldsymbol{A},\boldsymbol{B}$ 的特征值为 1,2,4。

$\boldsymbol{A}^*$ 的特征值为 8,4,2，标准形为 $8y_1^2+4y_2^2+2y_3^2$，故选 B。

【考法 3】 通过齐次方程暗示特征值

重要结论

方程组 $(\boldsymbol{A}-\lambda\boldsymbol{E})\boldsymbol{x}=\boldsymbol{0}$ 有非零解 $\Rightarrow\boldsymbol{A}$ 有特征值 λ。

例题 3 设 $\boldsymbol{A}$ 为三阶实对称矩阵，$\boldsymbol{\xi}_1=\begin{bmatrix}k\\-k\\1\end{bmatrix}$ 为方程组 $\boldsymbol{A}\boldsymbol{x}=\boldsymbol{0}$ 的解，$\boldsymbol{\xi}_2=\begin{bmatrix}k\\2\\1\end{bmatrix}$ 为方程组 $(2\boldsymbol{E}-\boldsymbol{A})\boldsymbol{x}=\boldsymbol{0}$ 的一个解，$|\boldsymbol{E}+\boldsymbol{A}|=0$，则 $\boldsymbol{A}=$________。

解 显然 $\boldsymbol{\xi}_1=\begin{bmatrix}k\\-k\\1\end{bmatrix}$，$\boldsymbol{\xi}_2=\begin{bmatrix}k\\2\\1\end{bmatrix}$ 为 $\boldsymbol{A}$ 对应不同特征值 $\lambda_1=0$，$\lambda_2=2$ 的特征向量，因为 $\boldsymbol{A}$ 为实对称矩阵，所以 $\boldsymbol{\xi}_1\boldsymbol{\xi}_2=k^2-2k+1=0$，解得 $k=1$，于是 $\boldsymbol{\xi}_1=\begin{bmatrix}1\\-1\\1\end{bmatrix}$，$\boldsymbol{\xi}_2=\begin{bmatrix}1\\2\\1\end{bmatrix}$。

又因为 $|\boldsymbol{E}+\boldsymbol{A}|=0$，所以 $\lambda_3=-1$ 为 $\boldsymbol{A}$ 的特征值，令 $\lambda_3=-1$ 对应的特征向量为 $\boldsymbol{\xi}_3=\begin{bmatrix}x_1\\x_2\\x_3\end{bmatrix}$，由

$\begin{cases}\boldsymbol{\xi}_1^{\mathrm{T}}\boldsymbol{\xi}_3=0\\\boldsymbol{\xi}_2^{\mathrm{T}}\boldsymbol{\xi}_3=0\end{cases}$，即 $\begin{cases}x_1-x_2+x_3=0\\x_1+2x_2+x_3=0\end{cases}$，得 $\boldsymbol{\xi}_3=\begin{bmatrix}-1\\0\\1\end{bmatrix}$。令 $\boldsymbol{P}=\begin{bmatrix}1&1&-1\\-1&2&0\\1&1&1\end{bmatrix}$，由 $\boldsymbol{P}^{-1}\boldsymbol{A}\boldsymbol{P}=\begin{bmatrix}0&&\\&2&\\&&-1\end{bmatrix}$，

得 $\boldsymbol{A}=\dfrac{1}{6}\begin{bmatrix}-1&4&5\\4&8&4\\5&4&-1\end{bmatrix}$。

【考法4】 通过非齐次方程组暗示特征值

重要结论

方程组 $\begin{cases}(\boldsymbol{A}-\lambda\boldsymbol{E})\boldsymbol{x}=\boldsymbol{0}\text{ 有非零解}\Rightarrow\boldsymbol{A}\text{ 有特征值 }\lambda\\ \boldsymbol{A}\boldsymbol{\beta}=k\boldsymbol{\beta}\Rightarrow\lambda=k\end{cases}$。

例题 4 设四阶方阵 $\boldsymbol{A}=[a_{ij}]_{4\times4}$ 的各行元素之和为 4，方程 $\boldsymbol{A}\boldsymbol{x}=\boldsymbol{x}+4\boldsymbol{\beta}$ 有通解 $2\boldsymbol{\beta}+k\boldsymbol{\alpha}$（$k$ 为任意常数），且 $|\boldsymbol{A}+\boldsymbol{E}|=120$，若 A_{ij} 为 a_{ij} 的代数余子式，则 $\sum\limits_{i=1}^{4}A_{ii}=$________。

解 $\boldsymbol{A}=[a_{ij}]_{4\times4}$ 的各行元素之和为 4，说明矩阵 $\boldsymbol{A}$ 有特征值 4。方程 $\boldsymbol{A}\boldsymbol{x}=\boldsymbol{x}+4\boldsymbol{\beta}$ 有通解 $2\boldsymbol{\beta}+k\boldsymbol{\alpha}$（$k$ 为任意常数），说明矩阵 $\boldsymbol{A}$ 有特征值 3 和 1。行列式 $|\boldsymbol{A}+\boldsymbol{E}|=120$，说明矩阵的另一个特征值是 2，所以矩阵的四个特征值为 1,2,3,4，对应伴随矩阵的特征值为 24,12,8,6，$\sum\limits_{i=1}^{4}A_{ii}$ 为伴随矩阵的对角线之和，其大小等于矩阵特征值之和，所以有 $\sum\limits_{i=1}^{4}A_{ii}=6+8+12+24=50$。

【考法5】 通过成对的列向量暗示特征值

重要结论

对于成对列向量方程 $\begin{cases}\boldsymbol{A}\boldsymbol{\alpha}=\boldsymbol{\beta}\\ \boldsymbol{A}\boldsymbol{\beta}=\boldsymbol{\alpha}\end{cases}$，有 $\begin{cases}\boldsymbol{A}(\boldsymbol{\beta}-\boldsymbol{\alpha})=-(\boldsymbol{\beta}-\boldsymbol{\alpha})\\ \boldsymbol{A}(\boldsymbol{\beta}+\boldsymbol{\alpha})=(\boldsymbol{\beta}+\boldsymbol{\alpha})\end{cases}$。

推广可得，3 组列向量方程 $\begin{cases}\boldsymbol{A}\boldsymbol{\alpha}=k\boldsymbol{\beta}\\ \boldsymbol{A}\boldsymbol{\beta}=l\boldsymbol{\alpha}\\ \boldsymbol{A}\boldsymbol{\gamma}=m\boldsymbol{\gamma}\end{cases}\Rightarrow\boldsymbol{A}[\boldsymbol{\alpha},\boldsymbol{\beta},\boldsymbol{\gamma}]=[\boldsymbol{\alpha},\boldsymbol{\beta},\boldsymbol{\gamma}]\begin{bmatrix}0&l&0\\k&0&0\\0&0&m\end{bmatrix}$。

例题 5 设 $\boldsymbol{A}$ 为三阶矩阵，$\boldsymbol{E}$ 为三阶单位矩阵，$\boldsymbol{\alpha},\boldsymbol{\beta}$ 是线性无关的三维列向量，且 $\boldsymbol{A}$ 不可逆 $\boldsymbol{A}\boldsymbol{\alpha}=2\boldsymbol{\beta},\boldsymbol{A}\boldsymbol{\beta}=8\boldsymbol{\alpha}$，则下列说法正确的是（　　）。

A. 矩阵 $\boldsymbol{A}$ 不可相似对角化　　　　B. 矩阵有特征值 2 或 8

C. $\boldsymbol{\alpha}$ 不是矩阵 $\boldsymbol{A}$ 的一个特征向量　　　　D. $|\boldsymbol{A}+\boldsymbol{E}|=-1$

方法 1：反证法。如果 $\boldsymbol{\alpha}$ 是矩阵 $\boldsymbol{A}$ 的一个特征向量，则必有 $\boldsymbol{A}\boldsymbol{\alpha}=k\boldsymbol{\alpha}$。又因为 $\boldsymbol{A}\boldsymbol{\alpha}=2\boldsymbol{\beta}$，所以 $k\boldsymbol{\alpha}=2\boldsymbol{\beta}\neq\boldsymbol{0}$。此时 $\boldsymbol{\alpha},\boldsymbol{\beta}$ 线性相关，与题设矛盾，所以假设不成立。$\boldsymbol{\alpha}$ 不是矩阵 $\boldsymbol{A}$ 的一个特征向量。同理，$\boldsymbol{\beta}$ 也不是矩阵 $\boldsymbol{A}$ 的一个特征向量，故选 C。

方法 2：排除法。

$\begin{cases}\boldsymbol{A}\boldsymbol{\alpha}=2\boldsymbol{\beta}\\ \boldsymbol{A}\boldsymbol{\beta}=8\boldsymbol{\alpha}\end{cases}\Rightarrow\begin{cases}\boldsymbol{A}\left(\boldsymbol{\alpha}-\frac{1}{2}\boldsymbol{\beta}\right)=2\boldsymbol{\beta}-4\boldsymbol{\alpha}\\ \boldsymbol{A}\left(\boldsymbol{\alpha}+\frac{1}{2}\boldsymbol{\beta}\right)=2\boldsymbol{\beta}+4\boldsymbol{\alpha}\end{cases}\Rightarrow\begin{cases}\boldsymbol{A}\left(\boldsymbol{\alpha}-\frac{1}{2}\boldsymbol{\beta}\right)=-4\left(\boldsymbol{\alpha}-\frac{1}{2}\boldsymbol{\beta}\right)\\ \boldsymbol{A}\left(\boldsymbol{\alpha}+\frac{1}{2}\boldsymbol{\beta}\right)=4\left(\boldsymbol{\alpha}+\frac{1}{2}\boldsymbol{\beta}\right)\end{cases}$，所以矩阵 $\boldsymbol{A}$ 具有特征值 4 和 -4。又由于矩阵 $\boldsymbol{A}$ 不可逆，所以 $\lambda=0$ 是 $\boldsymbol{A}$ 的一个特征值，矩阵 $\boldsymbol{A}$ 的全部特征值为 $0,4,-4$，三个值都不同，故矩阵 $\boldsymbol{A}$ 一定可对角化，排除选项 A 和 B。

矩阵 $\boldsymbol{A}+\boldsymbol{E}$ 的全部特征值为 1,5,−3,所以 $|\boldsymbol{A}+\boldsymbol{E}|=-15$,排除选项 D。

【考法 6】 通过向量方程暗示特征值

重要结论

若 $k_1\boldsymbol{\alpha}_1+k_2\boldsymbol{\alpha}_2+k_3\boldsymbol{\alpha}_3=\begin{bmatrix}ak_1\\ak_2\\ak_3\end{bmatrix}$,则矩阵 $\boldsymbol{A}=[\boldsymbol{\alpha}_1,\boldsymbol{\alpha}_2,\boldsymbol{\alpha}_3]$ 有特征值 a,对应特征向量为 $[k_1,k_2,k_3]^{\mathrm{T}}$。

证明:$k_1\boldsymbol{\alpha}_1+k_2\boldsymbol{\alpha}_2+k_3\boldsymbol{\alpha}_3=\begin{bmatrix}ak_1\\ak_2\\ak_3\end{bmatrix}\Rightarrow[\boldsymbol{\alpha}_1,\boldsymbol{\alpha}_2,\boldsymbol{\alpha}_3]\begin{bmatrix}k_1\\k_2\\k_3\end{bmatrix}=a\begin{bmatrix}k_1\\k_2\\k_3\end{bmatrix}$。

例题 6 设实对称矩阵 $\boldsymbol{A}=[\boldsymbol{\alpha}_1,\boldsymbol{\alpha}_2,\boldsymbol{\alpha}_3]$ 不可逆,且 $\boldsymbol{\alpha}_1+\boldsymbol{\alpha}_3=\begin{bmatrix}1\\0\\1\end{bmatrix}$,$\boldsymbol{\alpha}_2=\begin{bmatrix}0\\2\\0\end{bmatrix}$。

(1) 求矩阵 $\boldsymbol{A}$ 的所有特征值与特征向量。

(2) 求矩阵 $\boldsymbol{A}$。

解 (1) $\boldsymbol{A}=[\boldsymbol{\alpha}_1,\boldsymbol{\alpha}_2,\boldsymbol{\alpha}_3]$ 不可逆,说明 0 是矩阵 $\boldsymbol{A}$ 的特征值,设对应特征向量为 $\boldsymbol{\xi}_1$,$\boldsymbol{\alpha}_1+\boldsymbol{\alpha}_3=\begin{bmatrix}1\\0\\1\end{bmatrix}\Rightarrow[\boldsymbol{\alpha}_1,\boldsymbol{\alpha}_2,\boldsymbol{\alpha}_3]\begin{bmatrix}1\\0\\1\end{bmatrix}=\begin{bmatrix}1\\0\\1\end{bmatrix}$,故 1 是 $\boldsymbol{A}$ 的特征值,对应特征向量为 $\boldsymbol{\xi}_2=\begin{bmatrix}1\\0\\1\end{bmatrix}$。

$\boldsymbol{\alpha}_2=\begin{bmatrix}0\\2\\0\end{bmatrix}\Rightarrow[\boldsymbol{\alpha}_1,\boldsymbol{\alpha}_2,\boldsymbol{\alpha}_3]\begin{bmatrix}0\\1\\0\end{bmatrix}=2\begin{bmatrix}0\\1\\0\end{bmatrix}$,故 2 是 $\boldsymbol{A}$ 的特征值,对应特征向量为 $\boldsymbol{\xi}_3=\begin{bmatrix}0\\1\\0\end{bmatrix}$。由于实对称矩阵 $\boldsymbol{A}$ 不同特征值对应的特征向量正交,所以 $\boldsymbol{\alpha}_1$ 与 $\boldsymbol{\alpha}_2$,$\boldsymbol{\alpha}_3$ 正交,可取 $\boldsymbol{\xi}_1=\begin{bmatrix}1\\0\\-1\end{bmatrix}$,故所有特征值为 0,1,2。所有特征向量为 $k_1\begin{bmatrix}1\\0\\-1\end{bmatrix}$,$k_2\begin{bmatrix}1\\0\\1\end{bmatrix}$,$k_3\begin{bmatrix}0\\1\\0\end{bmatrix}$,其中 k_1,k_2,k_3 均不为零(题目要求的是所有特征向量,所以这句话不能省略)。

(2) 由(1)可知 $\boldsymbol{A}[\boldsymbol{\xi}_1,\boldsymbol{\xi}_2,\boldsymbol{\xi}_3]=[\boldsymbol{\xi}_1,\boldsymbol{\xi}_2,\boldsymbol{\xi}_3]\begin{bmatrix}0&&\\&1&\\&&2\end{bmatrix}$,所以 $\boldsymbol{A}=(\boldsymbol{\xi}_1,\boldsymbol{\xi}_2,\boldsymbol{\xi}_3)\begin{bmatrix}0&&\\&1&\\&&2\end{bmatrix}(\boldsymbol{\xi}_1,\boldsymbol{\xi}_2,\boldsymbol{\xi}_3)^{-1}=\frac{1}{3}\begin{bmatrix}1&0&1\\0&4&0\\1&0&1\end{bmatrix}$。

【考法 7】 通过各行元素之和暗示特征值

重要结论

若方阵 $\boldsymbol{A}$ 的各行元素之和为 k,则方阵 $\boldsymbol{A}$ 必有特征值 k,对应特征向量为 $[1,1,\cdots,1]^{\mathrm{T}}$。

例题 7 设三阶实对称矩阵 $\boldsymbol{A}$ 的各行元素之和均为 3,向量 $\boldsymbol{\alpha}_1=(-1,2,-1)^{\mathrm{T}}$,$\boldsymbol{\alpha}_2=(0,-1,1)^{\mathrm{T}}$ 是线性方程组 $\boldsymbol{Ax}=\boldsymbol{0}$ 的两个解。

(1) 求 $\boldsymbol{A}$ 的特征值与特征向量。

(2) 求正交矩阵 $\boldsymbol{Q}$ 和对角矩阵 $\boldsymbol{\Lambda}$,使得 $\boldsymbol{Q}^{\mathrm{T}}\boldsymbol{AQ}=\boldsymbol{\Lambda}$。

解 (1) 由题设条件 $\boldsymbol{A\alpha}_1=\boldsymbol{0}=0\boldsymbol{\alpha}_1$,$\boldsymbol{A\alpha}_2=\boldsymbol{0}=0\boldsymbol{\alpha}_2$,故 $\boldsymbol{\alpha}_1,\boldsymbol{\alpha}_2$ 是 $\boldsymbol{A}$ 的对应 $\lambda=0$ 的特征向量。又因为 $\boldsymbol{\alpha}_1,\boldsymbol{\alpha}_2$ 线性无关,故 $\lambda=0$ 至少是 $\boldsymbol{A}$ 的二重特征值。又因为 $\boldsymbol{A}$ 的每行元素之和为 3,所以有 $\boldsymbol{A}(1,1,1)^{\mathrm{T}}=(3,3,3)^{\mathrm{T}}=3(1,1,1)^{\mathrm{T}}$,由特征值、特征向量的定义,知 $\boldsymbol{\alpha}_3=(1,1,1)^{\mathrm{T}}$ 是 $\boldsymbol{A}$ 的特征向量,特征值为 $\lambda_3=3$,λ_3 只能是单根,从而 $\lambda=0$ 是二重特征值。于是 $\boldsymbol{A}$ 的特征值为 3,0,0。属于 3 的特征向量为 $k_3\boldsymbol{\alpha}_3$,$k_3\neq0$;属于 0 的特征向量为 $k_1\boldsymbol{\alpha}_1+k_2\boldsymbol{\alpha}_2$,$k_1,k_2$ 不都为零。

(2) 为了求出正交矩阵必须对特征向量进行单位正交化。先将 $\boldsymbol{\alpha}_3$ 单位化,得 $\boldsymbol{\eta}_0=\left(\frac{\sqrt{3}}{3},\frac{\sqrt{3}}{3},\frac{\sqrt{3}}{3}\right)^{\mathrm{T}}$。对 $\boldsymbol{\alpha}_1,\boldsymbol{\alpha}_2$ 进行施密特正交化,$\boldsymbol{\beta}_1=\boldsymbol{\alpha}_2=(0,-1,1)^{\mathrm{T}}$,$\boldsymbol{\beta}_2=\boldsymbol{\alpha}_1-\frac{(\boldsymbol{\alpha}_1,\boldsymbol{\beta}_1)}{(\boldsymbol{\beta}_1,\boldsymbol{\beta}_1)}\boldsymbol{\beta}_1=(-2,1,1)^{\mathrm{T}}$,单位化之后得 $\boldsymbol{\eta}_1=\left(0,-\frac{\sqrt{2}}{2},\frac{\sqrt{2}}{2}\right)^{\mathrm{T}}$,$\boldsymbol{\eta}_2=\left(-\frac{\sqrt{6}}{3},\frac{\sqrt{6}}{6},\frac{\sqrt{6}}{6}\right)^{\mathrm{T}}$。令 $\boldsymbol{Q}=(\boldsymbol{\eta}_0,\boldsymbol{\eta}_1,\boldsymbol{\eta}_2)$,则 $\boldsymbol{Q}$ 是正交矩阵,并且 $\boldsymbol{Q}^{\mathrm{T}}\boldsymbol{AQ}=\boldsymbol{Q}^{-1}\boldsymbol{AQ}=\begin{bmatrix}3&0&0\\0&0&0\\0&0&0\end{bmatrix}$。

【考法 8】 通过多项式方程暗示特征值

重要结论

若方阵 $\boldsymbol{A}$ 满足 $f(\boldsymbol{A})=\boldsymbol{O}$,则 $\boldsymbol{A}$ 的特征值取值范围是 $f(\lambda)=0$ 的根,$f(x)$ 为幂函数。

例题 8 设 $\boldsymbol{A}$ 为四阶实对称矩阵,且 $\boldsymbol{A}^2+\boldsymbol{A}=\boldsymbol{O}$,若 $\boldsymbol{A}$ 的秩为 3,则 $\boldsymbol{A}$ 相似于(　　)。

A. $\begin{bmatrix}1&&&\\&1&&\\&&1&\\&&&0\end{bmatrix}$　　B. $\begin{bmatrix}1&&&\\&1&&\\&&-1&\\&&&0\end{bmatrix}$

C. $\begin{bmatrix}1&&&\\&-1&&\\&&-1&\\&&&0\end{bmatrix}$　　D. $\begin{bmatrix}-1&&&\\&-1&&\\&&-1&\\&&&0\end{bmatrix}$

解 设 $\boldsymbol{A}$ 的特征值为 r,因为 $\boldsymbol{A}^2+\boldsymbol{A}=\boldsymbol{O}$,所以 $\lambda^2+\lambda=0$。$\lambda(\lambda+1)=0\Rightarrow\lambda=0$ 或 $\lambda=-1$。又因为 $r(\boldsymbol{A})=3$,$\boldsymbol{A}$ 必可相似对角化,且对角矩阵的秩也是 3,所以 $\lambda=-1$ 是三重特征根,所以 $\boldsymbol{A}\sim\begin{bmatrix}-1&&&\\&-1&&\\&&-1&\\&&&0\end{bmatrix}$,故选 D。

【考法 9】 通过矩阵方程暗示特征值

重要结论

若 $A[\alpha_1,\alpha_2,\alpha_3]=[k\alpha_1,l\alpha_2,m\alpha_3]$，则有特征值 k,l,m，对应特征向量分别为 $\alpha_1,\alpha_2,\alpha_3$。

例题 9 设 A 为 3 阶实对称矩阵，A 的秩为 2，且 $A\begin{bmatrix}1&1\\0&0\\-1&1\end{bmatrix}=\begin{bmatrix}-1&1\\0&0\\1&1\end{bmatrix}$。

(1) 求 A 的所有特征值与特征向量。(2) 求矩阵 A。

解 (1) $A\begin{bmatrix}1\\0\\-1\end{bmatrix}=-\begin{bmatrix}-1\\0\\1\end{bmatrix}$，$A\begin{bmatrix}1\\0\\1\end{bmatrix}=\begin{bmatrix}1\\0\\1\end{bmatrix}$，可知 1，−1 均为 A 的特征值，$\xi_1=\begin{bmatrix}1\\0\\1\end{bmatrix}$ 与 $\xi_2=\begin{bmatrix}-1\\0\\1\end{bmatrix}$ 分别为它们的特征向量，$r(A)=2$，可知 0 也是 A 的特征值，且 0 的特征向量与 ξ_1,ξ_2 正交。设 $\xi_3=\begin{bmatrix}x_1\\x_2\\x_3\end{bmatrix}$ 为 0 的特征向量，有 $\begin{cases}x_1+x_3=0\\-x_1+x_3=0\end{cases}$，得 $\xi_3=k\begin{bmatrix}0\\1\\0\end{bmatrix}$，$A$ 的特征值分别为 1，−1，0；对应的特征向量分别为 $\begin{bmatrix}1\\0\\1\end{bmatrix}$，$\begin{bmatrix}-1\\0\\1\end{bmatrix}$，$\begin{bmatrix}0\\1\\0\end{bmatrix}$。

(2) 由(1)可知，$AP=P\Lambda$，则 $A=P\Lambda P^{-1}$，其中，$\Lambda=\begin{bmatrix}1&&\\&-1&\\&&0\end{bmatrix}$，$P=\begin{bmatrix}1&-1&0\\0&0&1\\1&1&0\end{bmatrix}$，故 $A=$

$$\begin{bmatrix}1&-1&0\\0&0&1\\1&1&0\end{bmatrix}\begin{bmatrix}1&&\\&-1&\\&&0\end{bmatrix}\begin{bmatrix}1&-1&0\\0&0&1\\1&1&0\end{bmatrix}^{-1},\begin{bmatrix}1&-1&0\\0&0&1\\1&1&0\end{bmatrix}\begin{bmatrix}1&&\\&-1&\\&&0\end{bmatrix}\begin{bmatrix}\frac{1}{2}&0&\frac{1}{2}\\-\frac{1}{2}&0&\frac{1}{2}\\0&1&0\end{bmatrix}=\begin{bmatrix}0&0&1\\0&0&0\\1&0&0\end{bmatrix}。$$

【考法 10】 “滴水不漏，万箭穿心”

例题 10 设 $B=A+E$，实对称矩阵 A 满足 $|A-E|=0$，且 $Ax=\beta_2$ 的通解为 $k\beta_1+\frac{1}{2}\beta_2$（$k$ 为任意常数），且 $\beta_1+\beta_2=\begin{bmatrix}2\\0\\2\end{bmatrix}$，$\beta_1-\beta_2=\begin{bmatrix}0\\-2\\-2\end{bmatrix}$，则方程组 $(B^*-3E)x=0$ 的通解为________。

解 $|A-E|=0$，说明 A 存在特征值 $\lambda_3=1$，对应特征向量为 β_3。

又因为 $Ax=\beta_2$ 的通解为 $k\beta_1+\frac{1}{2}\beta_2$。所以有 $A\beta_1=\mathbf{0}$，$A\left(\frac{1}{2}\beta_2\right)=\beta_2$，存在特征值 $\lambda_1=0,\lambda_2=2$，对应的特征向量分别为 β_1,β_2。故 $B=A+E$ 有特征值为 1，3，2，对应特征向量分别为 β_1,β_2,β_3。若 B 有特征值 λ_B，则必有 B^*-3E 的特征值为 $\frac{|B|}{\lambda_B}=\frac{6}{\lambda_B}-3$，所以 B^*-3E 有特征值 3，−1，0，对应特征

向量分别为$\boldsymbol{\beta}_1,\boldsymbol{\beta}_2,\boldsymbol{\beta}_3$，$(\boldsymbol{B}^*-3\boldsymbol{E})\boldsymbol{\beta}_3=\boldsymbol{0}$，所以$\boldsymbol{\beta}_3$是方程$(\boldsymbol{B}^*-3\boldsymbol{E})\boldsymbol{x}=\boldsymbol{0}$的一个解。又因为$\boldsymbol{B}^*-3\boldsymbol{E}$具有三个不同的特征值，必可对角化，所以$\boldsymbol{B}^*-3\boldsymbol{E}$的秩等于非零特征值的个数，即$r(\boldsymbol{B}^*-3\boldsymbol{E})=2$，所以$(\boldsymbol{B}^*-3\boldsymbol{E})\boldsymbol{x}=\boldsymbol{0}$基础解系中解向量的个数为1，所以$\boldsymbol{\beta}_3$为方程$(\boldsymbol{B}^*-3\boldsymbol{E})\boldsymbol{x}=\boldsymbol{0}$的一个基础解系。

下面求解$\boldsymbol{\beta}_3$。由于实对称矩阵不同特征值对应的特征向量必正交，所以$\boldsymbol{\beta}_3$与$\boldsymbol{\beta}_1,\boldsymbol{\beta}_2$正交。由$\boldsymbol{\beta}_1+\boldsymbol{\beta}_2=\begin{bmatrix}2\\0\\2\end{bmatrix}$，$\boldsymbol{\beta}_1-\boldsymbol{\beta}_2=\begin{bmatrix}0\\-2\\-2\end{bmatrix}$，可得$\boldsymbol{\beta}_1=\begin{bmatrix}1\\-1\\0\end{bmatrix}$，$\boldsymbol{\beta}_2=\begin{bmatrix}1\\1\\2\end{bmatrix}$，所以可取$\boldsymbol{\beta}_3=\begin{bmatrix}1\\1\\-1\end{bmatrix}$，即所求方程的通解为$k\begin{bmatrix}1\\1\\-1\end{bmatrix}$，其中$k$为任意实数。

专题34　反求矩阵A

【考法1】　特征值均不相同

重要结论

$\boldsymbol{A}=\boldsymbol{P}\boldsymbol{\Lambda}\boldsymbol{P}^{-1}$或$\boldsymbol{A}=\boldsymbol{Q}\boldsymbol{\Lambda}\boldsymbol{Q}^{-1}=\boldsymbol{Q}\boldsymbol{\Lambda}\boldsymbol{Q}^{\mathrm{T}}$。

例题 1　设$\boldsymbol{A}$为三阶实对称不可逆矩阵，$\begin{bmatrix}2&-2&1\\-2&-1&2\end{bmatrix}\boldsymbol{A}=\begin{bmatrix}6&-6&3\\-12&-6&12\end{bmatrix}$，求矩阵$\boldsymbol{A}$。

解　由于$\boldsymbol{A}$为三阶实对称矩阵，且$\begin{bmatrix}2&-2&1\\-2&-1&2\end{bmatrix}\boldsymbol{A}=\begin{bmatrix}6&-6&3\\-12&-6&12\end{bmatrix}$，因此$\boldsymbol{A}\begin{bmatrix}2&-2\\-2&-1\\1&2\end{bmatrix}=\begin{bmatrix}6&-12\\-6&-6\\3&12\end{bmatrix}$。

令$\boldsymbol{\alpha}_1=[2,-2,1]^{\mathrm{T}}$，$\boldsymbol{\alpha}_2=[-2,-1,2]^{\mathrm{T}}$，则$\boldsymbol{A}\boldsymbol{\alpha}_1=3\boldsymbol{\alpha}_1$，$\boldsymbol{A}\boldsymbol{\alpha}_2=6\boldsymbol{\alpha}_2$。因此$\lambda_1=3$与$\lambda_2=6$是$\boldsymbol{A}$的特征值，且$\boldsymbol{\alpha}_1=[2,-2,1]^{\mathrm{T}}$与$\boldsymbol{\alpha}_2=[-2,-1,2]^{\mathrm{T}}$分别是与之对应的特征向量。又$\boldsymbol{A}$为3阶不可逆矩阵，故$\lambda_3=0$是$\boldsymbol{A}$的第3个特征值。设$\lambda_3=0$对应的特征向量为$\boldsymbol{\alpha}_3=[x_1,x_2,x_3]^{\mathrm{T}}$，则由$\boldsymbol{A}$为实对称矩阵，知$\boldsymbol{\alpha}_3^{\mathrm{T}}\boldsymbol{\alpha}_i=0(i=1,2)$，即$\begin{cases}2x_1-2x_2+x_3=0\\-2x_1-x_2+2x_3=0\end{cases}$。解得$\boldsymbol{\alpha}_3=[1,2,2]^{\mathrm{T}}$，显然$\boldsymbol{\alpha}_1,\boldsymbol{\alpha}_2,\boldsymbol{\alpha}_3$两两正交，将其单位化，得$\boldsymbol{e}_1=\frac{1}{3}[2,-2,1]^{\mathrm{T}}$，$\boldsymbol{e}_2=\frac{1}{3}[-2,-1,2]^{\mathrm{T}}$，$\boldsymbol{e}_3=\frac{1}{3}[1,2,2]^{\mathrm{T}}$。

令$\boldsymbol{Q}=[\boldsymbol{e}_1,\boldsymbol{e}_2,\boldsymbol{e}_3]=\frac{1}{3}\begin{bmatrix}2&-2&1\\-2&-1&2\\1&2&2\end{bmatrix}$，则$\boldsymbol{Q}^{-1}\boldsymbol{A}\boldsymbol{Q}=\boldsymbol{Q}^{\mathrm{T}}\boldsymbol{A}\boldsymbol{Q}=\begin{bmatrix}3&0&0\\0&6&0\\0&0&0\end{bmatrix}$。

于是，$\boldsymbol{A}=\boldsymbol{Q}\begin{bmatrix}3&0&0\\0&6&0\\0&0&0\end{bmatrix}\boldsymbol{Q}^{\mathrm{T}}=\frac{1}{9}\begin{bmatrix}2&-2&1\\-2&-1&2\\1&2&2\end{bmatrix}\begin{bmatrix}3&0&0\\0&6&0\\0&0&0\end{bmatrix}\begin{bmatrix}2&-2&1\\-2&-1&2\\1&2&2\end{bmatrix}=\frac{1}{9}\begin{bmatrix}6&-12&0\\-6&-6&0\\3&12&0\end{bmatrix}\begin{bmatrix}2&-2&1\\-2&-1&2\\1&2&2\end{bmatrix}=\begin{bmatrix}4&0&-2\\0&2&-2\\-2&-2&3\end{bmatrix}$。

【考法2】 abb 模型

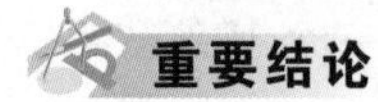

若矩阵 $\boldsymbol{A}$ 的特征值为 a,b,b，且单根 a 对应的单位特征向量为 $\boldsymbol{\xi}_1$，则 $\boldsymbol{A}=(a-b)\boldsymbol{\xi}_1\boldsymbol{\xi}_1^{\mathrm{T}}+b\boldsymbol{E}$。特别地，若矩阵 $\boldsymbol{A}$ 的特征值为 $a,0,0$，且单根 a 对应的单位特征向量为 $\boldsymbol{\xi}_1$，则 $\boldsymbol{A}=a\boldsymbol{\xi}_1\boldsymbol{\xi}_1^{\mathrm{T}}$。

证明：若矩阵 $\boldsymbol{A}$ 有特征值 $\lambda_1,\lambda_2,\lambda_3$，对应的单位化正交化的特征向量为 $\boldsymbol{\xi}_1,\boldsymbol{\xi}_2,\boldsymbol{\xi}_3$，则有 $\boldsymbol{A}=$

$$\boldsymbol{Q\Lambda Q}^{-1}=\boldsymbol{Q}\begin{bmatrix}\lambda_1 & & \\ & \lambda_2 & \\ & & \lambda_3\end{bmatrix}\boldsymbol{Q}^{\mathrm{T}}=[\boldsymbol{\xi}_1,\boldsymbol{\xi}_2,\boldsymbol{\xi}_3]\begin{bmatrix}\lambda_1 & & \\ & \lambda_2 & \\ & & \lambda_3\end{bmatrix}\begin{bmatrix}\boldsymbol{\xi}_1^{\mathrm{T}}\\ \boldsymbol{\xi}_2^{\mathrm{T}}\\ \boldsymbol{\xi}_3^{\mathrm{T}}\end{bmatrix}=\lambda_1\boldsymbol{\xi}_1\boldsymbol{\xi}_1^{\mathrm{T}}+\lambda_2\boldsymbol{\xi}_2\boldsymbol{\xi}_2^{\mathrm{T}}+\lambda_3\boldsymbol{\xi}_3\boldsymbol{\xi}_3^{\mathrm{T}}。$$

令 $\lambda_1=a,\lambda_{2,3}=0$，则有 $\boldsymbol{A}=a\boldsymbol{\xi}_1\boldsymbol{\xi}_1^{\mathrm{T}}$。推广可得，若矩阵 $\boldsymbol{A}$ 具有特征值 a,b,b，对应的单位化正交化的特征向量为 $\boldsymbol{\xi}_1,\boldsymbol{\xi}_2,\boldsymbol{\xi}_3$，则矩阵 $\boldsymbol{A}-b\boldsymbol{E}$ 对应的特征值为 $a-b,0,0$，对应的单位化正交化的特征向量为 $\boldsymbol{\xi}_1,\boldsymbol{\xi}_2,\boldsymbol{\xi}_3$。可得 $\boldsymbol{A}-b\boldsymbol{E}=(a-b)\boldsymbol{\xi}_1\boldsymbol{\xi}_1^{\mathrm{T}}$，所以 $\boldsymbol{A}=(a-b)\boldsymbol{\xi}_1\boldsymbol{\xi}_1^{\mathrm{T}}+b\boldsymbol{E}$。

例题 2 设三阶实对称矩阵 $\boldsymbol{A}$ 的特征值为 $\lambda_1=-1,\lambda_2=\lambda_3=1$，对应 λ_1 的特征向量为 $\boldsymbol{\xi}_1=[1,1,1]^{\mathrm{T}}$，求 $\boldsymbol{A}$。

解 方法1：abb 模型。

$$\boldsymbol{A}-b\boldsymbol{E}=\boldsymbol{A}-\boldsymbol{E}=(\lambda_1-1)\boldsymbol{\xi}_1\boldsymbol{\xi}_1^{\mathrm{T}}=-2\begin{bmatrix}\frac{1}{\sqrt{3}}\\ \frac{1}{\sqrt{3}}\\ \frac{1}{\sqrt{3}}\end{bmatrix}\begin{bmatrix}\frac{1}{\sqrt{3}} & \frac{1}{\sqrt{3}} & \frac{1}{\sqrt{3}}\end{bmatrix}=-\frac{1}{3}\begin{bmatrix}2&2&2\\2&2&2\\2&2&2\end{bmatrix},$$

$$\boldsymbol{A}=\begin{bmatrix}1&0&0\\0&1&0\\0&0&1\end{bmatrix}-\frac{1}{3}\begin{bmatrix}2&2&2\\2&2&2\\2&2&2\end{bmatrix}=-\frac{1}{3}\begin{bmatrix}-1&2&2\\2&-1&2\\2&2&-1\end{bmatrix}。$$

方法2：常规法。

第一步：补齐特征向量。

设对应 $\lambda_2=\lambda_3=1$ 的特征向量为 $\boldsymbol{\xi}=[x_1,x_2,x_3]^{\mathrm{T}}$，因为 $\boldsymbol{A}$ 为实对称矩阵，且实对称矩阵的不同特征值所对应的特征向量相互正交，故 $\boldsymbol{\xi}^{\mathrm{T}}\boldsymbol{\xi}_1=\boldsymbol{0}$，即 $x_1+x_2+x_3=0$。解得 $\boldsymbol{\xi}_2=[-1,1,0]^{\mathrm{T}},\boldsymbol{\xi}_3=[-1,0,1]^{\mathrm{T}}$。

第二步：求逆矩阵。

$$\boldsymbol{P}=[\boldsymbol{\xi}_1,\boldsymbol{\xi}_2,\boldsymbol{\xi}_3]=\begin{bmatrix}1&-1&-1\\1&1&0\\1&0&1\end{bmatrix}，则[\boldsymbol{P}\vdots\boldsymbol{E}]=\left[\begin{array}{ccc:ccc}1&-1&-1&1&0&0\\1&1&0&0&1&0\\1&0&1&0&0&1\end{array}\right]\to$$

$$\left[\begin{array}{ccc:ccc}1&0&1&0&0&1\\0&1&-1&0&1&-1\\0&-1&-2&1&0&-1\end{array}\right]$$

$$\rightarrow\left[\begin{array}{ccc:ccc}1&0&1&0&0&1\\0&1&-1&0&1&-1\\0&0&1&-\frac{1}{3}&-\frac{1}{3}&\frac{2}{3}\end{array}\right]\rightarrow\left[\begin{array}{ccc:ccc}1&0&1&\frac{1}{3}&\frac{1}{3}&\frac{1}{3}\\0&1&-1&-\frac{1}{3}&\frac{2}{3}&-\frac{1}{3}\\0&0&1&-\frac{1}{3}&-\frac{1}{3}&\frac{2}{3}\end{array}\right],$$

$P^{-1}=\frac{1}{3}\begin{bmatrix}1&1&1\\-1&2&-1\\-1&-1&2\end{bmatrix}$。

第三步：矩阵相乘。

有 $AP=P\Lambda\Rightarrow A=P\Lambda P^{-1}$，所以 $A=\frac{1}{3}\begin{bmatrix}1&-1&-1\\1&1&0\\1&0&1\end{bmatrix}\begin{bmatrix}-1&&\\&1&\\&&1\end{bmatrix}\begin{bmatrix}1&1&1\\-1&2&-1\\-1&-1&2\end{bmatrix}=$
$-\frac{1}{3}\begin{bmatrix}-1&2&2\\2&-1&2\\2&2&-1\end{bmatrix}$。

例题 3 设三阶实对称矩阵 A 的特征值为 $\lambda_1=-1,\lambda_2=\lambda_3=1$，对应 λ_1 的特征向量为 $\xi_1=[0,1,1]^{\mathrm{T}}$，交换 A 的第一行和第三行得到矩阵 B，B^* 是 B 的伴随矩阵，则 B^* 的对角线元素之和为________。

解 设对应 $\lambda_2=\lambda_3=1$ 的特征向量为 $\xi=[x_1,x_2,x_3]^{\mathrm{T}}$，因为 A 为实对称矩阵，且实对称矩阵的不同特征值所对应的特征向量相互正交，故 $\xi^{\mathrm{T}}\xi_1=0$，即 $x_2+x_3=0$。解得 $\xi_2=[1,0,0]^{\mathrm{T}},\xi_3=[0,1,-1]^{\mathrm{T}}$，于是有 $A[\xi_1,\xi_2,\xi_3]=[\lambda_1\xi_1,\lambda_2\xi_2,\lambda_3\xi_3]$，所以 $A=[\lambda_1\xi_1,\lambda_2\xi_2,\lambda_3\xi_3][\xi_1,\xi_2,\xi_3]^{-1}=$
$\begin{bmatrix}0&1&0\\-1&0&1\\-1&0&-1\end{bmatrix}\begin{bmatrix}0&1&0\\1&0&1\\1&0&-1\end{bmatrix}^{-1}=\begin{bmatrix}1&0&0\\0&0&-1\\0&-1&0\end{bmatrix}$，所以矩阵 $B=\begin{bmatrix}0&-1&0\\0&0&-1\\1&0&0\end{bmatrix}$，$B^*=|B|B^{-1}=$
$\begin{bmatrix}0&0&1\\-1&0&0\\0&-1&0\end{bmatrix}$，所以 $\mathrm{tr}(B^*)=0$。

【考法 3】 由方程解反求系数阵

重要结论

若 $Ax=0$ 有解 η_1,η_2，即 $A[\eta_1,\eta_2]=0$，则 $\begin{bmatrix}\eta_1^{\mathrm{T}}\\\eta_2^{\mathrm{T}}\end{bmatrix}A^{\mathrm{T}}=0\Rightarrow A^{\mathrm{T}}$ 的列向量为 $\begin{bmatrix}\eta_1^{\mathrm{T}}\\\eta_2^{\mathrm{T}}\end{bmatrix}x=0$ 的解。

例题 4 设 $\alpha_1=[1,0,1]^{\mathrm{T}},\alpha_2=[-2,0,1]^{\mathrm{T}}$ 都是线性方程组 $Ax=0$ 的解向量，只要系数矩阵 A 为(　　)。

A. $\begin{bmatrix}1&2&3\\3&1&2\\2&1&1\end{bmatrix}$　　B. $\begin{bmatrix}-1&2&1\\0&2&0\\0&1&0\end{bmatrix}$

C. $\begin{bmatrix}0&-1&0\\0&2&0\end{bmatrix}$　　D. $\begin{bmatrix}-1&2&1\\1&2&3\end{bmatrix}$

解 方法1：利用秩约束排除。

由秩的关系，基础解系的秩＋系数矩阵的秩＝未知数个数。

$\boldsymbol{\alpha}_1=[1,0,1]^{\mathrm{T}}$，$\boldsymbol{\alpha}_2=[-2,0,1]^{\mathrm{T}}$ 的秩为2，所以基础解系的秩≥2，所以 $r(\boldsymbol{A})\leqslant 1$，故选C。

方法2：逐步求解。

$\begin{bmatrix}\boldsymbol{\alpha}_1^{\mathrm{T}}\\ \boldsymbol{\alpha}_2^{\mathrm{T}}\end{bmatrix}\boldsymbol{A}^{\mathrm{T}}=\boldsymbol{0}\Rightarrow\boldsymbol{A}^{\mathrm{T}}$ 的列向量为 $\begin{bmatrix}\boldsymbol{\alpha}_1^{\mathrm{T}}\\ \boldsymbol{\alpha}_2^{\mathrm{T}}\end{bmatrix}\boldsymbol{x}=\boldsymbol{0}$ 的解，系数矩阵为 $\begin{bmatrix}1&0&1\\-2&0&1\end{bmatrix}\to\begin{bmatrix}1&0&1\\0&0&3\end{bmatrix}\to$ $\begin{bmatrix}1&0&0\\0&0&1\end{bmatrix}$，同解方程组为 $\begin{cases}x_1=0\\x_3=0\end{cases}$，通解为 $\boldsymbol{\xi}=k[0,1,0]^{\mathrm{T}}$，其中 k 为任意实数。所以 $\boldsymbol{A}^{\mathrm{T}}$ 的每一列均为 $[0,1,0]^{\mathrm{T}}$ 的倍数。$\boldsymbol{A}$ 每一行均为 $[0,1,0]$ 的倍数，故选C。

注意：本题若求满足条件的所有2×3(或3×3)的矩阵，可以写成以下形式。

如果 $\boldsymbol{A}$ 为2×3的矩阵，则通式为 $\boldsymbol{A}=\begin{bmatrix}0&k_1&0\\0&k_2&0\end{bmatrix}$，其中 k_1,k_2 为任意实数。

如果 $\boldsymbol{A}$ 为3×3的矩阵，则通式为 $\boldsymbol{A}=\begin{bmatrix}0&k_1&0\\0&k_2&0\\0&k_3&0\end{bmatrix}$，其中 k_1,k_2,k_3 为任意实数。

专题35 矩阵A的n次方

【考法1】 利用列行矩阵

重要结论

列行矩阵
- 定义：秩为1的矩阵 $\boldsymbol{A}$，可化为 $\boldsymbol{A}=\boldsymbol{\alpha\beta}^{\mathrm{T}}$，其中 $\boldsymbol{\alpha}$，$\boldsymbol{\beta}$ 均为列向量。
- 特征值：$\lambda=\boldsymbol{\alpha}^{\mathrm{T}}\boldsymbol{\beta}=\boldsymbol{\beta}^{\mathrm{T}}\boldsymbol{\alpha}$ 与 $n-1$ 个0。
- $\boldsymbol{A}^n$：$\boldsymbol{A}^n=\lambda^{n-1}\boldsymbol{A}$。

例题1 设 $\boldsymbol{A}=\begin{bmatrix}1&-1&2\\a&1&b\\3&c&6\end{bmatrix}$，若存在三阶矩阵 $\boldsymbol{B}$ 满足 $r(\boldsymbol{B}^*)=1$，使得 $\boldsymbol{BA}=\boldsymbol{O}$，则 $\boldsymbol{A}^n=$________。

解 由 $\boldsymbol{BA}=\boldsymbol{O}$，有 $r(\boldsymbol{A})+r(\boldsymbol{B})\leqslant 3$，又因为 $r(\boldsymbol{B}^*)=1\Rightarrow r(\boldsymbol{B})=2$，故 $r(\boldsymbol{A})\leqslant 1$。显然 $r(\boldsymbol{A})\geqslant 1$，所以 $r(\boldsymbol{A})=1$，于是由 $\frac{1}{a}=\frac{-1}{1}=\frac{2}{b}$，$\frac{1}{3}=\frac{-1}{c}=\frac{2}{6}$，知 $a=-1,b=-2,c=-3$，

即 $\boldsymbol{A}=\begin{bmatrix}1&-1&2\\-1&1&-2\\3&-3&6\end{bmatrix}=\begin{bmatrix}1\\-1\\3\end{bmatrix}[1,-1,2]$，而 $[1,-1,2]\begin{bmatrix}1\\-1\\3\end{bmatrix}=8$，$\boldsymbol{A}^n=8^{n-1}\boldsymbol{A}=$ $8^{n-1}\begin{bmatrix}1&-1&2\\-1&1&-2\\3&-3&6\end{bmatrix}$。

【考法 2】 利用相似

重要结论

若 $A=P\Lambda P^{-1}$，则 $A^n=P\Lambda^n P^{-1}$。

例题 2 设 A 是三阶矩阵，$b=[9,18,-18]^T$，方程组 $Ax=b$ 有通解 $k_1[-2,1,0]^T+k_2[2,0,1]^T+[1,2,-2]^T$，其中 k_1,k_2 是任意常数。

(1) 求 A。(2) 求 A^n。

解 (1) 求题设知 $\xi_1=[-2,1,0]^T$，$\xi_2=[2,0,1]^T$ 是 $Ax=0$ 的基础解系，即特征值 $\lambda=0$ 对应线性无关特征向量。又 $\eta=[1,2,-2]^T$ 是 $Ax=b$ 的特解。$A\begin{bmatrix}1\\2\\-2\end{bmatrix}=b=\begin{bmatrix}9\\18\\-18\end{bmatrix}=9\begin{bmatrix}1\\2\\-2\end{bmatrix}$，知 $\xi_3=[1,2,-2]^T=\eta$ 是 A 对应 $\lambda=9$ 的特征向量。

取可逆矩阵 $P=[\xi_1,\xi_2,\xi_3]$，则 $P^{-1}AP=\Lambda=\begin{bmatrix}0&&\\&0&\\&&9\end{bmatrix}$，$A=P\Lambda P^{-1}=\cdots=\begin{bmatrix}1&2&-2\\2&4&-4\\-2&-4&4\end{bmatrix}$。

(2) $A^n=(P\Lambda P^{-1})^n=P\Lambda^n P^{-1}=9^{n-1}A$。

说明：本题中矩阵 A 的秩为 1，所以也可用列行矩阵的方法求解。

【考法 3】 $A^n\beta$ 的求法

例题 3 设三阶实对称矩阵 A 的每行元素之和为 3，且 $r(A)=1$，$\beta=[-1,2,2]^T$，则 $A^n\beta=$________。

解 (1)由已知 A 的特征值 $\lambda_1=3$，其对应的一个特征向量为 $\alpha_1=(1,1,1)^T$，又由 $r(A)=1$，且 A 可相似对角化，知 A 的二个特征值为 $\lambda_2=\lambda_3=0$。设其对应的特征向量为 $x=(x_1,x_2,x_3)^T$，于是有 $(x,\alpha_1)=0$，即 $x_1+x_2+x_3=0$，解得 $\lambda_2=\lambda_3=0$ 对应的特征向量为 $x=k_1\begin{bmatrix}-1\\1\\0\end{bmatrix}+k_2\begin{bmatrix}-1\\0\\1\end{bmatrix}$，其中，$k_1,k_2$ 为不同时为 0 的任意常数。取 $\alpha_2=(-1,1,0)^T$，$\alpha_3=(-1,0,1)^T$，显然 $\alpha_1,\alpha_2,\alpha_3$ 线性无关，于是 β 可由 $\alpha_1,\alpha_2,\alpha_3$ 线性表示，即 $x_1\alpha_1+x_2\alpha_2+x_3\alpha_3=\beta$，解得 $x_1=1,x_2=1,x_3=1$。故 $\alpha_1+\alpha_2+\alpha_3=\beta$，所以 $A^n\beta=A^n(\alpha_1+\alpha_2+\alpha_3)=A^n\alpha_1+A^n\alpha_2+A^n\alpha_3=\lambda_1^n\alpha_1+\lambda_2^n\alpha_2+\lambda_3^n\alpha_3=3^n\alpha_1=[3^n,3^n,3^n]^T$。

【考法 4】 找规律

例题 4 设 $A=\xi\eta^T$，$\xi=[1,-2,1]^T$，$\eta=[2,1,1]^T$，求 $(E+A)^n$。

解 由于 $A=\xi\eta^T=\begin{bmatrix}1\\-2\\1\end{bmatrix}[2,1,1]\begin{bmatrix}2&1&1\\-4&-2&-2\\2&1&1\end{bmatrix}$，而 $\eta^T\xi=[2,1,1]\begin{bmatrix}1\\-2\\1\end{bmatrix}=1$。于是 $A^2=\xi\eta^T\xi\eta^T=\xi\eta^T=A,\cdots,A^n=A$，故 $(E+A)^n=E+C_n^1A+C_n^2A^2+\cdots+C_n^nA^n=E+(C_n^1+C_n^2+\cdots+C_n^n)A=E+(2^n-1)A$。

例题 5 设$A=\begin{bmatrix}5&1&0\\0&5&2\\0&0&5\end{bmatrix}$，则$A^n=$________。

解 把A写成两个矩阵和的形式，即$A=\begin{bmatrix}0&1&0\\0&0&2\\0&0&0\end{bmatrix}+\begin{bmatrix}5&0&0\\0&5&0\\0&0&5\end{bmatrix}=B+5E$，其中$B^2=\begin{bmatrix}0&0&2\\0&0&0\\0&0&0\end{bmatrix}$，$B^3=\begin{bmatrix}0&0&0\\0&0&0\\0&0&0\end{bmatrix}$。

于是由二项式定理得

$$\begin{aligned}A^n&=(B+5E)^n=(5E)^n+n(5E)^{n-1}B+\frac{n(n-1)}{2}(5E)^{n-2}B^2\\&=5^nE+n5^{n-1}B+\frac{n(n-1)}{2}5^{n-2}B^2\\&=\begin{bmatrix}5^n&0&0\\0&5^n&0\\0&0&5^n\end{bmatrix}+\begin{bmatrix}0&n5^{n-1}&0\\0&0&2n5^{n-1}\\0&0&0\end{bmatrix}+\begin{bmatrix}0&0&n(n-1)5^{n-2}\\0&0&0\\0&0&0\end{bmatrix}\\&=\begin{bmatrix}5^n&n5^{n-1}&n(n-1)5^{n-2}\\0&5^n&2n5^{n-1}\\0&0&5^n\end{bmatrix}。\end{aligned}$$

例题 6 设$A=\begin{bmatrix}0&1&0\\1&0&-1\\0&-1&0\end{bmatrix}$，计算$A^{2011}$。

解 先求A的低阶幂。由$A^2=\begin{bmatrix}1&0&-1\\0&2&0\\-1&0&1\end{bmatrix}$，$A^3=\begin{bmatrix}0&2&0\\2&0&-2\\0&-2&0\end{bmatrix}=2A$，

可得$A^2\cdot A=2A$，以此类推，$A^{2n+1}=2^nA$，从而有$A^{2011}=2^{1005}A=\begin{bmatrix}0&2^{1005}&0\\2^{1005}&0&-2^{1005}\\0&-2^{1005}&0\end{bmatrix}$。

专题 36 特征向量的次序变化

【考法 1】 求解 $P^{-1}AP$（有非特征向量的情况）

例题 1 设A为三阶矩阵，三维列向量组$\alpha_1,\alpha_2,\alpha_3$线性无关，$A[\alpha_1,\alpha_2,\alpha_3]=[\alpha_1,\alpha_2,-\alpha_3]$，记$P=[\alpha_1+\alpha_3,\alpha_2,-\alpha_3]$，则$P^{-1}AP=$(　　)。

A. $\begin{bmatrix}1&0&0\\0&1&0\\2&0&-1\end{bmatrix}$

B. $\begin{bmatrix}1&0&0\\0&1&0\\0&0&-1\end{bmatrix}$

C. $\begin{bmatrix}1 & 0 & 0\\0 & 1 & 0\\1 & 0 & -1\end{bmatrix}$　　D. $\begin{bmatrix}1 & 0 & 0\\0 & 1 & 0\\-1 & 0 & 1\end{bmatrix}$

解 方法1。$\boldsymbol{P}=[\boldsymbol{\alpha}_1+\boldsymbol{\alpha}_3,\boldsymbol{\alpha}_2,-\boldsymbol{\alpha}_3]=[\boldsymbol{\alpha}_1,\boldsymbol{\alpha}_2,\boldsymbol{\alpha}_3]\begin{bmatrix}1 & 0 & 0\\0 & 1 & 0\\1 & 0 & -1\end{bmatrix}$,易知矩阵 $\boldsymbol{P}$ 可逆

又因为 $\boldsymbol{A}[\boldsymbol{\alpha}_1,\boldsymbol{\alpha}_2,\boldsymbol{\alpha}_3]=[\boldsymbol{\alpha}_1,\boldsymbol{\alpha}_2,-\boldsymbol{\alpha}_3]=[\boldsymbol{\alpha}_1,\boldsymbol{\alpha}_2,\boldsymbol{\alpha}_3]\begin{bmatrix}1 & & \\ & 1 & \\ & & -1\end{bmatrix}$,

所以 $[\boldsymbol{\alpha}_1,\boldsymbol{\alpha}_2,\boldsymbol{\alpha}_3]^{-1}\boldsymbol{A}[\boldsymbol{\alpha}_1,\boldsymbol{\alpha}_2,\boldsymbol{\alpha}_3]=\begin{bmatrix}1 & & \\ & 1 & \\ & & -1\end{bmatrix}$,

故 $\boldsymbol{P}^{-1}\boldsymbol{A}\boldsymbol{P}=\begin{bmatrix}1 & 0 & 0\\0 & 1 & 0\\1 & 0 & -1\end{bmatrix}^{-1}[\boldsymbol{\alpha}_1,\boldsymbol{\alpha}_2,\boldsymbol{\alpha}_3]^{-1}\boldsymbol{A}[\boldsymbol{\alpha}_1,\boldsymbol{\alpha}_2,\boldsymbol{\alpha}_3]\begin{bmatrix}1 & 0 & 0\\0 & 1 & 0\\1 & 0 & -1\end{bmatrix}$

$=\begin{bmatrix}1 & 0 & 0\\0 & 1 & 0\\1 & 0 & -1\end{bmatrix}^{-1}\begin{bmatrix}1 & & \\ & 1 & \\ & & -1\end{bmatrix}\begin{bmatrix}1 & 0 & 0\\0 & 1 & 0\\1 & 0 & -1\end{bmatrix}=\begin{bmatrix}1 & 0 & 0\\0 & 1 & 0\\2 & 0 & -1\end{bmatrix}$,故选 A。

方法2。

$\boldsymbol{P}=[\boldsymbol{\alpha}_1+\boldsymbol{\alpha}_3,\boldsymbol{\alpha}_2,-\boldsymbol{\alpha}_3]=[\boldsymbol{\alpha}_1,\boldsymbol{\alpha}_2,\boldsymbol{\alpha}_3]\begin{bmatrix}1 & 0 & 0\\0 & 1 & 0\\1 & 0 & -1\end{bmatrix}$,易知 $\boldsymbol{P}$ 可逆。$\boldsymbol{A}\boldsymbol{P}=\boldsymbol{A}[\boldsymbol{\alpha}_1+\boldsymbol{\alpha}_3,\boldsymbol{\alpha}_2,-\boldsymbol{\alpha}_3]=$

$[\boldsymbol{A}\boldsymbol{\alpha}_1+\boldsymbol{A}\boldsymbol{\alpha}_3,\boldsymbol{A}\boldsymbol{\alpha}_2,-\boldsymbol{A}\boldsymbol{\alpha}_3]=[\boldsymbol{\alpha}_1-\boldsymbol{\alpha}_3,\boldsymbol{\alpha}_2,\boldsymbol{\alpha}_3]=[\boldsymbol{\alpha}_1+\boldsymbol{\alpha}_3,\boldsymbol{\alpha}_2,-\boldsymbol{\alpha}_3]\begin{bmatrix}1 & 0 & 0\\0 & 1 & 0\\2 & 0 & -1\end{bmatrix}=\boldsymbol{P}\begin{bmatrix}1 & 0 & 0\\0 & 1 & 0\\2 & 0 & -1\end{bmatrix}$,

故选 A。

【考法2】 求解 $P^{-1}AP$(全为特征向量的情况)

重要结论

值量对应公式。若 ξ_k,ξ_m,ξ_n 分别为 $\lambda_k,\lambda_m,\lambda_n$ 对应的特征向量,则有

$$[\xi_k,\xi_m,\xi_n]^{-1}\boldsymbol{A}[\xi_k,\xi_m,\xi_n]=\begin{bmatrix}\lambda_k & & \\ & \lambda_m & \\ & & \lambda_n\end{bmatrix}$$

例题 2 设 $\boldsymbol{A}$ 为三阶矩阵,三维列向量组 $\boldsymbol{\alpha}_1,\boldsymbol{\alpha}_2,\boldsymbol{\alpha}_3$ 线性无关,$\boldsymbol{A}[\boldsymbol{\alpha}_1,\boldsymbol{\alpha}_2,\boldsymbol{\alpha}_3]=[\boldsymbol{\alpha}_1,\boldsymbol{\alpha}_2,-\boldsymbol{\alpha}_3]$,记 $\boldsymbol{P}=[\boldsymbol{\alpha}_1+5\boldsymbol{\alpha}_2,3\boldsymbol{\alpha}_2,-2\boldsymbol{\alpha}_3]$,则 $\boldsymbol{P}^{-1}\boldsymbol{A}\boldsymbol{P}=($　　$)$。

A. $\begin{bmatrix}1 & 0 & 0\\0 & 1 & 0\\2 & 0 & -1\end{bmatrix}$　　B. $\begin{bmatrix}1 & 0 & 0\\0 & 1 & 0\\0 & 0 & -1\end{bmatrix}$

C. $\begin{bmatrix}1 & 0 & 0\\0 & 1 & 0\\1 & 0 & -1\end{bmatrix}$　　D. $\begin{bmatrix}1 & 0 & 0\\0 & 1 & 0\\-1 & 0 & 1\end{bmatrix}$

解 方法1：本题可按例题1的方法1求出正确答案为B。

方法2：$A[\boldsymbol{\alpha}_1,\boldsymbol{\alpha}_2,\boldsymbol{\alpha}_3]=[\boldsymbol{\alpha}_1,\boldsymbol{\alpha}_2,-\boldsymbol{\alpha}_3]$，所以$\boldsymbol{\alpha}_1,\boldsymbol{\alpha}_2$是$\lambda_{1,2}=1$对应的特征向量，$\boldsymbol{\alpha}_3$是$\lambda_3=-1$对应的特征向量。所以有$A[\boldsymbol{\alpha}_1+5\boldsymbol{\alpha}_2,3\boldsymbol{\alpha}_2,-2\boldsymbol{\alpha}_3]=[\boldsymbol{\alpha}_1+5\boldsymbol{\alpha}_2,3\boldsymbol{\alpha}_2,-2\boldsymbol{\alpha}_3]\cdot\begin{bmatrix}1&0&0\\0&1&0\\0&0&-1\end{bmatrix}$，故选B。

方法3：运用值量对应公式。$\boldsymbol{\alpha}_1+5\boldsymbol{\alpha}_2,3\boldsymbol{\alpha}_2,2\boldsymbol{\alpha}_3$分别为特征值$1,1,-1$对应的特征向量，由值量对应公式可得$[\boldsymbol{\alpha}_1+5\boldsymbol{\alpha}_2,3\boldsymbol{\alpha}_2,-2\boldsymbol{\alpha}_3]^{-1}A[\boldsymbol{\alpha}_1+5\boldsymbol{\alpha}_2,3\boldsymbol{\alpha}_2,-2\boldsymbol{\alpha}_3]=\begin{bmatrix}1&0&0\\0&1&0\\0&0&-1\end{bmatrix}$，故选B。

注意：不能在大题中直接使用值量对应公式。

例题3 设A是三阶矩阵，其特征值是$1,3,-2$，对应的特征向量分别为$\boldsymbol{\alpha}_1,\boldsymbol{\alpha}_2,\boldsymbol{\alpha}_3$，若$P=[\boldsymbol{\alpha}_1,2\boldsymbol{\alpha}_3,-\boldsymbol{\alpha}_2]$，则$P^{-1}A^*P=$(　　)。

A. $\begin{bmatrix}1&&\\&2&\\&&-1\end{bmatrix}$　　B. $\begin{bmatrix}-6&&\\&-2&\\&&3\end{bmatrix}$

C. $\begin{bmatrix}-6&&\\&3&\\&&-2\end{bmatrix}$　　D. $\begin{bmatrix}1&&\\&-2&\\&&3\end{bmatrix}$

解 由题设得$|A|=1\times3\times(-2)=-6$，从而$A^*$的特征值为$-6,-2,3$。又$\boldsymbol{\alpha}_1,2\boldsymbol{\alpha}_3,-\boldsymbol{\alpha}_2$分别为$A^*$属于特征值$-6,3,-2$的特征向量，所以$P^{-1}A^*P=\begin{bmatrix}-6&&\\&3&\\&&-2\end{bmatrix}$，故选C。

例题4 设A是三阶矩阵，P是三阶可逆矩阵，且满足$P^{-1}AP=\begin{bmatrix}1&&\\&1&\\&&0\end{bmatrix}$，若$A\boldsymbol{\alpha}_1=\boldsymbol{\alpha}_1,A\boldsymbol{\alpha}_2=\boldsymbol{\alpha}_2,A\boldsymbol{\alpha}_3=\mathbf{0}$，其中$\boldsymbol{\alpha}_1,\boldsymbol{\alpha}_2,\boldsymbol{\alpha}_3$为三维非零向量，且$\boldsymbol{\alpha}_1,\boldsymbol{\alpha}_2$线性无关，则矩阵$P$不能是(　　)。

A. $[-\boldsymbol{\alpha}_1,5\boldsymbol{\alpha}_2,\boldsymbol{\alpha}_3]$　　B. $[\boldsymbol{\alpha}_2,\boldsymbol{\alpha}_1,\boldsymbol{\alpha}_3]$

C. $[\boldsymbol{\alpha}_1+\boldsymbol{\alpha}_2,\boldsymbol{\alpha}_2,\boldsymbol{\alpha}_3]$　　D. $[\boldsymbol{\alpha}_1,\boldsymbol{\alpha}_2,\boldsymbol{\alpha}_2+\boldsymbol{\alpha}_3]$

解 由$A\boldsymbol{\alpha}_1=\boldsymbol{\alpha}_1,A\boldsymbol{\alpha}_2=\boldsymbol{\alpha}_2,A\boldsymbol{\alpha}_3=\mathbf{0}$，且$\boldsymbol{\alpha}_1,\boldsymbol{\alpha}_2$线性无关知，$\boldsymbol{\alpha}_1,\boldsymbol{\alpha}_2$是特征值1的线性无关特征向量；$\boldsymbol{\alpha}_3$是特征值0的线性无关特征向量，且$\boldsymbol{\alpha}_1,\boldsymbol{\alpha}_2,\boldsymbol{\alpha}_3$线性无关，因此$[-\boldsymbol{\alpha}_1,5\boldsymbol{\alpha}_2,\boldsymbol{\alpha}_3]$，$[\boldsymbol{\alpha}_2,\boldsymbol{\alpha}_1,\boldsymbol{\alpha}_3]$，$[\boldsymbol{\alpha}_1+\boldsymbol{\alpha}_2,\boldsymbol{\alpha}_2,\boldsymbol{\alpha}_3]$中的列向量均是分别属于特征1，1，0的线性无关特征向量，而$\boldsymbol{\alpha}_2+\boldsymbol{\alpha}_3$不是特征向量，故选D。

【考法3】 由特征向量反推特征值

重要结论

若特征值$\lambda_1,\lambda_2,\lambda_3$分别对应特征向量$\boldsymbol{\alpha}_1,\boldsymbol{\alpha}_2,\boldsymbol{\alpha}_3$，则$A[\boldsymbol{\alpha}_1,\boldsymbol{\alpha}_2,\boldsymbol{\alpha}_3]=[\boldsymbol{\alpha}_1,\boldsymbol{\alpha}_2,\boldsymbol{\alpha}_3]\begin{bmatrix}\lambda_1&&\\&\lambda_2&\\&&\lambda_3\end{bmatrix}$，即$A\boldsymbol{\alpha}_i=\lambda_i\boldsymbol{\alpha}_i(i=1,2,3)$。

例题 5 二次型 $f(x_1,x_2,x_3)=x_1^2+x_2^2+x_3^2+2x_1x_3$ 经正交变换为 $\begin{bmatrix}x_1\\x_2\\x_3\end{bmatrix}=\begin{bmatrix}-\frac{1}{\sqrt{2}} & 0 & \frac{1}{\sqrt{2}}\\0 & 1 & 0\\\frac{1}{\sqrt{2}} & 0 & \frac{1}{\sqrt{2}}\end{bmatrix}\begin{bmatrix}y_1\\y_2\\y_3\end{bmatrix}$，化为标准形为（　　）。

A. $y_2^2+2y_3^2$　　B. $y_1^2+2y_3^2$　　C. $y_1^2+2y_2^2$　　D. $2y_1^2+y_2^2$

方法 1：求出全部特征值与特征向量。

二次型 f 的矩阵为 $\boldsymbol{A}=\begin{bmatrix}1 & 0 & 1\\0 & 1 & 0\\1 & 0 & 1\end{bmatrix}$。

由 $\boldsymbol{A}$ 的特征多项式 $|\lambda\boldsymbol{E}-\boldsymbol{A}|=\lambda(\lambda-1)(\lambda-2)$，得 $\boldsymbol{A}$ 的特征值 $\lambda_1=0,\lambda_2=1,\lambda_3=2$。经计算可得对应特征值 $\lambda_1=0,\lambda_2=1,\lambda_3=2$ 的特征向量分别为 $\boldsymbol{\xi}_1=[-1,0,1]^{\mathrm{T}},\boldsymbol{\xi}_2=[0,1,0]^{\mathrm{T}},\boldsymbol{\xi}_3=[1,0,1]^{\mathrm{T}}$，单位化得 $\boldsymbol{\eta}_1=\left[-\frac{1}{\sqrt{2}},0,\frac{1}{\sqrt{2}}\right]^{\mathrm{T}},\boldsymbol{\eta}_2=[0,1,0]^{\mathrm{T}},\boldsymbol{\eta}_3=\left[\frac{1}{\sqrt{2}},0,\frac{1}{\sqrt{2}}\right]^{\mathrm{T}}$。它们依次为题设正交变换矩阵的第 1,2,3 列，因此，二次型经此正交变换化为标准形 $y_2^2+2y_3^2$，故选 A。

方法 2：用特征值定义验证。

二次型 f 的矩阵为 $\boldsymbol{A}=\begin{bmatrix}1 & 0 & 1\\0 & 1 & 0\\1 & 0 & 1\end{bmatrix}$，取 $\boldsymbol{\gamma}_1=\begin{bmatrix}-\frac{1}{\sqrt{2}}\\0\\\frac{1}{\sqrt{2}}\end{bmatrix}$，$\boldsymbol{A}\boldsymbol{\gamma}_1=\begin{bmatrix}1 & 0 & 1\\0 & 1 & 0\\1 & 0 & 1\end{bmatrix}\begin{bmatrix}-\frac{1}{\sqrt{2}}\\0\\\frac{1}{\sqrt{2}}\end{bmatrix}=0\cdot\boldsymbol{\gamma}_1$，所以 $\lambda_1=0$，只有 A 满足题意，故选 A。

补充：$\boldsymbol{Q}=\begin{bmatrix}-\frac{1}{\sqrt{2}} & 0 & \frac{1}{\sqrt{2}}\\0 & 1 & 0\\\frac{1}{\sqrt{2}} & 0 & \frac{1}{\sqrt{2}}\end{bmatrix}$ 的列向量分别为 $\boldsymbol{\gamma}_1,\boldsymbol{\gamma}_2,\boldsymbol{\gamma}_3$，对应的特征值分别为 $\lambda_1,\lambda_2,\lambda_3$。经过 $\boldsymbol{x}=\boldsymbol{Q}\boldsymbol{y}$ 变换，f 可化为 $f=\lambda_1y_1^2+\lambda_2y_2^2+\lambda_3y_3^2$。

【考法 4】 特征值与标准形

例题 6 设二次型 $f(x_1,x_2,x_3)$ 在正交变换为 $\boldsymbol{x}=\boldsymbol{P}\boldsymbol{y}$ 下的标准形为 $2y_1^2+y_2^2-y_3^2$，其中 $\boldsymbol{P}=[\boldsymbol{e}_1,\boldsymbol{e}_2,\boldsymbol{e}_3]$，若 $\boldsymbol{Q}=[\boldsymbol{e}_1,-\boldsymbol{e}_3,\boldsymbol{e}_2]$，则 $f(x_1,x_2,x_3)$ 在正交变换 $\boldsymbol{x}=\boldsymbol{Q}\boldsymbol{y}$ 下的标准形为（　　）。

A. $2y_1^2-y_2^2+y_3^2$　　B. $2y_1^2+y_2^2-y_3^2$

C. $2y_1^2-y_2^2-y_3^2$　　D. $2y_1^2+y_2^2+y_3^2$

解 由 $\boldsymbol{x}=\boldsymbol{P}\boldsymbol{y}$，故 $f=\boldsymbol{x}^{\mathrm{T}}\boldsymbol{A}\boldsymbol{x}=\boldsymbol{y}^{\mathrm{T}}(\boldsymbol{P}^{\mathrm{T}}\boldsymbol{A}\boldsymbol{P})\boldsymbol{y}=2y_1^2+y_2^2-y_3^2$，且 $\boldsymbol{P}^{\mathrm{T}}\boldsymbol{A}\boldsymbol{P}=\begin{bmatrix}2 & 0 & 0\\0 & 1 & 0\\0 & 0 & -1\end{bmatrix}$。由已知

可得 $Q=P\begin{bmatrix}1&0&0\\0&0&1\\0&-1&0\end{bmatrix}=PC$，故有 $Q^{\mathrm{T}}AQ=C^{\mathrm{T}}[P^{\mathrm{T}}AP]C=\begin{bmatrix}2&0&0\\0&-1&0\\0&0&1\end{bmatrix}$，所以 $f=x^{\mathrm{T}}Ax=y^{\mathrm{T}}[Q^{\mathrm{T}}AQ]y=2y_1^2-y_2^2+y_3^2$，故选 A。

扩展阅读

特征值的几何意义

方阵 A 与非零向量 α 的乘积实质是对非零向量 α 作线性变换(其变换矩阵为 A)。变换前是非零向量 α，变换后是 $\beta=A\alpha$。例如，取 $A=\begin{bmatrix}1&1\\0&1\end{bmatrix}$，$\alpha=\begin{bmatrix}1\\1\end{bmatrix}$，则 $A\alpha=\begin{bmatrix}1&1\\0&1\end{bmatrix}\begin{bmatrix}1\\1\end{bmatrix}=\begin{bmatrix}2\\1\end{bmatrix}=\beta$，变换前是 $\alpha=\begin{bmatrix}1\\1\end{bmatrix}$，变换后是 $\beta=\begin{bmatrix}2\\1\end{bmatrix}$，$A=\begin{bmatrix}2&1\\0&1\end{bmatrix}$ 就是变换矩阵。在大多数情况下，变换前后的向量 α，β 不共线(不构成倍数关系，或者线性无关)。但个别特殊的向量，变换前后的两个向量为倍数关系，例如，$\alpha=\begin{bmatrix}1\\0\end{bmatrix}$，则有变换后的向量 $\beta=\begin{bmatrix}1&1\\0&1\end{bmatrix}\begin{bmatrix}1\\0\end{bmatrix}=\begin{bmatrix}1\\0\end{bmatrix}=\begin{bmatrix}1\\0\end{bmatrix}=\alpha$，此时称 α 为矩阵 A 的特征向量。另一方面，可以得到 $A\alpha=\alpha$，用特征定义可知 α 为矩阵 A 的特征向量。

再考虑以下两种特殊的情况。

情况 1：如果非零向量 α 经过矩阵 A 变换之后变成 $\mathbf{0}$ 向量，$\mathbf{0}$ 与任何向量线性相关(倍数关系)，所以此时的 α 也是 A 的特征向量，有 $A\alpha=\mathbf{0}$，这和特征值定义得出的结论一致。

情况 2：如非齐次方程 $Ax=\beta$ 有非零解 $k\beta$，可以理解成非零向量 $k\beta$ 经过变换后成为 β。由于变换前后两个向量存在倍数关系，所以 β (或 $k\beta$)也是矩阵 A 的特征向量。

总而言之，从几何角度来看，A 的特征向量是一类特殊的向量，它经过矩阵 A 的变换后，向量 β 依然与原向量 α 共线(或为倍数关系)，即 $A\alpha=\beta=\lambda\alpha$。

第6章

二　次　型

本章要点总结

1. 二次型化为标准形
   - 正交变换
     - 步骤：①求特征值；②求特征向量；③正交化单位化得到 $\boldsymbol{Q}$
     - 结果：$\boldsymbol{x}^{\mathrm{T}}\boldsymbol{A}\boldsymbol{x}\xlongequal{\boldsymbol{x}=\boldsymbol{Q}\boldsymbol{y}}\boldsymbol{y}^{\mathrm{T}}\boldsymbol{Q}^{\mathrm{T}}\boldsymbol{A}\boldsymbol{Q}\boldsymbol{y}=\boldsymbol{y}^{\mathrm{T}}\boldsymbol{\Lambda}\boldsymbol{y}=\lambda_1y_1^2+\lambda_2y_2^2+\cdots+\lambda_ny_n^2$
   - 可逆变换
     - 步骤：①配方；②得到变换关系 $\boldsymbol{x}=\boldsymbol{C}\boldsymbol{y}$
     - 结果：$\boldsymbol{x}^{\mathrm{T}}\boldsymbol{A}\boldsymbol{x}\xlongequal{\boldsymbol{x}=\boldsymbol{C}\boldsymbol{y}}\boldsymbol{y}^{\mathrm{T}}\boldsymbol{C}^{\mathrm{T}}\boldsymbol{A}\boldsymbol{C}\boldsymbol{y}=\boldsymbol{y}^{\mathrm{T}}\boldsymbol{\Lambda}\boldsymbol{y}=d_1y_1^2+d_2y_2^2+\cdots+d_ny_n^2$

2. 求正交矩阵的步骤
   - ① 求出矩阵的全部特征值
   - ② 由求出每个特征值对应的特征向量
   - ③ 用施密特正交法将特征向量正交化、单位化
   - ④ 用第③步得到的向量构成正交矩阵

3. 合同
   - ① 惯性定理：对于任意二次型，不论选取怎样的合同变换使它化为标准形，其正负惯性指数与所选变换无关
   - ② 正(负)惯性指数：标准形中正(负)平方项的个数
   - ③ 实对称矩阵 $\boldsymbol{A},\boldsymbol{B}$ 合同
     - 表达式：$\boldsymbol{C}^{\mathrm{T}}\boldsymbol{A}\boldsymbol{C}=\boldsymbol{B}$(其中，$\boldsymbol{C}$ 可逆)
     - 等价于：$\boldsymbol{A},\boldsymbol{B}$ 具有相同的正负惯性指数
   - ④ 若 $\boldsymbol{A},\boldsymbol{B}$ 均为实对称，且 $\boldsymbol{A},\boldsymbol{B}$ 相似，则 $\boldsymbol{A},\boldsymbol{B}$ 必合同
   - ⑤ $\boldsymbol{A},\boldsymbol{B}$ 合同，必有 $\boldsymbol{A},\boldsymbol{B}$ 的秩相等
   - ⑥ $\boldsymbol{A}$ 合同于单位阵，则 $\boldsymbol{A}$ 正定
   - ⑦ $\boldsymbol{C}^{\mathrm{T}}\boldsymbol{A}\boldsymbol{C}=\boldsymbol{\Lambda}$，求 $\boldsymbol{C}$
     - 特征值法：先求特征值再求特征向量，得出 $\boldsymbol{P}$ 矩阵，最终得正交矩阵 $\boldsymbol{C}$
     - 配方法：配方得出可逆变换 $\boldsymbol{x}=\boldsymbol{C}\boldsymbol{y}$，矩阵 $\boldsymbol{C}$ 即为所求

4. 实对称矩阵
   - ① 不同特征值对应的特征向量相互正交
   - ② 一定可以对角化，且对角矩阵的元素即为矩阵本身的特征值
   - ③ 相似必合同
   - ④ 若有 k 重特征值 λ，则 λ 必有 k 个线性无关的特征向量
   - ⑤ 非零特征值的个数等于秩
   - ⑥ 二次型的矩阵必为实对称矩阵
   - ⑦ 实对称矩阵必合同于实对称矩阵

5. $\boldsymbol{x}^{\mathrm{T}}\boldsymbol{A}\boldsymbol{x}$ 可通过变换 $\boldsymbol{x}=\boldsymbol{C}\boldsymbol{y}$ 化为 $\boldsymbol{y}^{\mathrm{T}}\boldsymbol{B}\boldsymbol{y}$
   - ① 仅为可逆矩阵，则合同(用配方法求 $\boldsymbol{x}=\boldsymbol{C}\boldsymbol{y}$)
   - ② 为正交矩阵 $\boldsymbol{Q}$，则相似且合同(用特征值法求 $\boldsymbol{Q}=\boldsymbol{Q}_1\boldsymbol{Q}_2^{-1}$)

6. 合同
   - 惯性定理：对于任意二次型，不论选取怎样的合同变换使它化为标准形，其正负惯性指数与变换无关
   - 正(负)惯性指数：标准形中正(负)平方项的个数
   - 实对称阵 $\boldsymbol{A},\boldsymbol{B}$ 合同
     - 表达式：$\boldsymbol{C}^{\mathrm{T}}\boldsymbol{A}\boldsymbol{C}=\boldsymbol{B}$(其中，$\boldsymbol{C}$ 可逆)
     - 等价于：$\boldsymbol{A},\boldsymbol{B}$ 具有相同的正负惯性指数

7. $f=0$
- ① 直接逼零法
  - 设 $f=(a_{11}x_1+a_{12}x_2+a_{13}x_3)^2+(a_{21}x_1+a_{22}x_2+a_{23}x_3)^2+(a_{31}x_1+a_{32}x_2+a_{33}x_3)^2$
  - $f=\boldsymbol{x}^{\mathrm{T}}\boldsymbol{A}\boldsymbol{x}=0\Rightarrow\begin{cases}a_{11}x_1+a_{12}x_2+a_{13}x_3=0\\a_{21}x_1+a_{22}x_2+a_{23}x_3=0\\a_{31}x_1+a_{32}x_2+a_{33}x_3=0\end{cases}$
- ② 配方逼零法
  - 配方得 $f=\boldsymbol{x}^{\mathrm{T}}\boldsymbol{A}\boldsymbol{x}=(a_{11}x_1+a_{12}x_2+a_{13}x_3)^2+(a_{22}x_2+a_{23}x_3)^2$
  - $f=\boldsymbol{x}^{\mathrm{T}}\boldsymbol{A}\boldsymbol{x}=0\Rightarrow\begin{cases}a_{11}x_1+a_{12}x_2+a_{13}x_3=0\\a_{22}x_2+a_{23}x_3=0\end{cases}$
- ③ 正交变换法
  - 二次型 $f=\boldsymbol{x}^{\mathrm{T}}\boldsymbol{A}\boldsymbol{x}$ 经正交变换 $\boldsymbol{x}=\boldsymbol{Q}\boldsymbol{y}$ 化为 $\lambda_1y_1^2+\lambda_2y_2^2$
  - $f=\boldsymbol{x}^{\mathrm{T}}\boldsymbol{A}\boldsymbol{x}=0\Rightarrow\lambda_1y_1^2+\lambda_2y_2^2=0\Rightarrow y_1=0,y_2=0,y_3=k$
  - 由 $\boldsymbol{x}=\boldsymbol{Q}\boldsymbol{y}$，可得 $\begin{bmatrix}x_1\\x_2\\x_3\end{bmatrix}=\boldsymbol{Q}\begin{bmatrix}0\\0\\k\end{bmatrix}$

8. 二次型最值
- 约束条件：$x_1^2+x_2^2+x_3^2=a(a>0)$
- 则 $\lambda_{\min}(y_1^2+y_2^2+y_3^2)\leqslant f(x_1,x_2,x_3)\leqslant\lambda_{\max}(y_1^2+y_2^2+y_3^2)$

9. 正交与正定
- 正交矩阵
  - 定义：$\boldsymbol{A}\boldsymbol{A}^{\mathrm{T}}=\boldsymbol{A}^{\mathrm{T}}\boldsymbol{A}=\boldsymbol{E}$，则 $\boldsymbol{A}$ 为正交矩阵
  - 重要性质
    - $\boldsymbol{A}^{-1}=\boldsymbol{A}^{\mathrm{T}}$
    - $|\boldsymbol{A}|^2=1$
    - $\boldsymbol{A}$ 的列(或行)是两两垂直的单位向量
- 正定
  - 定义：若对任意 $\boldsymbol{x}\neq\boldsymbol{0}$，都有 $f=\boldsymbol{x}^{\mathrm{T}}\boldsymbol{A}\boldsymbol{x}>0$，则称二次型正定，$\boldsymbol{A}$ 为正定矩阵
  - 等价条件
    - $f(\boldsymbol{x})=\boldsymbol{x}^{\mathrm{T}}\boldsymbol{A}\boldsymbol{x}>0,\forall\boldsymbol{x}\neq\boldsymbol{0}$
    - $\boldsymbol{A}$ 的各阶顺序主子式全大于零
    - $\boldsymbol{A}$ 的所有特征值大于零
    - $\boldsymbol{A}$ 的正惯性指数为 n
    - 可逆矩阵 $\boldsymbol{P}$ 使 $\boldsymbol{A}=\boldsymbol{P}^{\mathrm{T}}\boldsymbol{P}$(合同于单位矩阵)
    - 可逆矩阵 $\boldsymbol{C}$ 使 $\boldsymbol{A}=\boldsymbol{C}^{\mathrm{T}}\boldsymbol{E}\boldsymbol{C}$(合同于单位矩阵)
  - 必要条件：$|\boldsymbol{A}|>0,a_{ii}>0$(可用于快速判断矩阵是否正定)
  - 三个正定：设 $\boldsymbol{A}$ 正定，则 $k\boldsymbol{A}(k>0),\boldsymbol{A}^{\mathrm{T}},\boldsymbol{A}^{-1},\boldsymbol{A}^*$ 均正定
  - 重要结论：$f=\boldsymbol{x}^{\mathrm{T}}\boldsymbol{A}^{\mathrm{T}}\boldsymbol{A}\boldsymbol{x}$ 正定的充要条件是 $\boldsymbol{A}\boldsymbol{x}=\boldsymbol{0}$ 仅有零解

专题37　二次型变换为标准形

【考法1】　正交变换下的标准形

重要结论

二次型 $f(x_1,x_2,x_3)=\boldsymbol{x}^{\mathrm{T}}\boldsymbol{A}\boldsymbol{x}$ 经过正交变换 $\boldsymbol{x}=\boldsymbol{Q}\boldsymbol{y}$ 所得标准形为 $\lambda_1y_1^2+\lambda_2y_2^2+\lambda_3y_3^2$，则 $\lambda_i(i=1,2,3)$ 是实对称矩阵 $\boldsymbol{A}$ 的特征值，$\boldsymbol{Q}$ 中的第 i 列是 $\boldsymbol{A}$ 特征值 $\lambda_i(i=1,2,3)$ 对应的特征向量。

说明：该结论可推广至 $f(x_1,x_2,\cdots,x_n)=\boldsymbol{x}^{\mathrm{T}}\boldsymbol{A}\boldsymbol{x}$ 的情形。

例题 1 设 $\boldsymbol{A}$ 为四阶实对称矩阵，且 $\boldsymbol{A}^2+2\boldsymbol{A}-3\boldsymbol{E}=\boldsymbol{O}$，若 $r(\boldsymbol{A}-\boldsymbol{E})=1$，则二次型 $\boldsymbol{x}^{\mathrm{T}}\boldsymbol{A}\boldsymbol{x}$ 在正交变换下的标准形是(　　)。

A. $y_1^2+y_2^2+y_3^2-3y_4^2$　　B. $y_1^2-3y_2^2-3y_3^2-3y_4^2$

C. $y_1^2+y_2^2-3y_3^2-3y_4^2$　　D. $y_1^2+y_2^2+y_3^2-y_4^2$

解 由 $\boldsymbol{A}^2+2\boldsymbol{A}-3\boldsymbol{E}=\boldsymbol{O}$，得 $\boldsymbol{A}$ 的特征值 λ 满足方程 $\lambda^2+2\lambda-3=0$，解得 $\lambda=1$ 或 -3。

由 $r(\boldsymbol{A}-\boldsymbol{E})=1$，得齐次线性方程组 $(\boldsymbol{A}-\boldsymbol{E})\boldsymbol{x}=\boldsymbol{0}$ 有三个线性无关的解，所以 $\lambda=1$ 为 $\boldsymbol{A}$ 的三重特征值，$\lambda=-3$ 为 $\boldsymbol{A}$ 的一重特征值，故 $\boldsymbol{A}$ 的特征值为 $1,1,1,-3$，其标准形为 $y_1^2+y_2^2+y_3^2-3y_4^2$，故选 A。

例题 2 已经知二次型 $f(x_1,x_2,x_3)=\boldsymbol{x}^{\mathrm{T}}\boldsymbol{A}\boldsymbol{x}$，向量组 $\boldsymbol{\alpha}_1=[1,0,1]^{\mathrm{T}}$，$\boldsymbol{\alpha}_2=[0,1,1]^{\mathrm{T}}$ 不能由矩阵 $\boldsymbol{A}$ 的列向量组线性表示，且 $\boldsymbol{A}\begin{bmatrix}1&0\\0&1\\-1&0\end{bmatrix}=\begin{bmatrix}-1&0\\0&1\\1&0\end{bmatrix}$，则二次型经正交变换化为的标准形为________。

解 矩阵的列向量不能线性表示向量组 $\boldsymbol{\alpha}_1=[1,0,1]^{\mathrm{T}}$，$\boldsymbol{\alpha}_2=[0,1,1]^{\mathrm{T}}$，则说明矩阵的秩必不为 3，所以 $|\boldsymbol{A}|=0$，0 是矩阵的特征值，$\boldsymbol{A}\begin{bmatrix}1&1\\0&1\\-1&0\end{bmatrix}=\begin{bmatrix}-1&1\\0&1\\1&0\end{bmatrix}$，说明矩阵有特征值 $-1,1$。所以，标准形 $y_1^2-y_2^2$ 为所求。

例题 3 设矩阵 $\boldsymbol{A}=\begin{bmatrix}1&1&a\\1&a&1\\a&1&1\end{bmatrix}$，$\boldsymbol{\beta}=\begin{bmatrix}1\\1\\-2\end{bmatrix}$，已知线性方程组 $\boldsymbol{A}\boldsymbol{x}=\boldsymbol{\beta}$ 有解，且不唯一。

(1) 求 a 的值。

(2) 求正交矩阵 $\boldsymbol{Q}$，使 $\boldsymbol{Q}^{\mathrm{T}}\boldsymbol{A}\boldsymbol{Q}$ 为对角矩阵。

解 (1) 因 $\boldsymbol{A}\boldsymbol{x}=\boldsymbol{\beta}$ 有解且不唯一，即方程组有无穷多解，故知 $r(\boldsymbol{A})=r([\boldsymbol{A}\ \vdots\ \boldsymbol{\beta}])<3$。对增广矩阵 $[\boldsymbol{A}\ \vdots\ \boldsymbol{\beta}]$ 作初等行变换有 $[\boldsymbol{A}\ \vdots\ \boldsymbol{\beta}]=\left[\begin{array}{ccc:c}1&1&a&1\\1&a&1&1\\a&1&1&-2\end{array}\right]\rightarrow\left[\begin{array}{ccc:c}1&1&a&1\\0&a-1&1-a&0\\0&1-a&1-a^2&-a-2\end{array}\right]\rightarrow$ $\left[\begin{array}{ccc:c}1&1&a&1\\0&a-1&1-a&0\\0&0&(a-1)(a+2)&a+2\end{array}\right]$，$\boldsymbol{A}\boldsymbol{x}=\boldsymbol{\beta}$ 有无穷多解，故 $a=-2$。当 $a=-2$ 时，得 $\boldsymbol{A}=\begin{bmatrix}1&1&-2\\1&-2&1\\-2&1&1\end{bmatrix}$，由 $|\lambda\boldsymbol{E}-\boldsymbol{A}|=\begin{vmatrix}\lambda-1&-1&2\\-1&\lambda+2&-1\\2&-1&\lambda-1\end{vmatrix}=\lambda(\lambda+3)(\lambda-3)$，故矩阵 $\boldsymbol{A}$ 的特征值为 $\lambda_1=0,\lambda_2=3,\lambda_3=-3$。

当 $\lambda_1=0$ 时，$(\lambda_1\boldsymbol{E}-\boldsymbol{A})\boldsymbol{x}=\boldsymbol{0}$，由 $\begin{bmatrix}-1&-1&2\\-1&2&-1\\2&-1&-1\end{bmatrix}\rightarrow\begin{bmatrix}1&1&-2\\0&3&-3\\0&0&0\end{bmatrix}$，得 $\lambda_1=0$ 对应的特征向量为 $\boldsymbol{\alpha}_1=[1,1,1]^{\mathrm{T}}$。

当 $\lambda_2=3$ 时，$(\lambda_2\boldsymbol{E}-\boldsymbol{A})\boldsymbol{x}=\boldsymbol{0}$，由 $\begin{bmatrix}2&-1&2\\-1&5&-1\\2&-1&2\end{bmatrix}\to\begin{bmatrix}1&-5&1\\0&9&0\\0&0&0\end{bmatrix}$，当 $\lambda_2=3$ 对应的特征向量为 $\boldsymbol{\alpha}_2=[1,0,-1]^{\mathrm{T}}$。

当 $\lambda_3=-3$ 时，$(\lambda_3\boldsymbol{E}-\boldsymbol{A})\boldsymbol{x}=\boldsymbol{0}$，由 $\begin{bmatrix}-4&-1&2\\-1&-1&-1\\2&-1&-4\end{bmatrix}\to\begin{bmatrix}1&1&1\\0&1&2\\0&0&0\end{bmatrix}$，得 $\lambda_3=-3$ 对应的特征向量为 $\boldsymbol{\alpha}_3=[1,-2,1]^{\mathrm{T}}$。

$\boldsymbol{A}$ 是实对称矩阵，三个特征值互异，其对应的特征向量已经正交，故只需进行单位化，$\boldsymbol{\gamma}_1=\frac{1}{\sqrt{3}}[1,1,1]^{\mathrm{T}}$，$\boldsymbol{\gamma}_2=\frac{1}{\sqrt{2}}[1,0,-1]^{\mathrm{T}}$，$\boldsymbol{\gamma}_3=\frac{1}{\sqrt{6}}[1,-2,1]^{\mathrm{T}}$。

令 $\boldsymbol{Q}=[\boldsymbol{\gamma}_1,\boldsymbol{\gamma}_2,\boldsymbol{\gamma}_3]=\begin{bmatrix}\frac{1}{\sqrt{3}}&\frac{1}{\sqrt{2}}&\frac{1}{\sqrt{6}}\\\frac{1}{\sqrt{3}}&0&\frac{-2}{\sqrt{6}}\\\frac{1}{\sqrt{3}}&\frac{-1}{\sqrt{2}}&\frac{1}{\sqrt{6}}\end{bmatrix}$，得 $\boldsymbol{Q}^{\mathrm{T}}\boldsymbol{A}\boldsymbol{Q}=\boldsymbol{Q}^{-1}\boldsymbol{A}\boldsymbol{Q}=\begin{bmatrix}0&&\\&3&\\&&-3\end{bmatrix}$。

【考法2】 配方法将二次型化为标准形

重要结论

$$f=\boldsymbol{x}^{\mathrm{T}}\boldsymbol{A}\boldsymbol{x}=d_1(b_{11}x_1+\cdots+b_{1n}x_n)^2+d_2(b_{22}x_2+\cdots+b_{2n}x_n)^2+\cdots+d_n(b_{nn}x_n)^2$$
$$=d_1y_1^2+d_2y_2^2+\cdots+d_ny_n^2,$$

则有 $\begin{bmatrix}y_1\\y_2\\\vdots\\y_n\end{bmatrix}=\begin{bmatrix}b_{11}&b_{12}&\cdots&b_{1n}\\0&b_{22}&\cdots&b_{2n}\\\vdots&\vdots&&\vdots\\0&0&\cdots&b_{nn}\end{bmatrix}\begin{bmatrix}x_1\\x_2\\\vdots\\x_n\end{bmatrix}$，记 $\boldsymbol{y}=\boldsymbol{B}\boldsymbol{x}$ 反解出 $\boldsymbol{x}=\boldsymbol{C}\boldsymbol{y}$，其中 $\boldsymbol{C}=\boldsymbol{B}^{-1}$。

所以令 $\boldsymbol{x}=\boldsymbol{C}\boldsymbol{y}$，可得 $f=\boldsymbol{x}^{\mathrm{T}}\boldsymbol{A}\boldsymbol{x}=\boldsymbol{y}^{\mathrm{T}}\boldsymbol{C}^{\mathrm{T}}\boldsymbol{A}\boldsymbol{C}\boldsymbol{y}=\boldsymbol{y}^{\mathrm{T}}\boldsymbol{\Lambda}\boldsymbol{y}$。

说明：如果写成矩阵形式：$\boldsymbol{C}^{\mathrm{T}}\boldsymbol{A}\boldsymbol{C}=\boldsymbol{\Lambda}$，用配方法可求出可逆矩阵 $\boldsymbol{C}$，使得 $\boldsymbol{C}^{\mathrm{T}}\boldsymbol{A}\boldsymbol{C}=\boldsymbol{\Lambda}$。

例题 4 用配方法化二次型 $f(x_1,x_2,x_3)=x_1^2+2x_2^2-5x_3^2+2x_1x_2-2x_1x_3+2x_2x_3$ 为标准形。

解 令 $\boldsymbol{A}=\begin{bmatrix}1&1&-1\\1&2&1\\-1&1&-5\end{bmatrix}$，$\boldsymbol{x}=\begin{bmatrix}x_1\\x_2\\x_3\end{bmatrix}$，则 $f(x_1,x_2,x_3)=\boldsymbol{x}^{\mathrm{T}}\boldsymbol{A}\boldsymbol{x}$，$f(x_1,x_2,x_3)=x_1^2+2x_2^2-5x_3^2+2x_1x_2-2x_1x_3+2x_2x_3=(x_1+x_2-x_3)^2+(x_2+2x_3)^2-10x_3^2$。

令 $\begin{cases}x_1+x_2-x_3=y_1\\x_2+2x_3=y_2\\x_3=y_3\end{cases}$ 或 $\begin{cases}x_1=y_1-y_2+3y_3\\x_2=y_2-2y_3\\x_3=y_3\end{cases}$，设 $\boldsymbol{P}=\begin{bmatrix}1&-1&3\\0&1&-2\\0&0&1\end{bmatrix}$，$\boldsymbol{y}=\begin{bmatrix}y_1\\y_2\\y_3\end{bmatrix}$，显然 $\boldsymbol{P}$ 可逆，且

$f(x_1,x_2,x_3)\xlongequal{\boldsymbol{x}=\boldsymbol{P}\boldsymbol{y}}\boldsymbol{y}^{\mathrm{T}}[\boldsymbol{P}^{\mathrm{T}}\boldsymbol{A}\boldsymbol{P}]\boldsymbol{y}=y_1^2+y_2^2-10y_3^2$。

【考法3】 可逆的线性变换

重要结论

$\begin{bmatrix} y_1 \\ y_2 \\ \vdots \\ y_n \end{bmatrix} = \begin{bmatrix} b_{11} & b_{12} & \cdots & b_{1n} \\ b_{21} & b_{22} & \cdots & b_{2n} \\ \vdots & \vdots & & \vdots \\ b_{n1} & b_{n2} & \cdots & b_{nn} \end{bmatrix} \begin{bmatrix} x_1 \\ x_2 \\ \vdots \\ x_n \end{bmatrix}$ 记为 $\boldsymbol{y}=\boldsymbol{Bx}$ 只有当 $\boldsymbol{B}$ 可逆时，才有 $\boldsymbol{x}=\boldsymbol{Cy}$（其中，$\boldsymbol{C}=\boldsymbol{B}^{-1}$），此时 $\boldsymbol{x}=\boldsymbol{Cy}$ 才能成为可逆变换。

例题5 下列从变量 x_1,x_2,x_3 到 y_1,y_2,y_3 的线性变换中可逆线性变换为（　　）。

A. $\begin{cases} x_1=y_1+y_2 \\ x_2=y_1+y_3 \\ x_3=2y_1+y_2+y_3 \end{cases}$

B. $\begin{cases} x_1=y_1-y_2+y_3 \\ x_2=y_1+y_2-y_3 \\ x_3=-y_1+y_2-y_3 \end{cases}$

C. $\begin{cases} x_1=y_1-2y_2+y_3 \\ x_2=y_2-2y_3 \\ x_3=y_3 \end{cases}$

D. $\begin{cases} x_1=y_1-2y_2+y_3 \\ x_2=y_2-2y_3 \\ x_3=y_1-y_2-y_3 \end{cases}$

解 线性变换 $\boldsymbol{x}=\boldsymbol{Cy}$ 是可逆的，当且仅当 $|\boldsymbol{C}|\neq 0$，故只需要计算各线性变换矩阵的行列式。

对于选项C有 $|\boldsymbol{C}|=\begin{vmatrix} 1 & -2 & 1 \\ 0 & 1 & -2 \\ 0 & 0 & 1 \end{vmatrix}\neq 0$，故选C。同理可判断A,B,D错误。

专题38 二次型变换

【考法1】 将二次型正交变换为二次型

重要结论

二次型 $\boldsymbol{x}^{\mathrm{T}}\boldsymbol{Ax}$ 经正交变换 $\boldsymbol{x}=\boldsymbol{Qy}$ 为二次型 $\boldsymbol{y}^{\mathrm{T}}\boldsymbol{By}$，则 $\boldsymbol{A},\boldsymbol{B}$ 相似（用特征值法求 $\boldsymbol{Q}=\boldsymbol{Q}_1\boldsymbol{Q}_2^{-1}$）

说明：为什么是相似关系？

可以这么理解，二次型 $\boldsymbol{x}^{\mathrm{T}}\boldsymbol{Ax}$ 经过第一次正交变换化为标准形 $\boldsymbol{z}^{\mathrm{T}}\boldsymbol{\Lambda z}$，标准形再经过第二次正交变换化为二次型 $\boldsymbol{y}^{\mathrm{T}}\boldsymbol{By}$。在第一、二次正交变换时，分别有 $\boldsymbol{A}$ 相似于 $\boldsymbol{\Lambda}$、$\boldsymbol{\Lambda}$ 相似于 $\boldsymbol{B}$。根据相似的传递性，则有 $\boldsymbol{A}$ 相似于 $\boldsymbol{B}$。

注意，需要正交变换，不是可逆变换。只有正交变换才和特征值有关，才能得出相似关系。

例题1 设二次型 $f(x_1,x_2)=x_1^2-4x_1x_2+4x_2^2$ 经正交变换 $\begin{bmatrix} x_1 \\ x_2 \end{bmatrix}=\boldsymbol{Q}\begin{bmatrix} y_1 \\ y_2 \end{bmatrix}$ 化为二次型 $g(y_1,y_2)=ay_1^2+4y_1y_2+by_2^2$，其中 $a\geqslant b$。

(1) 求 a,b 的值。(2) 求正交矩阵 $\boldsymbol{Q}$。

解 (1) 设 $\boldsymbol{A}=\begin{bmatrix} 1 & -2 \\ -2 & 4 \end{bmatrix}$，$\boldsymbol{B}=\begin{bmatrix} a & 2 \\ 2 & b \end{bmatrix}$，由题意可知 $\boldsymbol{Q}^{\mathrm{T}}\boldsymbol{AQ}=\boldsymbol{Q}^{-1}\boldsymbol{AQ}=\boldsymbol{B}$。

$\therefore \boldsymbol{A}$ 合同相似于 $\boldsymbol{B}$，$\therefore \begin{cases} 1+4=a+b \\ ab=4 \end{cases}$，$a\geqslant b$，$\therefore a=4,b=1$。

(2) $|\lambda \boldsymbol{E}-\boldsymbol{A}|=\begin{vmatrix}\lambda-1 & 2\\ 2 & \lambda-4\end{vmatrix}=\lambda^2-5\lambda$，$\therefore \boldsymbol{A}$ 的特征值为 0,5。

当 $\lambda=0$ 时，解 $(0\boldsymbol{E}-\boldsymbol{A})\boldsymbol{x}=\boldsymbol{0}$，得基础解为 $\boldsymbol{\alpha}_1=\begin{bmatrix}2\\1\end{bmatrix}$。

当 $\lambda=5$ 时，解 $(5\boldsymbol{E}-\boldsymbol{A})\boldsymbol{x}=\boldsymbol{0}$，得基础解为 $\boldsymbol{\alpha}_2=\begin{bmatrix}1\\-2\end{bmatrix}$。

又 $\boldsymbol{B}$ 的特征值也为 0,5。

当 $\lambda=0$ 时，解 $(0\boldsymbol{E}-\boldsymbol{B})\boldsymbol{x}=\boldsymbol{0}$，得 $\boldsymbol{\beta}_1=\begin{bmatrix}1\\-2\end{bmatrix}=\boldsymbol{\alpha}_2$。

当 $\lambda=5$ 时，解 $(5\boldsymbol{E}-\boldsymbol{B})\boldsymbol{x}=\boldsymbol{0}$，得 $\boldsymbol{\beta}_2=\begin{bmatrix}2\\1\end{bmatrix}=\boldsymbol{\alpha}_1$。对 $\boldsymbol{\alpha}_1,\boldsymbol{\alpha}_2$ 单位化得 $\boldsymbol{\gamma}_1=\dfrac{\boldsymbol{\alpha}_1}{|\boldsymbol{\alpha}_1|}=\begin{bmatrix}\frac{2}{\sqrt{5}}\\ \frac{1}{\sqrt{5}}\end{bmatrix}$，$\boldsymbol{\gamma}_2=\dfrac{\boldsymbol{\alpha}_2}{|\boldsymbol{\alpha}_2|}=\begin{bmatrix}\frac{1}{\sqrt{5}}\\ \frac{-2}{\sqrt{5}}\end{bmatrix}$。令 $\boldsymbol{Q}_1=[\boldsymbol{\gamma}_1,\boldsymbol{\gamma}_2]$，$\boldsymbol{Q}_2=[\boldsymbol{\gamma}_2,\boldsymbol{\gamma}_1]$，则 $\boldsymbol{Q}_1^{\mathrm{T}}\boldsymbol{A}\boldsymbol{Q}_1=\begin{bmatrix}0&0\\0&5\end{bmatrix}=\boldsymbol{Q}_2^{\mathrm{T}}\boldsymbol{B}\boldsymbol{Q}_2$，故 $\boldsymbol{Q}_2\boldsymbol{Q}_1^{\mathrm{T}}\boldsymbol{A}\boldsymbol{Q}_1\boldsymbol{Q}_2^{\mathrm{T}}=\boldsymbol{B}$，可令

$$\boldsymbol{Q}=\boldsymbol{Q}_1\boldsymbol{Q}_2^{\mathrm{T}}=\begin{bmatrix}\frac{2}{\sqrt{5}} & \frac{1}{\sqrt{5}}\\ \frac{1}{\sqrt{5}} & -\frac{2}{\sqrt{5}}\end{bmatrix}\begin{bmatrix}\frac{1}{\sqrt{5}} & -\frac{2}{\sqrt{5}}\\ \frac{2}{\sqrt{5}} & \frac{1}{\sqrt{5}}\end{bmatrix}=\begin{bmatrix}\frac{4}{5} & -\frac{3}{5}\\ -\frac{3}{5} & -\frac{4}{5}\end{bmatrix}。$$

例题 2 设二次型 $f(x_1,x_2,x_3)=\boldsymbol{x}^{\mathrm{T}}\boldsymbol{A}\boldsymbol{x}=\frac{5}{3}x_1^2+\frac{5}{3}x_2^2+\frac{5}{3}x_3^2+2ax_1x_2+2ax_1x_3+2ax_2x_3$ 经过正交变换 $\boldsymbol{x}=\boldsymbol{Q}\boldsymbol{y}$ 化为 $g(y_1,y_2,y_3)=\boldsymbol{y}^{\mathrm{T}}\boldsymbol{B}\boldsymbol{y}=2y_1^2+2y_2^2+by_3^2+2y_1y_2$，$\boldsymbol{A},\boldsymbol{B}$ 均为实对称矩阵。

(1) 求 a,b 的值。(2) 求正交矩阵 $\boldsymbol{Q}$。

解 (1) 由已知可得 $\boldsymbol{A}=\begin{bmatrix}\frac{5}{3} & a & a\\ a & \frac{5}{3} & a\\ a & a & \frac{5}{3}\end{bmatrix}$，$\boldsymbol{B}=\begin{bmatrix}2&1&0\\1&2&0\\0&0&b\end{bmatrix}$。

依题设，有正交矩阵 $\boldsymbol{Q}$ 使得 $\boldsymbol{Q}^{\mathrm{T}}\boldsymbol{A}\boldsymbol{Q}=\boldsymbol{B}$，故 $\boldsymbol{A}$ 与 $\boldsymbol{B}$ 相似且合同。由相似的性质可知，两矩阵的迹相同。所以 $\frac{5}{3}+\frac{5}{3}+\frac{5}{3}=2+2+b\Rightarrow b=1$。

$$|\boldsymbol{A}-\lambda\boldsymbol{E}|=\begin{vmatrix}\frac{5}{3}-\lambda & a & a\\ a & \frac{5}{3}-\lambda & a\\ a & a & \frac{5}{3}-\lambda\end{vmatrix}=\begin{vmatrix}\frac{5}{3}-\lambda & a & a\\ a & \frac{5}{3}-\lambda & a\\ 0 & a+\lambda-\frac{5}{3} & \frac{5}{3}-\lambda-a\end{vmatrix}$$

$$=\begin{vmatrix}\frac{5}{3}-\lambda & 2a & a\\ a & \frac{5}{3}-\lambda+a & a\\ 0 & 0 & \frac{5}{3}-\lambda-a\end{vmatrix}=\left(\frac{5}{3}-\lambda-a\right)^2\left(2a+\frac{5}{3}-\lambda\right)=0$$，所以矩阵 $\boldsymbol{A}$ 的特征值为

$\lambda_1=2a+\frac{5}{3},\lambda_{2,3}=\frac{5}{3}-a$，$|\boldsymbol{B}-\lambda\boldsymbol{E}|=\begin{vmatrix}2-\lambda & 1 & 0\\ 1 & 2-\lambda & 0\\ 0 & 0 & 1-\lambda\end{vmatrix}=(1-\lambda)(\lambda-3)(\lambda-1)=0$。

所以矩阵 $\boldsymbol{B}$ 的特征值为 $\lambda_1=3,\lambda_{2,3}=1$，所以 $2a+\frac{5}{3}=3,\frac{5}{3}-a=1\Rightarrow a=\frac{2}{3}$。

(2) 观察到矩阵 $\boldsymbol{A}$ 的各行元素之和为 3，所以特征值 3 对应的特征向量为 $\boldsymbol{\alpha}_1=[1,1,1]^{\mathrm{T}}$

矩阵 $\boldsymbol{A}$ 中 $\lambda_{2,3}=1$ 对应的特征向量 $\boldsymbol{\alpha}_2,\boldsymbol{\alpha}_3$ 必和 $\boldsymbol{\alpha}_1=[1,1,1]^{\mathrm{T}}$ 正交，可取 $\boldsymbol{\alpha}_2=[1,0,-1]^{\mathrm{T}},\boldsymbol{\alpha}_3=[1,-2,1]^{\mathrm{T}}$。

$\boldsymbol{\alpha}_1,\boldsymbol{\alpha}_2,\boldsymbol{\alpha}_3$ 已经正交化，只需要单位化，可得 $\boldsymbol{Q}_1=\left[\frac{\boldsymbol{\alpha}_1}{\|\boldsymbol{\alpha}_1\|},\frac{\boldsymbol{\alpha}_2}{\|\boldsymbol{\alpha}_2\|},\frac{\boldsymbol{\alpha}_3}{\|\boldsymbol{\alpha}_3\|}\right]=\begin{bmatrix}\frac{1}{\sqrt{3}} & \frac{1}{\sqrt{2}} & \frac{1}{\sqrt{6}}\\ \frac{1}{\sqrt{3}} & 0 & -\frac{2}{\sqrt{6}}\\ \frac{1}{\sqrt{3}} & -\frac{1}{\sqrt{2}} & \frac{1}{\sqrt{6}}\end{bmatrix}$

所以有 $\boldsymbol{Q}_1^{\mathrm{T}}\boldsymbol{A}\boldsymbol{Q}_1=\boldsymbol{\Lambda}=\begin{bmatrix}3 & & \\ & 1 & \\ & & 1\end{bmatrix}$。下面求出使得 $\boldsymbol{Q}_2^{\mathrm{T}}\boldsymbol{B}\boldsymbol{Q}_2=\boldsymbol{\Lambda}=\begin{bmatrix}3 & & \\ & 1 & \\ & & 1\end{bmatrix}$ 成立的 $\boldsymbol{Q}_2$。

当 $\lambda_1=3$ 时，$\boldsymbol{B}-3\boldsymbol{E}=\begin{bmatrix}-1 & 1 & 0\\ 1 & -1 & 0\\ 0 & 0 & 2\end{bmatrix}\to\begin{bmatrix}1 & -1 & 0\\ 0 & 0 & 1\\ 0 & 0 & 0\end{bmatrix}$，可取 $\boldsymbol{\beta}_1=[1,1,0]^{\mathrm{T}}$，

当 $\lambda_{2,3}=1$ 时，对应的特征向量 $\boldsymbol{\beta}_2,\boldsymbol{\beta}_3$ 与 $\boldsymbol{\beta}_1=[1,1,0]^{\mathrm{T}}$ 必正交，可取 $\boldsymbol{\beta}_2=[-1,1,0]^{\mathrm{T}},\boldsymbol{\beta}_3=[0,0,1]^{\mathrm{T}}$，

$\boldsymbol{\beta}_1,\boldsymbol{\beta}_2,\boldsymbol{\beta}_3$ 已经正交化，只需要单位化，可得到 $\boldsymbol{Q}_2=\left[\frac{\boldsymbol{\beta}_1}{\|\boldsymbol{\beta}_1\|},\frac{\boldsymbol{\beta}_2}{\|\boldsymbol{\beta}_2\|},\frac{\boldsymbol{\beta}_3}{\|\boldsymbol{\beta}_3\|}\right]=\begin{bmatrix}\frac{1}{\sqrt{2}} & -\frac{1}{\sqrt{2}} & 0\\ \frac{1}{\sqrt{2}} & \frac{1}{\sqrt{2}} & 0\\ 0 & 0 & 1\end{bmatrix}$，可使得 $\boldsymbol{Q}_2^{\mathrm{T}}\boldsymbol{B}\boldsymbol{Q}_2=\boldsymbol{\Lambda}$，即 $\boldsymbol{Q}_1^{\mathrm{T}}\boldsymbol{A}\boldsymbol{Q}_1=\boldsymbol{\Lambda}=\boldsymbol{Q}_2^{\mathrm{T}}\boldsymbol{B}\boldsymbol{Q}_2\Rightarrow(\boldsymbol{Q}_2^{\mathrm{T}})^{-1}\boldsymbol{Q}_1^{\mathrm{T}}\boldsymbol{A}\boldsymbol{Q}_1\boldsymbol{Q}_2^{-1}=\boldsymbol{B}\Rightarrow(\boldsymbol{Q}_1\boldsymbol{Q}_2^{-1})^{\mathrm{T}}\boldsymbol{A}\boldsymbol{Q}_1\boldsymbol{Q}_2^{-1}=\boldsymbol{B}$，令 $\boldsymbol{Q}=$

$\boldsymbol{Q}_1\boldsymbol{Q}_2^{-1}=\boldsymbol{Q}_1\boldsymbol{Q}_2^{\mathrm{T}}=\begin{bmatrix}\frac{1}{\sqrt{3}} & \frac{1}{\sqrt{2}} & \frac{1}{\sqrt{6}}\\ \frac{1}{\sqrt{3}} & 0 & -\frac{2}{\sqrt{6}}\\ \frac{1}{\sqrt{3}} & -\frac{1}{\sqrt{2}} & \frac{1}{\sqrt{6}}\end{bmatrix}\begin{bmatrix}\frac{1}{\sqrt{2}} & \frac{1}{\sqrt{2}} & 0\\ -\frac{1}{\sqrt{2}} & \frac{1}{\sqrt{2}} & 0\\ 0 & 0 & 1\end{bmatrix}=\begin{bmatrix}\frac{1}{\sqrt{6}}-\frac{1}{2} & \frac{1}{\sqrt{6}}+\frac{1}{2} & \frac{1}{\sqrt{6}}\\ \frac{1}{\sqrt{6}} & \frac{1}{\sqrt{6}} & -\frac{2}{\sqrt{6}}\\ \frac{1}{\sqrt{6}}+\frac{1}{2} & \frac{1}{\sqrt{6}}-\frac{1}{2} & \frac{1}{\sqrt{6}}\end{bmatrix}$，可使得 $\boldsymbol{Q}^{\mathrm{T}}\boldsymbol{A}\boldsymbol{Q}=\boldsymbol{B}$，即正交变换 $\boldsymbol{x}=\boldsymbol{Q}\boldsymbol{y}$ 使 $f=\boldsymbol{x}^{\mathrm{T}}\boldsymbol{A}\boldsymbol{x}=\boldsymbol{y}^{\mathrm{T}}\boldsymbol{Q}^{\mathrm{T}}\boldsymbol{A}\boldsymbol{Q}\boldsymbol{y}=\boldsymbol{y}^{\mathrm{T}}\boldsymbol{B}\boldsymbol{y}$ 成立。

【考法 2】 二次型可逆变换为二次型

重要结论

二次型 $\boldsymbol{x}^{\mathrm{T}}\boldsymbol{A}\boldsymbol{x}$ 经可逆变换 $\boldsymbol{x}=\boldsymbol{C}\boldsymbol{y}$ 变换为二次型 $\boldsymbol{y}^{\mathrm{T}}\boldsymbol{B}\boldsymbol{y}$，则 $\boldsymbol{A},\boldsymbol{B}$ 合同(用配方法求 $\boldsymbol{x}=\boldsymbol{C}\boldsymbol{y}$)。具体来讲，需要两次配方，一次等价。

① 先将 $f=\boldsymbol{x}^{\mathrm{T}}\boldsymbol{A}\boldsymbol{x}$ 配方。

$f=\boldsymbol{x}^{\mathrm{T}}\boldsymbol{A}\boldsymbol{x}=d_1(a_{11}x_1+\cdots+a_{1n}x_n)^2+d_2(a_{22}x_2+\cdots+a_{2n}x_n)^2+\cdots+d_n(a_{nn}x_n)^2$。

② 再将 $g=\boldsymbol{y}^{\mathrm{T}}\boldsymbol{B}\boldsymbol{y}$ 配方。

$g=\boldsymbol{y}^{\mathrm{T}}\boldsymbol{B}\boldsymbol{y}=d_1(b_{11}y_1+\cdots+b_{1n}y_n)^2+d_2(b_{22}y_2+\cdots+b_{2n}y_n)^2+\cdots+d_n(b_{nn}y_n)^2$。

③ 最后令 $f=g$ 得出变量关系。

$$\begin{cases}a_{11}x_1+\cdots+a_{1n}x_n=b_{11}y_1+\cdots+b_{1n}y_n\\a_{22}x_2+\cdots+a_{2n}x_n=b_{22}y_2+\cdots+b_{2n}y_n\\\qquad\vdots\\a_{nn}x_n=b_{nn}y_n\end{cases}\Rightarrow\begin{bmatrix}x_1\\x_2\\\vdots\\x_n\end{bmatrix}=\begin{bmatrix}c_{11}&c_{12}&\cdots&c_{1n}\\c_{21}&c_{22}&\cdots&c_{2n}\\\vdots&\vdots&&\vdots\\c_{n1}&c_{n2}&\cdots&c_{nn}\end{bmatrix}\begin{bmatrix}y_1\\y_2\\\vdots\\y_n\end{bmatrix}，记\ \boldsymbol{x}=\boldsymbol{C}\boldsymbol{y}。$$

由变换关系可知 $f=g\Rightarrow\boldsymbol{x}^{\mathrm{T}}\boldsymbol{A}\boldsymbol{x}=\boldsymbol{y}^{\mathrm{T}}\boldsymbol{C}^{\mathrm{T}}\boldsymbol{A}\boldsymbol{C}\boldsymbol{y}=\boldsymbol{y}^{\mathrm{T}}\boldsymbol{B}\boldsymbol{y}$，所以有

① 可逆变换 $\boldsymbol{x}=\boldsymbol{C}\boldsymbol{y}$ 可使得 $f=\boldsymbol{x}^{\mathrm{T}}\boldsymbol{A}\boldsymbol{x}$ 变换为 $g=\boldsymbol{y}^{\mathrm{T}}\boldsymbol{B}\boldsymbol{y}$；② 可逆矩阵 $\boldsymbol{C}$ 可使得 $\boldsymbol{C}^{\mathrm{T}}\boldsymbol{A}\boldsymbol{C}=\boldsymbol{B}$。

有如下几点需要注意：

① 正交变换也是可逆变换的一种，但因为正交变换要求两个矩阵相似，所以不一定存在正交变换满足题意。

② 可逆变换意味着合同关系，也意味着和配方有关。这是看到可逆变换后要马上想到的。此外，合同必有秩相等。这是命题人经常设置在试题第(1)问的考法。

例题 3 设二次型 $f(x_1,x_2,x_3)=x_1^2+x_2^2+x_3^2+2ax_1x_2+2ax_1x_3+2ax_2x_3$ 经可逆线性变换 $\begin{bmatrix}x_1\\x_2\\x_3\end{bmatrix}=\boldsymbol{P}\begin{bmatrix}y_1\\y_2\\y_3\end{bmatrix}$ 得 $g(y_1,y_2,y_3)=y_1^2+y_2^2+4y_3^2+2y_1y_2$。

(1) 求 a 的值；(2) 求可逆矩阵 $\boldsymbol{P}$。

解 (1) 设 $\boldsymbol{A}=\begin{bmatrix}1&a&a\\a&1&a\\a&a&1\end{bmatrix}$，$\boldsymbol{B}=\begin{bmatrix}1&1&0\\1&1&0\\0&0&4\end{bmatrix}$。因为 $\boldsymbol{B}=\boldsymbol{P}^{\mathrm{T}}\boldsymbol{A}\boldsymbol{P}$，所以 $r(\boldsymbol{B})=r(\boldsymbol{A})$。由于 $r(\boldsymbol{B})=2$，所以 $r(\boldsymbol{A})=2$，故 $|\boldsymbol{A}|=(2a+1)(1-a)^2=0$，解得 $a=-\dfrac{1}{2}$($a=1$ 舍去)。

(2) $f(x_1,x_2,x_3)=\left(x_1-\dfrac{x_2}{2}-\dfrac{x_3}{2}\right)^2+\dfrac{3}{4}(x_2-x_3)^2$，$g(y_1,y_2,y_3)=(y_1+y_2)^2+\dfrac{3}{4}\left(\dfrac{4}{\sqrt{3}}y_3\right)^2$。

令 $\begin{cases}x_1-\dfrac{x_2}{2}-\dfrac{x_3}{2}=y_1+y_2\\x_2-x_3=\dfrac{4}{\sqrt{3}}y_3\\x_2=y_2\end{cases}$，则 $\boldsymbol{P}=\begin{bmatrix}1&2&-\dfrac{2}{\sqrt{3}}\\0&1&0\\0&1&-\dfrac{4}{\sqrt{3}}\end{bmatrix}$。

例题 4 若二次型 $f(x_1,x_2,x_3)=ax_1^2+ax_2^2+(a-1)x_3^2+2x_1x_3-2x_2x_3$ 经过可逆变换为

$2y_1^2+y_2^2+2y_1y_2$，则该二次型经正交变换可得标准形为________。

解 二次型矩阵 $\boldsymbol{A}=\begin{bmatrix}a&0&1\\0&a&-1\\1&-1&a-1\end{bmatrix}$，经过一次可逆变换后化为的二次型矩阵为 $\boldsymbol{B}=\begin{bmatrix}2&1&0\\1&1&0\\0&0&0\end{bmatrix}$，显然 $\boldsymbol{A}$ 合同于 $\boldsymbol{B}$，$\boldsymbol{B}$ 的特征值 2 正 1 零。下面求 $\boldsymbol{A}$ 的特征值。

$$|\lambda\boldsymbol{E}-\boldsymbol{A}|=\begin{vmatrix}\lambda-a&0&-1\\0&\lambda-a&1\\-1&1&\lambda-a+1\end{vmatrix}=(\lambda-a)\begin{vmatrix}\lambda-a&1\\1&\lambda-a+1\end{vmatrix}-\begin{vmatrix}0&\lambda-a\\-1&1\end{vmatrix}$$

$=(\lambda-a)[(\lambda-a)(\lambda-a+1)-1]-[0+(\lambda-a)]$

$=(\lambda-a)[(\lambda-a)(\lambda-a+1)-2]$

$=(\lambda-a)(\lambda^2-2a\lambda+\lambda+a^2-a-2)$

$=(\lambda-a)(\lambda-a+2)(\lambda-a-1)$

$\therefore \lambda_1=a,\lambda_2=a-2,\lambda_3=a+1$。

由 $\boldsymbol{A}$、$\boldsymbol{B}$ 合同可得 $a=2$，$\boldsymbol{A}$ 的特征值为 2,3,0，所以正交变换所得标准形为 $2z_1^2+3z_2^2$。

专题 39 二次型的规范形与正负惯性指数

【考法 1】 二次型的规范形

重要结论

① 二次型的规范形取决于标准形平方项正负系数的个数。

② 实对称矩阵 $\boldsymbol{A}$,$\boldsymbol{B}$ 合同，则 $\boldsymbol{A}$,$\boldsymbol{B}$ 对应的二次型有相同的正负惯性指数。

说明：一个二次型理论上对应无数个标准形，但无论进行怎么样的可逆变换，二次型的规范形始终如一（这就是惯性定理）。

例题 1 设 $\boldsymbol{A}$ 为四阶实对称矩阵，且 $\boldsymbol{A}^2+\boldsymbol{A}=\boldsymbol{O}$。若 $\boldsymbol{A}$ 的秩为 3，则二次型 $\boldsymbol{x}^{\mathrm{T}}\boldsymbol{A}\boldsymbol{x}$ 的规范形为（　　）。

A. $z_1^2+z_2^2+z_3^2$　　B. $z_1^2+z_2^2-z_3^2$

C. $z_1^2-z_2^2-z_3^2$　　D. $-z_1^2-z_2^2-z_3^2$

解 设 λ 是矩阵 $\boldsymbol{A}$ 的任一特征值，由 $\boldsymbol{A}^2+\boldsymbol{A}=\boldsymbol{O}$ 可得 $\lambda^2+\lambda=0$，故 $\lambda=0$ 或 -1。又 $\boldsymbol{A}$ 是秩为 3 的实对称矩阵，必相似于秩为 3 的对角矩阵，从而矩阵 $\boldsymbol{A}$ 的特征值为 $-1,-1,-1,0$，二次型 $\boldsymbol{x}^{\mathrm{T}}\boldsymbol{A}\boldsymbol{x}$ 的规范形为 $\boldsymbol{x}^{\mathrm{T}}\boldsymbol{A}\boldsymbol{x}=-z_1^2-z_2^2-z_3^2$，故选 D。

例题 2 若实对称矩阵 $\boldsymbol{A}$ 与 $\boldsymbol{B}=\begin{bmatrix}1&0&0\\0&-1&2\\0&2&2\end{bmatrix}$ 合同，则二次型 $\boldsymbol{x}^{\mathrm{T}}\boldsymbol{A}\boldsymbol{x}$ 的规范形为（　　）。

A. $y_1^2+y_2^2-y_3^2$　　B. $y_1^2+y_2^2+y_3^2$

C. $y_1^2-y_2^2-y_3^2$　　D. $-y_1^2-y_2^2-y_3^2$

解 因为 $\boldsymbol{A}$ 与 $\boldsymbol{B}$ 合同，所以 $\boldsymbol{A}$ 与 $\boldsymbol{B}$ 有相同的正负惯性指数。又 $\boldsymbol{B}$ 的特征值为 $1,3,-2$，所以 $\boldsymbol{B}$ 的正负惯性指数分别为 2 和 1，故二次型 $\boldsymbol{x}^{\mathrm{T}}\boldsymbol{A}\boldsymbol{x}$ 的规范形为 $y_1^2+y_2^2-y_3^2$。

例题 3 设 $\boldsymbol{A}$ 为 n 阶实对称矩阵，$r(\boldsymbol{A})=n$，A_{ij} 是 $\boldsymbol{A}=[a_{ij}]_{n\times n}$ 中元素 a_{ij} 的代数余子式($i,j=1,2,\cdots,n$)，二次型 $f(x_1,x_2,\cdots,x_n)=\sum\limits_{j=1}^{n}\sum\limits_{i=1}^{n}\frac{A_{ij}}{|\boldsymbol{A}|}x_ix_j$。

(1) 记 $\boldsymbol{x}=[x_1,x_2,\cdots,x_n]^{\mathrm{T}}$，把 $f(x_1,x_2,\cdots,x_n)$写成矩阵的形式。

(2) 二次型 $g(x_1,x_2,\cdots,x_n)=\boldsymbol{x}^{\mathrm{T}}\boldsymbol{A}\boldsymbol{x}$ 与 $f(x_1,x_2,\cdots,x_n)$的规范形是否相同？说明理由。

解 (1) 因为 $\boldsymbol{A}$ 为实对称矩阵，故$(\boldsymbol{A}^{-1})^{\mathrm{T}}=(\boldsymbol{A}^{\mathrm{T}})^{-1}=\boldsymbol{A}^{-1}$，即 $\boldsymbol{A}^{-1}$ 也为实对称矩阵。同样，因 $\boldsymbol{A}$ 对称，故 $A_{ij}=A_{ji}(i,j=1,2,\cdots,n)$，于是

$$f(x_1,x_2,\cdots,x_n)=[x_1,x_2,\cdots,x_n]\begin{bmatrix}\frac{A_{11}}{|\boldsymbol{A}|} & \frac{A_{21}}{|\boldsymbol{A}|} & \cdots & \frac{A_{n1}}{|\boldsymbol{A}|}\\ \frac{A_{12}}{|\boldsymbol{A}|} & \frac{A_{22}}{|\boldsymbol{A}|} & \cdots & \frac{A_{n2}}{|\boldsymbol{A}|}\\ \vdots & \vdots & & \vdots\\ \frac{A_{1n}}{|\boldsymbol{A}|} & \frac{A_{2n}}{|\boldsymbol{A}|} & \cdots & \frac{A_{nn}}{|\boldsymbol{A}|}\end{bmatrix}\begin{bmatrix}x_1\\x_2\\ \vdots\\x_n\end{bmatrix}$$

$$=\boldsymbol{x}^{\mathrm{T}}(\boldsymbol{A}^*/|\boldsymbol{A}|)\boldsymbol{x}=\boldsymbol{x}^{\mathrm{T}}\boldsymbol{A}^{-1}\boldsymbol{x}。$$

(2) 取 $\boldsymbol{P}=\boldsymbol{A}^{-1}$，有 $\boldsymbol{P}^{\mathrm{T}}\boldsymbol{A}\boldsymbol{P}=(\boldsymbol{A}^{-1})^{\mathrm{T}}\boldsymbol{A}\boldsymbol{A}^{-1}=(\boldsymbol{A}^{\mathrm{T}})^{-1}\boldsymbol{A}\boldsymbol{A}^{-1}=\boldsymbol{A}^{-1}\boldsymbol{E}=\boldsymbol{A}^{-1}$，因而 $\boldsymbol{A}^{-1}$ 与 $\boldsymbol{A}$ 合同，所以二次型 $g(x_1,x_2,\cdots,x_n)=\boldsymbol{x}^{\mathrm{T}}\boldsymbol{A}\boldsymbol{x}$ 与 $f(x_1,x_2,\cdots,x_n)=\boldsymbol{x}^{\mathrm{T}}\boldsymbol{A}^{-1}\boldsymbol{x}$ 具有相同的规范形。

【考法 2】 正负惯性指数

重要结论

① 二次型正负惯性指数取决于标准形中平方项正负系数的个数。

② 如果实对称矩阵 $\boldsymbol{A}$，$\boldsymbol{B}$ 对应的二次型有相同的正负惯性指数，则 $\boldsymbol{A}$，$\boldsymbol{B}$ 合同。

例题 4 已知二次型 $f(x_1,x_2,x_3)=(1-a)x_1^2+(1-a)x_2^2+2x_3^2+2(1+a)x_1x_2$ 的正惯性指数为 2，则 a 的取值范围为(　　)。

A. $[0,+\infty)$　　　B. $(-\infty,0]$

C. $[1,2)$　　　D. $[2,3]$

解 $f(x_1,x_2,x_3)=\boldsymbol{x}^{\mathrm{T}}\boldsymbol{A}\boldsymbol{x}$，其中 $\boldsymbol{A}=\begin{bmatrix}1-a & 1+a & 0\\1+a & 1-a & 0\\0 & 0 & 2\end{bmatrix}$，$\boldsymbol{A}$ 的特征多项式 $|\lambda\boldsymbol{E}-\boldsymbol{A}|=$

$$\begin{bmatrix}\lambda-1+a & -1-a & 0\\-1-a & \lambda-1+a & 0\\0 & 0 & \lambda-2\end{bmatrix}=(\lambda-2)^2(\lambda+2a)。$$

由 $|\lambda\boldsymbol{E}-\boldsymbol{A}|=0$，得 $\boldsymbol{A}$ 的特征值 $\lambda_1=\lambda_2=2$，$\lambda_3=-2a$。由于 f 的正惯性指数为 2，所以 $\boldsymbol{A}$ 的 2 个特征值为正，而 $\lambda_1=\lambda_2=2>0$，所以 $\lambda_3=-2a\leqslant 0$，$a\geqslant 0$，故选 A。

例题 5 设 $\boldsymbol{\alpha}$，$\boldsymbol{\beta}$ 是不相同的三维单位正交列向量，则二次型 $f(x_1,x_2,x_3)=\boldsymbol{x}^{\mathrm{T}}(\boldsymbol{\alpha}\boldsymbol{\alpha}^{\mathrm{T}}-\boldsymbol{\beta}\boldsymbol{\beta}^{\mathrm{T}})\boldsymbol{x}$ 的规范形为(　　)。

A. $y_1^2+y_2^2$　　　B. $y_1^2+y_2^2-y_3^2$

C. $y_1^2-y_2^2$　　　D. $y_1^2-y_2^2-y_3^2$

解 由$(\boldsymbol{\alpha}\boldsymbol{\alpha}^{\mathrm{T}}-\boldsymbol{\beta}\boldsymbol{\beta}^{\mathrm{T}})^{\mathrm{T}}=\boldsymbol{\alpha}\boldsymbol{\alpha}^{\mathrm{T}}-\boldsymbol{\beta}\boldsymbol{\beta}^{\mathrm{T}}$，知$\boldsymbol{\alpha}\boldsymbol{\alpha}^{\mathrm{T}}-\boldsymbol{\beta}\boldsymbol{\beta}^{\mathrm{T}}$是实对称矩阵. 又$\boldsymbol{A\alpha}=(\boldsymbol{\alpha}\boldsymbol{\alpha}^{\mathrm{T}}-\boldsymbol{\beta}\boldsymbol{\beta}^{\mathrm{T}})\boldsymbol{\alpha}=\boldsymbol{\alpha}(\boldsymbol{\alpha}^{\mathrm{T}}\boldsymbol{\alpha})-\boldsymbol{\beta}(\boldsymbol{\beta}^{\mathrm{T}}\boldsymbol{\alpha})=\boldsymbol{\alpha}$，$\boldsymbol{A\beta}=(\boldsymbol{\alpha}\boldsymbol{\alpha}^{\mathrm{T}}-\boldsymbol{\beta}\boldsymbol{\beta}^{\mathrm{T}})\boldsymbol{\beta}=\boldsymbol{\alpha}(\boldsymbol{\alpha}^{\mathrm{T}}\boldsymbol{\beta})-\boldsymbol{\beta}(\boldsymbol{\beta}^{\mathrm{T}}\boldsymbol{\beta})=-\boldsymbol{\beta}$，知$\boldsymbol{A}$有特征值$\lambda_1=1$，$\lambda_2=-1$。又$\boldsymbol{\alpha}\boldsymbol{\alpha}^{\mathrm{T}}$，$\boldsymbol{\beta}\boldsymbol{\beta}^{\mathrm{T}}$的秩均为1，所以$r(\boldsymbol{A})=r(\boldsymbol{\alpha}\boldsymbol{\alpha}^{\mathrm{T}}-\boldsymbol{\beta}\boldsymbol{\beta}^{\mathrm{T}})\leqslant r(\boldsymbol{\alpha}\boldsymbol{\alpha}^{\mathrm{T}})+r(\boldsymbol{\beta}\boldsymbol{\beta}^{\mathrm{T}})=2<3$，则$|\boldsymbol{A}|=0=\lambda_1\lambda_2\lambda_3=1\times(-1)\times\lambda_3$，故$\lambda_3=0$，即知正惯性指数为$p=1$，负惯性指数$q=1$，故选C。

例题 6 设二次型$f(x_1,x_2,x_3,x_4)=\boldsymbol{x}^{\mathrm{T}}\boldsymbol{A}\boldsymbol{x}$的正惯性指数为$p=1$，又矩阵$\boldsymbol{A}$满足$\boldsymbol{A}^2-2\boldsymbol{A}=3\boldsymbol{E}$，则行列式$|\boldsymbol{A}|=$________。

解 设λ是矩阵$\boldsymbol{A}$的特征值，$\boldsymbol{\alpha}$是$\boldsymbol{A}$的属于特征值λ的特征向量，即$\boldsymbol{A\alpha}=\lambda\boldsymbol{\alpha}$，$\boldsymbol{\alpha}\neq\boldsymbol{0}$，则由$\boldsymbol{A}^2-2\boldsymbol{A}-3\boldsymbol{E}=\boldsymbol{O}$得到$\lambda^2-2\lambda-3=0$，故$\lambda=3,-1$。因正惯性指数$p=1$，即$\boldsymbol{A}$的正特征值只有一个，故$f$（即$\boldsymbol{A}$）的特征值必为$3,-1,-1,-1$，所以$|\boldsymbol{A}|=-3$。

【考法3】 伪标准形

重要结论

二次型正负惯性指数取决于标准形的平方项（不是任意配方后的平方项）正负系数的个数。

说明：已经配方的二次型，大概率为配方陷阱，需要将二次型展开后进行重新配方或利用特征值得出标准形或规范形。

例题 7 二次型$f(x_1,x_2,x_3)=(x_1+x_2)^2+(x_2-x_3)^2+(x_3+x_1)^2$的正负惯性指数分别为________。

解 因为$f(x_1,x_2,x_3)=(x_1+x_2)^2+(x_2-x_3)^2+(x_3+x_1)^2$

$$=2x_1^2+2x_2^2+2x_3^2+2x_1x_2+2x_1x_3-2x_2x_3=2\left(x_1+\frac{1}{2}x_2+\frac{1}{2}x_3\right)^2+\frac{3}{2}(x_2-x_3)^2$$

$=2y_1^2+\frac{3}{2}y_2^2$，其中$y_1=x_1+\frac{1}{2}x_2+\frac{1}{2}x_3$，$y_2=x_2-x_3$，所以二次型的秩为2。正负惯性指数分别为2，0。

例题 8 二次型$f(x_1,x_2,x_3)=(x_1+x_2)^2+(2x_1+3x_2+x_3)^2-5(x_2+x_3)^2$的规范形是（　　）。

A. $y_2^2-y_3^2$　　B. $y_1^2+y_2^2-5y_3^2$　　C. $y_1^2+y_2^2-y_3^2$　　D. $y_1^2+y_2^2$

解 二次型的规范形中，平方项的系数只能是$1,-1,0$，故应当排除B。二次型f经整理为$f(x_1,x_2,x_3)=5x_1^2+5x_2^2-4x_3^2+14x_1x_2+4x_1x_3-4x_2x_3$，通过分析矩阵的特征值可的出正负惯性指数。$\boldsymbol{A}=\begin{bmatrix}5&7&2\\7&5&-2\\2&-2&-4\end{bmatrix}$，$|\lambda\boldsymbol{E}-\boldsymbol{A}|=\begin{vmatrix}\lambda-5&-7&-2\\-7&\lambda-5&2\\-2&2&\lambda+4\end{vmatrix}=\lambda(\lambda+6)(\lambda-12)$，故矩阵$\boldsymbol{A}$的特征值是$12,-6,0$，因此二次型正惯性指数为1，负惯性指数为1，故选A。

专题40 合同关系及其变换矩阵

【考法1】 判断矩阵的合同

重要结论

如果实对称矩阵$\boldsymbol{A}$，$\boldsymbol{B}$对应的二次型有相同的正负惯性指数，则$\boldsymbol{A}$，$\boldsymbol{B}$合同。

例题 1　下列矩阵中与 $\boldsymbol{A}=\begin{bmatrix}1&1&0\\1&0&0\\0&0&1\end{bmatrix}$ 合同的是（　　）。

A. $\begin{bmatrix}1&0&0\\0&1&0\\0&0&1\end{bmatrix}$　　B. $\begin{bmatrix}1&0&0\\0&1&0\\0&0&-1\end{bmatrix}$

C. $\begin{bmatrix}1&0&0\\0&-1&0\\0&0&-1\end{bmatrix}$　　D. $\begin{bmatrix}-1&0&0\\0&-1&0\\0&0&-1\end{bmatrix}$

解　因 $f=\boldsymbol{x}^{\mathrm{T}}\boldsymbol{A}\boldsymbol{x}=x_1^2+2x_1x_2+x_3^2=(x_1+x_2)^2-x_2^2+x_3^2=y_1^2+y_2^2-y_3^2$，所以与 $\boldsymbol{A}$ 合同的矩阵是选项 B 中的矩阵 $\begin{bmatrix}1&0&0\\0&1&0\\0&0&-1\end{bmatrix}$，故选 B。

例题 2　设 $\boldsymbol{A}_1=\begin{bmatrix}1&-2&0\\-2&1&0\\0&0&1\end{bmatrix}$，$\boldsymbol{A}_2=\begin{bmatrix}1&0&0\\0&1&0\\0&0&0\end{bmatrix}$，$\boldsymbol{A}_3=\begin{bmatrix}1&2&0\\2&4&0\\0&0&1\end{bmatrix}$，则与矩阵 $\boldsymbol{A}=\begin{bmatrix}1&1&0\\1&1&0\\0&0&1\end{bmatrix}$ 不合同的矩阵有（　　）个。

A. 0　　B. 1

C. 2　　D. 3

解　由 $\boldsymbol{x}^{\mathrm{T}}\boldsymbol{A}\boldsymbol{x}=x_1^2+x_2^2+x_3^2+2x_1x_2=(x_1+x_2)^2+x_3^2$，可知 $\boldsymbol{A}$ 的正、负惯性指数分别为 $p=2,q=0$。显然 $\boldsymbol{A}$ 与 $\boldsymbol{A}_2$ 合同。

容易求得 $\boldsymbol{A}_1,\boldsymbol{A}_3$ 的特征值分别为 $-1,1,3$ 和 $0,1,5$。所以 $\boldsymbol{A}$ 与 $\boldsymbol{A}_3$ 合同，不合同的矩阵仅有 1 个，故选 B。

【考法 2】　构建矩阵方程判断合同关系

重要方法

找出一个可逆矩阵 $\boldsymbol{C}$，并建立方程 $\boldsymbol{C}^{\mathrm{T}}\boldsymbol{A}\boldsymbol{C}=\boldsymbol{B}$，则 $\boldsymbol{A},\boldsymbol{B}$ 合同。

例题 3　设 $\boldsymbol{A}$ 为 n 阶可逆矩阵，将 $\boldsymbol{A}$ 的第 1,2 行互换后再将第 1,2 列互换得到矩阵 $\boldsymbol{B}$，$\boldsymbol{A}^*$ 表示 $\boldsymbol{A}$ 的伴随矩阵，则下列说法正确的有（　　）个。

① $\boldsymbol{A}^*$ 与 $\boldsymbol{B}^*$ 等价　② $\boldsymbol{A}^*$ 与 $\boldsymbol{B}^*$ 相似　③ $\boldsymbol{A}^*$ 与 $\boldsymbol{B}^*$ 合同

A. 0　　B. 1

C. 2　　D. 3

解　由题设知 $\boldsymbol{B}=\boldsymbol{E}_{12}\boldsymbol{A}\boldsymbol{E}_{12}$，$\boldsymbol{B}^*=(\boldsymbol{E}_{12}\boldsymbol{A}\boldsymbol{E}_{12})^*=|\boldsymbol{E}_{12}\boldsymbol{A}\boldsymbol{E}_{12}|(\boldsymbol{E}_{12}\boldsymbol{A}\boldsymbol{E}_{12})^{-1}=|\boldsymbol{A}|\boldsymbol{E}_{12}^{-1}\boldsymbol{A}^{-1}\boldsymbol{E}_{12}^{-1}=\boldsymbol{E}_{12}^{-1}\boldsymbol{A}^*\boldsymbol{E}_{12}^{-1}$，即 $\boldsymbol{B}^*=\boldsymbol{E}_{12}^{-1}\boldsymbol{A}^*\boldsymbol{E}_{12}^{-1}$。又因为 $\boldsymbol{E}_{12}=\boldsymbol{E}_{12}^{-1}=\boldsymbol{E}_{12}^{\mathrm{T}}$，所以 $\boldsymbol{B}^*=\boldsymbol{E}_{12}^{-1}\boldsymbol{A}^*\boldsymbol{E}_{12}=\boldsymbol{E}_{12}^{\mathrm{T}}\boldsymbol{A}^*\boldsymbol{E}_{12}$。由定义知 $\boldsymbol{A}^*$ 与 $\boldsymbol{B}^*$ 相似且合同，由矩阵等价的定义知它们也等价。故选 D。

【考法 3】 合同的条件

重要结论

合同
1. 惯性定理：对于任意二次型，不论选取怎样的合同变换使它化为标准形，其正负惯性指数与所选变换无关
2. 正(负)惯性指数：标准形中正(负)平方项的个数
3. 实对称阵 $\boldsymbol{A},\boldsymbol{B}$ 合同：
   - 表达式：$\boldsymbol{C}^{\mathrm{T}}\boldsymbol{A}\boldsymbol{C}=\boldsymbol{B}$(其中，$\boldsymbol{C}$ 可逆)
   - 等价于：$\boldsymbol{A},\boldsymbol{B}$ 具有相同的正负惯性指数
4. 若 $\boldsymbol{A},\boldsymbol{B}$ 均为实对称，且 $\boldsymbol{A},\boldsymbol{B}$ 相似，则 $\boldsymbol{A},\boldsymbol{B}$ 必合同
5. $\boldsymbol{A},\boldsymbol{B}$ 合同，必有 $\boldsymbol{A},\boldsymbol{B}$ 的秩相等
6. $\boldsymbol{A}$ 合同于单位阵，则 $\boldsymbol{A}$ 正定
7. $\boldsymbol{C}^{\mathrm{T}}\boldsymbol{A}\boldsymbol{C}=\boldsymbol{\Lambda}$，求 $\boldsymbol{C}$
   - 特征值法：先求特征值再求特征向量，得出 $\boldsymbol{P}$ 矩阵，最终得正交矩阵 $\boldsymbol{C}$
   - 配方法：配方得出可逆变换 $\boldsymbol{x}=\boldsymbol{C}\boldsymbol{y}$，矩阵 $\boldsymbol{C}$ 即为所求

例题 4 设 $\boldsymbol{A},\boldsymbol{B}$ 为 n 阶实对称矩阵，则下列说法中是 $\boldsymbol{A}$ 与 $\boldsymbol{B}$ 合同的充分必要条件的有(　　)个。

① $r(\boldsymbol{A})=r(\boldsymbol{B})$　　② $\boldsymbol{A},\boldsymbol{B}$ 于同一个对角阵相似

③ $\boldsymbol{A},\boldsymbol{B}$ 与同一个实对称矩阵合同　　④ $\boldsymbol{A},\boldsymbol{B}$ 正负惯性指数相同

⑤ 存在矩阵 $\boldsymbol{C}$ 使得 $\boldsymbol{C}^{\mathrm{T}}\boldsymbol{A}\boldsymbol{C}=\boldsymbol{B}$　　⑥ $\boldsymbol{A},\boldsymbol{B}$ 的行列式相等

A. 2　　B. 3　　C. 4　　D. 5

解

说法①：是必要条件，但不是充分条件。

说法②：充分条件但不是必要条件。合同不一定能相似于同一个对角矩阵。

说法③：因为 $\boldsymbol{A},\boldsymbol{B}$ 与同一个实对称矩阵合同，则 $\boldsymbol{A},\boldsymbol{B}$ 合同；反之，若 $\boldsymbol{A},\boldsymbol{B}$ 合同，则 $\boldsymbol{A},\boldsymbol{B}$ 的正负惯性指数相同，从而 $\boldsymbol{A},\boldsymbol{B}$ 与 $\begin{bmatrix}\boldsymbol{E}_r & & \\ & -\boldsymbol{E}_s & \\ & & \boldsymbol{O}\end{bmatrix}$ 合同。

说法④：由合同的定义可知，$\boldsymbol{A}$ 与 $\boldsymbol{B}$ 合同的充分必要条件为 $\boldsymbol{A},\boldsymbol{B}$ 正负惯性指数相同。

说法⑤：合同定义中要求矩阵 $\boldsymbol{C}$ 可逆。存在可逆矩阵 $\boldsymbol{C}$ 使得 $\boldsymbol{C}^{\mathrm{T}}\boldsymbol{A}\boldsymbol{C}=\boldsymbol{B}$ 为合同的充要条件。

说法⑥：既不是充分条件也不是必要条件。

说法③④正确，其他均不是充要条件，故选 A。

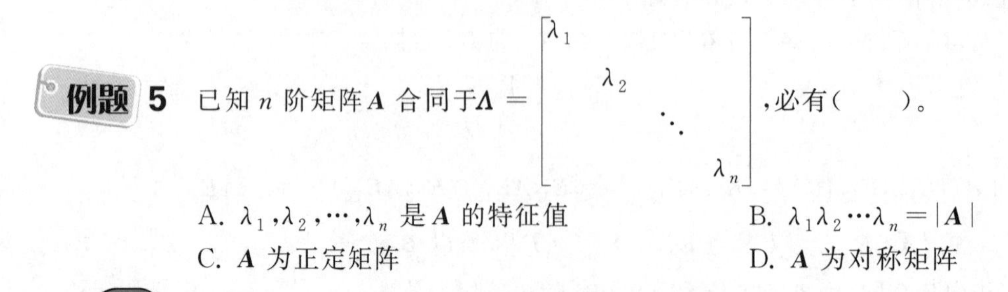

例题 5 已知 n 阶矩阵 $\boldsymbol{A}$ 合同于 $\boldsymbol{\Lambda}=\begin{bmatrix}\lambda_1 & & & \\ & \lambda_2 & & \\ & & \ddots & \\ & & & \lambda_n\end{bmatrix}$，必有(　　)。

A. $\lambda_1,\lambda_2,\cdots,\lambda_n$ 是 $\boldsymbol{A}$ 的特征值　　B. $\lambda_1\lambda_2\cdots\lambda_n=|\boldsymbol{A}|$

C. $\boldsymbol{A}$ 为正定矩阵　　D. $\boldsymbol{A}$ 为对称矩阵

解 由于 $\boldsymbol{A}$ 与 $\boldsymbol{\Lambda}$ 合同，即存在可逆矩阵 $\boldsymbol{C}$，使 $\boldsymbol{C}^{\mathrm{T}}\boldsymbol{\Lambda}\boldsymbol{C}=\boldsymbol{A}$，于是 $\boldsymbol{A}^{\mathrm{T}}=\boldsymbol{C}^{\mathrm{T}}\boldsymbol{\Lambda}^{\mathrm{T}}(\boldsymbol{C}^{\mathrm{T}})^{\mathrm{T}}=\boldsymbol{C}^{\mathrm{T}}\boldsymbol{\Lambda}\boldsymbol{C}=\boldsymbol{A}$，因此 $\boldsymbol{A}$ 为对称矩阵。因为 $\boldsymbol{A}$ 与 $\boldsymbol{\Lambda}$ 未必相似，所以选项 A，B 都不正确。没有条件表明 $\lambda_i(i=1,2,\cdots,n)$ 全为正，所以选项 C 也不正确。

【考法 4】 利用合同求参数

重要结论

若 A,B 合同,则有①$r(A)=r(B)$,②二次型 x^TAx,x^TBx 具有相同的正负惯性指数。

例题 6 若二次型 $f(x_1,x_2,x_3)=a(x_1^2+x_2^2+x_3^2)+2x_1x_2+2x_2x_3+2x_1x_3$ 的矩阵合同于 $B=\begin{bmatrix}1&2&2\\2&1&2\\2&2&1\end{bmatrix}$,则(　　)。

A. $a>1$　　B. $a<-2$

C. $-2<a<1$　　D. $a=1$ 或 $a=-2$

解

$|B-\lambda E|=\begin{vmatrix}1-\lambda&2&2\\2&1-\lambda&2\\2&2&1-\lambda\end{vmatrix}=(5-\lambda)(\lambda+1)^2$,所以特征值 2 负 1 正。二次型矩阵 $A=\begin{bmatrix}a&1&1\\1&a&1\\1&1&a\end{bmatrix}$,所以 $|A-\lambda E|=\begin{vmatrix}a-\lambda&1&1\\1&a-\lambda&1\\1&1&a-\lambda\end{vmatrix}=(2+a-\lambda)(a-\lambda-1)^2=0$,$\lambda_1=2+a$,$\lambda_2=a-1$,$\lambda_3=a-1$。

由于特征值 2 负 1 正,有 $2+a>0$,$a-1<0$,故选 C。

【另解】考虑特殊值法,当 $a=0$ 时,$f(x_1,x_2,x_3)=2x_1x_2+2x_2x_3+2x_1x_3$,其矩阵为 $\begin{bmatrix}0&1&1\\1&0&1\\1&1&0\end{bmatrix}$,由此计算出特征值为 $2,-1,-1$,满足题目条件,故 $a=0$ 成立,故选 C。

【考法 5】 求解合同的变换矩阵

重要方法

可以配方法求解合同的变换矩阵。

例题 7 矩阵 $A=\begin{bmatrix}-1&&\\&1&\\&&1\end{bmatrix}$ 和 $B=\begin{bmatrix}1&&\\&1&\\&&-1\end{bmatrix}$ 是合同矩阵,即存在可逆矩阵 C,使得 $C^TAC=B$,其中 $C=$________。

解 方法 1:初等变换。

将 A 的 1,3 列对换,并将 1,3 行对换,即得 B,故取互换初等阵 $C=\begin{bmatrix}0&0&1\\0&1&0\\1&0&0\end{bmatrix}$,$C^T=C$,使 $C^TAC=B$。

方法 2:配方法。

$f=x^TAx=y^TC^TACy=y^TBy$,有 $f(x_1,x_2,x_3)=x^TAx=-x_1^2+x_2^2+x_3^2=y^TBy=y_1^2+y_2^2-$

y_3^2，可得$\begin{cases}x_1=y_3\\x_2=y_2\\x_3=y_1\end{cases}\Rightarrow\begin{bmatrix}x_1\\x_2\\x_3\end{bmatrix}=\begin{bmatrix}0&0&1\\0&1&0\\1&0&0\end{bmatrix}\begin{bmatrix}y_1\\y_2\\y_3\end{bmatrix}$或$\begin{cases}x_1=y_3\\x_2=y_1\\x_3=y_2\end{cases}\Rightarrow\begin{bmatrix}x_1\\x_2\\x_3\end{bmatrix}=\begin{bmatrix}0&0&1\\1&0&0\\0&1&0\end{bmatrix}\begin{bmatrix}y_1\\y_2\\y_3\end{bmatrix}$，故可取$C=\begin{bmatrix}0&0&1\\0&1&0\\1&0&0\end{bmatrix}$或$C=\begin{bmatrix}0&0&1\\1&0&0\\0&1&0\end{bmatrix}$。

例题 8 设实对称矩阵$A=\begin{bmatrix}1&1&0\\1&1&1\\0&1&1\end{bmatrix}$，存在可逆矩阵$C$，使得$C^TAC=\Lambda$，则$C=$________。

解 配方法。

矩阵A对应的二次型为$f(x_1,x_2,x_3)=x_1^2+x_2^2+x_3^2+2x_1x_2+2x_2x_3=(x_1+x_2)^2+x_3^2+2x_2x_3=(x_1+x_2)^2-x_2^2+(x_2+x_3)^3$。

令$\begin{cases}y_1=x_1+x_2\\y_2=x_2\\y_3=x_2+x_3\end{cases}\Rightarrow\begin{cases}x_1=y_1-y_2\\x_2=y_2\\x_3=y_3-y_2\end{cases}\Rightarrow\begin{bmatrix}x_1\\x_2\\x_3\end{bmatrix}=\begin{bmatrix}1&-1&0\\0&1&0\\0&-1&1\end{bmatrix}\begin{bmatrix}y_1\\y_2\\y_3\end{bmatrix}$，得$C=\begin{bmatrix}1&-1&0\\0&1&0\\0&-1&1\end{bmatrix}$，

$|C|=\begin{vmatrix}1&-1&0\\0&1&0\\0&-1&1\end{vmatrix}=1\neq0$，所以可逆$C=\begin{bmatrix}1&-1&0\\0&1&0\\0&-1&1\end{bmatrix}$满足题意。

说明：上述解法中(x_1+x_2)，x_2，(x_2+x_3)分别与y_1,y_2,y_3一一对应。采用其他对应方式也可求解，如：

(x_1+x_2)，x_2，(x_2+x_3)与y_2,y_3,y_1一一对应，由此可以得出其他结果。本题矩阵C不唯一。

专题41 正定矩阵

【考法1】 判断正定矩阵

重要结论

正定：
- 定义：若对任意$x\neq0$，都有$f=x^TAx>0$，则称二次型正定，A为正定矩阵
- 等价条件：
  - $f(x)=x^TAx>0,\forall x\neq0$
  - A的各阶顺序主子式全大于零
  - A的所有特征值大于零
  - A的正惯性指数为n
  - 存在可逆矩阵P，使$A=P^TP$（合同于单位矩阵）
  - 存在可逆矩阵C，使$A=C^TEC$（合同于单位矩阵）
- 必要条件：$|A|>0,a_{ii}>0$（可用于快速判断矩阵是否是正定矩阵）
- 四个正定：设A是正定矩阵，则$kA(k>0)$，A^T，A^{-1}，A^*均是正定矩阵
- 重要结论：$f=x^TA^TAx$是正定矩阵的充要条件为$Ax=0$仅有零解

例题 1 下列各矩阵中是正定矩阵的是(　　)。

A. $\begin{bmatrix}1&1&1\\1&2&3\\1&3&6\end{bmatrix}$　B. $\begin{bmatrix}1&1&1\\1&1&2\\1&2&-1\end{bmatrix}$　C. $\begin{bmatrix}1&-1&1\\-1&1&2\\1&2&8\end{bmatrix}$　D. $\begin{bmatrix}2&3&4\\3&1&5\\4&5&6\end{bmatrix}$

解

方法 1：直接证明。利用各阶顺序主子式均大于零说明矩阵是正定矩阵。

对选项 A：$D_3=\begin{vmatrix}1&1&1\\1&2&3\\1&3&6\end{vmatrix}=1$，$D_2=\begin{vmatrix}1&1\\1&2\end{vmatrix}=1$，$D_1=1$，即选项 A 中矩阵的各阶顺序主子式均大于零，故其为正定矩阵，故选 A。

方法 2：排除法。

对选项 B：正定矩阵主对角线的元素 $a_{ii}>0$，由排除 B。

对选项 C：正定矩阵的各阶顺序主子式均大于零，但 C 选项中矩阵的 2 阶顺序主子式 $D_2=\begin{vmatrix}1&-1\\-1&1\end{vmatrix}=0$，排除 C。

对选项 D：2 阶顺序主子式 $D_2=\begin{vmatrix}2&3\\3&1\end{vmatrix}=-7<0$，排除 D。故选 A。

【考法 2】 通过特征值判断正定矩阵

重要结论

$\boldsymbol{A}$ 矩阵是正定矩阵的等价条件是 $\boldsymbol{A}$ 的所有特征值大于零。

例题 2 设 $\boldsymbol{A}$ 是三阶实对称矩阵，且满足行列式 $|\boldsymbol{A}+\boldsymbol{E}|=|\boldsymbol{A}-2\boldsymbol{E}|=|\boldsymbol{E}-2\boldsymbol{A}|=0$，$\boldsymbol{A}^*$ 是 $\boldsymbol{A}$ 的伴随矩阵。若矩阵 $(k\boldsymbol{A}^*)^2-\boldsymbol{E}$ 是正定矩阵，则常数 k 应满足的条件是(　　)。

A. $k<-2$　　　　B. $k>\frac{1}{2}$

C. $k<-2$ 或 $k>2$　　　　D. $k<-\frac{1}{2}$ 或 $k>\frac{1}{2}$

解 因三阶矩阵 $\boldsymbol{A}$ 满足 $|\boldsymbol{A}+\boldsymbol{E}|=|\boldsymbol{A}-2\boldsymbol{E}|=|\boldsymbol{E}-2\boldsymbol{A}|=0$，故 $\boldsymbol{A}$ 的三个特征值为 $-1,2,\frac{1}{2}$，于是 $\boldsymbol{A}^*$ 的三个特征值为 $1,-\frac{1}{2},-2$，进而可知 $(k\boldsymbol{A}^*)^2-\boldsymbol{E}$ 的三个特征值为 $k^2-1,\frac{1}{4}k^2-1,4k^2-1$。

由 $k^2-1>0$ 得 $k<-1$ 或 $k>1$。

由 $\frac{1}{4}k^2-1>0$ 得 $k<-2$ 或 $k>2$。

由 $4k^2-1>0$ 得 $k<-\frac{1}{2}$ 或 $k>\frac{1}{2}$。

可见，当 $k<-2$ 或 $k>2$ 时，必有 $(k\boldsymbol{A}^*)^2-\boldsymbol{E}$ 的特征值全大于零，即矩阵 $(k\boldsymbol{A}^*)^2-\boldsymbol{E}$ 是正定矩阵，故选 C。

【考法 3】 通过顺序主子式判断正定矩阵

重要结论

$\boldsymbol{A}$ 矩阵是正定矩阵的等价条件是 $\boldsymbol{A}$ 的各阶顺序主子式均大于零。

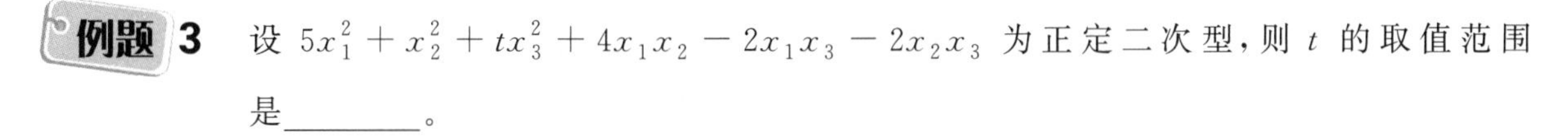

例题 3 设 $5x_1^2+x_2^2+tx_3^2+4x_1x_2-2x_1x_3-2x_2x_3$ 为正定二次型，则 t 的取值范围是________。

解 二次型的矩阵为 $\boldsymbol{A}=\begin{bmatrix}5 & 2 & -1\\ 2 & 1 & -1\\ -1 & -1 & t\end{bmatrix}$，因为二次型为正定二次型，所有以 $5>0$，$\begin{vmatrix}5 & 2\\ 2 & 1\end{vmatrix}=1>0$，$|\boldsymbol{A}|>0$，解得 $t>2$。

【考法4】 通过标准形判断正定矩阵

重要结论

标准形为 n 个正平方项，则对应的矩阵是正定矩阵。

例题 4 若二次型 $f(x_1,x_2,x_3)=2x_1^2+x_2^2+x_3^2+2x_1x_2+tx_2x_3$ 是正定的，则 t 的取值范围是________。

解 方法1：配方求标准形的系数。

$$
\begin{aligned}
f(x_1,x_2,x_3)&=2x_1^2+x_2^2+x_3^2+2x_1x_2+tx_2x_3\\
&=2(x_1^2+x_1x_2)+x_2^2+x_3^2+tx_2x_3 \quad \text{【笔记】先将含有 } x_1 \text{ 的所有项一起配方}\\
&=2\left[\left(x_1+\frac{1}{2}x_2\right)^2-\frac{1}{4}x_2^2\right]+x_2^2+x_3^2+tx_2x_3\\
&=2\left(x_1+\frac{1}{2}x_2\right)^2+\frac{1}{2}(x_2^2+2tx_2x_3)+x_3^2 \quad \text{【笔记】再将含有 } x_2 \text{ 的所有项一起配方}\\
&=2\left(x_1+\frac{1}{2}x_2\right)^2+\frac{1}{2}\left[(x_2+tx_3)-t^2x_3^2\right]+x_3^2\\
&=2\left(x_1+\frac{1}{2}x_2\right)^2+\frac{1}{2}(x_2+tx_3)+\frac{2-t^2}{2}x_3^2 \quad \text{【笔记】最后剩下 } x_3^2 \text{，不需要配方}
\end{aligned}
$$

若二次型正定，则必有 $\frac{2-t^2}{2}>0$，即 $-\sqrt{2}<t<\sqrt{2}$。

方法2：顺序主子式全大于0。

二次型 $f(x_1,x_2,x_3)$ 对应的矩阵为 $\boldsymbol{A}=\begin{bmatrix}2 & 1 & 0\\ 1 & 1 & \frac{t}{2}\\ 0 & \frac{t}{2} & 1\end{bmatrix}$。

因为 f 正定 $\Leftrightarrow \boldsymbol{A}$ 的顺序主子式全大于零。 【笔记】重要技巧：顺序主子式全大于0

又 $\Delta_1=2$，$\Delta_2=\begin{vmatrix}2 & 1\\ 1 & 1\end{vmatrix}=1$，$\Delta_3=|\boldsymbol{A}|=1-\frac{1}{2}t^2$，故 f 正定 $\Leftrightarrow 1-\frac{1}{2}t^2>0$，即 $-\sqrt{2}<t<\sqrt{2}$。

【考法5】 通过定义判断正定矩阵

重要结论

正定的定义为若对任意 $\boldsymbol{x}\neq\boldsymbol{0}$，都有 $f=\boldsymbol{x}^{\mathrm{T}}\boldsymbol{A}\boldsymbol{x}>0$，则称二次型正定，$\boldsymbol{A}$ 为正定矩阵。

例题 5 下列二次型中，是正定二次型的是(　　)。

A. $f_1(x_1,x_2,x_3)=x_1^2-3x_2^2-2x_1x_2+2x_1x_3-6x_2x_3$

B. $f_2(x_1,x_2,x_3)=x_1x_2+x_2x_3+x_3x_1$

C. $f_3(x_1,x_2,x_3)=(x_1+x_2+x_3)^2+(x_2-x_3)^2+(x_2+x_3)^2$

D. $f_4(x_1,x_2,x_3,x_4)=(x_1+x_3-x_4)^2+(x_2+x_3-x_4)^2+(x_3+2x_4)^2$

解 因为存在 $\boldsymbol{x}=[0,1,0]^{\mathrm{T}}\neq\boldsymbol{0}$,使得 $f_1(x_1,x_2,x_3)=-3<0$,A 选项不正定(此外,也可以用 $a_{22}=-3<0$ 来判断)。存在 $\boldsymbol{x}=[1,-1,0]^{\mathrm{T}}\neq\boldsymbol{0}$,使得 $f_2(x_1,x_2,x_3)=-1<0$,B 选项不正定。

对 $f_4(x_1,x_2,x_3,x_4)$,因方程组$\begin{cases}x_1+x_3-x_4=0\\x_2+x_3-x_4=0\\x_3+2x_4=0\end{cases}$,必有非零解,设非零解为 $\boldsymbol{x}=[a_1,a_2,a_3,a_4]^{\mathrm{T}}\neq\boldsymbol{0}$,则 $f_4(x_1,x_2,x_3,x_4)=0$,故 D 选项不正定。故选 C。

【考法 6】 正定矩阵的概念

重要结论

正定:
- 定义:若对任意 $\boldsymbol{x}\neq\boldsymbol{0}$,都有 $f=\boldsymbol{x}^{\mathrm{T}}\boldsymbol{A}\boldsymbol{x}>0$,则称二次型正定,$\boldsymbol{A}$ 为正定矩阵。
- 等价条件:
  - $f(\boldsymbol{x})=\boldsymbol{x}^{\mathrm{T}}\boldsymbol{A}\boldsymbol{x}>0,\forall\boldsymbol{x}\neq\boldsymbol{0}$
  - $\boldsymbol{A}$ 的各阶顺序主子式全大于零
  - $\boldsymbol{A}$ 的所有特征值大于零
  - $\boldsymbol{A}$ 的正惯性指数为 n
  - 存在可逆阵 $\boldsymbol{P}$,使 $\boldsymbol{A}=\boldsymbol{P}^{\mathrm{T}}\boldsymbol{P}$(合同于单位矩阵)
  - 存在可逆阵 $\boldsymbol{C}$,使 $\boldsymbol{A}=\boldsymbol{C}^{\mathrm{T}}\boldsymbol{E}\boldsymbol{C}$(合同于单位矩阵)
- 必要条件:$|\boldsymbol{A}|>0,a_{ii}>0$(可用于快速判断矩阵是否为正定矩阵)
- 四个正定:设 $\boldsymbol{A}$ 是正定矩阵,则 $k\boldsymbol{A}(k>0),\boldsymbol{A}^{\mathrm{T}},\boldsymbol{A}^{-1},\boldsymbol{A}^*$ 均是正定矩阵
- 重要结论:$f=\boldsymbol{x}^{\mathrm{T}}\boldsymbol{A}^{\mathrm{T}}\boldsymbol{A}\boldsymbol{x}$ 正定的充要条件为 $\boldsymbol{A}\boldsymbol{x}=\boldsymbol{0}$ 仅有零解

例题 6 设 $\boldsymbol{A},\boldsymbol{B}$ 为正定矩阵,$\boldsymbol{C}$ 是可逆矩阵,下列矩阵不是正定矩阵的是( )。

A. $\boldsymbol{C}^{\mathrm{T}}\boldsymbol{A}\boldsymbol{C}$　　B. $\boldsymbol{A}^{-1}+\boldsymbol{B}^{-1}$

C. $\boldsymbol{A}^*+\boldsymbol{B}^*$　　D. $\boldsymbol{A}-\boldsymbol{B}$

解 显然四个选项中的矩阵都是实对称矩阵,因为 $\boldsymbol{A},\boldsymbol{B}$ 是正定矩阵,所以 $\boldsymbol{A}^{-1},\boldsymbol{B}^{-1}$ 及 $\boldsymbol{A}^*$,$\boldsymbol{B}^*$ 都是正定矩阵,对任意 $\boldsymbol{x}\neq\boldsymbol{0}$,$\boldsymbol{x}^{\mathrm{T}}(\boldsymbol{C}^{\mathrm{T}}\boldsymbol{A}\boldsymbol{C})\boldsymbol{x}=(\boldsymbol{C}\boldsymbol{x})^{\mathrm{T}}\boldsymbol{A}(\boldsymbol{C}\boldsymbol{x})>0$(因为 $\boldsymbol{C}$ 可逆,所以当 $\boldsymbol{x}\neq\boldsymbol{0}$ 时,$\boldsymbol{C}\boldsymbol{x}\neq\boldsymbol{0}$),于是 $\boldsymbol{C}^{\mathrm{T}}\boldsymbol{A}\boldsymbol{C}$ 为正定矩阵,同样用定义法可证 $\boldsymbol{A}^{-1}+\boldsymbol{B}^{-1}$ 与 $\boldsymbol{A}^*+\boldsymbol{B}^*$ 都是正定矩阵,故选 D。

例题 7 n 阶实对称矩阵 $\boldsymbol{A}$ 是正定矩阵的充要条件是( )。

A. 二次型 $\boldsymbol{x}^{\mathrm{T}}\boldsymbol{A}\boldsymbol{x}$ 的负惯性指数为零

B. 存在可逆矩阵 $\boldsymbol{P}$ 使 $\boldsymbol{P}^{-1}\boldsymbol{A}\boldsymbol{P}=\boldsymbol{E}$

C. 存在 n 阶矩阵 $\boldsymbol{C}$ 使 $\boldsymbol{A}=\boldsymbol{C}^{\mathrm{T}}\boldsymbol{C}$

D. $\boldsymbol{A}$ 的伴随矩阵 $\boldsymbol{A}^*$ 与 $\boldsymbol{E}$ 合同

解

A 选项是必要条件但不是充分条件,这是因为 $r(f)=p+q\leqslant n$,当 $q=0$ 时,有 $r(f)=p\leqslant n$,此时有可能 $p<n$,故二次型 $\boldsymbol{x}^{\mathrm{T}}\boldsymbol{A}\boldsymbol{x}$ 不一定是正定二次型。因此,矩阵 $\boldsymbol{A}$ 不一定是正定矩阵。例如,$f(x_1,x_2,x_3)=x_1^2+5x_3^2$。

B 选项是充分但非必要条件。这是因为 $\boldsymbol{P}^{-1}\boldsymbol{A}\boldsymbol{P}=\boldsymbol{E}$ 表示 $\boldsymbol{A}$ 与 $\boldsymbol{E}$ 相似,即 $\boldsymbol{A}$ 的特征值全是 1,此

时 $\boldsymbol{A}$ 是正定矩阵，但只要 $\boldsymbol{A}$ 的特征值全大于零就可保证 $\boldsymbol{A}$ 是正定矩阵，因此特征值全是 1 是不必要的。

C 选项中的矩阵 $\boldsymbol{C}$ 没有可逆的条件，因此对于 $\boldsymbol{A}=\boldsymbol{C}^{\mathrm{T}}\boldsymbol{C}$ 不能说明 $\boldsymbol{A}$ 与 $\boldsymbol{E}$ 合同，也是不能说明 $\boldsymbol{A}$ 是正定矩阵。例如，$\boldsymbol{C}=\begin{bmatrix}1&1\\1&1\end{bmatrix}$，有 $\boldsymbol{A}=\boldsymbol{C}^{\mathrm{T}}\boldsymbol{C}=\begin{bmatrix}2&2\\2&2\end{bmatrix}$，显然矩阵 $\boldsymbol{A}$ 不是正定矩阵。

对于 D 选项，由于 $\boldsymbol{A}$ 是正定矩阵，得 $\boldsymbol{A}^{-1}$ 是正定矩阵，$\boldsymbol{A}^{*}$ 是正定矩阵。而由 $\boldsymbol{A}^{*}$ 是正定矩阵，可得 $\boldsymbol{A}^{*}$ 与 $\boldsymbol{E}$ 合同，所以 D 选项是充要条件，故选 D。

专题 42 矩阵 $\boldsymbol{A}^{\mathrm{T}}\boldsymbol{A}$ 的考法

【考法 1】 $\boldsymbol{A}^{\mathrm{T}}\boldsymbol{A}\boldsymbol{x}=\boldsymbol{0}$ 方程的解

重要结论

$\boldsymbol{A}\boldsymbol{x}=\boldsymbol{0}$ 与 $\boldsymbol{A}^{\mathrm{T}}\boldsymbol{A}\boldsymbol{x}=\boldsymbol{0}$ 同解。

证明：① 若 $\boldsymbol{A}\boldsymbol{x}=\boldsymbol{0}$，则必有 $\boldsymbol{A}^{\mathrm{T}}\boldsymbol{A}\boldsymbol{x}=\boldsymbol{0}$。

② 若 $\boldsymbol{A}^{\mathrm{T}}\boldsymbol{A}\boldsymbol{x}=\boldsymbol{0}$，则 $\boldsymbol{x}^{\mathrm{T}}\boldsymbol{A}^{\mathrm{T}}\boldsymbol{A}\boldsymbol{x}=\boldsymbol{0}\Rightarrow(\boldsymbol{A}\boldsymbol{x})^{\mathrm{T}}(\boldsymbol{A}\boldsymbol{x})=\boldsymbol{0}\Rightarrow\boldsymbol{A}\boldsymbol{x}=\boldsymbol{0}$。

例题 1 已知 $\boldsymbol{A}=\begin{bmatrix}1&0&1\\0&1&1\\-1&0&a\\0&a&-1\end{bmatrix}$，二次型 $f(x_1,x_2,x_3)=\boldsymbol{x}^{\mathrm{T}}(\boldsymbol{A}^{\mathrm{T}}\boldsymbol{A})\boldsymbol{x}$ 的秩为 2，则方程 $\boldsymbol{A}\boldsymbol{x}=\boldsymbol{0}$ 的通解为________。

解 $\boldsymbol{A}^{\mathrm{T}}\boldsymbol{A}=\begin{bmatrix}1&0&-1&0\\0&1&0&a\\1&1&a&-1\end{bmatrix}\begin{bmatrix}1&0&1\\0&1&1\\-1&0&a\\0&a&-1\end{bmatrix}=\begin{bmatrix}2&0&1-a\\0&1+a^2&1-a\\1-a&1-a&3+a^2\end{bmatrix}$。因为二次型 $f(x_1,x_2,x_3)=\boldsymbol{x}^{\mathrm{T}}(\boldsymbol{A}^{\mathrm{T}}\boldsymbol{A})\boldsymbol{x}$ 的秩为 2，即 $\boldsymbol{A}^{\mathrm{T}}\boldsymbol{A}$ 的秩为 2，所以 $|\boldsymbol{A}^{\mathrm{T}}\boldsymbol{A}|=\begin{vmatrix}2&0&1-a\\0&1+a^2&1-a\\1-a&1-a&3+a^2\end{vmatrix}=(a^2+3)(a+1)^2=0$，由此可得 $a=-1$。求解 $\boldsymbol{A}\boldsymbol{x}=\boldsymbol{0}$，可得 $\boldsymbol{\xi}=[-1,-1,1]^{\mathrm{T}}$，通解为 $k[1,1,-1]^{\mathrm{T}}$，k 为任意实数。

说明：本题也可以用 $r(\boldsymbol{A})=r(\boldsymbol{A}^{\mathrm{T}}\boldsymbol{A})=2$，快速得出 $a=-1$。

【考法 2】 与 $\boldsymbol{A}^{\mathrm{T}}\boldsymbol{A}$ 相关的秩

重要结论

① $r(\boldsymbol{A})=r(\boldsymbol{A}^{\mathrm{T}}\boldsymbol{A})=r(\boldsymbol{A}^{\mathrm{T}})=r(\boldsymbol{A}\boldsymbol{A}^{\mathrm{T}})$；② $\boldsymbol{A}^{\mathrm{T}}\boldsymbol{A}$ 与 $\boldsymbol{A}$ 行向量组等价。

说明：$\boldsymbol{A}^{\mathrm{T}}\boldsymbol{A}\boldsymbol{x}=\boldsymbol{0}$ 与方程 $\boldsymbol{A}\boldsymbol{x}=\boldsymbol{0}$ 同解，$\boldsymbol{A}^{\mathrm{T}}\boldsymbol{A}$ 与 $\boldsymbol{A}$ 行向量组等价，经过行变换 $\begin{bmatrix}\boldsymbol{A}^{\mathrm{T}}\boldsymbol{A}\\\boldsymbol{A}\end{bmatrix}\rightarrow\begin{bmatrix}\boldsymbol{O}\\\boldsymbol{B}\end{bmatrix}$，所以 $r\begin{pmatrix}\boldsymbol{A}^{\mathrm{T}}\boldsymbol{A}\\\boldsymbol{A}\end{pmatrix}=r(\boldsymbol{A})$。

例题 2 设 $\boldsymbol{A}=\begin{bmatrix}1&1&1&1\\a&b&c&d\\a^2&b^2&c^2&d^2\end{bmatrix}$，其中 a,b,c,d 为互异的实数，则下述结论必成立的

是(　　)。

A. $\boldsymbol{Ax}=\mathbf{0}$ 只有零解　　B. $\boldsymbol{A}^{\mathrm{T}}\boldsymbol{x}=\mathbf{0}$ 有非零解

C. $\boldsymbol{A}^{\mathrm{T}}\boldsymbol{Ax}=\mathbf{0}$ 有非零解　　D. $\boldsymbol{AA}^{\mathrm{T}}\boldsymbol{x}=\mathbf{0}$ 有非零解

解 因为 $\boldsymbol{A}$ 是 3×4 矩阵，故 $\boldsymbol{Ax}=\mathbf{0}$ 是方程个数小于未知量个数的齐次线性方程组，所以必有非零解。故 A 选项不成立。因为凡是 $\boldsymbol{Ax}=\mathbf{0}$ 的解必是 $\boldsymbol{A}^{\mathrm{T}}(\boldsymbol{Ax})=\mathbf{0}$ 的解，故 C 选项成立。

注意到 $\boldsymbol{A}$ 为 3×4 的矩阵，且其 3 阶子行列式含元素互异的 3 阶范德蒙行列式，故 $r(\boldsymbol{A})=r(\boldsymbol{A}^{\mathrm{T}})=r(\boldsymbol{AA}^{\mathrm{T}})=3$，而 $\boldsymbol{A}^{\mathrm{T}}$ 为 4×3 矩阵，故 $\boldsymbol{A}^{\mathrm{T}}\boldsymbol{x}=\mathbf{0}$ 及 $\boldsymbol{AA}^{\mathrm{T}}\boldsymbol{x}=\mathbf{0}$ 只有零解，这表明 B 选项、D 选项不成立，故选 C。

【考法 3】 $A^{\mathrm{T}}A$ 正定

重要结论

$\boldsymbol{A}^{\mathrm{T}}\boldsymbol{A}$ 正定的充要条件是 $\boldsymbol{Ax}=\mathbf{0}$ 仅有零解。

证明：一方面，齐次线性方程组 $\boldsymbol{Ax}=\mathbf{0}$ 只有零解，所以对任意的 $\boldsymbol{x}\neq\mathbf{0}$ 都有 $\boldsymbol{Ax}\neq\mathbf{0}$，故 $(\boldsymbol{Ax})^{\mathrm{T}}(\boldsymbol{Ax})=\boldsymbol{x}^{\mathrm{T}}\boldsymbol{A}^{\mathrm{T}}\boldsymbol{Ax}>0$，又 $\boldsymbol{A}^{\mathrm{T}}\boldsymbol{A}$ 是对称矩阵，因此 $\boldsymbol{A}^{\mathrm{T}}\boldsymbol{A}$ 正定。

另一方面，如果 $\boldsymbol{A}^{\mathrm{T}}\boldsymbol{A}$ 正定，则对任意的 $\boldsymbol{x}\neq\mathbf{0}$，均有 $\boldsymbol{x}^{\mathrm{T}}\boldsymbol{A}^{\mathrm{T}}\boldsymbol{Ax}=(\boldsymbol{Ax})^{\mathrm{T}}\boldsymbol{Ax}>0$。此时必有 $\boldsymbol{Ax}\neq\mathbf{0}$（否则存在 $\boldsymbol{x}\neq\mathbf{0}$ 使得 $\boldsymbol{x}^{\mathrm{T}}\boldsymbol{A}^{\mathrm{T}}\boldsymbol{Ax}=(\boldsymbol{Ax})^{\mathrm{T}}\boldsymbol{Ax}=0$），故 $\boldsymbol{Ax}=\mathbf{0}$ 不可能有非零解，只可能有零解。综上，$\boldsymbol{A}^{\mathrm{T}}\boldsymbol{A}$ 正定的充要条件是 $\boldsymbol{Ax}=\mathbf{0}$ 仅有零解。

还可以这样理解。

$\boldsymbol{A}^{\mathrm{T}}\boldsymbol{A}$ 正定的定义是任取 $\boldsymbol{x}\neq\mathbf{0}$，均有 $\boldsymbol{x}^{\mathrm{T}}\boldsymbol{A}^{\mathrm{T}}\boldsymbol{Ax}=(\boldsymbol{Ax})^{\mathrm{T}}\boldsymbol{Ax}>0$。

事实上，任取向量 $\boldsymbol{x}$，均有 $\boldsymbol{x}^{\mathrm{T}}\boldsymbol{A}^{\mathrm{T}}\boldsymbol{Ax}=(\boldsymbol{Ax})^{\mathrm{T}}\boldsymbol{Ax}=\boldsymbol{\beta}^{\mathrm{T}}\boldsymbol{\beta}\geqslant0$。所以“任取 $\boldsymbol{x}\neq\mathbf{0}$，均有 $\boldsymbol{x}^{\mathrm{T}}\boldsymbol{A}^{\mathrm{T}}\boldsymbol{Ax}=(\boldsymbol{Ax})^{\mathrm{T}}\boldsymbol{Ax}>0$”等价于“仅有 $\boldsymbol{x}=\mathbf{0}$ 时，$\boldsymbol{x}^{\mathrm{T}}\boldsymbol{A}^{\mathrm{T}}\boldsymbol{Ax}=(\boldsymbol{Ax})^{\mathrm{T}}\boldsymbol{Ax}=\boldsymbol{\beta}^{\mathrm{T}}\boldsymbol{\beta}=0$”，即仅当 $\boldsymbol{x}=\mathbf{0}$ 时，$\boldsymbol{\beta}=\mathbf{0}$。考虑 $\boldsymbol{\beta}=\boldsymbol{Ax}=\mathbf{0}$，所以 $\boldsymbol{A}^{\mathrm{T}}\boldsymbol{A}$ 正定等价于方程 $\boldsymbol{Ax}=\mathbf{0}$ 仅有零解。

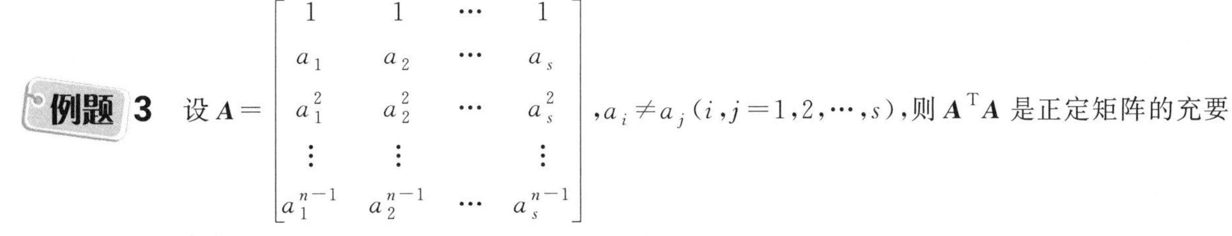

例题 3 设 $\boldsymbol{A}=\begin{bmatrix}1 & 1 & \cdots & 1\\ a_1 & a_2 & \cdots & a_s\\ a_1^2 & a_2^2 & \cdots & a_s^2\\ \vdots & \vdots & & \vdots\\ a_1^{n-1} & a_2^{n-1} & \cdots & a_s^{n-1}\end{bmatrix}$，$a_i\neq a_j(i,j=1,2,\cdots,s)$，则 $\boldsymbol{A}^{\mathrm{T}}\boldsymbol{A}$ 是正定矩阵的充要条件是(　　)。

A. $s>n$　　B. $s<n$　　C. $s\leqslant n$　　D. $s\geqslant n$

解 方法 1：$\boldsymbol{A}^{\mathrm{T}}\boldsymbol{A}$ 正定的充要条件是 $\boldsymbol{Ax}=\mathbf{0}$ 仅有零解（列满秩）。根据矩阵 $\boldsymbol{A}$ 的特性可知，当行数 $n\geqslant$ 列数 s 时，$\boldsymbol{A}$ 必为列满秩矩阵（s 阶子式为范德蒙行列式，不为零）。当行数 $s<$ 列数 n 时，秩为行数，此时列向量必定线性相关，列不满秩，故选 C。

方法 2：由于矩阵 $\boldsymbol{A}$ 的列向量组是 s 个 n 维向量，如果 $s\leqslant n$，则 $\boldsymbol{A}$ 的前 s 行构成的 s 阶子式为范德蒙行列式，它不为零，故 $r(\boldsymbol{A})=s$。因为齐次线性方程组 $\boldsymbol{Ax}=\mathbf{0}$ 只有零解，所以对任意的 $\boldsymbol{x}\neq\mathbf{0}$ 都有 $\boldsymbol{Ax}\neq\mathbf{0}$，故 $(\boldsymbol{Ax})^{\mathrm{T}}\boldsymbol{Ax}=\boldsymbol{x}^{\mathrm{T}}\boldsymbol{A}^{\mathrm{T}}\boldsymbol{Ax}>0$，又 $\boldsymbol{A}^{\mathrm{T}}\boldsymbol{A}$ 是对称矩阵，因此 $\boldsymbol{A}^{\mathrm{T}}\boldsymbol{A}$ 是正定矩阵。

如果 $s>n$，由 $r(\boldsymbol{A}^{\mathrm{T}}\boldsymbol{A})=r(\boldsymbol{A})\leqslant n<s$，那么 $|\boldsymbol{A}^{\mathrm{T}}\boldsymbol{A}|=0$，因此，$\boldsymbol{A}^{\mathrm{T}}\boldsymbol{A}$ 不是正定矩阵。综上，$\boldsymbol{A}^{\mathrm{T}}\boldsymbol{A}$ 是正定矩阵的充要条件是 $s\leqslant n$，故选 C。

例题 4 设 $\boldsymbol{B}$ 为 $m\times n$ 实矩阵，$\boldsymbol{x}^{\mathrm{T}}=[x_1,x_2,\cdots,x_n]$，则下列说法正确的有(　　)个。

① $r(\boldsymbol{B}^{\mathrm{T}}\boldsymbol{B})<r(\boldsymbol{B}^{\mathrm{T}})$。

② $B^TBx=0$ 与 $B^Tx=0$ 是同解方程组。

③ 方程组 $Bx=0$ 只有零解是 B^TB 为正定矩阵的充分非必要条件。

A. 0　　B. 1　　C. 2　　D. 3

解 先证说法②错误。正确的说法是 $B^TBx=0$ 与 $Bx=0$ 是同解方程组。下面给出证明：

当 $Bx=0$ 时，显然有 $B^TBx=0$；当 $B^TBx=0$ 时，有 $x^TB^TBx=(Bx)^T(Bx)=0$，即 $Bx=0$。

说法①错误。正确的说法是 $r(B^TB)=r(B^T)$。下面给出证明：$B^TBx=0$ 与 $Bx=0$ 是同解方程组（证明见说法②），所以 $r(B^TB)=r(B)=r(B^T)$。

说法③错误。正确的说法是方程组 $Bx=0$ 只有零解是 B^TB 为正定矩阵的充要条件。下面给出证明。

充分性：若 $Bx=0$ 只有零解，则任取 $x\neq 0$，则必有 $Bx=\beta\neq 0$（否则有非零解）。所以，任取 $x\neq 0$，必有 $f=x^TB^TBx=(Bx)^TBx=\beta^T\beta>0$。由正定矩阵的定义可知，$B^TB$ 必是正定矩阵。

必要性：B^TB 为正定矩阵，故 $|B^TB|\neq 0$，从而 $B^TBx=0$ 只有零解，即 $Bx=0$ 只有零解。故选 A。

专题 43　二次型的最值

【考法 1】　二次型的最大值

重要结论

二次型 $f=x^TAx$ 在约束条件 $x^Tx=a$ 下的最大、最小值分别为 $a\lambda_{\max}$，$a\lambda_{\min}$，其中，$\lambda_{\max}$，$\lambda_{\min}$ 分别是实对称矩阵 A 的最大、最小特征值。

证明：$f=x^TAx$ 经过正交变换 $x=Qy$ 可转换为 $f=\lambda_1y_1^2+\lambda_2y_2^2+\lambda_3y_3^2$，由于 $x^Tx=a$，所以 $x^Tx=(Qy)^TQy=y^TQ^TQy=y^Ty=a$，所以 $\lambda_{\min}(y_1^2+y_2^2+y_3^2)\leqslant f=\lambda_1y_1^2+\lambda_2y_2^2+\lambda_3y_3^2\leqslant\lambda_{\max}(y_1^2+y_2^2+y_3^2)$，进一步化简可得 $\lambda_{\min}a\leqslant f\leqslant\lambda_{\max}a$。

例题 1 已知 $[1,-1,0]^T$ 是二次型 $x^TAx=ax_1^2+x_3^2-2x_1x_2+2x_1x_3+2bx_2x_3$ 的矩阵 A 的特征向量，求 x^TAx 在条件 $x^Tx=\sqrt{3}$ 下的最大值。

解 设 $[1,-1,0]^T$ 是属于特征值 λ_0 的特征向量，则 $\begin{bmatrix}a&-1&1\\-1&0&b\\1&b&1\end{bmatrix}\begin{bmatrix}1\\-1\\0\end{bmatrix}=\lambda_0\begin{bmatrix}1\\-1\\0\end{bmatrix}$。于是 $a+1=\lambda_0$，$-1=-\lambda_0$，$1-b=0$，解得 $a=0$，$b=1$，$\lambda_0=1$，则 $A=\begin{bmatrix}0&-1&1\\-1&0&1\\1&1&1\end{bmatrix}$。由于 $|\lambda E-A|=(\lambda-1)(\lambda^2-3)$，得 A 的特征值为 $\lambda_1=1$，$\lambda_2=\sqrt{3}$，$\lambda_3=-\sqrt{3}$，故存在正交矩阵 P，令 $x=Py$，则有 $x^TAx=y^TP^TAPy=y_1^2+\sqrt{3}y_2^2-\sqrt{3}y_3^2$，且当 $x^Tx=\sqrt{3}$ 时，有 $y^Ty=x^Tx=\sqrt{3}$，故 $x^TAx=y_1^2+\sqrt{3}y_2^2-\sqrt{3}y_3^2\leqslant\sqrt{3}(y_1^2+y_2^2+y_3^2)=\sqrt{3}y^Ty=3$，所以，$x^TAx$ 在条件 $x^Tx=\sqrt{3}$ 下的最大值是 3。

【考法 2】　二次型的最大值（矩阵不对称）

重要结论

如果 A 不是对称矩阵，则二次型 $f=x^TAx$ 在约束条件 $x^Tx=a$ 下的最大、最小值分别为 $a\lambda_{\max}$，$a\lambda_{\min}$，其中，$\lambda_{\max}$，$\lambda_{\min}$ 分别是实对称矩阵 $D=\dfrac{A+A^T}{2}$ 的最大、最小特征值。

注意：二次型的最大、最小值分别为 $a\lambda_{\max}$，$a\lambda_{\min}$，这里的 $\lambda_{\max}$，$\lambda_{\min}$ 是二次型矩阵的最大、最小特征值。如果矩阵 $\boldsymbol{A}$ 不对称，则 $\boldsymbol{A}$ 实际上不是二次型的矩阵，此时 $\boldsymbol{D}=\dfrac{\boldsymbol{A}+\boldsymbol{A}^{\mathrm{T}}}{2}$ 才是二次型的矩阵。

例题 2　设二次型为 $\boldsymbol{x}^{\mathrm{T}}\begin{bmatrix}1&4&0\\0&1&0\\0&0&2\end{bmatrix}\boldsymbol{x}$，则 $\boldsymbol{x}^{\mathrm{T}}\boldsymbol{x}=2$ 时，$\boldsymbol{x}^{\mathrm{T}}\boldsymbol{A}\boldsymbol{x}$ 的最大值为________。

解　二次型矩阵 $\boldsymbol{D}=\dfrac{\boldsymbol{A}+\boldsymbol{A}^{\mathrm{T}}}{2}=\begin{bmatrix}1&2&0\\2&1&0\\0&0&2\end{bmatrix}$，$|\boldsymbol{D}-\lambda\boldsymbol{E}|=\begin{vmatrix}1-\lambda&2&0\\2&1-\lambda&0\\0&0&2-\lambda\end{vmatrix}=(2-\lambda)(\lambda-3)(\lambda+1)=0$，所以特征值为 $-1,2,3$。$\boldsymbol{x}^{\mathrm{T}}\boldsymbol{x}=2$ 条件下的最大值即为 $\lambda_{\max}\cdot 2=3\times 2=6$。

补充：

因为 $\boldsymbol{x}^{\mathrm{T}}\boldsymbol{x}=(\boldsymbol{C}\boldsymbol{y})^{\mathrm{T}}(\boldsymbol{C}\boldsymbol{y})=\boldsymbol{y}^{\mathrm{T}}\boldsymbol{C}^{\mathrm{T}}\boldsymbol{C}\boldsymbol{y}=\boldsymbol{y}^{\mathrm{T}}\boldsymbol{y}$，求 $f(x_1,x_2,x_3)$ 在 $\boldsymbol{x}^{\mathrm{T}}\boldsymbol{x}=2$ 下的最大值，也就是求 $f(y_1,y_2,y_3)$ 在条件 $\boldsymbol{y}^{\mathrm{T}}\boldsymbol{y}=2$ 下的最大值。由于 $\boldsymbol{x}^{\mathrm{T}}\boldsymbol{A}\boldsymbol{x}=-y_1^2+2y_2^2+3y_3^2\leqslant 3(y_1^2+y_2^2+y_3^2)=3\boldsymbol{y}^{\mathrm{T}}\boldsymbol{y}$，所以 f 在条件 $\boldsymbol{x}^{\mathrm{T}}\boldsymbol{x}=2$ 下的最大值是 6。

例题 3　二次型 $f(x_1,x_2,x_3)=2(x_1+x_2+x_3)(x_1-2x_2+x_3)$ 在条件 $\boldsymbol{x}^{\mathrm{T}}\boldsymbol{x}=\sqrt{2}$ 下的最大值为________。

解　$f(x_1,x_2,x_3)=[x_1,x_2,x_3]2\begin{bmatrix}1\\1\\1\end{bmatrix}[1,-2,1]\begin{bmatrix}x_1\\x_2\\x_3\end{bmatrix}=\boldsymbol{x}^{\mathrm{T}}\boldsymbol{\alpha}\boldsymbol{\beta}^{\mathrm{T}}\boldsymbol{x}$，

$\boldsymbol{A}=\dfrac{2\boldsymbol{\alpha}\boldsymbol{\beta}^{\mathrm{T}}+2\boldsymbol{\beta}\boldsymbol{\alpha}^{\mathrm{T}}}{2}=\boldsymbol{\alpha}\boldsymbol{\beta}^{\mathrm{T}}+\boldsymbol{\beta}\boldsymbol{\alpha}^{\mathrm{T}}$，易知 $\boldsymbol{\alpha}$，$\boldsymbol{\beta}$ 正交，所以 $\boldsymbol{A}\boldsymbol{\alpha}=\boldsymbol{\alpha}\boldsymbol{\beta}^{\mathrm{T}}\boldsymbol{\alpha}+\boldsymbol{\beta}\boldsymbol{\alpha}^{\mathrm{T}}\boldsymbol{\alpha}=\boldsymbol{\beta}\boldsymbol{\alpha}^{\mathrm{T}}\boldsymbol{\alpha}=3\boldsymbol{\beta}$，$\boldsymbol{A}\boldsymbol{\beta}=\boldsymbol{\alpha}\boldsymbol{\beta}^{\mathrm{T}}\boldsymbol{\beta}+\boldsymbol{\beta}\boldsymbol{\alpha}^{\mathrm{T}}\boldsymbol{\beta}=\boldsymbol{\alpha}\boldsymbol{\beta}^{\mathrm{T}}\boldsymbol{\beta}=6\boldsymbol{\alpha}$，$\boldsymbol{A}k\boldsymbol{\alpha}=3k\boldsymbol{\beta}$，$\boldsymbol{A}(k\boldsymbol{\alpha}-\boldsymbol{\beta})=3k\boldsymbol{\beta}-6\boldsymbol{\alpha}=-3k(k\boldsymbol{\alpha}-\boldsymbol{\beta})\Rightarrow 6=3k^2\Rightarrow k=\pm\sqrt{2}$，所以 $\begin{cases}\boldsymbol{A}(\sqrt{2}\boldsymbol{\alpha}-\boldsymbol{\beta})=-3\sqrt{2}(\sqrt{2}\boldsymbol{\alpha}-\boldsymbol{\beta})\\ \boldsymbol{A}(-\sqrt{2}\boldsymbol{\alpha}-\boldsymbol{\beta})=3\sqrt{2}(-\sqrt{2}\boldsymbol{\alpha}-\boldsymbol{\beta})\end{cases}$，故矩阵 $\boldsymbol{A}$ 有特征值 $\lambda_1=-3\sqrt{2}$，$\lambda_2=3\sqrt{2}$。又因为 $r(\boldsymbol{A})=r(\boldsymbol{\alpha}\boldsymbol{\beta}^{\mathrm{T}}+\boldsymbol{\beta}\boldsymbol{\alpha}^{\mathrm{T}})\leqslant r(\boldsymbol{\alpha}\boldsymbol{\beta}^{\mathrm{T}})+r(\boldsymbol{\beta}\boldsymbol{\alpha}^{\mathrm{T}})=1+1$，所以第 3 个特征值为 0。$f_{\max}=\lambda_{\max}\sqrt{2}=3\sqrt{2}\times\sqrt{2}=6$。

专题 44　向量二次型

【考法 1】　向量形式的二次型

重要结论

二次型 $f(x_1,x_2,x_3)=(a_1x_1+a_2x_2+a_3x_3)(b_1x_1+b_2x_2+b_3x_3)$。

① 可写成向量形式 $\boldsymbol{x}^{\mathrm{T}}\boldsymbol{\alpha}\boldsymbol{\beta}^{\mathrm{T}}\boldsymbol{x}$，其中，$\boldsymbol{\alpha}=(a_1,a_2,a_3)$，$\boldsymbol{\beta}=(b_1,b_2,b_3)$。

② 二次型 $\boldsymbol{x}^{\mathrm{T}}\boldsymbol{\alpha}\boldsymbol{\beta}^{\mathrm{T}}\boldsymbol{x}$ 的矩阵为 $\boldsymbol{A}=\dfrac{\boldsymbol{\alpha}\boldsymbol{\beta}^{\mathrm{T}}+\boldsymbol{\beta}\boldsymbol{\alpha}^{\mathrm{T}}}{2}$。

证明：$a_1x_1+a_2x_2+a_3x_3=[x_1,x_2,x_3]\begin{bmatrix}a_1\\a_2\\a_3\end{bmatrix}=\boldsymbol{x}^{\mathrm{T}}\boldsymbol{\alpha}$；$b_1x_1+b_2x_2+b_3x_3=[b_1,b_2,b_3]\begin{bmatrix}x_1\\x_2\\x_3\end{bmatrix}=\boldsymbol{\beta}^{\mathrm{T}}\boldsymbol{x}$，所以 $(a_1x_1+a_2x_2+a_3x_3)(b_1x_1+b_2x_2+b_3x_3)=\boldsymbol{x}^{\mathrm{T}}\boldsymbol{\alpha}\boldsymbol{\beta}^{\mathrm{T}}\boldsymbol{x}$。

由于$\boldsymbol{\alpha\beta}^{\mathrm{T}}$不一定为对称矩阵，所以利用对称化公式可得二次型矩阵$\boldsymbol{A}=\dfrac{\boldsymbol{\alpha\beta}^{\mathrm{T}}+\boldsymbol{\beta\alpha}^{\mathrm{T}}}{2}$。

例题 1 设二次型$f(x_1,x_2,x_3)=2(a_1x_1+a_2x_2+a_3x_3)^2+(b_1x_1+b_2x_2+b_3x_3)^2$，记$\boldsymbol{\alpha}=\begin{bmatrix}a_1\\a_2\\a_3\end{bmatrix},\boldsymbol{\beta}=\begin{bmatrix}b_1\\b_2\\b_3\end{bmatrix}$。

(1) 证明二次型f对应的矩阵为$2\boldsymbol{\alpha\alpha}^{\mathrm{T}}+\boldsymbol{\beta\beta}^{\mathrm{T}}$。

(2) 若$\boldsymbol{\alpha},\boldsymbol{\beta}$正交且均为单位向量，证明$f$在正交变换下的标准形为$2y_1^2+y_2^2$。

解 (1) $f(x_1,x_2,x_3)=2(a_1x_1+a_2x_2+a_3x_3)^2+(b_1x_1+b_2x_2+b_3x_3)^2$

$$=2[x_1,x_2,x_3]\begin{bmatrix}a_1\\a_2\\a_3\end{bmatrix}[a_1,a_2,a_3]\begin{bmatrix}x_1\\x_2\\x_3\end{bmatrix}+[x_1,x_2,x_3]\begin{bmatrix}b_1\\b_2\\b_3\end{bmatrix}[b_1,b_2,b_3]\begin{bmatrix}x_1\\x_2\\x_3\end{bmatrix}$$

$$=[x_1,x_2,x_3][2\boldsymbol{\alpha\alpha}^{\mathrm{T}}+\boldsymbol{\beta\beta}^{\mathrm{T}}]\begin{bmatrix}x_1\\x_2\\x_3\end{bmatrix}$$

$=\boldsymbol{x}^{\mathrm{T}}\boldsymbol{A}\boldsymbol{x}$，其中$\boldsymbol{A}=2\boldsymbol{\alpha\alpha}^{\mathrm{T}}+\boldsymbol{\beta\beta}^{\mathrm{T}},\boldsymbol{x}=[x_1,x_2,x_3]^{\mathrm{T}}$。

由于$\boldsymbol{A}^{\mathrm{T}}=[2\boldsymbol{\alpha\alpha}^{\mathrm{T}}+\boldsymbol{\beta\beta}^{\mathrm{T}}]^{\mathrm{T}}=2\boldsymbol{\alpha\alpha}^{\mathrm{T}}+\boldsymbol{\beta\beta}^{\mathrm{T}}=\boldsymbol{A}$，所以二次型$f$对应的矩阵为$2\boldsymbol{\alpha\alpha}^{\mathrm{T}}+\boldsymbol{\beta\beta}^{\mathrm{T}}$。

(2) 由于$\boldsymbol{A}=2\boldsymbol{\alpha\alpha}^{\mathrm{T}}+\boldsymbol{\beta\beta}^{\mathrm{T}}$，$\boldsymbol{\alpha}$与$\boldsymbol{\beta}$正交，故$\boldsymbol{\alpha}^{\mathrm{T}}\boldsymbol{\beta}=\boldsymbol{0}$，$\boldsymbol{\alpha},\boldsymbol{\beta}$为单位向量，故$\|\boldsymbol{\alpha}\|=\sqrt{\boldsymbol{\alpha}^{\mathrm{T}}\boldsymbol{\alpha}}=1$，故$\boldsymbol{\alpha}^{\mathrm{T}}\boldsymbol{\alpha}=1$，同理$\boldsymbol{\beta}^{\mathrm{T}}\boldsymbol{\beta}=1$。

$\boldsymbol{A\alpha}=(2\boldsymbol{\alpha\alpha}^{\mathrm{T}}+\boldsymbol{\beta\beta}^{\mathrm{T}})\boldsymbol{\alpha}=2\boldsymbol{\alpha\alpha}^{\mathrm{T}}\boldsymbol{\alpha}+\boldsymbol{\beta\beta}^{\mathrm{T}}\boldsymbol{\alpha}=2\boldsymbol{\alpha}$，由于$\boldsymbol{\alpha}\neq\boldsymbol{0}$，故$\boldsymbol{A}$有特征值$\lambda_1=2$。

$\boldsymbol{A\beta}=(2\boldsymbol{\alpha\alpha}^{\mathrm{T}}+\boldsymbol{\beta\beta}^{\mathrm{T}})\boldsymbol{\beta}=\boldsymbol{\beta}$，由于$\boldsymbol{\beta}\neq\boldsymbol{0}$，故$\boldsymbol{A}$有特征值$\lambda_2=1$。

$r(\boldsymbol{A})=r(2\boldsymbol{\alpha\alpha}^{\mathrm{T}}+\boldsymbol{\beta\beta}^{\mathrm{T}})\leqslant r(2\boldsymbol{\alpha\alpha}^{\mathrm{T}})+r(\boldsymbol{\beta\beta}^{\mathrm{T}})=r(\boldsymbol{\alpha\alpha}^{\mathrm{T}})+r(\boldsymbol{\beta\beta}^{\mathrm{T}})=1+1=2<3$。

所以$|\boldsymbol{A}|=0$，故$\lambda_3=0$。因此，f在正交变换下的标准形为$2y_1^2+y_2^2$。

【考法2】 向量二次型正负惯性指数

重要方法

对应二次型$\boldsymbol{x}^{\mathrm{T}}\boldsymbol{A}\boldsymbol{x}=(a_{11}x_1+a_{12}x_2+a_{13}x_3)(a_{21}x_1+a_{22}x_2+a_{23}x_3)$，可先作变量替换$y_1=a_{11}x_1+a_{12}x_2+a_{13}x_3,y_2=a_{21}x_1+a_{22}x_2+a_{23}x_3$，再求解后续问题。

说明：此类题中$[a_{11},a_{12},a_{13}]$与$[a_{21},a_{22},a_{23}]$线性无关。

例题 2 二次型$\boldsymbol{x}^{\mathrm{T}}\boldsymbol{A}\boldsymbol{x}=(x_1+2x_2+a_3x_3)(x_1+5x_2+b_3x_3)$的正惯性指数$p$与负惯性指数$q$分别是(　　)。

A. $p=2,q=1$　　　　B. $p=2,q=0$

C. $p=1,q=1$　　　　D. 与a_3,b_3有关，不能确定

解 可写出二次型矩阵，再利用特征值判断，但这个方法很麻烦。由于可逆变换不影响二次型的正负惯性指数，所以可以用可逆变换(变量替换)进行化简。令$\begin{cases}y_1=x_1+2x_2+a_3x_3\\y_2=x_1+5x_2+b_3x_3\\y_3=x_3\end{cases}\Rightarrow\begin{bmatrix}y_1\\y_2\\y_3\end{bmatrix}=$

$\begin{bmatrix}1&2&a_3\\1&5&b_3\\0&0&1\end{bmatrix}\begin{bmatrix}x_1\\x_2\\x_3\end{bmatrix}$,可得变换矩阵可逆。所以二次型变为 y_1y_2。再令 $\begin{cases}y_1=z_1+z_2\\y_2=z_1-z_2\\y_3=z_3\end{cases}\Rightarrow\begin{bmatrix}y_1\\y_2\\y_3\end{bmatrix}=$ $\begin{bmatrix}1&1&0\\1&-1&0\\0&0&1\end{bmatrix}\begin{bmatrix}z_1\\z_2\\z_3\end{bmatrix}$,变换矩阵仍然可逆,二次型为 $z_1^2-z_2^2$,故选 C。

【考法3】 平方和二次型的正定性

重要结论

二次型 $f=(a_{11}x_1+\cdots+a_{1n}x_n)^2+(a_{21}x_1+\cdots+a_{2n}x_n)^2+\cdots+(a_{n1}x_1+\cdots+a_{nn}x_n)^2$ 正定的充要条件为 $\begin{cases}a_{11}x_1+\cdots+a_{1n}x_n=0\\a_{21}x_1+\cdots+a_{2n}x_n=0\\\vdots\\a_{n1}x_1+\cdots+a_{nn}x_n=0\end{cases}$,记为 $\boldsymbol{Ax}=\boldsymbol{0}$ 仅有零解。

证明:根据正定定义有 $\boldsymbol{x}\neq\boldsymbol{0}$,均有 $f>0$。

任取向量 $\boldsymbol{x}$,均有 $f=(a_{11}x_1+\cdots+a_{1n}x_n)^2+(a_{21}x_1+\cdots+a_{2n}x_n)^2+\cdots+(a_{n1}x_1+\cdots+a_{nn}x_n)^2\geqslant0$。所以"任取 $\boldsymbol{x}\neq\boldsymbol{0}$,均有 $f>0$"等价于"仅有 $\boldsymbol{x}=\boldsymbol{0}$ 时,$f=0$"。

即仅有 $\boldsymbol{x}=\boldsymbol{0}$ 时,$\begin{cases}a_{11}x_1+\cdots+a_{1n}x_n=0\\a_{21}x_1+\cdots+a_{2n}x_n=0\\\vdots\\a_{n1}x_1+\cdots+a_{nn}x_n=0\end{cases}$,所以二次型 f 正定等价于方程 $\boldsymbol{Ax}=\boldsymbol{0}$ 仅有零解。

也可以按照如下方式理解。

令 $\begin{cases}a_{11}x_1+\cdots+a_{1n}x_n=y_1\\a_{21}x_1+\cdots+a_{2n}x_n=y_2\\\vdots\\a_{n1}x_1+\cdots+a_{nn}x_n=y_n\end{cases}$,记为 $\boldsymbol{Ax}=\boldsymbol{y}$,可得 $f=y_1^2+y_2^2+\cdots+y_n^2=\boldsymbol{y}^{\mathrm{T}}\boldsymbol{y}=(\boldsymbol{Ax})^{\mathrm{T}}\boldsymbol{Ax}=\boldsymbol{x}^{\mathrm{T}}\boldsymbol{A}^{\mathrm{T}}\boldsymbol{Ax}$,所以平方和的二次型其实就是 $\boldsymbol{x}^{\mathrm{T}}\boldsymbol{A}^{\mathrm{T}}\boldsymbol{Ax}$ 的另一种写法。

注意:矩阵 $\boldsymbol{Ax}=\boldsymbol{y}$ 中的矩阵 $\boldsymbol{A}$ 不一定是可逆矩阵,所以 $y_1^2+y_2^2+\cdots+y_n^2$ 不一定是标准形。

再注意:$\boldsymbol{Ax}=\boldsymbol{y}$ 不一定是可逆变换,但可以存在这种变换,只是不能用于判断标准形。

例题 3 二次型 $f(x_1,x_2,x_3)=(x_1+ax_2-2x_3)^2+(2x_2+3x_3)^2+(x_1+3x_2+ax_3)^2$ 正定的充分必要条件是(　　)。

A. $\forall a$　　B. $a\neq1$　　C. $a\neq-1$　　D. $a>1$

解 $\forall x_1,x_2,x_3$ 有 $f(x_1,x_2,x_3)\geqslant0$,其中等号成立的充要条件是 $\begin{cases}x_1+ax_2-2x_3=0\\2x_2+3x_3=0\\x_1+3x_2+ax_3=0\end{cases}$　　(1)

根据正定的定义:$\forall\boldsymbol{x}=[x_1,x_2,x_3]^{\mathrm{T}}\neq\boldsymbol{0}$,$f(x_1,x_2,x_3)>0$,

有本题中二次型 f 正定$\Leftrightarrow$方程组(1)只有零解,所以方程的系数矩阵对应的行列式不等于 0,所以 $\begin{vmatrix}1&a&-2\\0&2&3\\1&3&a\end{vmatrix}=\begin{vmatrix}1&a&-2\\0&2&3\\0&3-a&a+2\end{vmatrix}=5(a-1)\neq0$,解得 $a\neq1$,故选 B。

例题 4 设实矩阵 $\boldsymbol{A}=[a_{ij}]_{n\times n}$，则二次型 $f(x_1,x_2,\cdots,x_n)=\sum_{i=1}^{n}(a_{i1}x_1+a_{i2}x_2+\cdots+a_{in}x_n)^2$，下列说法正确的有(　　)个。

① 二次型的矩阵为 $\boldsymbol{A}^{\mathrm{T}}\boldsymbol{A}$。

② 二次型的规范形为 $y_1^2+y_2^2+\cdots+y_n^2$。

③ 二次型正定的充要条件为 $\boldsymbol{A}$ 可逆。

A. 0　　B. 1　　C. 2　　D. 3

解 ①③是对的。

可令 $\begin{cases}a_{11}x_1+\cdots+a_{1n}x_n=y_1\\ a_{21}x_1+\cdots+a_{2n}x_n=y_2\\ \quad\vdots\\ a_{n1}x_1+\cdots+a_{nn}x_n=y_n\end{cases}$，记为 $\boldsymbol{Ax}=\boldsymbol{y}$，得 $f=y_1^2+y_2^2+\cdots+y_n^2=\boldsymbol{y}^{\mathrm{T}}\boldsymbol{y}=(\boldsymbol{Ax})^{\mathrm{T}}\boldsymbol{Ax}=\boldsymbol{x}^{\mathrm{T}}\boldsymbol{A}^{\mathrm{T}}\boldsymbol{Ax}$。

但注意：矩阵 $\boldsymbol{Ax}=\boldsymbol{y}$ 中的矩阵 $\boldsymbol{A}$ 不一定是可逆矩阵，所以 $y_1^2+y_2^2+\cdots+y_n^2$ 不一定是标准形，所以说法①正确但说法②错误。

二次型 $\boldsymbol{x}^{\mathrm{T}}\boldsymbol{A}^{\mathrm{T}}\boldsymbol{Ax}$ 正定的充要条件为 $\boldsymbol{A}$ 可逆，故选 C。

例题 5 设二次型 $f(x_1,x_2,x_3)=(x_1+ax_2)^2+(x_2+ax_3)^2+(x_3+ax_1)^2$ 不是正定二次型。

(1) 求实数 a。

(2) 求正交变换 $\boldsymbol{x}=\boldsymbol{Qy}$，并化二次型为标准形。

解 (1) 二次型矩阵 $\boldsymbol{A}=\begin{bmatrix}1+a^2 & a & a\\ a & 1+a^2 & a\\ a & a & 1+a^2\end{bmatrix}$，

$\boldsymbol{A}$ 的各阶顺序主子式分别为 $D_1=1+a^2>0$，$D_2=1+a^2+a^4>0$，$|\boldsymbol{A}|=(1+a)^2(1-a+a^2)\geqslant 0$，由于 $f(x_1,x_2,x_3)$ 不是正定二次型，因此 $|\boldsymbol{A}|=(1+a)^2(1-a+a^2)=0$，所以 $a=-1$。

(2) $\boldsymbol{A}=\begin{bmatrix}2 & -1 & -1\\ -1 & 2 & -1\\ -1 & -1 & 2\end{bmatrix}$。由 $|\boldsymbol{A}-\lambda\boldsymbol{E}|=0$，得特征值为 $\lambda_1=0$，$\lambda_2=\lambda_3=3$。$\lambda_1=0$ 时，$\boldsymbol{Ax}=\boldsymbol{0}$ 的基础解系为 $\boldsymbol{\xi}_1=\begin{bmatrix}1\\1\\1\end{bmatrix}$，单位化得 $\boldsymbol{\gamma}_1=\frac{1}{\sqrt{3}}\begin{bmatrix}1\\1\\1\end{bmatrix}$。$\lambda_2=\lambda_3=3$ 时，$(\boldsymbol{A}-3\boldsymbol{E})\boldsymbol{x}=\boldsymbol{0}$ 的基础解系为 $\boldsymbol{\xi}_2=\begin{bmatrix}-1\\1\\0\end{bmatrix}$，$\boldsymbol{\xi}_3=\begin{bmatrix}-1\\0\\1\end{bmatrix}$。

正交单位化，得 $\boldsymbol{\gamma}_2=\frac{1}{\sqrt{2}}\begin{bmatrix}-1\\1\\0\end{bmatrix}$，$\boldsymbol{\gamma}_3=\frac{1}{\sqrt{6}}\begin{bmatrix}1\\1\\-2\end{bmatrix}$，因此正交矩阵 $\boldsymbol{Q}=\begin{bmatrix}\frac{1}{\sqrt{3}} & -\frac{1}{\sqrt{2}} & \frac{1}{\sqrt{6}}\\ \frac{1}{\sqrt{3}} & \frac{1}{\sqrt{2}} & \frac{1}{\sqrt{6}}\\ \frac{1}{\sqrt{3}} & 0 & -\frac{2}{\sqrt{6}}\end{bmatrix}$。令 $\boldsymbol{x}=\boldsymbol{Qy}$，化二次型为标准形 $3y_2^2+3y_3^2$。

专题45　配方法

【考法1】用配方化二次型为标准形

重要结论

$f=\boldsymbol{x}^{\mathrm{T}}\boldsymbol{A}\boldsymbol{x}=d_1(b_{11}x_1+\cdots+b_{1n}x_n)^2+d_2(b_{22}x_2+\cdots+b_{2n}x_n)^2+\cdots+d_n(b_{nn}x_n)^2=d_1y_1^2+d_2y_2^2+\cdots+d_ny_n^2$，则有 $\begin{bmatrix}y_1\\y_2\\\vdots\\y_n\end{bmatrix}=\begin{bmatrix}b_{11}&b_{12}&\cdots&b_{1n}\\0&b_{22}&\cdots&b_{2n}\\\vdots&\vdots&&\vdots\\0&0&\cdots&b_{nn}\end{bmatrix}\begin{bmatrix}x_1\\x_2\\\vdots\\x_n\end{bmatrix}$，记为 $\boldsymbol{y}=\boldsymbol{B}\boldsymbol{x}$，反解出 $\boldsymbol{x}=\boldsymbol{C}\boldsymbol{y}$，其中 $\boldsymbol{C}=\boldsymbol{B}^{-1}$。

所以令 $\boldsymbol{x}=\boldsymbol{C}\boldsymbol{y}$，可得 $f=\boldsymbol{x}^{\mathrm{T}}\boldsymbol{A}\boldsymbol{x}=\boldsymbol{y}^{\mathrm{T}}\boldsymbol{C}^{\mathrm{T}}\boldsymbol{A}\boldsymbol{C}\boldsymbol{y}=\boldsymbol{y}^{\mathrm{T}}\boldsymbol{\Lambda}\boldsymbol{y}$。

说明：如果写成矩阵形式：$\boldsymbol{C}^{\mathrm{T}}\boldsymbol{A}\boldsymbol{C}=\boldsymbol{\Lambda}$，用配方法可求出可逆矩阵 $\boldsymbol{C}$，使得 $\boldsymbol{C}^{\mathrm{T}}\boldsymbol{A}\boldsymbol{C}=\boldsymbol{\Lambda}$

注意到 $\boldsymbol{B}$ 为上三角矩阵，左下角全为0。

思考：为什么会这样？

因为在配方时，一次配方消除1个变量的所有平方项和混合项。所以后面的配方中不在出现这个变量。举个例子，第一次将 x_1 全部配方在 $(b_{11}x_1+\cdots+b_{1n}x_n)^2$ 之中，这就导致对 x_2 配方时，不再有 x_1。所以第二次配方为 $(b_{22}x_2+\cdots+b_{2n}x_n)^2$，$b_{21}=0$。由此可得，第三次配方中无 x_1,x_2，即 $b_{31}=b_{32}=0$。

以此类推，可以发现得出的矩阵 $\boldsymbol{B}$ 左下角元素全为零。

思考：这样做有什么好处？

配方要成立，必须保证 $\boldsymbol{y}=\boldsymbol{B}\boldsymbol{x}$ 中的矩阵 $\boldsymbol{B}$ 可逆。但是配方的方法有很多种，配完之后再验证 $\boldsymbol{B}$ 是否可逆会耽误时间。但由于"一次配方消除一个变量"使得 $\boldsymbol{B}$ 为上三角矩阵，左下角全为0，此时必有 $|\boldsymbol{B}|\neq0$。

思考：如果配方后只有两项，第3平方项的系数为0，此时矩阵 $\boldsymbol{B}$ 是否依然可逆？

这是很多读者不理解的地方。在这里举个例子说明。

假设配方后得 $f=\boldsymbol{x}^{\mathrm{T}}\boldsymbol{A}\boldsymbol{x}=(x_1+x_2+x_3)^2-(x_2+x_3)^2$ 只有两个平方项。那么如何写出矩阵 $\boldsymbol{B}$？

可以认为 $f=\boldsymbol{x}^{\mathrm{T}}\boldsymbol{A}\boldsymbol{x}=(x_1+x_2+x_3)^2-(x_2+x_3)^2+0\cdot x_3^2$，注意此时的0为平方项前面的系数 d_3，而非矩阵 $\boldsymbol{B}$ 中的元素 b_{33}。事实上，矩阵 $\boldsymbol{B}=\begin{bmatrix}1&1&1\\0&1&1\\0&0&1\end{bmatrix}$ 依然是可逆矩阵。

当然，也有其他的写法。比如将原式改写为 $f=\boldsymbol{x}^{\mathrm{T}}\boldsymbol{A}\boldsymbol{x}=(x_1+x_2+x_3)^2-(x_2+x_3)^2+0\cdot(2x_3)^2$，则 $\boldsymbol{B}=\begin{bmatrix}1&1&1\\0&1&1\\0&0&2\end{bmatrix}$。由于第3个平方项前的系数是0，所以第3个平方项，只要满足 $\boldsymbol{B}$ 矩阵可逆即可，$0\cdot x_3^2$ 是其中最简洁的一个。

例题1　用配方法化二次型 $f(x_1,x_2,x_3)=x_1^2+2x_2^2-5x_3^2+2x_1x_2-2x_1x_3+2x_2x_3$ 为标准形。

解 令 $A=\begin{bmatrix}1&1&-1\\1&2&1\\-1&1&-5\end{bmatrix}$，$x=\begin{bmatrix}x_1\\x_2\\x_3\end{bmatrix}$，则 $f(x_1,x_2,x_3)=x^TAx$，$f(x_1,x_2,x_3)=x_1^2+2x_2^2-5x_3^2+2x_1x_2-2x_1x_3+2x_2x_3=(x_1+x_2-x_3)^2+(x_2+2x_3)^2-10x_3^2$。令 $\begin{cases}x_1+x_2-x_3=y_1\\x_2+2x_3=y_2\\x_3=y_3\end{cases}$ 或 $\begin{cases}x_1=y_1-y_2+3y_3\\x_2=y_2-2y_3\\x_3=y_3\end{cases}$，设 $P=\begin{bmatrix}1&-1&3\\0&1&-2\\0&0&1\end{bmatrix}$，$y=\begin{bmatrix}y_1\\y_2\\y_3\end{bmatrix}$，显然 P 可逆，且 $f(x_1,x_2,x_3)\overset{x=Py}{=\!=\!=}y^T(P^TAP)y=y_1^2+y_2^2-10y_3^2$。

【考法 2】 无平方项的配方

重要结论

二次型中无平方项时可用变量替换得到平方项后再配方。

若有 x_1x_2，则用代换 $\begin{cases}x_1=y_1+y_2\\x_2=y_1-y_2\\x_3=y_3\end{cases}$，即当有 x_ix_j 时，可以用代换 $\begin{cases}x_i=y_i+y_j\\x_j=y_i-y_j\\x_k=y_k\end{cases}$。

例题 2 $f(x_1,x_2,x_3)=x_1x_2+x_1x_3$ 与(　　)具有相同的规范形。

A. $f_1=x_1^2+x_2^2+2x_3^2-2x_1x_2$

B. $f_2=x_1x_2$

C. $f_3=x_1^2-x_2^2+2x_1x_3+2x_3^2$

D. $f_4=x_1^2+x_2^2+4x_3^2+2x_1x_2+4x_2x_3+4x_1x_3$

解 令 $\begin{cases}x_1=y_1+y_2\\x_2=y_1-y_2\\x_3=2y_3\end{cases}$，则题干中的二次型 $f(x_1,x_2,x_3)=x_1x_2+x_1x_3=(y_1+y_2)(y_1-y_2)+2(y_1+y_2)y_3=y_1^2-y_2^2+2y_1y_3+2y_2y_3=(y_1+y_3)^2-(y_2-y_3)^2$，所以规范形为 $z_1^2-z_2^2$。

选项 A：$f_1=x_1^2+x_2^2+2x_3^2-2x_1x_2=(x_1-x_2)^2+2x_3^2$ 规范形为 $z_1^2+z_2^2$。

选项 B：令 $\begin{cases}x_1=y_1+y_2\\x_2=y_1-y_2\\x_3=y_3\end{cases}$，则有 $f_2=x_1x_2=y_1^2-y_2^2$，所以规范形为 $z_1^2-z_2^2$。

选项 C：$f_3=x_1^2-x_2^2+2x_3^2+2x_1x_3=(x_1+x_3)^2-x_2^2+x_3^2$，规范形为 $z_1^2-z_2^2+z_3^2$。

选项 D：$f_4=x_1^2+x_2^2+4x_3^2+2x_1x_2+4x_2x_3+4x_1x_3=(x_1+x_2+2x_3)^2$，规范形为 z_1^2。

故选 B。

【考法 3】 伪配方陷阱

例题 3 设二次型 $f(x_1,x_2,x_3)=(x_1+x_2)^2+(x_2-x_3)^2+(x_3+x_1)^2$，下列说法正确的有(　　)个。

① 二次型的标准形为 $y_1^2+\sqrt{3}y_2^2$。　② 二次型的标准形为 $2y_1^2+\frac{3}{2}y_2^2$。

③ 二次型的标准形为 $2y_1^2+y_2^2+y_3^2$。　④ 二次型的标准形为 $y_1^2+y_2^2+y_3^2$。

A. 1　B. 2　C. 3　D. 4

$$f(x_1,x_2,x_3)=(x_1+x_2)^2+(x_2-x_3)^2+(x_3+x_1)^2$$

$$=2x_1^2+2x_2^2+2x_3^2+2x_1x_2+2x_1x_3-2x_2x_3=2\left(x_1+\frac{1}{2}x_2+\frac{1}{2}x_3\right)^2+\frac{3}{2}(x_2-x_3)^2$$

$$=2y_1^2+\frac{3}{2}y_2^2$$

也可得 $f=2\left(x_1+\frac{1}{2}x_2+\frac{1}{2}x_3\right)^2+\frac{3}{2}(x_2-x_3)^2=\left[\sqrt{2}\left(x_1+\frac{1}{2}x_2+\frac{1}{2}x_3\right)\right]^2+\sqrt{3}\left[\frac{\sqrt[4]{3}}{\sqrt{2}}(x_2-x_3)\right]^2$，所以①②正确，而无法得出③④。故选 B。

【考法 4】　配方求二次型可逆变换

重要结论

二次型 $\boldsymbol{x}^{\mathrm{T}}\boldsymbol{A}\boldsymbol{x}$ 经可逆变换 $\boldsymbol{x}=\boldsymbol{C}\boldsymbol{y}$ 化为二次型 $\boldsymbol{y}^{\mathrm{T}}\boldsymbol{B}\boldsymbol{y}$，则 $\boldsymbol{A},\boldsymbol{B}$ 合同（用配方法求 $\boldsymbol{x}=\boldsymbol{C}\boldsymbol{y}$）。

具体来讲，需要两次配方，一次等价。

① 先将 $f=\boldsymbol{x}^{\mathrm{T}}\boldsymbol{A}\boldsymbol{x}$ 配方。

$f=\boldsymbol{x}^{\mathrm{T}}\boldsymbol{A}\boldsymbol{x}=d_1(a_{11}x_1+\cdots+a_{1n}x_n)^2+d_2(a_{22}x_2+\cdots+a_{2n}x_n)^2+\cdots+d_n(a_{nn}x_n)^2$。

② 再将 $g=\boldsymbol{y}^{\mathrm{T}}\boldsymbol{B}\boldsymbol{y}$ 配方。

$g=\boldsymbol{y}^{\mathrm{T}}\boldsymbol{B}\boldsymbol{y}=d_1(b_{11}y_1+\cdots+b_{1n}y_n)^2+d_2(b_{22}y_2+\cdots+b_{2n}y_n)^2+\cdots+d_n(b_{nn}y_n)^2$。

③ 最后令 $f=g$ 得出变量关系。

$$\begin{cases}a_{11}x_1+\cdots+a_{1n}x_n=b_{11}y_1+\cdots+b_{1n}y_n\\ a_{22}x_2+\cdots+a_{2n}x_2=b_{22}y_2+\cdots+b_{2n}y_n\\ \quad\vdots\\ a_{nn}x_n=b_{nn}y_n\end{cases}\Rightarrow\begin{bmatrix}x_1\\x_2\\\vdots\\x_n\end{bmatrix}=\begin{bmatrix}c_{11}&c_{12}&\cdots&c_{1n}\\c_{21}&c_{22}&\cdots&c_{2n}\\\vdots&\vdots&&\vdots\\c_{n1}&c_{n2}&\cdots&c_{nn}\end{bmatrix}\begin{bmatrix}y_1\\y_2\\\vdots\\y_n\end{bmatrix}$$

，记为 $\boldsymbol{x}=\boldsymbol{C}\boldsymbol{y}$，由变换关系可知 $f=g\Rightarrow\boldsymbol{x}^{\mathrm{T}}\boldsymbol{A}\boldsymbol{x}=\boldsymbol{y}^{\mathrm{T}}\boldsymbol{C}^{\mathrm{T}}\boldsymbol{A}\boldsymbol{C}\boldsymbol{y}=\boldsymbol{y}^{\mathrm{T}}\boldsymbol{B}\boldsymbol{y}$，所以有：

① 可逆变换 $\boldsymbol{x}=\boldsymbol{C}\boldsymbol{y}$ 可使得 $f=\boldsymbol{x}^{\mathrm{T}}\boldsymbol{A}\boldsymbol{x}$ 化为 $g=\boldsymbol{y}^{\mathrm{T}}\boldsymbol{B}\boldsymbol{y}$；②可逆矩阵 $\boldsymbol{C}$ 可使得 $\boldsymbol{C}^{\mathrm{T}}\boldsymbol{A}\boldsymbol{C}=\boldsymbol{B}$。

例题 4　设二次型 $f(x_1,x_2,x_3)=\boldsymbol{x}^{\mathrm{T}}\boldsymbol{A}\boldsymbol{x}=x_1^2+x_2^2+x_3^2+2ax_1x_2+2ax_1x_3+2ax_2x_3$ 经过可逆线性变换 $\boldsymbol{x}=\boldsymbol{C}\boldsymbol{y}$ 化为 $g(y_1,y_2,y_3)=\boldsymbol{y}^{\mathrm{T}}\boldsymbol{B}\boldsymbol{y}=y_1^2+y_2^2+3y_3^2+2y_1y_2$，$\boldsymbol{A},\boldsymbol{B}$ 均为实对称矩阵。

（1）求 a 的值。

（2）求可逆变换 $\boldsymbol{x}=\boldsymbol{C}\boldsymbol{y}$。

解　（1）依题设，有 $\boldsymbol{C}^{\mathrm{T}}\boldsymbol{A}\boldsymbol{C}=\boldsymbol{B}$，故 $\boldsymbol{A}$ 与 $\boldsymbol{B}$ 合同，所以 $r(\boldsymbol{A})=r(\boldsymbol{B})$。

$$\boldsymbol{A}=\begin{bmatrix}1&a&a\\a&1&a\\a&a&1\end{bmatrix},\quad\boldsymbol{B}=\begin{bmatrix}1&1&0\\1&1&0\\0&0&3\end{bmatrix},\quad r(\boldsymbol{B})=2=r(\boldsymbol{A}),$$

故 $|\boldsymbol{A}|=(1-a)^2(2a+1)=0$，解得 $a=1$ 或 $a=-\frac{1}{2}$。当 $a=1$ 时，$r(\boldsymbol{A})=1$，故将 $a=1$ 舍去，所以

$a=-\frac{1}{2}$。

(2) $f(x_1,x_2,x_3)=\boldsymbol{x}^{\mathrm{T}}\boldsymbol{A}\boldsymbol{x}=x_1^2+x_2^2+x_3^2-x_1x_2-x_1x_3-x_2x_3$

$$=x_1^2+x_2^2+x_3^2-x_1x_2-x_1x_3-x_2x_3=\left(x_1-\frac{1}{2}x_2-\frac{1}{2}x_3\right)^2+\frac{3}{4}(x_2-x_3)^2$$

$g(y_1,y_2,y_3)=\boldsymbol{y}^{\mathrm{T}}\boldsymbol{B}\boldsymbol{y}=y_1^2+y_2^2+3y_3^2+2y_1y_2=(y_1+y_2)^2+\frac{3}{4}(2y_3)^2$，令 $f(x_1,x_2,x_3)=g(y_1,y_2,y_3)$，可得 $\begin{cases}x_1-\frac{1}{2}x_2-\frac{1}{2}x_3=y_1+y_2\\x_2-x_3=2y_3\\x_2=y_2\end{cases}\Rightarrow\begin{cases}x_1=y_1+2y_2-y_3\\x_2=y_2\\x_3=y_2-2y_3\end{cases}$，$\begin{cases}x_1=y_1+2y_2-y_3\\x_2=y_2\\x_3=y_2-2y_3\end{cases}\Rightarrow\begin{bmatrix}x_1\\x_2\\x_3\end{bmatrix}=$

$\begin{bmatrix}1&2&-1\\0&1&0\\0&1&-2\end{bmatrix}\begin{bmatrix}y_1\\y_2\\y_3\end{bmatrix}\Rightarrow\boldsymbol{C}=\begin{bmatrix}1&2&-1\\0&1&0\\0&1&-2\end{bmatrix}$。又因为 $|\boldsymbol{C}|=\begin{vmatrix}1&2&-1\\0&1&0\\0&1&-2\end{vmatrix}\neq0$，所以 $\boldsymbol{C}=\begin{bmatrix}1&2&-1\\0&1&0\\0&1&-2\end{bmatrix}$ 满足题意。

说明：本题结果不唯一。

【考法5】 配方求合同变换矩阵

例题5 设 $\boldsymbol{A}=\begin{bmatrix}1&0&2\\0&0&1\\2&1&2\end{bmatrix}$，$\boldsymbol{B}=\begin{bmatrix}1&3&0\\3&1&0\\0&0&2\end{bmatrix}$，存在可逆矩阵 $\boldsymbol{C}$，使得 $\boldsymbol{C}^{\mathrm{T}}\boldsymbol{A}\boldsymbol{C}=\boldsymbol{B}$，则 $\boldsymbol{C}=$________。

解 $f=\boldsymbol{x}^{\mathrm{T}}\boldsymbol{A}\boldsymbol{x}=\boldsymbol{y}^{\mathrm{T}}\boldsymbol{C}^{\mathrm{T}}\boldsymbol{A}\boldsymbol{C}\boldsymbol{y}=\boldsymbol{y}^{\mathrm{T}}\boldsymbol{B}\boldsymbol{y}$，则有 $\boldsymbol{x}=\boldsymbol{C}\boldsymbol{y}$。矩阵 $\boldsymbol{A}$ 对应二次型 $f(x_1,x_2,x_3)=x_1^2+2x_3^2+4x_1x_3+2x_2x_3=(x_1+2x_3)^2-2\left(x_3-\frac{1}{2}x_2\right)^2+\frac{1}{2}x_2^2$，矩阵 $\boldsymbol{B}$ 对应二次型 $g(y_1,y_2,y_3)=y_1^2+y_2^2+2y_3^2+6y_1y_2=(y_1+3y_2)^2-8y_2^2+2y_3^2=(y_1+3y_2)^2-2(2y_2)^2+\frac{1}{2}(2y_3)^2$。

令 $f(x_1,x_2,x_3)=g(y_1,y_2,y_3)$，则有 $\begin{cases}x_1+2x_3=y_1+3y_2\\x_3-\frac{1}{2}x_2=2y_2\\x_2=2y_3\end{cases}\Rightarrow\begin{cases}x_1=y_1-y_2-2y_3\\x_2=2y_3\\x_3=2y_2+y_3\end{cases}\Rightarrow\begin{bmatrix}x_1\\x_2\\x_3\end{bmatrix}=$

$\begin{bmatrix}1&-1&-2\\0&0&2\\0&2&1\end{bmatrix}\begin{bmatrix}y_1\\y_2\\y_3\end{bmatrix}$，$|\boldsymbol{C}|=\begin{vmatrix}1&-1&-2\\0&0&2\\0&2&1\end{vmatrix}\neq0$，所以 $\boldsymbol{C}=\begin{bmatrix}1&-1&-2\\0&0&2\\0&2&1\end{bmatrix}$。

说明：本题结果不唯一。

专题46 矩阵分解

【考法1】 分解为普通矩阵

重要结论

求解 $\boldsymbol{C}^2=\boldsymbol{B}$，其中 $\boldsymbol{C}^{\mathrm{T}}=\boldsymbol{C}$。若只求矩阵可逆，则可用合同变换法，即求可逆矩阵 $\boldsymbol{C}$，使得 $\boldsymbol{C}^{\mathrm{T}}\boldsymbol{E}\boldsymbol{C}=\boldsymbol{B}$。将等式左乘 $\boldsymbol{y}^{\mathrm{T}}$，右乘 $\boldsymbol{y}$ 可得 $\boldsymbol{y}^{\mathrm{T}}\boldsymbol{C}^{\mathrm{T}}\boldsymbol{E}\boldsymbol{C}\boldsymbol{y}=\boldsymbol{y}^{\mathrm{T}}\boldsymbol{B}\boldsymbol{y}$，所以 $\boldsymbol{x}=\boldsymbol{C}\boldsymbol{y}$ 可使得 $\boldsymbol{x}^{\mathrm{T}}\boldsymbol{E}\boldsymbol{x}=\boldsymbol{y}^{\mathrm{T}}\boldsymbol{B}\boldsymbol{y}$，故只需要求出

两个二次型的 $\boldsymbol{x},\boldsymbol{y}$ 的变换关系 $\boldsymbol{x}=\boldsymbol{C}\boldsymbol{y}$，可得 $\boldsymbol{C}$。

① $f=\boldsymbol{x}^{\mathrm{T}}\boldsymbol{E}\boldsymbol{x}=\boldsymbol{x}^{\mathrm{T}}\boldsymbol{x}$。

② 对 $\boldsymbol{y}^{\mathrm{T}}\boldsymbol{B}\boldsymbol{y}$ 进行配方，$f=\boldsymbol{y}^{\mathrm{T}}\boldsymbol{B}\boldsymbol{x}=(a_{11}y_1+a_{12}y_2+a_{13}y_3)^2+(a_{22}y_2+a_{23}y_3)^2+(a_{33}y_3)^2$。

③ 令 $f=g$。

$$\begin{cases}x_1=a_{11}y_1+a_{12}y_2+a_{13}y_3\\x_2=a_{22}y_2+a_{23}y_3\\x_3=a_{33}y_3\end{cases}\Rightarrow\begin{bmatrix}x_1\\x_2\\x_3\end{bmatrix}=\begin{bmatrix}a_{11}&a_{12}&a_{13}\\&a_{22}&a_{23}\\&&a_{33}\end{bmatrix}\begin{bmatrix}y_1\\y_2\\y_3\end{bmatrix}，\text{即 }\boldsymbol{C}=\begin{bmatrix}a_{11}&a_{12}&a_{13}\\&a_{22}&a_{23}\\&&a_{33}\end{bmatrix}，$$

注意此时 $\boldsymbol{C}^{\mathrm{T}}\boldsymbol{E}\boldsymbol{C}=\boldsymbol{B}$，即 $\boldsymbol{B}$ 与单位阵合同，$\boldsymbol{B}$ 必为正定矩阵。

此外，本题还可通过左乘 $\boldsymbol{x}^{\mathrm{T}}$、右乘 $\boldsymbol{x}$ 求解。

存在可逆矩阵 $\boldsymbol{C}$ 使得，$\boldsymbol{C}^{\mathrm{T}}\boldsymbol{E}\boldsymbol{C}=\boldsymbol{B}$。将等式左乘 $\boldsymbol{x}^{\mathrm{T}}$、右乘 $\boldsymbol{x}$ 可得 $\boldsymbol{x}^{\mathrm{T}}\boldsymbol{C}^{\mathrm{T}}\boldsymbol{E}\boldsymbol{C}\boldsymbol{x}=\boldsymbol{x}^{\mathrm{T}}\boldsymbol{B}\boldsymbol{x}$，所以 $\boldsymbol{y}=\boldsymbol{C}\boldsymbol{x}$，使得 $\boldsymbol{y}^{\mathrm{T}}\boldsymbol{E}\boldsymbol{y}=\boldsymbol{x}^{\mathrm{T}}\boldsymbol{B}\boldsymbol{x}$。故只需要将两个二次型化为相同形式的标准形，令等式左右两边的二次型相同，可以求出两个二次型 $\boldsymbol{x},\boldsymbol{y}$ 的变换关系 $\boldsymbol{y}=\boldsymbol{C}\boldsymbol{x}$，可得 $\boldsymbol{C}$。

① $f=\boldsymbol{y}^{\mathrm{T}}\boldsymbol{E}\boldsymbol{y}=\boldsymbol{y}^{\mathrm{T}}\boldsymbol{y}$。

② 对 $\boldsymbol{y}^{\mathrm{T}}\boldsymbol{B}\boldsymbol{y}$ 进行配方，有 $f=\boldsymbol{x}^{\mathrm{T}}\boldsymbol{B}\boldsymbol{x}=(a_{11}x_1+a_{12}x_2+a_{13}x_3)^2+(a_{22}x_2+a_{23}x_3)^2+(a_{33}x_3)^2$。

③ 令 $f=g$。

$$\begin{cases}y_1=a_{11}x_1+a_{12}x_2+a_{13}x_3\\y_2=a_{22}x_2+a_{23}x_3\\y_3=a_{33}x_3\end{cases}\Rightarrow\begin{bmatrix}y_1\\y_2\\y_3\end{bmatrix}=\begin{bmatrix}a_{11}&a_{12}&a_{13}\\&a_{22}&a_{23}\\&&a_{33}\end{bmatrix}\begin{bmatrix}x_1\\x_2\\x_3\end{bmatrix}，\text{即 }\boldsymbol{C}=\begin{bmatrix}a_{11}&a_{12}&a_{13}\\&a_{22}&a_{23}\\&&a_{33}\end{bmatrix}。$$

注意此时 $\boldsymbol{C}^{\mathrm{T}}\boldsymbol{E}\boldsymbol{C}=\boldsymbol{B}$，即 $\boldsymbol{B}$ 与单位阵合同，$\boldsymbol{B}$ 必为正定矩阵。

例题 1　若可逆矩阵 $\boldsymbol{A}$ 满足 $\boldsymbol{A}^{\mathrm{T}}\boldsymbol{A}=\begin{bmatrix}1&-1&0\\-1&2&0\\0&0&6\end{bmatrix}$，则 $\boldsymbol{A}=$________。

方法 1：可逆变换法。

$f(x_1,x_2,x_3)=\boldsymbol{x}^{\mathrm{T}}\boldsymbol{A}^{\mathrm{T}}\boldsymbol{A}\boldsymbol{x}=x_1^2+2x_2^2+6x_3^2-2x_1x_2$，

配方后得 $f(x_1,x_2,x_3)=(x_1-x_2)^2+x_2^2+(\sqrt{6}x_3)^2$，　①

$f(x_1,x_2,x_3)=\boldsymbol{x}^{\mathrm{T}}\boldsymbol{A}^{\mathrm{T}}\boldsymbol{A}\boldsymbol{x}=(\boldsymbol{A}\boldsymbol{x})^{\mathrm{T}}\boldsymbol{A}\boldsymbol{x}=\boldsymbol{y}^{\mathrm{T}}\boldsymbol{y}=y_1^2+y_2^2+y_3^2$，　②

联合①②式可得 $\begin{cases}y_1=x_1-x_2\\y_2=x_2\\y_3=\sqrt{6}x_3\end{cases}\Rightarrow\begin{bmatrix}y_1\\y_2\\y_3\end{bmatrix}=\begin{bmatrix}1&-1&0\\0&1&0\\0&0&\sqrt{6}\end{bmatrix}\begin{bmatrix}x_1\\x_2\\x_3\end{bmatrix}$（也就是 $\boldsymbol{y}=\boldsymbol{A}\boldsymbol{x}$），所以

$$\boldsymbol{A}=\begin{bmatrix}1&-1&0\\0&1&0\\0&0&\sqrt{6}\end{bmatrix}。$$

值得注意的是，矩阵 $\boldsymbol{A}$ 并不唯一。例如：

若令 $\begin{cases}y_1=x_2\\y_2=x_1-x_2\\y_3=\sqrt{6}x_3\end{cases}$，则可得出 $\begin{bmatrix}y_1\\y_2\\y_3\end{bmatrix}=\begin{bmatrix}0&1&0\\1&-1&0\\0&0&\sqrt{6}\end{bmatrix}\begin{bmatrix}x_1\\x_2\\x_3\end{bmatrix}$，此时 $\boldsymbol{A}=\begin{bmatrix}0&1&0\\1&-1&0\\0&0&\sqrt{6}\end{bmatrix}$。

方法 2：行列向量法。

记 $\begin{bmatrix}1&-1&0\\-1&2&0\\0&0&6\end{bmatrix}=\boldsymbol{D}$，则其对应的二次型为 $f(x_1,x_2,x_3)=\boldsymbol{x}^{\mathrm{T}}\boldsymbol{D}\boldsymbol{x}=x_1^2+2x_2^2+6x_3^2-2x_1x_2$

$$=(x_1-x_2)^2+x_2^2+(\sqrt{6}x_3)^2=[x_1-x_2,x_2,\sqrt{6}x_3]\begin{bmatrix}x_1-x_2\\x_2\\\sqrt{6}x_3\end{bmatrix}\text{(分解为行列向量点乘)}$$

$$=[x_1,x_2,x_3]\begin{bmatrix}1&0&0\\-1&1&0\\0&0&\sqrt{6}\end{bmatrix}\begin{bmatrix}1&-1&0\\0&1&0\\0&0&\sqrt{6}\end{bmatrix}\begin{bmatrix}x_1\\x_2\\x_3\end{bmatrix}\overset{\text{记}}{=\!=}[x_1,x_2,x_3]\boldsymbol{A}^{\mathrm{T}}\boldsymbol{A}\begin{bmatrix}x_1\\x_2\\x_3\end{bmatrix}\text{，其中，}\boldsymbol{D}=\boldsymbol{A}^{\mathrm{T}}\boldsymbol{A}\text{，}$$

$$\boldsymbol{A}=\begin{bmatrix}1&-1&0\\0&1&0\\0&0&\sqrt{6}\end{bmatrix}\text{。}$$

说明：本题结果不唯一。

【考法2】 分解为正定矩阵

重要结论

求解$\boldsymbol{C}^2=\boldsymbol{B}$，其中$\boldsymbol{C}^{\mathrm{T}}=\boldsymbol{C}$。若$\boldsymbol{C}$为正定矩阵，则可用正交变换法。

$\boldsymbol{C}^2=\boldsymbol{B}\Rightarrow \boldsymbol{QC}^{\mathrm{T}}\boldsymbol{CQ}^{\mathrm{T}}=\boldsymbol{QBQ}^{\mathrm{T}}$，其中，正交矩阵$\boldsymbol{Q}$使得

$$\boldsymbol{QBQ}^{\mathrm{T}}=\begin{bmatrix}\lambda_1&&\\&\lambda_2&\\&&\lambda_3\end{bmatrix}=\begin{bmatrix}\pm\sqrt{\lambda_1}&&\\&\pm\sqrt{\lambda_2}&\\&&\pm\sqrt{\lambda_3}\end{bmatrix}\begin{bmatrix}\pm\sqrt{\lambda_1}&&\\&\pm\sqrt{\lambda_2}&\\&&\pm\sqrt{\lambda_3}\end{bmatrix},$$

其中，$\lambda_1,\lambda_2,\lambda_3$均大于0。

进一步有$\boldsymbol{QC}^{\mathrm{T}}(\boldsymbol{Q}^{\mathrm{T}}\boldsymbol{Q})\boldsymbol{CQ}^{\mathrm{T}}=(\boldsymbol{QCQ}^{\mathrm{T}})^{\mathrm{T}}\boldsymbol{QCQ}^{\mathrm{T}}=\boldsymbol{QBQ}^{\mathrm{T}}$，

$$\text{所以 }\boldsymbol{QCQ}^{\mathrm{T}}=\begin{bmatrix}\pm\sqrt{\lambda_1}&&\\&\pm\sqrt{\lambda_2}&\\&&\pm\sqrt{\lambda_3}\end{bmatrix}\Rightarrow\boldsymbol{C}=\boldsymbol{Q}^{\mathrm{T}}\begin{bmatrix}\pm\sqrt{\lambda_1}&&\\&\pm\sqrt{\lambda_2}&\\&&\pm\sqrt{\lambda_3}\end{bmatrix}\boldsymbol{Q}\text{。}$$

$$\text{若要求 }\boldsymbol{C}\text{ 为正定矩阵，则 }\boldsymbol{C}=\boldsymbol{Q}^{\mathrm{T}}\begin{bmatrix}\sqrt{\lambda_1}&&\\&\sqrt{\lambda_2}&\\&&\sqrt{\lambda_3}\end{bmatrix}\boldsymbol{Q}\text{。}$$

例题2 已知$\boldsymbol{A}=\begin{bmatrix}2&1&1\\1&2&1\\1&1&2\end{bmatrix}$。试证明$\boldsymbol{A}$为正定矩阵，并求正定矩阵$\boldsymbol{B}$，使$\boldsymbol{A}=\boldsymbol{B}^2$。

解 $|\lambda\boldsymbol{E}-\boldsymbol{A}|=\begin{vmatrix}\lambda-2&-1&-1\\-1&\lambda-2&-1\\-1&-1&\lambda-2\end{vmatrix}=(\lambda-4)(\lambda-1)^2$。因为$\boldsymbol{A}$的特征值$\lambda_1=\lambda_2=1,\lambda_3=4$全为正，故$\boldsymbol{\lambda}$是正定矩阵。求出对应特征值$\lambda_1,\lambda_2,\lambda_3$的特征向量，依次为$\boldsymbol{\alpha}_1=[-1,1,0]^{\mathrm{T}}$，$\boldsymbol{\alpha}_2=[-1,0,1]^{\mathrm{T}}$，$\boldsymbol{\alpha}_3=[1,1,1]^{\mathrm{T}}$。

对其进行施密特正交化，得$\boldsymbol{\gamma}_1=\left[-\frac{1}{\sqrt{2}},\frac{1}{\sqrt{2}},0\right]^{\mathrm{T}}$，$\boldsymbol{\gamma}_2=\left[\frac{1}{\sqrt{6}},\frac{1}{\sqrt{6}},-\frac{2}{\sqrt{6}}\right]^{\mathrm{T}}$，$\boldsymbol{\gamma}_3=\left[\frac{1}{\sqrt{3}},\frac{1}{\sqrt{3}},\frac{1}{\sqrt{3}}\right]^{\mathrm{T}}$。

令 $C=[\gamma_1,\gamma_2,\gamma_3]$，则 C 是正交矩阵，且 $C^TAC=C^{-1}AC=\Lambda=\begin{bmatrix}1&&\\&1&\\&&4\end{bmatrix}$，则 $A=C\Lambda C^T=C\begin{bmatrix}1&&\\&1&\\&&2\end{bmatrix}C^TC\begin{bmatrix}1&&\\&1&\\&&2\end{bmatrix}C^T$。

令 $B=C\begin{bmatrix}1&&\\&1&\\&&2\end{bmatrix}C^T$，则 B 对称且与 $\begin{bmatrix}1&&\\&1&\\&&2\end{bmatrix}$ 合同，故 B 是正定矩阵（由 B 的特征值全大于零也可得出），并满足 $A=B^2$，其中，$B=\frac{1}{3}\begin{bmatrix}4&1&1\\1&4&1\\1&1&4\end{bmatrix}$ 为所求。

例题 3 已知 $A=\begin{bmatrix}a&1&-1\\1&a&-1\\-1&-1&a\end{bmatrix}$。

（1）求正交矩阵 P，使得 P^TAP 为对角矩阵。

（2）求正定矩阵 C，使得 $C^2=(a+3)E-A$。

解

（1）由 $|\lambda E-A|=\begin{vmatrix}\lambda-a&-1&1\\-1&\lambda-a&1\\1&1&\lambda-a\end{vmatrix}=(\lambda-a+1)^2(\lambda-a-2)=0$，得 $\lambda_1=a+2$，$\lambda_2=\lambda_3=a-1$。当 $\lambda_1=a+2$ 时，$[(a+2)E-A]=\begin{bmatrix}2&-1&1\\-1&2&1\\1&1&2\end{bmatrix}\xrightarrow{r}\begin{bmatrix}1&0&1\\0&1&1\\0&0&0\end{bmatrix}$ 的特征向量为 $\alpha_1=\begin{bmatrix}1\\1\\-1\end{bmatrix}$。

当 $\lambda_2=\lambda_3=a-1$ 时，$[(a-1)E-A]=\begin{bmatrix}-1&-1&1\\-1&-1&1\\1&1&-1\end{bmatrix}\xrightarrow{r}\begin{bmatrix}1&1&-1\\0&0&0\\0&0&0\end{bmatrix}$ 的特征向量为 $\alpha_2=\begin{bmatrix}-1\\1\\0\end{bmatrix}$，$\alpha_3=\begin{bmatrix}1\\1\\2\end{bmatrix}$，令 $P=\left[\frac{\alpha_1}{|\alpha_1|},\frac{\alpha_2}{|\alpha_2|},\frac{\alpha_3}{|\alpha_3|}\right]=\begin{bmatrix}\frac{1}{\sqrt3}&-\frac{1}{\sqrt2}&\frac{1}{\sqrt6}\\\frac{1}{\sqrt3}&\frac{1}{\sqrt2}&\frac{1}{\sqrt6}\\-\frac{1}{\sqrt3}&0&\frac{2}{\sqrt6}\end{bmatrix}$，则 $P^TAP=\Lambda=\begin{bmatrix}a+2&&\\&a-1&\\&&a-1\end{bmatrix}$。

（2）$P^TC^2P=P^T[(a+3)E-A]P=(a+3)E-\Lambda=\begin{bmatrix}1&&\\&4&\\&&4\end{bmatrix}\Rightarrow P^TCPP^TCP=\begin{bmatrix}1&&\\&4&\\&&4\end{bmatrix}\Rightarrow P^TCP=\begin{bmatrix}1&&\\&2&\\&&2\end{bmatrix}$，故 $C=P\begin{bmatrix}1&&\\&2&\\&&2\end{bmatrix}P^T=\begin{bmatrix}\frac{5}{3}&-\frac{1}{3}&\frac{1}{3}\\-\frac{1}{3}&\frac{5}{3}&\frac{1}{3}\\\frac{1}{3}&\frac{1}{3}&\frac{5}{3}\end{bmatrix}$。

专题47 矩阵的相似、合同、等价

【考法】 矩阵三关系：合同、相似、等价

重要结论

$$\begin{cases} A,B\text{ 合同，则存在可逆矩阵 }C\text{ 使得 }C^{\mathrm{T}}AC=B \\ A,B\text{ 相似，则存在可逆矩阵 }P\text{ 使得 }P^{-1}AP=B \\ A,B\text{ 等价，则存在可逆矩阵 }P,Q\text{ 使得 }PAQ=B \end{cases}$$

注意：① 合同必等价，相似必等价。

② 合同与相似不是包含关系。合同不一定相似，相似也不一定合同。但对于实对称矩阵，相似必合同。

【补充】如何区分合同、相似、等价这一组概念。在这里打一个比方。物种与物种之间、矩阵与矩阵之间都存在相近关系。相似、合同、等价是描述两矩阵相近程度的词。"等价"是最弱的关系，仅要求两矩阵的秩相等(好比两只柯基犬拥有相同的39对染色体)；"合同"是较强的关系，还要求特征值正负的个数相同(好比柯基犬的性别相同)，"相似"是更强的关系，要求特征值完全相同(好比两只柯基犬一模一样)。

例题1 设矩阵 $A=\begin{bmatrix} 2 & -1 & -1 \\ -1 & 2 & -1 \\ -1 & -1 & 2 \end{bmatrix}$，$B=\begin{bmatrix} 1 & 0 & 0 \\ 0 & 1 & 0 \\ 0 & 0 & 0 \end{bmatrix}$，则 A 与 B(　　)。

A. 合同，且相似　　B. 合同，但不相似

C. 不合同，但相似　　D. 既不合同，也不相似

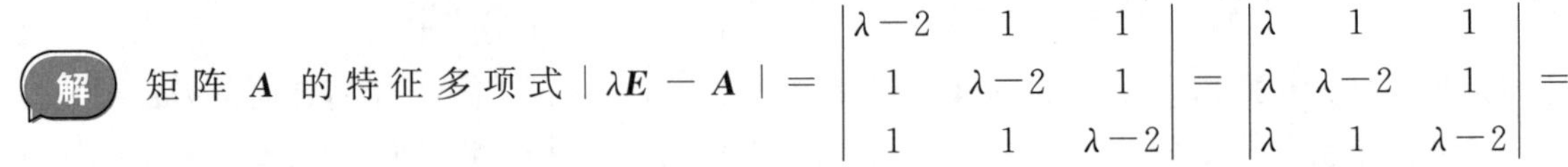

解 矩阵 A 的特征多项式 $|\lambda E-A|=\begin{vmatrix} \lambda-2 & 1 & 1 \\ 1 & \lambda-2 & 1 \\ 1 & 1 & \lambda-2 \end{vmatrix}=\begin{vmatrix} \lambda & 1 & 1 \\ \lambda & \lambda-2 & 1 \\ \lambda & 1 & \lambda-2 \end{vmatrix}=$
$\begin{vmatrix} \lambda & 1 & 1 \\ 0 & \lambda-3 & 0 \\ 0 & 0 & \lambda-3 \end{vmatrix}=\lambda(\lambda-3)^2$，由 $|\lambda E-A|=0$，得 A 的特征值为 $\lambda_1=\lambda_2=3,\lambda_3=0$。

因为矩阵 B 的特征值为 $\mu_1=\mu_2=1,\mu_3=0$，即 A 与 B 的特征值不同，所以 A 与 B 不相似。

由于 A 是实对称矩阵，其特征值为 $\lambda_1=\lambda_2=3,\lambda_3=0$，所以二次型 $f(x_1,x_2,x_3)=x^{\mathrm{T}}Ax$ 的秩与正惯性指数为2，故 f 的规范形为 $f=y_1^2+y_2^2$，即 A 与 B 合同，故选B。

例题2 设 A,B 为3阶矩阵，且特征值均为 $-2,1,1$，以下命题中正确的有(　　)个。

① $A\sim B$　　② A,B 合同　　③ A,B 等价　　④ $|A|=|B|$

A. 1　　B. 2

C. 3　　D. 4

解 因为 A,B 的特征值为 $-2,1,1$，所以 $|A|=|B|=-2$，又因为 $r(A)=r(B)=3$，所以 A,B 等价，但 A,B 不一定相似或合同，故选B。

例题3 设 A,B 是 n 阶实对称可逆矩阵，则存在 n 可逆矩阵 P，下列关系式成立的有(　　)个。

① $PA=B$　　② $P^{-1}ABP=BA$　　③ $P^{-1}AP=B$　　④ $P^{\mathrm{T}}A^2P=B^2$

A. 1　　B. 2　　C. 3　　D. 4

解 逐个分析。

因为 $\boldsymbol{A},\boldsymbol{B}$ 是 n 阶可逆矩阵，存在可逆矩阵 $\boldsymbol{Q},\boldsymbol{W}$，使 $\boldsymbol{QA}=\boldsymbol{E},\boldsymbol{BW}=\boldsymbol{E}$（可逆矩阵可通过初等行(列)变换为单位矩阵），故有 $\boldsymbol{QA}=\boldsymbol{WB},\boldsymbol{W}^{-1}\boldsymbol{QA}=\boldsymbol{B}$。记 $\boldsymbol{W}^{-1}\boldsymbol{Q}=\boldsymbol{P}$，则有 $\boldsymbol{PA}=\boldsymbol{B}$ 成立，故①成立。

因为 $\boldsymbol{A},\boldsymbol{B}$ 均是 n 阶可逆矩阵，可取 $\boldsymbol{P}=\boldsymbol{A}$，则有 $\boldsymbol{A}^{-1}\boldsymbol{ABA}=(\boldsymbol{A}^{-1}\boldsymbol{A})\boldsymbol{BA}=\boldsymbol{BA}$，故②成立。

因为 $\boldsymbol{A},\boldsymbol{B}$ 均是 n 阶实对称矩阵，它们均可以相似于对角矩阵，但不一定相似于同一个对角矩阵，即 $\boldsymbol{A}$ 与 $\boldsymbol{B}$ 不一定相似，例如，$\boldsymbol{A}=\begin{bmatrix}1&0\\0&1\end{bmatrix}$，$\boldsymbol{B}=\begin{bmatrix}1&0\\0&-1\end{bmatrix}$（均满足实对称可逆矩阵的要求），但对任意可逆矩阵 $\boldsymbol{P}$，均有 $\boldsymbol{P}^{-1}\boldsymbol{AP}=\boldsymbol{P}^{-1}\boldsymbol{EP}=\boldsymbol{E}\neq\boldsymbol{B}$，故③不成立。

因为 $\boldsymbol{A},\boldsymbol{B}$ 均是 n 阶实对称可逆矩阵，其特征值均不为零，$\boldsymbol{A}^2,\boldsymbol{B}^2$ 的特征值均大于零，故 $\boldsymbol{A}^2,\boldsymbol{B}^2$ 的正惯性指数均为 n（秩为 n，负惯性指数为 0），故 $\boldsymbol{A}^2$ 与 $\boldsymbol{B}^2$ 合同，即存在可逆矩阵 $\boldsymbol{P}$，使得 $\boldsymbol{P}^{\mathrm{T}}\boldsymbol{A}^2\boldsymbol{P}=\boldsymbol{B}^2$，故④成立。综上所述，选 C。

例题 4 设 $\boldsymbol{A}$ 与 $\boldsymbol{B}$ 均为 n 阶矩阵，且 $\boldsymbol{A}$ 与 $\boldsymbol{B}$ 等价，则不正确的命题是（ ）。

A. 如果 $|\boldsymbol{A}|>0$，则 $|\boldsymbol{B}|>0$

B. 如果 $|\boldsymbol{A}|\neq0$，则存在可逆矩阵 $\boldsymbol{P}$，使 $\boldsymbol{PB}=\boldsymbol{E}$

C. 如果 $\boldsymbol{A},\boldsymbol{E}$ 等价，则 $\boldsymbol{B}$ 是可逆矩阵

D. 有可逆矩阵 $\boldsymbol{P}$ 与 $\boldsymbol{Q}$，使 $\boldsymbol{PAQ}=\boldsymbol{B}$

解 按定义，$\boldsymbol{A}$ 与 $\boldsymbol{B}$ 等价表明 $\boldsymbol{A}$ 经初等变换可得到 $\boldsymbol{B}$，因而必有 $r(\boldsymbol{A})=r(\boldsymbol{B})$。如果 $|\boldsymbol{A}|\neq0$，表明 $\boldsymbol{A}$ 可逆，因此 $\boldsymbol{B}$ 一定是可逆矩阵。可逆矩阵可以用行（或列）变换为单位矩阵，即 $\boldsymbol{PB}=\boldsymbol{P}_s\cdots\boldsymbol{P}_2\boldsymbol{P}_1\boldsymbol{B}=\boldsymbol{E}$，所以 B、C 均正确。因为 $\boldsymbol{A}$ 与 $\boldsymbol{B}$ 等价，故 $\boldsymbol{A}$ 经过若干次行、列初等变换得到 $\boldsymbol{B}$，即 $\boldsymbol{P}_s\cdots\boldsymbol{P}_2\boldsymbol{P}_1\boldsymbol{AQ}_1\boldsymbol{Q}_2\cdots\boldsymbol{Q}_t=\boldsymbol{B}$，所以 $\boldsymbol{PAQ}=\boldsymbol{B}$，故 D 正确。故选 A。

例题 5 已知 $\boldsymbol{A}=\begin{bmatrix}2&1&0\\1&2&0\\0&0&-1\end{bmatrix}$，$\boldsymbol{B}=\begin{bmatrix}1&1&0\\1&2&0\\0&0&0\end{bmatrix}$，则 $\boldsymbol{A}$ 与 $\boldsymbol{B}$（ ）。

A. 等价、不相似、合同　　B. 不等价、不相似、不合同

C. 等价、相似、不合同　　D. 等价、相似、合同

解 由于 $r(\boldsymbol{A})=3,r(\boldsymbol{B})=2$，所以 $\boldsymbol{A}$ 与 $\boldsymbol{B}$ 不等价，此时 $\boldsymbol{A}$ 与 $\boldsymbol{B}$ 不可能相似，也不可能合同。故选 B。

专题 48 二次型为零

【考法 1】 用直接逼零法求二次型为零的解

重要结论

直接逼零法：

设 $f=(a_{11}x_1+a_{12}x_2+a_{13}x_3)^2+(a_{21}x_1+a_{22}x_2+a_{23}x_3)^2+(a_{31}x_1+a_{32}x_2+a_{33}x_3)^2$

$$f=\boldsymbol{x}^{\mathrm{T}}\boldsymbol{Ax}=0\Rightarrow\begin{cases}a_{11}x_1+a_{12}x_2+a_{13}x_3=0\\a_{21}x_1+a_{22}x_2+a_{23}x_3=0\\a_{31}x_1+a_{32}x_2+a_{33}x_3=0\end{cases}$$

例题 1 $f(x_1,x_2,x_3)=(x_1-x_2+x_3)^2+(x_2+x_3)^2+(x_1+ax_3)^2$，其中 a 是参数。

(1) 求 $f(x_1,x_2,x_3)=0$ 的解。

(2) 求 $f(x_1,x_2,x_3)$的规范形。

解 (1) 由 $f(x_1,x_2,x_3)=0$,可得$\begin{cases}x_1-x_2+x_3=0\\x_2+x_3=0\\x_1+ax_3=0\end{cases}$。

对上述齐次线性方程组的系数矩阵作初等行变换得

$$A=\begin{bmatrix}1&-1&1\\0&1&1\\1&0&a\end{bmatrix}\to\begin{bmatrix}1&-1&1\\0&1&1\\0&1&a-1\end{bmatrix}\to\begin{bmatrix}1&-1&1\\0&1&1\\0&0&a-2\end{bmatrix}。$$

当 $a\neq 2$ 时,$f(x_1,x_2,x_3)=0$ 只有零解 $\boldsymbol{x}=[0,0,0]^{\mathrm{T}}$。

当 $a=2$ 时,$\boldsymbol{A}\to\begin{bmatrix}1&0&2\\0&1&1\\0&0&0\end{bmatrix}$,$f(x_1,x_2,x_3)=0$ 有非零解 $\boldsymbol{x}=k[-2,-1,1]^{\mathrm{T}}$,$k$ 为任意常数。

(2) 当 $a\neq 2$ 时,若 x_1,x_2,x_3 不全为 0,则二次型 $f(x_1,x_2,x_3)$恒大于 0,即二次型 $f(x_1,x_2,x_3)$为正定二次型,其规范形为 $f(y_1,y_2,y_3)=y_1^2+y_2^2+y_3^2$。

当 $a=2$ 时,$f(x_1,x_2,x_3)=(x_1-x_2+x_3)^2+(x_2+x_3)^2+(x_1+ax_3)^2=2x_1^2+2x_2^2+6x_3^2-2x_1x_2+6x_1x_3$。二次型对应的实对称矩阵 $\boldsymbol{B}=\begin{bmatrix}2&-1&3\\-1&2&0\\3&0&6\end{bmatrix}$,其特征方程为 $|\lambda\boldsymbol{E}-\boldsymbol{B}|=\begin{vmatrix}\lambda-2&1&-3\\1&\lambda-2&0\\-3&0&\lambda-6\end{vmatrix}=\lambda(\lambda^2-10\lambda+18)=0$,解得特征值 $\lambda_1=5+\sqrt{7}$,$\lambda_2=5-\sqrt{7}$,$\lambda_3=0$,可知二次型的规范形为 $f(z_1,z_2,z_3)=z_1^2+z_2^2$。

【考法 2】 配方逼零法

重要结论

配方逼零法$\begin{cases}配方得\ f=\boldsymbol{x}^{\mathrm{T}}\boldsymbol{A}\boldsymbol{x}=(a_{11}x_1+a_{12}x_2+a_{13}x_3)^2+(a_{22}x_2+a_{23}x_3)^2\\ f=\boldsymbol{x}^{\mathrm{T}}\boldsymbol{A}\boldsymbol{x}=0\Rightarrow\begin{cases}a_{11}x_1+a_{12}x_2+a_{13}x_3=0\\a_{22}x_2+a_{23}x_3=0\end{cases}\end{cases}$

例题 2 设实二次型 $f(x_1,x_2,x_3)=\boldsymbol{x}^{\mathrm{T}}\boldsymbol{A}\boldsymbol{x}$ 的秩为 2,且$\boldsymbol{\alpha}_1=[1,0,0]^{\mathrm{T}}$ 是$(\boldsymbol{A}-2\boldsymbol{E})\boldsymbol{x}=\boldsymbol{0}$ 的解,$\boldsymbol{\alpha}_2=[0,-1,1]^{\mathrm{T}}$ 是$(\boldsymbol{A}-6\boldsymbol{E})\boldsymbol{x}=\boldsymbol{0}$ 的解。

(1) 用正交变换将该二次型化成标准形,并写出所用的正交变换和所化的标准形。

(2) 求该二次型。

(3) 求方程组 $f(x_1,x_2,x_3)=0$ 的解。

解 (1) 由$\boldsymbol{\alpha}_1=[1,0,0]^{\mathrm{T}}$ 是$(\boldsymbol{A}-2\boldsymbol{E})\boldsymbol{x}=\boldsymbol{0}$ 的解,$\boldsymbol{\alpha}_2=[0,-1,1]^{\mathrm{T}}$ 是$(\boldsymbol{A}-6\boldsymbol{E})\boldsymbol{x}=\boldsymbol{0}$ 的解,得$\boldsymbol{A}\boldsymbol{\alpha}_1=2\boldsymbol{\alpha}_1$,$\boldsymbol{A}\boldsymbol{\alpha}_2=6\boldsymbol{\alpha}_2$,于是得 $\boldsymbol{A}$ 的两个特征值为 $\lambda_1=2$,$\lambda_2=6$,其对应的特征向量依次为$\boldsymbol{\alpha}_1=[1,0,0]^{\mathrm{T}}$,$\boldsymbol{\alpha}_2=[0,-1,1]^{\mathrm{T}}$。又由于实二次型 $f(x_1,x_2,x_3)$的秩为 2,所以 A 的另一个特征值为$\lambda_3=0$,设其对应的特征向量为$\boldsymbol{\alpha}_3=[x_1,x_2,x_3]^{\mathrm{T}}$,则有$\boldsymbol{\alpha}_1^{\mathrm{T}}\boldsymbol{\alpha}_3=0$,$\boldsymbol{\alpha}_2^{\mathrm{T}}\boldsymbol{\alpha}_3=0$,即$\begin{cases}x_1=0\\x_2-x_3=0\end{cases}$。

解得特征向量为 $\begin{bmatrix}x_1\\x_2\\x_3\end{bmatrix}=k\begin{bmatrix}0\\1\\1\end{bmatrix}$，$k$ 为任意非零常数。

取 $\boldsymbol{c}_1=\begin{bmatrix}1\\0\\0\end{bmatrix}$，$\boldsymbol{c}_2=\begin{bmatrix}0\\-1\\1\end{bmatrix}$，$\boldsymbol{c}_3=\begin{bmatrix}0\\1\\1\end{bmatrix}$，单位化得 $\boldsymbol{p}_1=\begin{bmatrix}1\\0\\0\end{bmatrix}$，$\boldsymbol{p}_2=\frac{1}{\sqrt{2}}\begin{bmatrix}0\\-1\\1\end{bmatrix}$，$\boldsymbol{p}_3=\frac{1}{\sqrt{2}}\begin{bmatrix}0\\1\\1\end{bmatrix}$，令 $\boldsymbol{P}=[\boldsymbol{p}_1,\boldsymbol{p}_2,\boldsymbol{p}_3]=\begin{bmatrix}1&0&0\\0&-\frac{1}{\sqrt{2}}&\frac{1}{\sqrt{2}}\\0&\frac{1}{\sqrt{2}}&\frac{1}{\sqrt{2}}\end{bmatrix}$，则 $\boldsymbol{P}$ 为正交矩阵，故 $\boldsymbol{x}=\boldsymbol{P}\boldsymbol{y}$ 为正交变换，该变换将二次型化成标准形 $f(x_1,x_2,x_3)=2y_1^2+6y_2^2$。

(2) 由于

$$\boldsymbol{A}=\boldsymbol{P}\boldsymbol{\Lambda}\boldsymbol{P}^{\mathrm{T}}=\begin{bmatrix}1&0&0\\0&-\frac{1}{\sqrt{2}}&\frac{1}{\sqrt{2}}\\0&\frac{1}{\sqrt{2}}&\frac{1}{\sqrt{2}}\end{bmatrix}\begin{bmatrix}2&&\\&6&\\&&0\end{bmatrix}\begin{bmatrix}1&0&0\\0&-\frac{1}{\sqrt{2}}&\frac{1}{\sqrt{2}}\\0&\frac{1}{\sqrt{2}}&\frac{1}{\sqrt{2}}\end{bmatrix}\begin{bmatrix}2&0&0\\0&3&-3\\0&-3&3\end{bmatrix}$$

，故所求的二次型为 $f(x_1,x_2,x_3)=2x_1^2+3x_2^2+3x_3^2-6x_2x_3$。

(3) 间接逼零法。

配方可得 $f(x_1,x_2,x_3)=2x_1^2+3(x_2-x_3)^2=0$，得 $\begin{cases}x_1=0\\x_2-x_3=0\end{cases}$，解得 $\begin{bmatrix}x_1\\x_2\\x_3\end{bmatrix}=k\begin{bmatrix}0\\1\\1\end{bmatrix}$，$k$ 为任意常数。

【考法 3】 用正交变换法求二次型为零

重要结论

正交变换法 $\begin{cases}\text{二次型 } f=\boldsymbol{x}^{\mathrm{T}}\boldsymbol{A}\boldsymbol{x} \text{ 经正交变换 } \boldsymbol{x}=\boldsymbol{Q}\boldsymbol{y} \text{ 化为 } \lambda_1y_1^2+\lambda_2y_2^2\\ f=\boldsymbol{x}^{\mathrm{T}}\boldsymbol{A}\boldsymbol{x}=0\Rightarrow\lambda_1y_1^2+\lambda_2y_2^2=0\Rightarrow y_1=0,y_2=0,y_3=k\\ \text{由 } \boldsymbol{x}=\boldsymbol{Q}\boldsymbol{y}\text{，可得 }\begin{bmatrix}x_1\\x_2\\x_3\end{bmatrix}=\boldsymbol{Q}\begin{bmatrix}0\\0\\k\end{bmatrix}\end{cases}$

例题 3 已知二次型 $f(x_1,x_2,x_3)=(1-a)x_1^2+(1-a)x_2^2+2x_3^2+2(1+a)x_1x_2$ 的秩为 2。

(1) 求 a 的值。

(2) 求正交变换 $\boldsymbol{x}=\boldsymbol{Q}\boldsymbol{y}$，把 $f(x_1,x_2,x_3)$ 化成标准形。

(3) 求方程 $f(x_1,x_2,x_3)=0$ 的解。

解 (1) 二次型矩阵为 $\boldsymbol{A}=\begin{bmatrix}1-a&1+a&0\\1+a&1-a&0\\0&0&2\end{bmatrix}$，又 $r(\boldsymbol{A})=2$，所以 $1-a=1+a$，$a=0$。

(2) 解得 $\boldsymbol{A}$ 的特征值是 2,2,0，对应 2 的特征向量为 $\boldsymbol{\eta}_1=[1,1,0]^{\mathrm{T}}$，$\boldsymbol{\eta}_2=[0,0,1]^{\mathrm{T}}$，对应 0 的特征向量为 $\boldsymbol{\eta}_3=[1,-1,0]^{\mathrm{T}}$。

三个特征向量两两正交,只需要将其分别单位化,有$\boldsymbol{\alpha}_1=\frac{1}{\sqrt{2}}[1,1,0]^{\mathrm{T}}$,$\boldsymbol{\alpha}_2=[0,0,1]^{\mathrm{T}}$,$\boldsymbol{\alpha}_3=\frac{1}{\sqrt{2}}[1,-1,0]^{\mathrm{T}}$,所以令$\boldsymbol{Q}=\begin{bmatrix}\frac{1}{\sqrt{2}} & 0 & \frac{1}{\sqrt{2}}\\ \frac{1}{\sqrt{2}} & 0 & -\frac{1}{\sqrt{2}}\\ 0 & 1 & 0\end{bmatrix}$,则有$\boldsymbol{x}=\boldsymbol{Q}\boldsymbol{y}$,使得$f(x_1,x_2,x_3)=2y_1^2+2y_2^2$。

(3) 将(2)中的$f(x_1,x_2,x_3)=0$化为$2y_1^2+2y_2^2=0$,解得$y_1=y_2=0$,$y_3=\sqrt{2}k$为任意常数,所以有原方程的解为$\boldsymbol{x}=\boldsymbol{Q}[0,0,\sqrt{2}k]^{\mathrm{T}}=k[1,-1,0]^{\mathrm{T}}$,$k$为任意实数,所以$f(x_1,x_2,x_3)=0$的解为$k[1,-1,0]^{\mathrm{T}}$。

例题4 已知二次型$f(x_1,x_2,x_3)=\sum_{i=1}^{3}\sum_{j=1}^{3}ijx_ix_j$。

(1) 写出$f(x_1,x_2,x_3)$对应的矩阵。

(2) 通过正交变换$\boldsymbol{x}=\boldsymbol{Q}\boldsymbol{y}$将$f(x_1,x_2,x_3)$化为标准形。

(3) 求$f(x_1,x_2,x_3)=0$的解。

解 (1) 二次型$f(x_1,x_2,x_3)=\sum_{i=1}^{3}\sum_{j=1}^{3}ijx_ix_j=x_1^2+4x_2^2+9x_3^2+4x_1x_2+6x_1x_3+12x_2x_3$,则二次型矩阵为$\boldsymbol{A}=\begin{bmatrix}1 & 2 & 3\\ 2 & 4 & 6\\ 3 & 6 & 9\end{bmatrix}$。

(2) $|\lambda\boldsymbol{E}-\boldsymbol{A}|=\begin{vmatrix}\lambda-1 & -2 & -3\\ -2 & \lambda-4 & -6\\ -3 & -6 & \lambda-9\end{vmatrix}=\lambda^2(\lambda-14)=0$,特征值为$\lambda_1=14$,$\lambda_2=\lambda_3=0$。

当$\lambda_1=14$时,$(\lambda\boldsymbol{E}-\boldsymbol{A})\boldsymbol{x}=0$的基础解系为$\boldsymbol{\alpha}_1=[1,2,3]^{\mathrm{T}}$;

当$\lambda_2=\lambda_3=0$时,由$(\lambda\boldsymbol{E}-\boldsymbol{A})\boldsymbol{x}=\boldsymbol{0}$的基础解系为$\boldsymbol{\alpha}_2=[-2,1,0]^{\mathrm{T}}$,$\boldsymbol{\alpha}_3=[-3,-6,5]^{\mathrm{T}}$。

$\boldsymbol{\alpha}_1,\boldsymbol{\alpha}_2,\boldsymbol{\alpha}_3$满足正交,单位化得$\boldsymbol{\beta}_1=\frac{1}{\sqrt{14}}[1,2,3]^{\mathrm{T}}$,$\boldsymbol{\beta}_2=\frac{1}{\sqrt{5}}[-2,1,0]^{\mathrm{T}}$,$\boldsymbol{\beta}_3=\frac{1}{\sqrt{70}}[-3,-6,5]^{\mathrm{T}}$,令正交矩阵$\boldsymbol{Q}=[\boldsymbol{\beta}_1,\boldsymbol{\beta}_2,\boldsymbol{\beta}_3]$,经过正交变换$\boldsymbol{x}=\boldsymbol{Q}\boldsymbol{y}$,二次型为$f(y_1,y_2,y_3)=14y_1^2$。

(3) 当$f(x_1,x_2,x_3)=0$时,$f(y_1,y_2,y_3)=14y_1^2=0$,故$y_1=0$,则$\begin{bmatrix}x_1\\ x_2\\ x_3\end{bmatrix}=\begin{bmatrix}\frac{1}{\sqrt{14}} & \frac{-2}{\sqrt{5}} & \frac{-3}{\sqrt{70}}\\ \frac{2}{\sqrt{14}} & \frac{1}{\sqrt{5}} & \frac{-6}{\sqrt{70}}\\ \frac{3}{\sqrt{14}} & 0 & \frac{5}{\sqrt{70}}\end{bmatrix}\begin{bmatrix}0\\ y_2\\ y_3\end{bmatrix}$,所以$\begin{cases}x_1=-2k_2-3k_3\\ x_2=k_2-6k_3\\ x_3=5k_3\end{cases}$,其中$k_2,k_3$为任意实数。

专题 49 二次型的其他考法

【考法 1】 非对称矩阵

重要结论

若 $\boldsymbol{A}$ 不是对称矩阵，则二次型 $f=\boldsymbol{x}^{\mathrm{T}}\boldsymbol{A}\boldsymbol{x}$ 的矩阵为 $\boldsymbol{D}=\dfrac{\boldsymbol{A}+\boldsymbol{A}^{\mathrm{T}}}{2}$。

例题 1 二次型 $f(x_1,x_2,x_3)=\boldsymbol{x}^{\mathrm{T}}\begin{bmatrix}1&4&0\\0&4&0\\0&0&0\end{bmatrix}\boldsymbol{x}$，则 f 的秩等于(　　)。

A. 3　　B. 2　　C. 1　　D. 0

解 因二次型 f 的矩阵为对称矩阵 $\boldsymbol{A}=\begin{bmatrix}1&2&0\\2&4&0\\0&0&0\end{bmatrix}$，则 f 的秩等于 1，故选 C。

例题 2 $\boldsymbol{\alpha}=\begin{bmatrix}1\\0\\1\end{bmatrix}$，$\boldsymbol{\beta}=\begin{bmatrix}-2\\2\\4\end{bmatrix}$，设 $\boldsymbol{A}=\boldsymbol{\alpha}\boldsymbol{\beta}^{\mathrm{T}}$，则下列说法不正确的有(　　)个。

① 矩阵 $\boldsymbol{A}$ 必可对角化　　② $\boldsymbol{A}+\boldsymbol{E}$ 必可逆　　③ 二次型 $\boldsymbol{x}^{\mathrm{T}}\boldsymbol{A}\boldsymbol{x}$ 的秩为 1

A. 0　　B. 1　　C. 2　　D. 3

解 $\boldsymbol{A}=\boldsymbol{\alpha}\boldsymbol{\beta}^{\mathrm{T}}$ 的特征值为 $\boldsymbol{\alpha}^{\mathrm{T}}\boldsymbol{\beta}$，0，0，即 2，0，0。二重根处 $r(\boldsymbol{A}-0\boldsymbol{E})=1$ 对应两个线性无关的特征向量，故一共有三个线性无关的特征向量，所以其可对角化。$\boldsymbol{A}+\boldsymbol{E}$ 的特征值为 3，1，1，故可逆。

$$\boldsymbol{A}=\boldsymbol{\alpha}\boldsymbol{\beta}^{\mathrm{T}}=\begin{bmatrix}1\\0\\1\end{bmatrix}\begin{bmatrix}-1&1&2\end{bmatrix}=\begin{bmatrix}-2&2&4\\0&0&0\\-2&2&4\end{bmatrix},\boldsymbol{D}=\frac{\boldsymbol{A}+\boldsymbol{A}^{\mathrm{T}}}{2}=\begin{bmatrix}-2&1&1\\1&0&1\\1&1&4\end{bmatrix},r(\boldsymbol{D})=2。$$

故选 C。

【考法 2】 伪配方的秩

重要结论

已经将二次型配成标准形，该标准形大概率为伪标准形，需要将平方项展开后重新配方或用特征值法求解相关问题。

例题 3 二次型 $f(x_1,x_2,x_3)=(x_1+x_2)^2+(x_2-x_3)^2+(x_3+x_1)^2$ 的秩为________。

解 方法 1：特征值法。

因为 $f(x_1,x_2,x_3)=(x_1+x_2)^2+(x_2-x_3)^2+(x_3+x_1)^2=2x_1^2+2x_2^2+2x_3^2+2x_1x_2+2x_1x_3-2x_2x_3$，于是二次型的矩阵为 $\boldsymbol{A}=\begin{bmatrix}2&1&1\\1&2&-1\\1&-1&2\end{bmatrix}$，初等变换得 $\boldsymbol{A}\to\begin{bmatrix}1&-1&2\\0&3&-3\\0&3&-3\end{bmatrix}\to\begin{bmatrix}1&-1&2\\0&3&-3\\0&0&0\end{bmatrix}$，从而 $r(\boldsymbol{A})=2$，即二次型的秩为 2。

方法 2：重新配方法。因为 $f(x_1,x_2,x_3)=(x_1+x_2)^2+(x_2-x_3)^2+(x_3+x_1)^2=2x_1^2+2x_2^2+2x_3^2+2x_1x_2+2x_1x_3-2x_2x_3=2\left(x_1+\frac{1}{2}x_2+\frac{1}{2}x_3\right)^2+\frac{3}{2}(x_2-x_3)^2=2y_1^2+\frac{3}{2}y_2^2$，其中，$y_1=x_1+$

$\frac{1}{2}x_2+\frac{1}{2}x_3, y_2=x_2-x_3, y_3=x_3$，所以二次型的秩为2。

【考法3】 二次曲面与二次型的关系（仅数学一）

重要结论

若二次型 $\boldsymbol{x}^{\mathrm{T}}\boldsymbol{A}\boldsymbol{x}$ 的正负惯性指数为2正1负，则 $f=\boldsymbol{x}^{\mathrm{T}}\boldsymbol{A}\boldsymbol{x}=1$ 表示单叶双曲面；若正负惯性指数为1正2负，则 $f=\boldsymbol{x}^{\mathrm{T}}\boldsymbol{A}\boldsymbol{x}=1$ 表示双叶双曲面。

例题 4 设二次型 $f(x_1,x_2,x_3)=x_1^2+x_2^2+x_3^2+4x_1x_2+4x_1x_3+4x_2x_3$，则 $f(x_1,x_2,x_3)=2$ 在空间直角坐标系下表示的二次曲面为（　　）。

A. 单叶双曲面　　B. 双叶双曲面　　C. 椭球面　　D. 柱面

解 方法1：配方法。

$$
\begin{aligned}
f(x_1,x_2,x_3)&=x_1^2+x_2^2+x_3^2+4x_1x_2+4x_1x_3+4x_2x_3\\
&=[x_1^2+4x_1(x_2+x_3)+4(x_2+x_3)^2]-4(x_2+x_3)^2+x_2^2+x_3^2+4x_2x_3\\
&=(x_1+2x_2+2x_3)^2-3x_2^2-3x_3^2-4x_2x_3\\
&=(x_1+2x_2+2x_3)^2-3\left(x_2^2+\frac{4}{3}x_2x_3+\frac{4}{9}x_3^2\right)+\frac{4}{3}x_3^2-3x_3^2\\
&=(x_1+2x_2+2x_3)^2-3\left(x_2+\frac{2}{3}x_3\right)^2-\frac{5}{3}x_3^2,
\end{aligned}
$$

故 $f=2$ 经可逆变换化为 $y_1^2-3y_2^2-\frac{5}{3}y_3^2=2$，这是双叶双曲面，故选B。

方法2：特征值法。二次型矩阵为 $\boldsymbol{A}=\begin{bmatrix}1&2&2\\2&1&2\\2&2&1\end{bmatrix}$，则 $|\boldsymbol{A}-\lambda\boldsymbol{E}|=\begin{vmatrix}1-\lambda&2&2\\2&1-\lambda&2\\2&2&1-\lambda\end{vmatrix}=(5-\lambda)\begin{vmatrix}1&1&1\\2&1-\lambda&2\\2&2&1-\lambda\end{vmatrix}=(5-\lambda)(1+\lambda)^2=0$，故 A 的特征值为 $\lambda_1=5, \lambda_2=\lambda_3=-1$，因此，$f(x_1,x_2,x_3)$ 经正交变换可以化为 $f=5y_1^2-y_2^2-y_3^2$，这是双叶双曲面，故选B。

例题 5 用正交变换化二次曲面方程 $x^2+y^2+2z^2+4xy+2xz+2yz=4$ 为标准方程，并写出所用的变换，指出曲面的名称。

解 方程左边二次型的矩阵为 $\boldsymbol{A}=\begin{bmatrix}1&2&1\\2&1&1\\1&1&2\end{bmatrix}$，计算可得 $\boldsymbol{A}$ 的全部特征值为 $\lambda_1=4, \lambda_2=1, \lambda_3=-1$，对应的单位特征向量分别可取为 $\boldsymbol{e}_1=\left[\frac{1}{\sqrt{3}},\frac{1}{\sqrt{3}},\frac{1}{\sqrt{3}}\right]^{\mathrm{T}}$，$\boldsymbol{e}_2=\left[\frac{1}{\sqrt{6}},\frac{1}{\sqrt{6}},-\frac{2}{\sqrt{6}}\right]^{\mathrm{T}}$，$\boldsymbol{e}_3=\left[\frac{1}{\sqrt{2}},\frac{1}{\sqrt{2}},0\right]^{\mathrm{T}}$，令矩阵 $\boldsymbol{P}=[\boldsymbol{e}_1\ \ \boldsymbol{e}_2\ \ \boldsymbol{e}_3]=\begin{bmatrix}\frac{1}{\sqrt{3}}&\frac{1}{\sqrt{6}}&-\frac{1}{\sqrt{2}}\\\frac{1}{\sqrt{3}}&\frac{1}{\sqrt{6}}&\frac{1}{\sqrt{2}}\\\frac{1}{\sqrt{3}}&-\frac{2}{\sqrt{6}}&0\end{bmatrix}$，则 $\boldsymbol{P}$ 为正交矩阵，且可验证有 $|\boldsymbol{P}|=1$，

于是在坐标系的旋转变换下，有 $\begin{bmatrix}x\\y\\z\end{bmatrix}=\boldsymbol{P}\begin{bmatrix}x'\\y'\\z'\end{bmatrix}$，可将曲面方程化成标准方程 $4x'^2+y'^2-z'^2=4$ 或 $x'^2+\frac{y'^2}{4}-\frac{z'^2}{4}=1$，故该曲面为单叶双曲面。

扩展阅读

正交变换和可逆变换有何区别？

正交变换与可逆变换是二次型中的重点内容。本文从几何角度，探究正交变换与可逆变换的区别，以便读者对两类变换加强理解。

区别1：正交变换不改变向量的长度，但是普通的可逆变换可能会改变向量的长度。

如果是普通的可逆变换，变换前后两个向量的长度可能会有变化。例如，变换 $\boldsymbol{x}=\boldsymbol{C}\boldsymbol{y}$，取 $\boldsymbol{C}=\begin{bmatrix}2&\\&1\end{bmatrix}$，$\boldsymbol{x}=\begin{bmatrix}2\\0\end{bmatrix}$ 则有 $\boldsymbol{y}=\boldsymbol{C}^{-1}\boldsymbol{x}=\begin{bmatrix}0.5&\\&1\end{bmatrix}\begin{bmatrix}2\\0\end{bmatrix}=\begin{bmatrix}1\\0\end{bmatrix}$，显然两个向量的模长不相等，所以普通的可逆变换不能保证向量长度不变。

但正交变换不会改变向量的长度，理由如下：如果向量 $\boldsymbol{x}$ 模长的平方 $\boldsymbol{x}^{\mathrm{T}}\boldsymbol{x}=\boldsymbol{a}$，则经过正交变换 $\boldsymbol{x}=\boldsymbol{Q}\boldsymbol{y}$ 有 $\boldsymbol{x}^{\mathrm{T}}\boldsymbol{x}=(\boldsymbol{Q}\boldsymbol{y})^{\mathrm{T}}\boldsymbol{Q}\boldsymbol{y}=\boldsymbol{y}^{\mathrm{T}}\boldsymbol{Q}^{\mathrm{T}}\boldsymbol{Q}\boldsymbol{y}=\boldsymbol{y}^{\mathrm{T}}\boldsymbol{y}$。由此可见，变换前向量 $\boldsymbol{x}$ 的模长等于变换后向量 $\boldsymbol{y}$ 的模长，所以正交变换不改变向量的长度。

区别2：正交变换不改变二次曲线或曲面的形状，但普通可逆变换可能会改变形状。

为了便于读者理解，这里用数学二的内容举例。

假设有曲线方程 $f(x,y)=4x^2+y^2=1$，易知曲线为椭圆。如果简单作变量替换 $\begin{cases}x=x_1\\y=x_2\end{cases}$，方程左侧就会变成熟悉的二次型 $f(x_1,x_2)=4x_1^2+x_2^2$。从这个例子可以看出，二次型 $f(x_1,x_2)=1$ 实际上是刻画的曲线方程。下面对二次型分别做可逆变换和正交变换。

先做可逆变换。用配方法得 $f(x_1,x_2)=4x_1^2+x_2^2=(2x_1)^2+x_2^2=z_1^2+z_2^2$，其中，$\begin{cases}z_1=2x_1\\z_2=x_2\end{cases}\Rightarrow$

$$\begin{cases}x_1=\frac{1}{2}z_1\\x_2=z_2\end{cases}\Rightarrow\begin{bmatrix}x_1\\x_2\end{bmatrix}=\begin{bmatrix}\frac{1}{2}&0\\0&1\end{bmatrix}\begin{bmatrix}z_1\\z_2\end{bmatrix},$$

所以可逆变换 $\begin{bmatrix}x_1\\x_2\end{bmatrix}=\begin{bmatrix}\frac{1}{2}&0\\0&1\end{bmatrix}\begin{bmatrix}z_1\\z_2\end{bmatrix}$ 将 $f(x_1,x_2)=4x_1^2+x_2^2=1$ 变换为 $z_1^2+z_2^2=1$。

而 $4x_1^2+x_2^2=1$ 是椭圆，$z_1^2+z_2^2=1$ 是圆。所以可逆变换前后，曲线的形状有了变化，故可逆变换可能会“失真”。

那如果采用正交变换呢？写出二次型 $f(x_1,x_2)=4x_1^2+x_2^2$ 的矩阵 $\boldsymbol{A}=\begin{bmatrix}4&\\&1\end{bmatrix}$，特征值为1,4。

故一定存在正交变换 $\boldsymbol{x}=\boldsymbol{Q}\boldsymbol{z}$，将 $f(x_1,x_2)=4x_1^2+x_2^2=1$ 化为 $f(z_1,z_2)=z_1^2+4z_2^2=1$。

曲线 $4x_1^2+x_2^2=1$ 的形状是椭圆，$z_1^2+4z_2^2=1$ 也是形状一模一样的椭圆，所以正交变换不改变曲线的形状。简而言之，正交变换前后，曲线形状“保真”。

这个性质可太有用了！毕竟谁都不希望自己的身材在拍出的照片里变了样。（这里把现实和照片之间的关系看成了一种变换，照相机捕捉了真人曲线并变换成照片上的模样）。所以，下次买照相机前先问问销售员，这款相机是正交变换还是可逆变换？如果销售员满脸疑惑，你不妨拿出本书，翻开此页，让销售员先复习一下正交变换和可逆变换的区别。

好了，线性代数的内容到这里就告一段落了。但是考研的旅程并没有结束。可以玩一会游戏、来一杯奶茶、约一顿火锅，以奖励自己完成了这本书的学习，但不要因此停下你前进的脚步。通往成功的康庄大道上，从来没有"轻易"二字。目前取得了阶段性的成就，稍微放松一下是可以的。但只要录取通知书未拿到手，切勿松懈。

真正的强者，不会因一时的成功而骄傲，也不会因短暂的挫折而气馁。请保持继续前行，即使此刻已然"千山鸟飞绝，万径人踪灭"，仍要保持一片赤子之心，穿过萧瑟的秋风、穿越万里雪飘。在修炼的道路上需要日复一日地在孤独中坚守、坚持。困心衡虑，正是磨炼英雄玉汝于成。感谢依然在坚持的每一个人！

你，会成功！